EUL VERLAG

Die Nutzung des Internets bei extensiven Kaufentscheidungen im Multi-Channel-Vertrieb

–

Eine kaufprozessphasenübergreifende Analyse

Dissertation zur Erlangung des Grades
Doctor rerum politicarum (Dr. rer. pol.)

Lehrstuhl für Marketing
Wirtschafts- und Sozialwissenschaftliche Fakualtät
der Technischen Universität Dortmund

Betreut von: Prof. Dr. Hartmut H. Holzmüller

Vorgelegt am: 16. Juni 2008

Vorgelegt von: Dipl.-Kfm. Michael Hetzel

Tag der Disputation:	12. Januar 2009, Dortmund
Erstgutachter:	Prof. Dr. Hartmut H. Holzmüller
Zweitgutachter:	Prof. Dr. David Woisetschläger
Mündlicher Prüfer:	Prof. Dr. Volker Gruhn

Reihe: Marketing · Band 38

Herausgegeben von Prof. Dr. Heribert Gierl, Augsburg, Prof. Dr. Roland Helm, Jena, Prof. Dr. Frank Huber, Mainz, und Prof. Dr. Henrik Sattler, Hamburg

Dr. Michael Hetzel

Die Nutzung des Internets bei extensiven Kaufentscheidungen im Multi-Channel-Vertrieb

Eine kaufprozessphasenübergreifende Analyse

Mit einem Geleitwort von Prof. Dr. Hartmut H. Holzmüller, Technische Universität Dortmund

EUL VERLAG

Bibliographische Information der Deutschen Bibliothek

Die Deutsche Bibliothek verzeichnet diese Publikation in der Deutschen Nationalbibliothek; detaillierte bibliographische Daten sind im Internet über **<http://dnb.ddb.de>** abrufbar.

Dissertation, Technische Universität Dortmund, 2009

ISBN 978-3-89936-773-7
1. Auflage Februar 2009

JOSEF EUL VERLAG GmbH
Brandsberg 6
53797 Lohmar
Tel.: 0 22 05 / 90 10 6-6
Fax: 0 22 05 / 90 10 6-88
http://www.eul-verlag.de
info@eul-verlag.de

Bei der Herstellung unserer Bücher möchten wir die Umwelt schonen. Dieses Buch ist daher auf säurefreiem, 100% chlorfrei gebleichtem, alterungsbeständigem Papier nach DIN 6738 gedruckt.

Geleitwort

Das Internet nimmt eine zunehmend bedeutende Rolle im Kaufentscheidungsprozess von Konsumenten ein. So nutzen es mittlerweile mehr als 60% der Bevölkerung als Informationsquelle und es werden auch vermehrt Einkäufe online getätigt. Es ist naheliegend, dass die Verbreitung des Internets einen nachhaltigen Einfluss auf unterschiedliche Phasen des Kaufprozesses von Konsumenten hat. Detaillierte Erkenntnisse bezüglich der Rolle des Internets bei Kaufentscheidungen liegen in noch nicht ausreichendem Maß vor.

Herr Hetzel geht im Rahmen seiner Arbeit von den aktuellen Entwicklungen des Internets aus. Umfassend führt er in die begrifflichen und konzeptionellen Grundlagen elektronisch mediierter Kaufprozesse von Konsumenten ein. Durch eine umfangreiche Analyse des aktuellen Forschungsstandes verdeutlicht er methodische und inhaltliche Defizite des Forschungsstandes. Im Rahmen seiner empirischen Untersuchung adressiert er diese Schwächen und untersucht die Nutzung des Internets in einzelnen Phasen der Kaufentscheidung. Dabei fokussiert er sich insbesondere auf intrapersonale und psychografische Determinanten des Kaufverhaltens als exogene Einflussfaktoren und untersucht deren Einfluss auf die Nutzungsintensität von Online- und Offline-Kanälen im Rahmen von Kaufentscheidungen.

Herr Hetzel kann belegen, dass ein multiples-, kanal- und medienübergreifendes Kauf- und Informationsverhalten typisch ist, bei dem Konsumenten eine Vielzahl von Kanälen im Multi-Channel-Vertrieb – teils mit geringer Intensität – nutzen. Durch getrennte Analysen von Offline- und Online-Käufern gelingt es dem Autor, wesentliche psychografische Treiber der Internetintegration in Kaufentscheidungsprozessen von Konsumenten zu identifizieren. Er weist auch nach, dass die untersuchten Determinanten in Abhängigkeit der jeweiligen Käufergruppe unterschiedlich starke Wirkeinflüsse auf die Nutzungsintensität des Internets in den jeweiligen Phasen des Kaufprozesses haben.

Auch aus methodischer Sicht ist die vorliegende Arbeit gelungen. Zum einen führt der Autor zu Vergleichszwecken umfangreiche Analysen von Offline- und Onlinekäufern durch. Zum anderen wird mit der kombinierten Nutzung von formativen und reflektiven Messkonstrukten ein Ansatz gewählt, der in diesem Kontext bisher nicht eingesetzt wurde. Neben den wissenschaftlichen Einsichten leitet Herr Hetzel für Praktiker wertvolle Gestaltungshinweise ab. Es werden mögliche Kannibalisierungs- und Substitutionseffekte zwischen Online- und Offlinekanälen aufgezeigt und Implikationen für die Ressourcenallokation hinsichtlich marktorientierter Aktivitäten abgeleitet.

Der Arbeit wünsche ich vor dem Hintergrund der soliden Auseinandersetzung mit der Thematik die entsprechende Beachtung in der Zielgruppe und eine insgesamt weite Verbreitung.

Dortmund, Januar 2009 Professor Dr. Hartmut H. Holzmüller

Vorwort

Die vorliegende Arbeit entstand im Rahmen eines externen Promotionsprojektes am Lehrstuhl für Marketing der TU Dortmund.

Besonders danken möchte ich an dieser Stelle Herrn Prof. Dr. Hartmut H. Holzmüller, der mich als externen Doktoranden betreut hat und dessen wertvolle Unterstützung entscheidend zum Gelingen der Arbeit beigetragen hat. Mein Dank gilt außerdem Herrn Prof. Dr. David Woisetschläger, der sich bereit erklärt hat, das Zweitgutachten der Dissertation zu erstellen, sowie Herrn Prof. Dr. Volker Gruhn für seinen Einsatz als dritter mündlicher Prüfer.

Zudem danke ich den Vertretern des beteiligten Mobilfunknetzbetreibers, insbesondere für die Unterstützung der empirischen Feldarbeit, sowie meinem damaligen Arbeitgeber, der adesso AG, für die zugestandenen Freiräume während des Promotionszeitraums.

Bei der Erstellung der Arbeit haben mich viele weitere Personen fortwährend unterstützt. Hier danke ich Herrn Dr. Patrick Lentz für seine wertvollen inhaltlichen und methodischen Anregungen als Vertreter des Lehrstuhls. Des Weiteren hatte ich in Dirk Stemmer einen sehr kompetenten Sparrings-Partner für Diskussionen, die maßgeblich den Erfolg der Arbeit beeinflusst haben. Auch bei Hanna Schröder und Peter Brunnert möchte ich mich für die gegebenen Anregungen bedanken.

Für die sorgfältige Durchsicht des Manuskripts und die vielen weiteren hilfreichen Anregungen danke ich insbesondere Verena Wolters, meiner Schwester Angela Rudolf sowie meinem Vater Manfred Hetzel.

Von ganzem Herzen danke ich meiner Familie, insbesondere meinen Eltern und meiner Schwester, die mich in allen Phasen meiner universitären Ausbildung und dieser Arbeit unterstützt haben und mir stets den notwendigen Rückhalt gegeben haben, um diese Dissertation erfolgreich zu beenden.

Dortmund, Januar 2009 Michael Hetzel

Inhaltsverzeichnis

Abbildungsverzeichnis

Tabellenverzeichnis

„In diesem Jahrtausend wird es zwei Arten von Geschäften geben:

Die im Internet und die, die es nicht gibt“ (Bill Gates, Mitbegründer von Microsoft)

1 Einleitung

1.1 Ausgangssituation und Problemstellung

Kaum ein Thema hat in den vergangenen Jahren sowohl die Forschung als auch die Unternehmenspraxis derart beschäftigt wie die Auswirkungen des Internets auf das Konsumentenverhalten. Unterschiedliche Meta-Studien (Cao, Mokhtarian, 2005; Cho, Khang, 2006; Cheung et al., 2003) sowie die Vielzahl einzelner Studien verdeutlichen dies in der wissenschaftlichen Forschung. Das Internet ist das mit Abstand am schnellsten gewachsene Medium der Geschichte und brauchte lediglich fünf Jahre, bis es weltweit von mehr als fünfzig Millionen Konsumenten genutzt wurde (Zerdick et al., 2001, S. 152). Mehr als 60% der deutschen Bevölkerung nutzte es im Jahr 2006, und ein weiteres Wachstum wird erwartet, so dass der Anteil der Internetnutzer an der Gesamtbevölkerung in Deutschland auf voraussichtlich 67% im Jahr 2009 wachsen wird (TNS Infratest, 2007, S. 192 ff.; BITKOM, 2007a, S. 14).

Das Internet nimmt des Weiteren eine immer bedeutendere Rolle im Kaufprozess der Konsumenten ein. 34,6 Millionen Konsumenten in Deutschland, respektive 94,5% der Internetnutzer, haben sich schon online über Produkte informiert (AGOF, 2007, S. 26). 27 Millionen Bundesbürger haben 2006 bereits im Internet eingekauft und dabei 16,3 Milliarden € umgesetzt (HDE, 2006). Trotz der positiven Entwicklung der letzten Jahre ist der aktuelle Anteil des E-Commerce-Umsatzes am Gesamteinzelhandelsumsatz mit ca. 3% noch sehr gering (TNS Infratest, 2007, S. 282), so dass beim aktuellen Handelsvolumen noch nicht von einer akuten Bedrohung des stationären Handels in Form erheblicher Umsatzeinbußen auszugehen ist. Das Internet hat jedoch als flexible und individualisierte Einkaufsmöglichkeit für eine Erweiterung der Einkaufsstättenalternativen für den Konsumenten gesorgt.

Bedingt durch die zunehmende Akzeptanz des Internets sowie durch eine Vielzahl weiterer Faktoren ergeben sich bedeutende Entwicklungen im Konsumentenverhalten. Neben allgemeinen Veränderungen in der sozioökonomischen und soziodemografischen Struktur lässt sich insbesondere ein Wandel der persönlichen Werte und Motive feststellen, so dass von einer Mehrdimensionalität des Konsumentenverhaltens zu sprechen ist (Schramm-Klein, 2003, S. 38; Barth et al., 2007, S. 10 ff.). Konsumenten verhalten sich zunehmend multioptional, indem sie unterschiedliche, zum Teil konfliktäre Grundorientierungen aufweisen und ein schwer prognostizierbares Verhalten zeigen (Liebmann, Zentes, 2001, S. 135). Das Internet ist ein neuer und innovativer Distributionskanal, welcher das wahrgenommene Set an Einkaufsstättenalternativen für die Konsumenten erheblich erweitert. Für Konsumenten gilt es somit, sich neben der Produktwahl auch für eine Einkaufsstätte zu entscheiden. Dabei stehen situativ und umfeldbedingt unterschiedliche Bedürfnisse (Convenience, Preis, Zweck, Erlebnis) im Vordergrund, so dass keine konsistente Wahl der Einkaufsstätte zu beobachten ist (Schramm-Klein, 2003, S. 40).

Der Konsument möchte mit Unternehmen über traditionelle und innovative Kanäle in Kontakt treten und wünscht eine Verbindung und Integration der einzelnen Online- und Offline-Kanäle (Ahlert, Blut, Michaelis, 2007, S. 275). Unterschiedliche Studien zeigen auf, dass Konsumenten mehrere Kanäle zur Information und zum letztendlichen Kauf integrieren. Dabei nutzen sie bspw. das Internet zur Informationssuche und den stationären Handel zum letztendlichen Kauf oder tätigen einen Online-Kauf nach vorheriger Informationsgewinnung im stationären Handel (Breidenbach, 2007, S. 126 ff.; Dach, 2002b, S. 34; Silberberger, 2001, S. 25; Frambach et al., 2007, S. 27).

Für Unternehmen ergeben sich hieraus Veränderungsprozesse in ihrer Distribution. Sie befinden sich im Spannungsfeld unterschiedlicher interner und externer Kräfte, die eine permanente Anpassungsnotwendigkeit und eine hohe Flexibilität bedingen. Ein zentrales Element ist die Erschließung neuer Absatzkanäle, wie des Internets, welches in der Fachliteratur unter Begriffen wie Multi-Channel-Retailing, Mehrkanalsysteme oder auch mehrgleisiger Vertrieb in den letzten Jahren intensiv diskutiert worden ist (Sauer, 2005; Schramm-Klein, 2003; Schröder, 2005; Wirtz, 2007; Zaharia, 2006). Oftmals postulieren wissenschaftliche Auseinandersetzungen, dass Multi-Channel-Anbieter die sich wandelnden Kundenbedürfnisse besser befriedigen können (Schramm-Klein, 2003, S. 38 ff.). Ein mehrgleisiger Vertrieb schafft dem Kunden unterschiedliche Möglichkeiten der Kontaktaufnahme mit dem jeweiligen Handelsunternehmen und unterstützt somit die Bedürfnisse multioptionaler Konsumenten.

Bei Internetnutzern handelt es sich analog zum traditionellen Handelsumfeld nicht mehr um eine homogene Zielgruppe, sondern um verschiedene Segmente von Konsumenten, die differierende Anforderungen oder Erwartungen haben. Für die unterschiedlichen Akteure wie Hersteller oder Handelsunternehmen ist es daher wichtig, diese Bedürfnisse in der jeweiligen Kaufprozessphase[1], insbesondere unter Berücksichtigung des Internets als Beschaffungskanal, zu kennen. Typische Fragestellungen sind dabei die Folgenden: Welche Konsumentengruppen kaufen in welchem Distributionskanal? Welche Charakteristika und konsumentenspezifischen Determinanten begründen das jeweilige Verhalten in den einzelnen Phasen des Kaufprozesses? Welche Angebote nutzen die Konsumenten kaufprozessübergreifend? Die, auf diesen Fragestellungen aufbauende, Gestaltung und Steuerung von multiplen Vertriebswegen, um den Kunden möglichst in allen Phasen des Kaufprozesses an sich zu binden, ist folglich eine der zentralen Herausforderungen für Multi-Channel-Retailer.

Eine aktuelle Bestandsaufnahme empirischer Forschungsarbeiten verdeutlicht, dass trotz umfangreicher Forschungsbemühungen zum Konsumentenverhalten im Internet bzw. im Multi-Channel-Vertrieb aus verhaltenswissenschaftlicher Sicht mittels theoretischer Konstrukte und Theorien ein Großteil der Studien inhaltliche und methodische Schwachstellen (bspw. isolierte Betrachtung einzelner Phasen des Kaufprozesses; mangelnde Repräsentativität der Stichproben; unzureichende Operationalisierung der Zielkonstrukte) aufweist. Diese Kritikpunkte lassen eine uneingeschränkte Gültigkeit der Ergebnisse nicht zu und vermögen nicht das Verhalten von Online- und Offline-Käufern im Kaufprozess ganzheitlich zu erklären (vgl. ausführlich Kapitel 4). Darüber hinaus führen die zunehmende Akzeptanz des Mediums Internet, welches in weiten Schichten der Bevölkerung kaufprozessphasenübergreifend als ein komplementärer potenzieller Beschaffungskanal fungiert (Stichwort „Channel-Hopping-Verhalten" (Breidenbach, 2007, S. 126 ff.; Dach, 2002b, S. 34; Silberberger, 2001, S. 25; Frambach et al., 2007, S. 27)), und das zunehmend multioptionale Verhalten der

[1] Der Kaufprozess eines Konsumenten wird in der Literatur zumeist durch fünf bis sieben Phasen abgebildet: (1) Bedürfniserkennung, (2) Such-/Vorauswahlphase, (3) Vorkauf-Alternativenbewertung, (4) Kauf des Objektes/Realisierungsphase, (5) Nachkaufphase (bspw. Foscht, Swoboda (2005, S. 31); Assael (2004, S. 31); Peter, Olson (2005, S. 169). Im Zuge des Kapitels 3 wird hierauf detailliert eingegangen.

Konsumenten zu der Notwendigkeit, das spezifische Verhalten von Online- und Offline-Käufern verhaltenstheoretisch fundiert in allen Kaufprozessphasen zu untersuchen und ganzheitlich zu verstehen.

Die dieser Arbeit zugrunde liegende Problemstellung ist es folglich zunächst, das Konsumentenverhalten im Multi-Channel-Kontext bei extensiven Kaufprozessen, kaufprozessphasenübergreifend und umfassend, konzeptionell darzustellen sowie die Schwachstellen, die den Erklärungsgehalt der bisherigen Erkenntnisse zum Konsumentenverhalten im Internet einschränken, zu identifizieren und aufzuarbeiten. Hierauf aufbauend gilt es, zur Lösung der Problemstellung einen theoretisch fundierten und methodisch passenden Forschungsrahmen zu definieren, der in einer modifizierten empirischen Analyse das Konsumentenverhalten im Multi-Channel-Vertrieb aus verhaltenswissenschaftlicher Sicht untersucht. Dabei ist insbesondere das Aufzeigen von Gemeinsamkeiten und Unterschieden zwischen Online- und Offline-Käufern durch getrennte Analysen der beiden Käufergruppen essentiell, da aktuelle Statistiken zur Internetpenetration und Akzeptanz von E-Commerce-Angeboten noch gewichtige demografische und verhaltensorientierte Unterschiede zwischen den Adoptoren und Nichtnutzern aufzeigen (vgl. Kapitel 2.2). Basierend auf den quantitativen Ergebnissen gilt es schließlich, die für Unternehmen im Multi-Channel-Umfeld gewonnenen Erkenntnisse zu interpretieren.

Bisherige Studien zur Nutzung des Internets im Kaufprozess betrachten oftmals nur eine Phase des Kaufprozesses und konzentrieren sich dabei zumeist auf die Kaufphase. Insbesondere die After-Sales-Phase wird unzureichend berücksichtigt, und eine mehrphasige, ganzheitliche Betrachtung des Kaufprozesses mit einer gleichzeitigen Analyse der einzelnen Kaufprozessphasen erfolgt sehr selten. Nur zwei Studien sind dem Autor bekannt, die alle drei Phasen des Kaufprozesses, unter Berücksichtigung des Internets als Distributionskanal, im Rahmen ihrer Untersuchung betrachten (Betz, 2003; Frambach et al., 2007). Eine gleichzeitige Berücksichtigung aller drei Phasen scheint dem Autor dieser Arbeit jedoch notwendig, da Konsumenten insbesondere bei komplexen Produkten und Dienstleistungen ein intensives Multi-Channel-Hopping-Verhalten aufweisen. Aus praxisorientierter Unternehmenssicht ist es notwendig, die psychografischen Determinanten des Konsumentenverhaltens sowie die Präferenzen der Konsumenten in den jeweiligen Kaufprozessphasen zu verstehen, um hierdurch die Angebote eines Multi-Channel-Retailers kaufprozessphasenspezifisch für die jeweilige Käufergruppe optimal gestalten und die Nutzungswahrscheinlichkeit dieser Angebote in den jeweiligen Phasen erhöhen zu können. Zudem lassen sich bei einer Mehrphasenbetrachtung weitere Erkenntnisse zu den kaufprozessphasen-spezifischen Wirkeinflüssen der exogenen Determinanten gewinnen: Differieren die einzelnen Determinanten zwischen den Stufen? Besitzen die Determinanten hinsichtlich ihrer Stärke und Richtung unterschiedliche Wirkungen auf die Zielkonstrukte der jeweiligen Kaufprozessphasen?

Hinsichtlich der Untersuchungsmethodik sind insbesondere die unzureichende Berücksichtigung eines adäquaten Untersuchungsgegenstandes und die fehlende Repräsentativität der Stichprobe wichtige Kritikpunkte an existierenden Studien. Die vorliegenden Studien beruhen fast ausschließlich entweder auf einer Online-Umfrage oder einer postalischen Befragung, wobei die Online-Umfrage leicht dominiert (vgl. Kapitel 4.6.1 oder Cho und Khang, 2006, S. 155). Nur drei Umfragen (Ahlert et al., 2006; Broekhuizen, 2006; Shang et al., 2005) sind dem Autor bekannt, die Konsumenten über beide Wege für die jeweiligen Studien rekrutieren. Zudem zeigen Untersuchungen auf, dass bei drei Viertel der Studien die Teilnehmer nicht repräsentativ ausgewählt werden (Cho, Khang, 2006, S. 155). Eine intensive verhaltenswissenschaftliche Analyse des Kaufverhaltens von Konsumenten im Internet erscheint zudem insbesondere bei solchen Kaufentscheidungen notwendig, die eine ausgeprägte Auseinandersetzung der Konsumenten mit dem Kauf erwarten lassen. Gemäß verhaltenswissenschaftlicher Klassifikationen sind dies kognitiv geprägte, extensive Kaufentscheidungen, bei denen komplexe Entscheidungsregeln angewandt und alle Phasen eines Kaufprozesses, von der Informationsphase über die Kaufphase bis hin zur After-Sales-Phase, vom Konsumenten durchlaufen werden.[2] Oftmals werden jedoch in den bisherigen Studien keine konkreten Untersuchungsgegenstände ausgewählt oder aber Produkte, die ohne kognitive Anstrengungen in habitualisierten oder impulsiven Kaufentscheidungen beschafft werden.

Auch die Auswahl und die Operationalisierung der Zielkonstrukte in den Studien ist u.a. wegen des alleinigen Messens von Verhaltensabsichten oder wegen der Operationalisierung der abhängigen Variablen durch einen einzelnen Indikator zu kriti-

---

2 Vgl. u.a. Kroeber-Riel, Weinberg (2003, S. 382 ff.), Kotler et al. (2007, S. 628) sowie Kapitel 3.1.3 dieser Arbeit.

sieren (Schnell et al., 2005, S. 78; Esch et al., 2006, S. 101). Verhaltensabsichten, wie eine Kaufabsicht, liegen zwar näher an der realen Kaufhandlung als nur eine positive Einstellung, trotzdem messen sie nicht den Kaufakt an sich, sondern nur die Kaufwahrscheinlichkeit (Bänsch, 2002, S. 42). Die Verhaltensintention korreliert, empirisch belegt, nicht zwingend mit dem aktuellen Verhalten (Wicker, 1969, S. 65), da situative Umstände wie ein sehr plötzlich entstehender Bedarf, Zeitdruck oder auch Geldmangel die Konsumenten von ihrer ursprünglichen Verhaltensintention abbringen können. Des Weiteren analysieren die vorliegenden Arbeiten oftmals nur das Verhalten der Konsumenten im Internet und betrachten nicht die Interdependenzen zwischen der Nutzung von einzelnen Online- und Offline-Kanälen, was bei einer Analyse im Multi-Channel-Kontext notwendig erscheint. Dem Autor sind nur fünf Studien bekannt, die sich allesamt lediglich auf die Informationsphase vor dem Kauf beziehen, in denen die generelle Nutzung und die Nutzungsintensität unterschiedlicher Informationsquellen sowohl im traditionellen Offline-Kontext als auch im Internet untersucht werden (Bei et al.; 2004; Jepsen, 2007; Klein, Ford, 2003; Lee, 2006; Rha, 2002). Dabei werden in den vorhandenen Analysen im Multi-Channel-Vertrieb die einzelnen Beschaffungskanäle für die Konsumenten als kompetitive Absatzformate aufgefasst, die sich gegenseitig substituieren. Wenige Veröffentlichungen (Betz 2003, Zaharia, 2006) analysieren die Nutzung unterschiedlicher Distributionsoptionen von Konsumenten im Sinne komplementärer Absatzkanäle.

Des Weiteren existieren vergleichsweise wenige wissenschaftliche Studien aus Deutschland, so dass Erkenntnisse meist aus anderen Nationen transferiert werden müssen und die Generalisierbarkeit nicht sichergestellt werden kann.

Die bisherigen Ausführungen belegen die Notwendigkeit einer weiteren, intensiven Auseinandersetzung mit dem Konsumentenverhalten im Multi-Channel-Vertrieb aus verhaltenswissenschaftlicher Sicht. Die folgende Abbildung verdeutlicht bereits an dieser Stelle die identifizierten Schwachstellen und die abgeleiteten Konsequenzen für diese Arbeit.

	Identifizierte Schwachstellen	Konsequenzen für die vorliegende Arbeit
Betrachtung des Kaufprozesses	• Dominanz der Betrachtung einer einzelnen Phase des Kaufprozesses (Schwerpunkt auf Kaufphase) • unzureichende Berücksichtigung der After-Sales-Phase	• Mehrphasige Betrachtung: Informationsphase, Kaufphase, After-Sales-Phase
Untersuchungsmethodik	• unzureichende Berücksichtigung eines adäquaten Untersuchungsgegenstandes • fehlende Repräsentativität bei Zusammensetzung und zweifelhafte Rekrutierung der Stichprobe (Convenience-Sample, Selbstgenerierung der Teilnehmer, homogene Zusammensetzung (Studenten)) • zumeist Beschränkung auf Online-Umfrage	• Mobiltelefon als langlebiges Produkt und Auslöser eines extensiven Kaufprozesses als Untersuchungsgegenstand • Zufallsstichprobe aus Kundendatenbank des beteiligten Partnerunternehmens • Durchführung zweier paralleler Umfragen: Online-Käufer über Online-Fragebogen, Offline-Käufer über postalischen Fragebogen • separate Auswertung der gewonnenen Samples
Auswahl und Operationalisierung des Zielkonstruktes	• oftmalige Operationalisierung durch Messung von Einstellungen und Verhaltensabsichten • Dominanz des reflektiven Messkonstruktes • unzureichend konkrete Operationalisierung des Zielkonstruktes schafft Interpretationsspielraum für Konsumenten • häufig Operationalisierung durch nur einen Indikator	• Messung der realen Nutzungsintensität unterschiedlicher Offline- und Online-Medien/ -Kanäle im Kaufprozess durch formative Messkonstrukte • Messung der Verhaltensabsicht beim Konstrukt der Internet-Loyalität durch reflektives Messkonstrukt • Mehrphasige Betrachtung und eindeutig operationalisierte Messkonstrukte verhindern konsumentenseitigen Interpretationsspielraum

Abb. 1 Schwachstellen bisheriger Studien und Konsequenzen für die vorliegende Untersuchung
Quelle: Eigene Darstellung

1.2 Zielsetzung und Vorgehensweise

Die vorliegende Arbeit soll, mittels einer empirischen Untersuchung, ein besseres Verständnis des Konsumentenverhaltens bei extensiven Kaufentscheidungsprozessen aus verhaltenswissenschaftlicher Sicht im Multi-Channel-Umfeld schaffen. Dazu soll zunächst eine umfassende, kaufprozessphasenübergreifende konzeptionelle Darstellung des Konsumentenverhaltens erfolgen. Darauf aufbauend soll ein theoretisch fundierter und methodisch passender Forschungsrahmen erarbeitet werden, der in einer empirischen Analyse die Integration des Internets in den Kaufprozess von Konsumenten im Multi-Channel-Vertrieb aus verhaltenswissenschaftlicher Sicht in einer ganzheitlichen Betrachtung untersucht. Dabei soll der erarbeitete Forschungsrahmen die zu überprüfenden Hypothesen und Strukturgleichungsmodelle determinieren, so dass die empirische Arbeit vornehmlich konfirmatorisch vorgeht. Inhaltliche und methodische Schwachstellen bisheriger Arbeiten gilt es hierbei zu vermeiden. Durch eine separate Analyse von Online- und Offline-Käufern soll dabei die Nutzung des Internets käufergruppenspezifisch untersucht werden. Die Analyse mehrerer Phasen des Kaufprozesses soll zudem weitere Erkenntnisse liefern. So sollen die relevanten

Einflüsse der psychografischen Determinanten in den jeweiligen Phasen untersucht werden, um zu erkennen, ob die Determinanten zwischen den Stufen differieren oder hinsichtlich ihrer Stärke und Richtung unterschiedliche Wirkungen auf die Zielkonstrukte der jeweiligen Kaufprozessphasen haben. Im Multi-Channel-Umfeld agierende Unternehmen erhalten hierdurch Anhaltspunkte zu den wesentlichen psychografischen Treibern der Internetintegration sowie zu bedeutenden Verhaltensunterschieden der jeweiligen Käufergruppe. Diese Analyse schließt eine kaufprozessphasenübergreifende Analyse ein und beinhaltet die Berücksichtigung der aus der Theorie abgeleiteten wesentlichen exogenen Einflussfaktoren zur Nutzung des Internets im Kaufprozess.

Bei der Erstellung des Forschungsmodells sollen die kaufprozessbeeinflussenden Determinanten in Form von psychografischen Persönlichkeitseigenschaften der Konsumenten, deren Bedeutung in der wissenschaftlichen Fachliteratur bereits belegt ist, identifiziert und ausgewählt werden, so dass ihnen eine prädiktive Qualität bescheinigt werden kann. Dabei soll gezeigt werden, dass es sich bei den in der empirischen Studie verwendeten Messmodellen um valide und reliabel gemessene Konstrukte handelt, die zum Teil in dieser Form noch nicht in der deutschsprachigen Forschung eingesetzt worden sind. Darüber hinaus sollen sie einen signifikanten Erklärungsanteil an dem Nutzungsverhalten von Online- und Offline-Kanälen der Konsumenten im Kaufprozess eines Mobiltelefons aufweisen.

Die Auswahl dieser Determinanten basiert auf einer umfassenden Analyse von weit über 100 Studien. Die Vermittlung eines Überblicks des aktuellen Forschungsstandes ist ein Nebenziel dieser Arbeit, da diese Erkenntnisse, über die konkrete Anwendung in dieser Untersuchung hinaus, einen Mehrwert für den Rezipienten schaffen.

Letztendlich werden sechs kaufprozessbeeinflussende intrapersonale, psychografische Determinanten ausgewählt, deren Bedeutung sowohl in der traditionellen Kaufverhaltensforschung als auch in der jüngeren Forschung zum Themengebiet E-Commerce anerkannt ist. Im Einzelnen sind es die allgemeinen konsumentenspezifischen Persönlichkeitseigenschaften der (1) Convenience-Orientierung und der (2) persönlichen Innovativität, die produktbezogenen Persönlichkeitseigenschaften des (3) Produktinvolvements und des (4) subjektiven Produktwissens sowie die internet- bzw. händlerbezogenen Persönlichkeitseigenschaften des (5) wahrgenommenen Risikos gegenüber dem Internet als Distributionskanal und der (6) Kaufzufriedenheit mit dem letzten Kauf.[3] Im Rahmen der empirischen Arbeit soll der Einfluss dieser Determinanten auf das konsumentenspezifische Nutzungsverhalten von einzelnen Kanälen, Medien und Informationsquellen kaufprozessphasenübergreifend untersucht werden. Dabei soll der Schwerpunkt, wie bereits skizziert, auf der Analyse des Nutzungsverhaltens des Internets im Kaufprozess liegen. Im Zuge einer ganzheitlichen Betrachtung sollen jedoch auch traditionelle Offline-Medien berücksichtigt werden.

Ein wesentlicher Vorteil der vorliegenden Arbeit ist die getrennte Analyse der Online- und Offline-Käufer, die sowohl aus methodischer als auch theoriegeleiteter Sicht zu befürworten ist. Daher wird besonderes Gewicht auf die Untersuchungsmethodik gelegt, weil diese als eine Schwachstelle bestehender Arbeiten identifiziert worden ist. Dabei sollen durch eine Kooperation mit einem Mobilfunknetzbetreiber über eine Zufallsauswahl zwei ausreichend große Samples für die Online-Käufer eines Mobiltelefons wie auch für die Offline-Käufer gewonnen werden. Über eine separate Analyse dieser Samples sollen die aus der Theorie abgeleiteten Hypothesen zu den unterschiedlichen erwarteten Wirkungseinflüssen der psychografischen Persönlichkeitseigenschaften auf die Nutzung von Online- und Offline-Kanälen in den einzelnen Phasen des Kaufprozesses überprüft werden. Hierdurch sollen spezifische Unterschiede in den einzelnen Käufergruppen aufgedeckt und die jeweilige Bedeutung dieser Determinanten für die Online- und Offline-Käufer aufgezeigt werden.

Die Ergebnisse der empirischen Untersuchung und die daraus gewonnenen Erkenntnisse zum Kauf- und Nutzungsverhalten der Konsumenten sollen neben der wissenschaftlichen Perspektive auch aus praxisorientierter Sicht ein tieferes Verständnis des Konsumentenverhaltens bewirken. Ziel dieser Arbeit aus praxisorientierter Sicht ist es, durch die empirische Studie Unterschiede im Nutzungsverhalten der Konsumenten in den einzelnen Phasen des Kaufprozesses im Internet aufzudecken, die auf intrapersonalen psychografischen Persönlichkeitseigenschaften der Konsumenten beruhen. Dabei werden diejenigen Persönlichkeitseigenschaften eruiert, die die Gruppen der Offline- und Online-Käufer bestmöglich voneinander trennen und somit als positiver Treiber bzw. als Hinderungsgrund für die Integration und Nutzungsintensität des Internets im Kaufprozess zu charakterisieren sind. Hieraus ergeben sich für die Unterneh-

[3] Die Kategorisierung der Determinanten erfolgt auf der Basis der eigenen Literaturrecherche und in Anlehnung an weitere Autoren wie Cao und Mokhtarian (2005, S. 25 ff.) oder Chang et al. (2005, S. 543 ff.), auf die ausführlich im Kapitel 4 eingegangen wird.

men Implikationen für die eigene Ressourcenallokation der marktorientierten Aktivitäten. Die Kenntnis dieser käufergruppentrennenden Eigenschaften verschafft den Unternehmen die Möglichkeit, die eigenen Distributionsorgane an den Bedürfnissen der Konsumenten auszurichten, um diese, ohne größere Streuverluste, bedienen zu können. Es sollen der Praxis Anhaltspunkte gegeben werden, inwieweit die Kunden die unterschiedlichsten Kanäle und Medien im Multi-Channel-Vertrieb eines Mobiltelefons kennen und nutzen: Weisen die Kunden nur ein singuläres Nutzungsverhalten einzelner Kanäle auf oder integrieren sie kanal- und medienübergreifend eine Vielzahl von Quellen im Sinne eines multiplen Shoppingverhaltens? Mögliche Substitutions- und Kannibalisierungseffekte zwischen den einzelnen Online- und Offline-Kanälen sollen zudem aufgezeigt werden und in kombinierter Betrachtung den Unternehmen helfen, den heterogenen Kundenmarkt hinsichtlich der unterschiedlichen Bedürfnisse, Eigenschaften und Verhaltensweisen einzuteilen und darauf die Marketing- und Distributionsaktivitäten auszurichten. Die folgende Abbildung veranschaulicht den grundlegenden Forschungsrahmen dieser Arbeit.

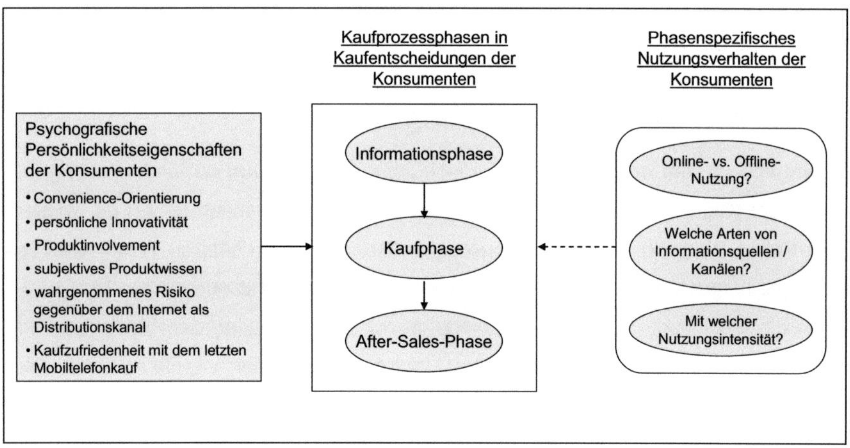

Abb. 2 Forschungsrahmen der vorliegenden Arbeit
Quelle: Eigene Darstellung

1.3 Aufbau der Arbeit

Die vorliegende Arbeit gliedert sich in insgesamt sechs Kapitel. Nach diesem Einführungskapitel werden, aufbauend auf der formulierten Zielsetzung, in **Kapitel 2** begriffliche Grundlagen erarbeitet und ein Überblick über das Internet und dessen

Entwicklung als Distributionskanal mit den zentralen Akteuren und Anbietertypen sowie seinen inhärenten Besonderheiten als Absatzkanal gegeben. Nach Betrachtung des Untersuchungsgegenstandes Mobiltelefon werden die spezifischen Distributionsmöglichkeiten erörtert. Neben grundlegenden Ausführungen zur Distributionspolitik wird insbesondere der Begriff der Multi-Channel-Distribution aufgegriffen und ihr konkreter Einsatz beim Vertrieb von Mobiltelefonen und die zu bewältigenden Herausforderungen, die aus der zunehmenden Akzeptanz des Internets resultieren, werden aus Sicht eines Mobilfunknetzbetreibers analysiert.

Das sich anschließende **Kapitel 3** stellt das Verhalten der Konsumenten bei Kaufvorgängen in den Mittelpunkt. Neben allgemeinen Grundlagen und der Klassifikation eines Mobiltelefonkaufs aus verhaltenswissenschaftlicher Sicht werden mit den Phasenmodellen sowie dem Modell der Einkaufsstättenwahl aus prozessualer Sicht zwei, für diese Arbeit bedeutende, Modelle des Kaufentscheidungsverhaltens von Konsumenten skizziert und die in dieser Arbeit gewählte Betrachtungsweise wird vorgestellt. Anschließend erfolgt die Konzeptionalisierung der einzelnen in der späteren empirischen Studie zu untersuchenden Phasen des Kaufprozesses, um die relevanten psychischen Vorgänge innerhalb des Individuums und die Teilprozesse der jeweiligen Phasen darzustellen.

Im **Kapitel 4** wird das Forschungsmodell für die spätere empirische Untersuchung entwickelt, mittels dessen herausgefunden werden soll, inwieweit Konsumenten das Internet im Rahmen einer ganzheitlichen Betrachtung in den Kaufprozess integrieren. Dazu werden, aufbauend auf dem aktuellen Forschungsstand, Forschungsfragen formuliert und zwei Strukturmodelle zur Erklärung des Kaufverhaltens im Internet und zu einer anschließenden empirischen Überprüfung für die Informationsphase und die After-Sales-Phase aufgestellt. Für die Betrachtung der Kaufphase werden Hypothesen entwickelt, die mittels einer Diskriminanzanalyse in der empirischen Untersuchung überprüft werden. Die im Forschungsmodell zur Erklärung herangezogenen verhaltensbestimmenden kaufprozessbeeinflussenden Determinanten werden ausgewählt und begrifflich und konzeptionell ausgearbeitet. Ein umfassender Überblick zeigt auf, inwieweit die Konstrukte in der empirischen Forschung zur Analyse des Kaufverhaltens bereits berücksichtigt worden sind. Eine kritische Würdigung bisheriger empirischer Studien und die Darstellung der sich daraus ergebenden Konsequenzen für diese Arbeit schließen das Kapitel ab.

Im **Kapitel 5** erfolgt die empirische Überprüfung der aufgestellten Forschungsmodelle und der dazugehörigen Hypothesen. Nach einleitenden Informationen zum Design und zur Durchführung der Umfrage erfolgt die Beschreibung der methodischen Grundlagen der Arbeit und die Darstellung geeigneter Mess- und Analyseverfahren sowie der verwendeten Gütekriterien zur Überprüfung der Mess- und Strukturmodelle. Ausführlich wird die Konstruktion des Messmodells, in Form der Operationalisierung der endogenen und exogenen Messkonstrukte, dokumentiert. Nach der Aufbereitung wichtiger deskriptiver Ergebnisse erfolgen die Gütebeurteilung des Messmodells und die Überprüfung der aufgestellten Hypothesen für die Informationsphase und After-Sales-Phase anhand der Strukturmodelle. Eine diskriminatorische Analyse der Online- und Offline-Käufer für die einzelnen Phasen des Kaufprozesses deckt abschließend käufergruppenspezifische Unterschiede auf.

Das abschließende **Kapitel 6** fasst die Erkenntnisse dieser Arbeit zusammen. Dabei werden zunächst die wesentlichen Bestandteile und die gewählte Vorgehensweise rückblickend betrachtet und die wichtigsten Ergebnisse der empirischen Untersuchung skizziert. Basierend auf den Resultaten dieser Arbeit folgt eine theoriebezogene Diskussion der Erkenntnisse und der Implikationen für die Unternehmenspraxis, um abschließend einige Ansätze aufzuzeigen, die hinsichtlich einer thematischen Fortführung und Ergänzung dieser Arbeit aus Sicht der Marketingforschung sinnvoll erscheinen.

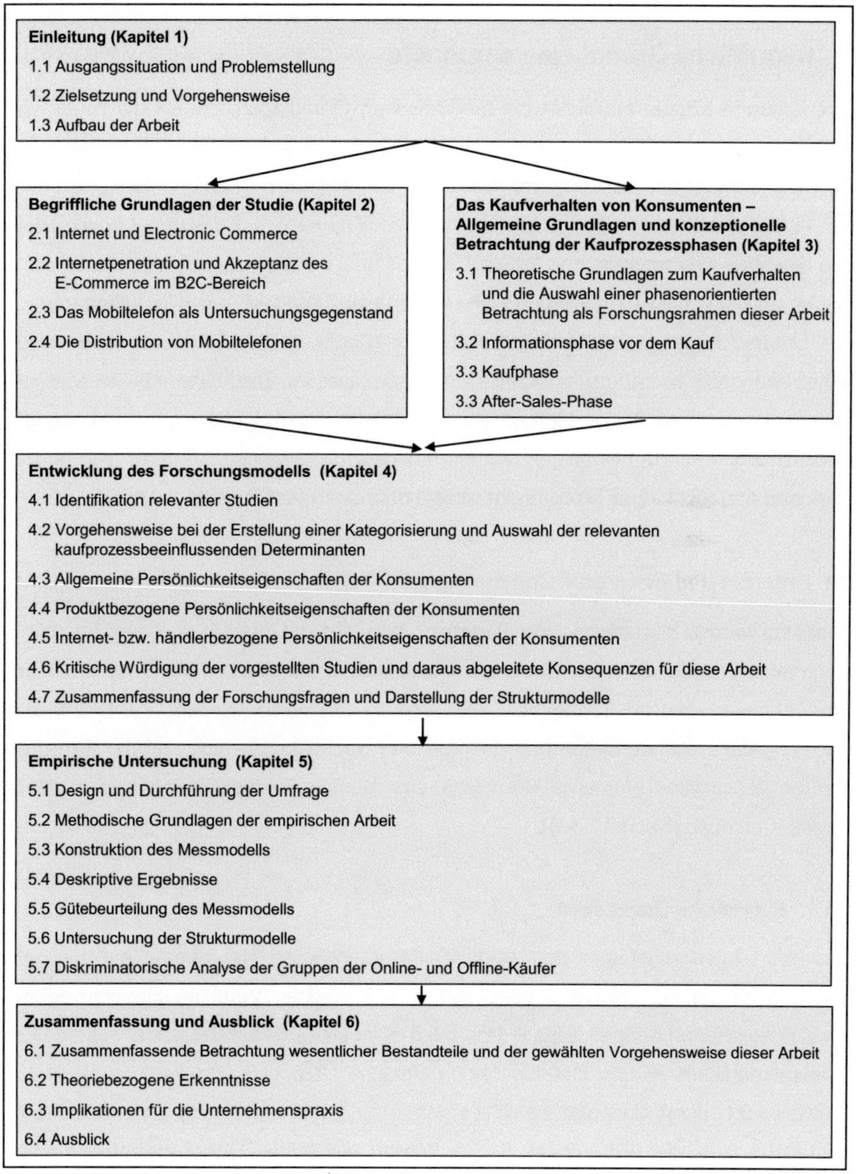

Abb. 3 Gang der Arbeit

Quelle: Eigene Darstellung

2 Begriffliche Grundlagen der Studie

Das folgende Kapitel erarbeitet die theoretischen Grundlagen, die für die Arbeit wesentlich erscheinen. Zunächst erfolgt ein Überblick über das Internet und dessen Entwicklung als Distributionskanal mit den zentralen Akteuren und Anbietertypen sowie den inhärenten Besonderheiten als Absatzkanal (Kapitel 2.1). Es wird aufgezeigt, welche Bevölkerungsgruppen das Internet nutzen und welchen Stellenwert das Internet aktuell und zukünftig als Distributionsmedium besitzt (Kapitel 2.2). Nach Betrachtung des Untersuchungsgegenstandes Mobiltelefon (Kapitel 2.3) wird dessen Distribution näher analysiert. Neben grundlegenden Ausführungen zur Distributionspolitik wird insbesondere der Begriff der Multi-Channel-Distribution aufgegriffen und ihr konkreter Einsatz und die zu bewältigenden Herausforderungen beim Vertrieb von Mobiltelefonen aus Sicht eines Mobilfunknetzbetreibers analysiert (Kapitel 2.4).

2.1 Internet und Electronic Commerce

Zunächst werden begriffliche Grundlagen zu dem Medium Internet und dem Electronic Commerce (Kapitel 2.1.1) erörtert, um anschließend die Akteure sowie unterschiedliche Anbietertypen im Electronic Commerce zu skizzieren (Kapitel 2.1.2). Die Betrachtung der Besonderheiten und der Vor- und Nachteile, die sich aus der Partizipation an Electronic-Commerce-Aktivitäten aus Konsumentensicht ergeben, schließt dieses Kapitel ab (Kapitel 2.1.3).

2.1.1 Begriffliche Grundlagen

Das Wort Internet ist aus den Begriffen Interconnected Net abgeleitet.[4] Es geht ursprünglich auf Forschungsarbeiten des amerikanischen Verteidigungsministeriums zur Zeit des Kalten Krieges zurück. Das Internet ist ein globales Netzwerk, in dem über Telekommunikations- und Datenleitungen einzelne Computer und auch lokale Netze weltweit verbunden sind und zwischen denen eine Kommunikation bzw. ein Datenaustausch stattfindet (Fritz, 2004, S. 25). Zu den wichtigsten Eigenschaften des Internets gehört die Dezentralität und Offenheit.

---

[4] Zur ausführlichen Auseinandersetzung mit der Thematik: u.a. Koch (2006); Wamser (2001); Fritz (2004).

Um das Internet auch für den Großteil der Konsumenten attraktiv zu gestalten, war die Entwicklung von Internetdiensten und Internetanwendungen notwendig. Zu diesen gehören u.a. das World Wide Web (WWW), welches oftmals mit dem Internet gleichgesetzt wird, die E-Mail-Kommunikation, Chats oder Newsgroups. Die Erfindung des WWW im Jahre 1992 und des ersten Web-Browsers im Jahr 1993 waren der Durchbruch zu einem sich entwickelnden Massenphänomen. Die kommerzielle Nutzung des Internets war bis 1993 verboten, erst nach dem Rückzug des Staates und einer Überlassung an private Investoren begann die schnelle Verbreitung und Kommerzialisierung des Internets (Koch, 2006, S. 53 f.).

Das Internet wird oftmals zur Unterstützung und Durchführung der Distributionsprozesse beim Absatz von Produkten und Dienstleistungen eingesetzt. Es bietet prinzipiell die Möglichkeit, alle Phasen einer Transaktion, von der Informations-, über die Kauf- und Abwicklungs- bis hin zur After-Sales-Phase, ohne Medienbruch abzuwickeln. Die Nutzung des Internets als Absatzkanal wird in der Literatur unter dem Begriff **Electronic Commerce** (E-Commerce) diskutiert, welcher im Folgenden durch eine Abgrenzung zu dem in diesem Kontext ebenso genutzten Begriff des **Electronic Business** (E-Business) aufgearbeitet wird.[5] In beiden Fällen handelt es sich um eine *„elektronische Geschäftsabwicklung über öffentliche und private Netze“* (Hermanns, Sauter, 2001, S. 8). Öffentliche Netze, zu denen das Internet gehört, sind jedem Nutzer zugänglich. Private Netze wie Intranets und Extranets stehen hingegen nur einem eingeschränkten Personenkreis zur Verfügung und werden zumeist von Mitarbeitern oder Lieferanten genutzt. Eine Abgrenzung zwischen E-Commerce und E-Business nimmt der Katalog E, als ein anerkanntes Medium zur definitorischen Einordnung von Begriffen aus dem Bereich Handel und Distribution, vor:

„Unter elektronischem Geschäftsverkehr (E-Business, Electronic Business) wird jede Art von wirtschaftlicher Tätigkeit auf der Basis computergestützter Netzwerke (insbesondere des Internets) verstanden. Neben Transaktionen zwischen verschiedenen Wirtschaftssubjekten umfasst der Begriff auch Transaktionen innerhalb kooperierender Systeme und unternehmensinterne Prozesse im Back End (Back End Management). Elektronischer Handel (E-Commerce) beschränkt sich hingegen auf marktliche Trans-

---

[5] Eine sehr ausführliche Analyse mit den Begriffen nimmt Koch (2006, S. 73 ff.) vor. Für eine tiefergehende Auseinandersetzung sei der Leser hierauf verwiesen.

aktionen und kann insofern als ein Teilbereich des elektronischen Geschäftsverkehrs angesehen werden. Elektronischer Geschäftsverkehr im engeren Sinne bezeichnet eine umfassende Unternehmensstrategie, die versucht, die Potenziale des Internets möglichst weitreichend auszuschöpfen." (Katalog E, 2006, S. 24 f.)

Die Begriffsabgrenzung zeigt, dass E-Commerce ein spezifischer Bereich des E-Business ist. Während beim E-Business alle elektronisch- bzw. computerbasierten Informations- und Transaktionsprozesse innerhalb eines Unternehmens bzw. mit seinen Kunden und Lieferanten einbezogen werden, umfasst der Begriff des E-Commerce nur Kaufs- und Verkaufsprozesse, die durch elektronische Technologien, vornehmlich durch das Internet, unterstützt werden (Kotler et al., 2007, S. 194). Hierbei sei angemerkt, dass Aktivitäten im E-Commerce-Umfeld sich keineswegs nur auf den eigentlichen Verkauf von Produkten und Dienstleistungen über das Internet beschränken, sondern alle mit der Distribution verbundenen Informations- und Kommunikationsprozesse beinhalten. Ferner können auch Transaktionen, bei denen der Zahlungsvorgang nicht über das Internet abgewickelt wird oder die Auslieferung auf dem postalischen Weg erfolgt, welches nahezu unerlässlich für tangible Güter ist, dem Electronic Commerce zugerechnet werden, wenn der Geschäftsabschluss über das Internet getätigt wird. Folglich ist der Begriff des Elektronischen Handels bzw. E-Commerce der relevante Teilbereich und Untersuchungsgegenstand dieser Arbeit.

Der wachsende Anteil internetfähiger mobiler Endgeräte wie Mobiltelefone der neuesten Generation oder PDAs sowie die Senkung von Datentarifen der Mobilfunkbetreiber hat dazu geführt, dass den Konsumenten vermehrt mobil abrufbare Leistungen aus dem Internet angeboten werden. Über mobile Endgeräte können die Nutzer auf Inhalte des Internets zugreifen und Transaktionen durchführen. Das Mobile Commerce (M-Commerce) als mobile Version des E-Commerce gewinnt hierdurch an Bedeutung und wird zukünftig ein Wachstum erfahren.

2.1.2 Zentrale Akteure und Anbietertypen im Electronic Commerce

Eine Vielzahl von unterschiedlichen Interaktionspartnern, die über das Internet Transaktionen abwickeln, wird in der Fachliteratur genannt. Die wichtigsten sind Konsumenten (Consumer), Unternehmen (Business), öffentliche Institutionen (Administration) und Mitarbeiter (Employee) (Fritz, 2004, S. 31). Aus der marktorientierten Perspektive des E-Commerce sind die beiden Gruppen Konsumenten und Unternehmen sehr bedeutend. Hier sind die Aktivitäten des Business-to-Consumer (B2C), Business-to-Business (B2B) sowie Consumer-to-Consumer (C2C) relevant. E-Commerce-Aktivitäten mit öffentlichen Institutionen als Beteiligte werden oftmals als E-Government bezeichnet und werden ebenso wie Aktivitäten von Unternehmen gegenüber Mitarbeitern (Business-to-Employee) im Folgenden nicht weiter erörtert.

B2B-E-Commerce beschreibt Transaktionen von mindestens zwei Unternehmen auf unterschiedlichen Wertschöpfungsstufen wie der Beschaffung, Forschung, Entwicklung, Produktion oder dem Marketing/Vertrieb (Hier und im Folgenden Hermanns, Sauter, 2001, S. 26 f.). In der Regel sind dies zusammenarbeitende Hersteller oder auch Hersteller und weiterverarbeitende Unternehmen wie Handelsunternehmen. Die Transaktionen werden oftmals über elektronische Marktplätze oder auch über Extranets abgewickelt, um durch spezifische Anpassungen den beteiligten Unternehmen einen hohen Nutzen zu bieten, welcher gleichzeitig auch als Wechselbarriere fungiert und so Basis für eine dauerhafte Geschäftsbeziehung ist.

Im Rahmen des **C2C-E-Commerce** treten Konsumenten untereinander in Kontakt, um als Anbieter und Nachfrager Leistungen über das Internet auszutauschen. Hierzu zählen Auktionsplattformen oder Kleinanzeigenmärkte. Die Bedeutung von Auktionsplattformen wird an Zahlen von eBay deutlich: Die privaten eBay-Verkäufer unter den insgesamt 18,8 Millionen registrierten Nutzern (95% private Nutzer, 5% gewerbliche Nutzer) wickelten in Deutschland im Jahr 2006 Geschäfte mit einem Handelsvolumen von insgesamt 4 Milliarden Euro ab (eBay, 2007).

Unter Aktivitäten im **B2C-E-Commerce** versteht man Transaktionen und deren Anbahnung zwischen Unternehmen und Endverbrauchern über das Internet. Der Endverbraucher ist Nachfrager und bestellt online bei Händlern oder Herstellern Güter und Dienstleistungen. Das Transaktionsvolumen sowie die Bindung zwischen Anbieter und Nachfrager sind zumeist deutlich geringer als bei B2B-Aktivitäten. Des Weiteren werden im B2C-Segment Produkte in der Regel zu festen Konditionen und Preisen über elektronische Kataloge offeriert. Aktivitäten in diesem Bereich sind von Vertriebskanalkonflikten geprägt, da die traditionelle Rollenverteilung zwischen Hersteller und Handel durch die Möglichkeiten des Direktvertriebs und durch neue Intermediäre in Frage gestellt werden kann (Wamser, 2001, S. 45). Mit der zunehmenden Verbreitung des Internets in den unterschiedlichsten Bevölkerungsschichten gewinnt das Internet für den elektronischen Handel mit Produkten und Dienstleistungen im B2C-Bereich immer mehr an Bedeutung (vgl. Kapitel 2.2).

In den letzten Jahren sind viele Unternehmen unterschiedlichster Größe in den Online-Markt eingetreten. Eine grundlegende Unterteilung kann erfolgen zwischen Unternehmen, deren Geschäftszweck ausschließlich auf dem Internet fußt, sowie Unternehmen, die das Internet als zusätzlichen Kommunikations- bzw. Distributionskanal nutzen.

Bei reinen Online-Anbietern beruht das Geschäftsmodell einzig auf dem Generieren von Erlösen über das Internet. Beispiele sind der Buchhändler amazon oder der Computerhersteller DELL. Im Internet existieren neben den Herstellern und den Handelsunternehmen ähnlich wie im traditionellen Handel Intermediäre, die spezielle Leistungen für einzelne Stufen der Wertschöpfungskette übernehmen und helfen sollen, Kosten einzusparen und Spezialisierungseffekte zu erzielen (Meier, Stormer, 2005, S. 24). Intermediäre im Internet sind oftmals reine Informationsdienstleister. Ohne selbst als Anbieter von Waren aufzutreten, versorgen sie die Konsumenten mit einer effizienten und umfassenden Informationsbasis, die in der Regel zur Kaufvorbereitung genutzt wird. Dabei übernehmen die Intermediäre Rollen wie die eines Maklers oder eines zentralen Marktplatzes und bündeln unterschiedliche Shops unter einer Internetseite. Preis- und Produktvergleichseiten liefern Bewertungen zu Händlern und Produkten sowie den günstigsten Preis für das Zielprodukt, oftmals mit passenden Testberichten. Zu den Intermediären gehören Suchmaschinen und Internetportale sowie virtuelle Auktionshäuser.

Neben rein über das Internet agierenden Anbietern existieren Unternehmen, die bisher über den traditionellen stationären Handel oder andere Distanzkanäle ihre Produkte und Dienstleistungen verkauft haben und nun auch im Internet aktiv sind. Lange Zeit beschränkten sich Hersteller aus Angst vor Kannibalisierungseffekten und möglichen Auslistungen seitens des stationären Handels auf die Informationsvermittlung über das Internet. Da diese Befürchtungen nicht in dem Maße eingetreten sind sowie Lösungswege zur Vermeidung dieser Konflikte gefunden wurden und der Wettbewerbsdruck auf der anderen Seite stetig zugenommen hat, sind zwischenzeitlich viele *„brick-and-mortar-Firmen“* (traditionelle Anbieter) zu so genannten *„click-and-mortar-Firmen“* (traditionelle Anbieter mit Internet als zusätzlichem Distributionskanal) geworden (Kotler et al., 2007, S. 203). Click-and-mortar-Anbieter verfügen im Vergleich zu reinen Online-Anbietern bereits über bekannte Marken, zumeist über größere finanzielle Ressourcen, einen etablierten Kundenstamm, ausgeprägte Branchenkenntnisse sowie lang gewachsene Verbindungen zu Schlüssellieferanten (Kotler et al., 2007, S. 203). Unternehmen, die sowohl über das Internet als auch über weitere Absatzkanäle ihre Produkte und Dienstleistungen verkaufen, werden auch als Multi-Channel-Anbieter bezeichnet (vgl. Kapitel 2.4.1).

2.1.3 Besonderheiten sowie Vor- und Nachteile der digitalen Abwicklung des Kaufprozesses im Internet aus Konsumentensicht

Das Internet erfüllt bzw. ersetzt nahezu alle Funktionen der Wertschöpfungskette des traditionellen stationären Handels (Korb, 2000, S. 20 ff.). Bei digitalisierbaren Gütern erfolgt dabei die Abwicklung einer Transaktion ohne Medienbruch über das Internet. Der Konsument profitiert im E-Commerce von einer Vielzahl von Vorteilen, denen auch einige Nachteile gegenüberstehen. Im Folgenden werden die wichtigsten Besonderheiten und die Vor- und Nachteile einer digitalen Abwicklung des Kaufprozesses aus Konsumentensicht analysiert. Dabei werden in Anlehnung an Alba et al. (1997, S. 40) die Informationsmöglichkeiten, die Auswahl an Alternativen und die Bestellung und Abwicklung des Kaufs näher betrachtet, da dies die Kernaktivitäten eines Kaufprozesses darstellen.

Informationsmöglichkeiten

Besondere Vorteile ergeben sich durch die *„Anytime-, Anywhere- und Anyhow-Verfügbarkeit von Informationen“* im Internet (Albers, Peters, 1997, S. 79). Unabhängig von Ladenöffnungszeiten kann der Konsument täglich rund um die Uhr und nahezu ohne zeitliche Verzögerungen Informationen gewinnen und Transaktionen tätigen.

Das Internet ermöglicht dem Konsumenten eine kaum zu überblickende **Informationsvielfalt**. Elektronische Produktkataloge, virtuelle Verkaufsräume und Shopping Malls sowie weitere Angebote von Herstellern, Distributoren und Intermediären versorgen den Konsumenten mit Informationen und erhöhen insbesondere hinsichtlich quantitativer Aspekte die Marktransparenz (Hansen et al., 2004, S. 281). Im Gegensatz zum traditionellen Marketing, wo der Konsument zumeist die Rolle eines passiven Rezipienten einnimmt und Unternehmen die Kommunikation forcieren (Push-Kommunikation), steuert der Konsument im Internet in der Regel aktiv den Informationsfluss. Er bestimmt, welche Informationen er erhalten möchte (Pull-Kommunikation). Die Informationsqualität ist in der Regel sehr hoch, da neben allgemeinen Produktinformationen auch neutrale Testberichte oder Beurteilungen anderer Konsumenten zur Verfügung stehen. Die audiovisuelle Aufbereitung gewinnt zunehmend an Bedeutung, so dass zumeist bis auf die als äußerst wichtig einzuschätzende sensorische Überprüfung von Produkten alle erforderlichen Informationen im Internet eingeholt werden können.

Vor allem mit dem Internet nicht vertraute Konsumenten können durch die **Informationsflut** und die qualitativ höchst unterschiedlichen Informationen auch suboptimale Entscheidungen treffen, da sie nicht die relevanten Informationen für ihr Entscheidungsproblem filtern können (Wölfer, 2002, S. 106 f.). Durch die Informationsvielfalt gerät der Konsument in die Gefahr des *„information overload"*, der durch die Beschränkung der menschlichen Fähigkeit, in einer bestimmten Zeitspanne Informationen aufzunehmen und zu verarbeiten, ausgelöst wird (Jacoby, 1977, S. 569). Wenn diese Grenze überschritten wird, ist das menschliche System zur Verarbeitung von Informationen überlastet und es kommt zu suboptimalen Entscheidungen (Kroeber-Riel, Weinberg, 2003, S. 381).

Von besonderer Bedeutung im Internet sind **Virtuelle Communities**, die häufig mit Namen wie Kundenartikulationsseiten, Meinungsplattformen oder Communities of Interest belegt sind und ein fester Bestandteil des Web 2.0 sind (vgl. ausführlich: Wolf, 2007, S. 37 ff.). Wolf (2007, S. 40) definiert sie als *„ein nicht radikal-strukturiertes, egozentriertes Netzwerk im virtuellen Raum, in dem die Nutzer multidirektional und themenspezifisch interagieren und so die Basis einer glaubwürdigen Kommunikation schaffen."* Konsumenten nutzen diese Plattformen, um sich gegenseitig bei Problemen mit Produkten auszutauschen und zu unterstützen, um gezielt Informationen vor oder nach einem Kauf zu erlangen oder um mit Gleichgesinnten zu kommunizieren. Diese durch Kunden zur Verfügung gestellten Informationen werden auch Electronic-Word-of-Mouth (E-WOM) genannt und haben durch den herstellerunabhängigen Charakter an Bedeutung und Popularität gewonnen und werden als besonders glaubwürdig eingeschätzt (Hennig-Thurau et al., 2004, S. 39; Hennig-Thurau, Walsh, 2004, S. 51 ff.). Communities helfen, die in der Informationsphase benötigten Informationen zu erhalten und in der After-Sales-Phase evtl. auftretende Nachkaufdissonanzen durch gezielte Informationsaufnahme abzubauen (Hennig-Thurau, 2004, S. 181).

Ähnlich wie bei Käufen im stationären Handel, gibt es im Internet auch **unterschiedliche Arten der Suche**. Eine ritualisierte und habitualisierte Mediennutzung im Sinne eines virtuellen, nicht zielgerichteten, „*Schaufensterbummels*“ lässt sich als „*Browsing*“ bezeichnen, wohingegen die gezielte, problemlösungsorientierte Suche als „*Searching*“ bezeichnet wird (Wölfer, 2002, S. 102). In einer Untersuchung aus dem Jahr 2001 zeigte sich, dass das nicht zielorientierte „*Browsen*“ von der Mehrheit der Internetnutzer (58.3%) im Vergleich zum zielorientierten „*Searching*“ (41,7%) bevorzugt wird (Roßmanith, 2001, S. 62).

Das umfangreiche Informationsangebot kann im Internet durch Intermediäre wie **Informations- oder Shopping-Agenten** gebündelt werden. Diese Agenten erfragen bei Konsumenten individuelle Präferenzen hinsichtlich eines Produktes oder können durch Analyse des Seitenabrufverhaltens der Konsumenten oder vergleichbarer Konsumentengruppen deren Bedarf identifizieren und anschließend konkrete Produkt- und Anbietervorschläge unterbreiten (Clement, Runte, 2000, S. 24 f.). Kaufman-Scarborough und Lindquist (2002, S. 336) sprechen in diesem Zusammenhang von „*search convenience*“ und „*comparison convenience*“, da diese Agenten dem Konsumenten auch bisher unbekannte Alternativen (Marken, Händler) anzeigen und so dem Konsumenten ein größeres und verbessertes Set an Alternativen offerieren.

<u>Auswahl an Alternativen</u>

Das Warenangebot ist im Internet sowohl in der Sortimentsbreite als auch der -tiefe weit größer als im klassischen stationären Handel. Dies liegt zum einen darin begründet, dass der einzelne Anbieter keine räumlichen Restriktionen wie etwa die Ladenfläche im stationären Handel beachten muss und somit aus dieser Sicht theoretisch eine beliebige Anzahl von Produkten in das Sortiment aufnehmen kann (der ökonomische Aspekt eines zu großen Sortiments sei hier außer Acht gelassen). Zum anderen bietet eine Vielzahl unterschiedlichster Anbieter Produkte an, so dass die Zahl der Produktalternativen per se im Internet deutlich größer ist. Falls gewünscht, kann der Konsument Produkte weltweit suchen und über unterschiedliche virtuelle Marktplätze beschaffen. Er ist somit nicht an das Sortiment stationärer Standorte gebunden.

<u>Bestellung und Abwicklung des Kaufs</u>

Im Gegensatz zum Einkauf im stationären Handel unterscheidet sich beim E-Commerce der Leistungsaustausch, auch **Fulfillment** genannt, deutlich. Unter Fulfillment werden alle notwendigen Funktionen und Prozesse verstanden, die vom Distributor oder einem externen Dienstleister durchgeführt werden, um die Kundenbestellung komplett und schnell abzuwickeln (Merz, 2002, S. 445). Dazu gehören die für den Konsumenten relevanten Prozesse der Zahlungsabwicklung, des Transports und des Retourenmanagements sowie des Kundenservices. Die meisten im Internet gekauften Produkte sind auch im stationären Handel vorrätig. Dort handelt es sich um Mitnahmegüter, bei denen die Warenübergabe und Zahlung gleichzeitig erfolgen kann und eine spätere Zustellung nicht notwendig ist (Bennemann, 2004, S. 529). Bei Käufen über das Internet ist die physische Übermittlung der Ware an den Kunden und ein mögliches Management der Retouren essentiell. Dabei kommt es zu einem Medienbruch. Zudem werden oftmals Versandkosten fällig. Nur bei digitalisierbaren Produkten wie Software oder Reisebuchungen verfügt das Internet über einen entscheidenden Vorteil gegenüber dem stationären Handel. Das Fulfillment kann dabei ohne Medienbruch vollzogen und die relevanten Informations-, Kommunikations- und Transaktionsprozesse in Echtzeit über das Internet durchgeführt werden (Wamser, 2001, S. 36 f.).

Auch die **Zahlungsabwicklung** unterscheidet sich im E-Commerce von den gängigen Methoden im stationären Handel. Es stehen eine Vielzahl unterschiedlicher Verfahren zur Auswahl, die entweder identisch zu traditionellen Zahlungssystemen sind (Vorkasse, Rechnung, Nachnahme), eine Modifizierung derer sind (Kreditkartenzahlung oder Bankeinzug über das Internet) oder eine speziell für das Internet geschaffene Zahlungsweise darstellen.[6] Zu den speziell für das Internet entwickelten Verfahren gehören Billing-Dienste wie PayPal oder Micropayment-Lösungen wie ClickandBuy, wobei letztere insbesondere für die Zahlung von Kleinstbeträgen wie dem Abruf von kostenpflichtigem Content auf Internetseiten entwickelt worden sind.

In wissenschaftlichen Studien ist oftmals nachgewiesen worden, dass Konsumenten die Zahlung über das Internet als risikobehaftet ansehen. So kommt Cases (2002, S. 387) in seiner empirischen Studie zu dem Ergebnis, dass die Gewährleistung einer sicheren Zahlung eine wichtige Voraussetzung für den Konsumenten ist, den Kauf eines Kleidungsstücks im Internet durchzuführen. Eine sichere Zahlung wird als wichtiger angesehen als mögliche Umtauschgarantien, die Reputation des Anbieters bzw. der Website und auch als die mögliche Mund-zu-Mund-Kommunikation mit Freunden und der Familie. Auch andere Autoren zeigen auf, dass das finanzielle Risiko erhebli-

---

[6] Zur Vertiefung sei bspw. auf Merz (2002, S. 459 ff.) oder Meier, Stormer (2005, S. 140 ff.) verwiesen.

chen Einfluss auf die Akzeptanz und Adoption des Online-Kaufs hat (bspw. Forsythe et al., 2003; Forsythe et al., 2006; Martinez Guerrero et al., 2007).

Einige Internetshops bieten dem Konsumenten unflexible und unpraktische Zahlungsmöglichkeiten an. Kreditkarten als Hauptzahlungsinstrument im Internet sind in Deutschland noch nicht dermaßen verbreitet wie in anderen Ländern. Alternativen wie die Zahlung per Nachnahme oder Vorkasse führen entweder zu Gebühren oder lassen den Konsumenten in die unsichere Situation der Vorleistung geraten. Einige Konsumentengruppen scheuen daher auf Grund der möglichen Risiken einer Zahlung über das Internet die Partizipation am E-Commerce und suchen entweder Händler auf, bei denen alternative Zahlungsmöglichkeiten verfügbar sind oder wählen eine ganz andere Distributionsform wie den stationären Handel.

Ein weiterer möglicher Nachteil bei der Kaufabwicklung ist die **fehlende Transparenz** einiger Internetangebote. Die Informationsasymmetrie zwischen Anbieter und Konsument kann zu Situationen führen, in denen die Unternehmen ihren Informationsvorsprung opportunistisch für sich ausnutzen und *„unehrliche Informationen“* (Rese, Gräfe, 2002, S. 338) oder falsche bzw. eingeschränkte Informationen geben und in einigen Fällen bestellte Produkte nicht ausliefern. Die mangelnde physische Greifbarkeit der Einkaufsstätte oder des Verkäufers verursacht beim Konsumenten Unsicherheit und das Risikoempfinden wird größer.

2.2 Internetpenetration und Akzeptanz des E-Commerce im B2C-Bereich

Das folgende Kapitel untersucht die Verbreitung und Akzeptanz des Internets in der Bevölkerung. Dabei steht zunächst die Penetration des Internets und eine Analyse der Nutzerstruktur im Fokus (Kapitel 2.2.1), um anschließend die Akzeptanz des E-Commerce im B2C-Umfeld zu untersuchen (Kapitel 2.2.2). Ein kurzer Exkurs betrachtet aktuelle Entwicklungen im Kontext Web 2.0 (Kapitel 2.2.3), um abschließend ein Fazit zu ziehen (Kapitel 2.2.4).

2.2.1 Penetration des Internets und dessen Nutzerstruktur

Lange Jahre mussten sich die Anwender über langsame Analog- oder ISDN-Leitungen ins Internet einwählen. Die Ladezeiten der Internetseiten waren relativ hoch, und die visuelle Aufbereitung des Inhalts war unzureichend. Zusätzlich gab es deutlich höhere Einwahlkosten als zum gegenwärtigen Zeitpunkt. Inzwischen sind jedoch Hochgeschwindigkeitszugangswege wie Breitband, und dort insbesondere DSL, nahezu ubiquitär verfügbar. Im Jahr 2006 nutzten knapp die Hälfte aller Internetnutzer diese komfortable und leistungsfähige Technologie, weitere Steigerungen sind auf Grund aktueller Preisangebote zu erwarten (Fisch, Gescheidle, 2006, S. 432). Zunehmend wird der Zugang zum Internet über eine Pauschalgebühr (Flatrate-Tarif) abgerechnet. Im Jahr 2006 verfügten bereits 50% der Internetnutzer über eine Flatrate (Fisch, Gescheidle, 2006, S. 433). Diese jüngeren Entwicklungen haben maßgeblich dafür gesorgt, dass das Internet in weiten Schichten der Bevölkerung zum Massenmedium geworden ist.

Möchte man die Zahl der Internetnutzer bestimmen, ist es wichtig zu wissen, dass die jeweiligen Marktforschungsinstitute unterschiedliche Begriffsdefinitionen zur Identifizierung eines Internetnutzers verwenden. Einigen Instituten reicht ein vorhandener Internetzugang aus, anderen die Tatsache, dass das Internet in den letzten 12 Monaten benutzt wurde oder ob beabsichtigt wird, das Internet zu nutzen (TNS Infratest, 2007, S. 193). Ähnliche Schwierigkeiten ergeben sich bei der definitorischen Abgrenzung der Nutzergruppe hinsichtlich des Alters. Die von den Marktforschungsinstituten veröffentlichten Penetrationsraten des Internets hängen folglich erheblich von der Erhebungsmethode und den Definitionen des jeweiligen Instituts ab. Dadurch liegen die Internetpenetrationsraten in der Bevölkerung bei den unterschiedlichen Instituten zwischen 44% und 69%, wobei zumeist Werte um 60% angenommen werden (TNS Infratest, 2007, S. 193). Vergleicht man die Penetrationsrate mit der anderer Industrienationen, zeigt sich, dass Deutschland nur einen Platz im Mittelfeld einnimmt. So nutzen 77% der Nordamerikaner das Internet (TNS Infratest, 2007, S. 185). Aktuelle Schätzungen erwarten einen weiteren Anstieg zukünftig auch in Deutschland. Der Verband BITKOM geht bis 2009 von jährlichen Steigerungsraten von drei bis vier Prozent aus und sieht somit den Anteil der Internetnutzer an der Gesamtbevölkerung von 60% (2006) auf 67% (2009) wachsen (BITKOM, 2007a, S. 14). Insbesondere bei den Nutzern, die über einen Breitband-Zugang verfügen, ist die intensive Nutzung des Internets anzutreffen. 69% von ihnen nutzen das Internet zumindest täglich und 58% mehr als eine Stunde am Tag (ACTA, 2006).

Um die Internetnutzer charakterisieren zu können, erscheint zunächst eine Untersuchung hinsichtlich ihrer soziodemografischen Eigenschaften sinnvoll. Laut einer Studie von TNS Infratest zu Beginn des Jahres 2007 nutzen 67% der Männer (5,2% planen eine zukünftige Nutzung) und knapp 54% der Frauen (6,2% planen eine zukünftige Nutzung) in Deutschland das Internet (TNS Infratest, 2007, S. 212). Bei Analyse der Internetnutzerstruktur sind 55,5% der Internetnutzer männlich, im Umkehrschluss 44,5% der Benutzer weiblichen Geschlechts (AGOF, 2007, S. 7). Bei einer Analyse des Anteils der Internetnutzer in der jeweiligen gesamten Altersgruppe zeigt sich, dass die höchste Penetrationsrate bei den jüngeren Personenkreisen erreicht wird (TNS Infratest, 2007, S. 213). Durch die demografische Überalterung der Bevölkerung wird dies jedoch bei der Betrachtung der absoluten Nutzerzahlen nach Altersgruppen nicht dermaßen offensichtlich. So sind knapp 32% der Internetnutzer jünger als 29 Jahre, der Großteil mit 44% liegt bei den 30 - 49 jährigen, und insgesamt 24% der Nutzer sind älter als 50 Jahre (AGOF, 2007, S. 7).

Je niedriger der Bildungsgrad ist, desto seltener wird das Internet in einer Bevölkerungsgruppe genutzt. 82% der Personen in Deutschland, die Abitur oder einen Hochschul- bzw. Studiumsabschluss haben, aber nur 31% der Konsumenten mit einem Hauptschulabschluss ohne Lehre nutzen das Internet (TNS Infratest, 2007, S. 214). 28% der Internetznutzer haben Abitur oder einen Hochschulabschluss, 38% die Mittlere Reife und 34% den Hauptschulabschluss oder keinen Abschluss (AGOF, 2007, S. 7). Konsumenten mit höherem Einkommen nutzen das Internet intensiver als Geringverdiener. Gut 37% der Konsumenten mit einem Haushaltsnettoeinkommen von bis zu 1.000 € nutzen das Internet, wohingegen die Penetrationsrate bei den Konsumenten mit einem Haushaltsnettoeinkommen über 3.000 € bei über 83% liegt (TNS Infratest, 2007, S. 215). Insbesondere die Charakteristika Alter, Bildungsstand und Einkommen korrelieren jedoch miteinander, so dass hier gegenseitige Abhängigkeiten bestehen.

Bei einer Analyse der genutzten Internetangebote durch die Konsumenten zeigt sich, dass die E-Mail-Kommunikation mit 85% und Recherchen in Suchmaschinen bzw. Web-Katalogen (84%) bei den Internetnutzern dominieren. Es überwiegen deutlich die Angebote, die das Informationsbedürfnis befriedigen sollen (Nachrichten, Recherchen, etc.) oder den Freizeitbedürfnissen zuzuordnen sind (private E-Mails, Messenger, etc.). Mehr als die Hälfte der Benutzer kauft bereits über das Internet ein oder tätigt Bankgeschäfte (vgl. Kapitel 2.2.2). Die folgende Abb. 4 zeigt die Nutzungsschwerpunkte der deutschen Internetnutzer.

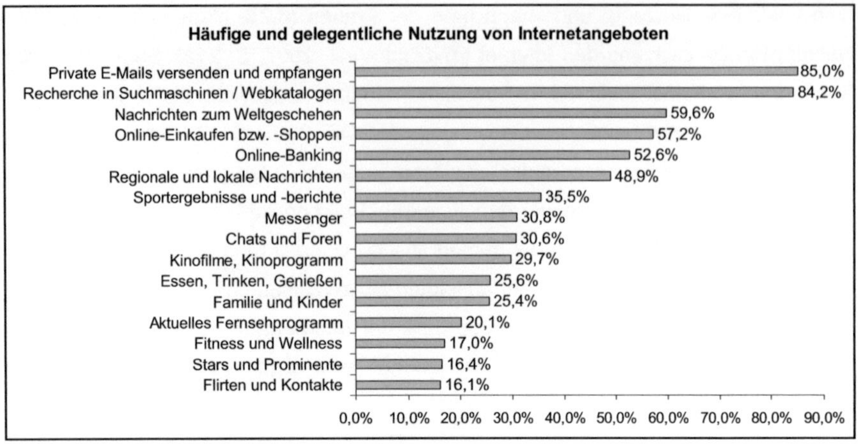

Abb. 4 Nutzung von Internetangeboten durch Konsumenten
Quelle: AGOF, 2007, S. 15

Trotz der zunehmenden Verbreitung des Internets nutzt ein bedeutender Teil der Bevölkerung das Internet noch gar nicht. Nach einer Studie aus dem Jahr 2006 sind dies aktuell 40,5%, und trotz Benutzerzuwächsen in den kommenden Jahren wird diese Zahl auch zukünftig noch bei ca. 20 Millionen Nichtnutzern liegen (Gerhards, Mende, 2006, S. 416). Im Umkehrschluss zu den zuvor untersuchten Internetnutzern verfügen die Nichtnutzer zumeist über eine niedrige Schulbildung, sind älter, nicht berufstätig und zumeist weiblichen Geschlechts. Viele Nichtnutzer sehen im Internet ein Medium mit Suchtpotenzial (86%) und halten es zusätzlich für gefährlich, da verbotene Inhalte wie Pornografie verbreitet werden können (77%) oder persönliche Daten nicht geschützt sind (75%) (Gerhards, Mende, 2006, S. 424). Insbesondere der Einkauf von Waren oder die Partizipation an Online-Banking-Aktivitäten ist für diese Gruppen kein Grund zur zukünftigen Nutzung des Internets (Gerhards, Mende, 2006, S. 428).

2.2.2 Bedeutung des B2C-E-Commerce in Deutschland und Analyse des Kaufverhaltens von Konsumenten

Bei der Betrachtung der weltweiten Entwicklung des E-Commerce zeigt sich, dass in den vergangenen Jahren ein beeindruckendes Wachstum stattgefunden hat. Wurden 2004 noch 5,5 Billionen € umgesetzt, so werden für 2007 bereits 34,5 Billionen € und für 2008 knapp 70 Billionen € prognostiziert (TNS Infratest, 2007, S. 229).

Nach Berechnungen des Hauptverbandes des Deutschen Einzelhandels (HDE) lagen die Umsätze 2006 in Deutschland im B2C-E-Commerce bei 16,3 Milliarden € und erhöhen sich auf 18,3 Milliarden € in 2007 (HDE, 2006). Der HDE subsumiert hierunter alle internetbasierten Transaktionen zu Sachgütern und Dienstleistungen (inkl. Reisen, Ticket- und Hotelbuchungen) sowie kostenpflichtige Nutzungsrechte und Informationen. Der Bundesverband des Deutschen Versandhandels (BVH) geht von einem Umsatzvolumen für 2007 von 16,8 Milliarden € aus, die sich auf 10,9 Milliarden € für Waren und 5,9 Milliarden € für Dienstleistungen aufteilen (BVH, 2007). Schaut man sich die Warenumsätze einzelner Betriebstypen am Gesamtumsatz an, so zeigt sich, dass der traditionelle Versandhandel mit 4,2 Milliarden € vor dem reinen Internethändler mit knapp 2,4 Milliarden € und eBay-Power-Seller mit 2,5 Milliarden € dominiert, wohingegen klassische Multi-Channel-Anbieter mit Ursprung im stationären Handel nur 450 Millionen € für sich verbuchen können (BVH, 2007). Trotz der positiven Entwicklung und der Wachstumsraten in den letzten Jahren ist der aktuelle Anteil des E-Commerce-Umsatzes am Gesamteinzelhandelsumsatz noch sehr gering. So geht der HDE von 3% aus (HDE, 2006), nach einer Studie der Deutschen Bank Research liegt er aktuell bei 4% und wird bis 2015 auf rund 10% steigen (TNS Infratest, 2007, S. 282).

Das Internet nimmt jedoch eine immer bedeutendere Rolle im Kaufprozess ein. 34,6 Millionen Konsumenten in Deutschland, respektive 94,5% der Internetnutzer haben sich schon einmal online über Produkte informiert (AGOF, 2007, S. 26). Bereits 27 Millionen Bundesbürger haben im Internet eingekauft, was umgerechnet 60% aller Internetnutzer sind (TNS Infratest, 2007, S. 283). Dabei sind Auktionen mit über 15 Millionen Online-Partizipanten sowie Produkte wie Bücher, Reisen, Bahn- und Flugtickets oder Eintrittskarten mit jeweils über 10 Millionen Online-Käufern die am häufigsten gekauften Produkte im Internet (ACTA, 2006). Die Zahl der Internetkäufer ist in den vergangenen Jahren gestiegen, nicht aber in der Weise wie die Internetnutzungsadoption. Bereits im Jahr 2003 gab es 20,5 Millionen Internetkäufer und in den Jahren 2004 und 2005 waren es 22,7 Millionen, respektive 24,8 Millionen Konsumenten (TNS Infratest, 2007, S. 283). Analysiert man das Kaufverhalten nach soziodemografischen Merkmalen, so nutzen jüngere Konsumenten das Internet eher als Bezugskanal als ältere. 72% der Gesamtbevölkerung der 14-29 Jährigen bzw. 65% der 30-39 Jährigen haben bereits im Internet bestellt, wohingegen nur 37% der 50-59 Jährigen, respektive 14% der über 60 Jährigen das Internet als Bestellmedium nutzen (TNS Infratest, 2007, S. 284). Knapp 60% der männlichen Gesamtbevölkerung haben bereits im Internet eingekauft, im Gegensatz zu 34% der weiblichen Gesamtbevölkerung (TNS Infratest, 2007, S. 284). Insgesamt sind 51,7% aller Internet-Käufer männlich und 48,3% aller Internetkäufer weiblich (TNS Infratest, 2007, S. 283).

Abb. 5 analysiert die B2C-E-Commerce-Umsätze nach Produktgruppen. Bekleidung und Artikel der Unterhaltungselektronik sind die umsatzstärksten Produkte im Internet. Deutlich zurückliegend befinden sich auf einem hinteren Platz Mobiltelefone und Zubehör. Der Online-Umsatz betrug 2006 in dieser Produktklasse nur 50 Millionen Euro. Der Gesamteinzelhandelsumsatz mit Mobiltelefonen ohne Berücksichtigung von Zubehörartikeln beläuft sich für das Jahr 2007 voraussichtlich auf 4,2 Milliarden € nach einem sechsprozentigen Zuwachs zum Vorjahr hinsichtlich der absoluten Zahl der verkauften Endgeräte (BITKOM, 2007b). Auch wenn diese Zahlen somit nicht ohne weiteres vergleichbar sind, zeigt diese Statistik, dass nur ungefähr ein Prozent des Gesamtumsatzes des Mobiltelefonmarktes im Internet getätigt wird, welches im Vergleich zu den zuvor skizzierten drei bis vier Prozent im gesamten Einzelhandel deutlich weniger ist.[7] Die Distribution von Mobiltelefonen über das Internet erscheint folglich noch nicht die Akzeptanz in der Bevölkerung erlangt zu haben.

Bei einer Analyse der Produktgruppen mit den höchsten Zuwachsraten bei Käufen über das Internet zeigt sich, dass die Produktkategorie „Telekommunikationsprodukte“, zu denen auch der Untersuchungsgegenstand dieser Arbeit gehört, die dritthöchste Wachstumsrate beim E-Commerce-Umsatz von Produkten aufweist (ACTA, 2006).

---

7 Die vom Autor vorgenommene Interpretation ist mit Sorgfalt zu betrachten. Mobiltelefone werden oftmals in Kombination mit Laufzeitverträgen zu einem symbolischen Preis von einem Euro verkauft. Aus der Statistik von TNS Infratest ist nicht ersichtlich, ob der „reale“ Endgerätepreis in Form des Herstellerpreises (Subvention herausgerechnet) oder der realisierte Umsatz mit dem Mobiltelefon (folglich oftmals nur ein Euro) als Datengrundlage genommen wird. Die Prognosen des Branchenverbandes BITKOM mit einem sich aus den genannten Zahlen ergebenden durchschnittlichen Endgeräteumsatz von über 100€ repräsentieren den Herstellerpreis, bei dem die Subventionen, von den Konsumenten profitieren, herausgerechnet worden sind.

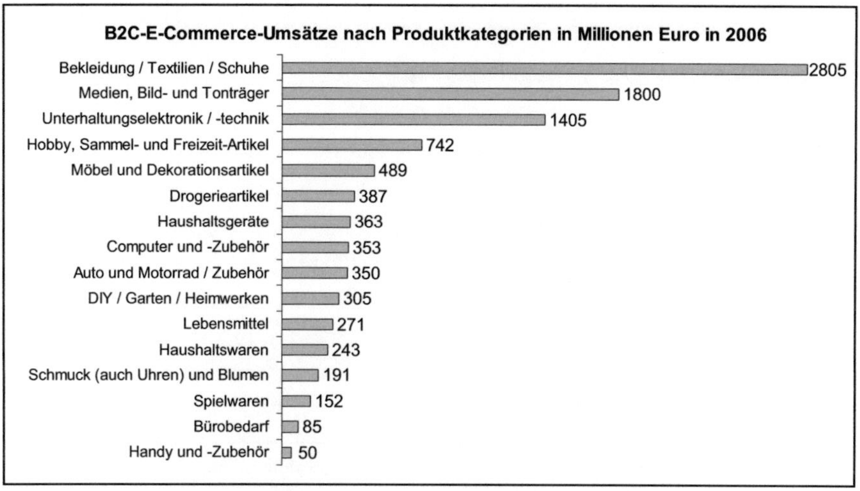

Abb. 5 B2C-E-Commerce-Umsätze nach Produktkategorien in Deutschland
Quelle: TNS Infratest, 2007, S. 284

Abb. 6 verdeutlicht, dass zwischen der Informationssuche im Internet und dem letztendlichen Kauf noch erhebliche Unterschiede im Nutzungsverhalten existieren. Die Abbildung umfasst zehn Produkte, über die sich Konsumenten am häufigsten im Internet informieren. Es zeigt sich, dass Tourismusdienstleistungen vor Büchern und Autos rangieren. Bei der Analyse, wie viele Konsumenten diese Produkte auch schon im Internet gekauft haben, wird ein deutlicher Unterschied sichtbar. Bücher und Eintrittskarten haben eine vergleichsweise hohe Umwandlungsquote („Conversion Rate") von der Online-Informationssuche zum letztendlichen Online-Kauf. Konträr dazu besitzen vor allem Autos, aber auch Telekommunikationsprodukte eine eher geringe Umwandlungsquote. Über diese Güter informieren Konsumenten sich zurzeit intensiv im Internet, der letztendliche Kauf findet noch über einen Offline-Kanal statt. Dies mag bei Autos in dem hohen Warenwert und dem sehr komplexen Produktcharakter begründet sein. Telekommunikationsprodukte hingegen sind deutlich geeigneter für den Online-Vertrieb.

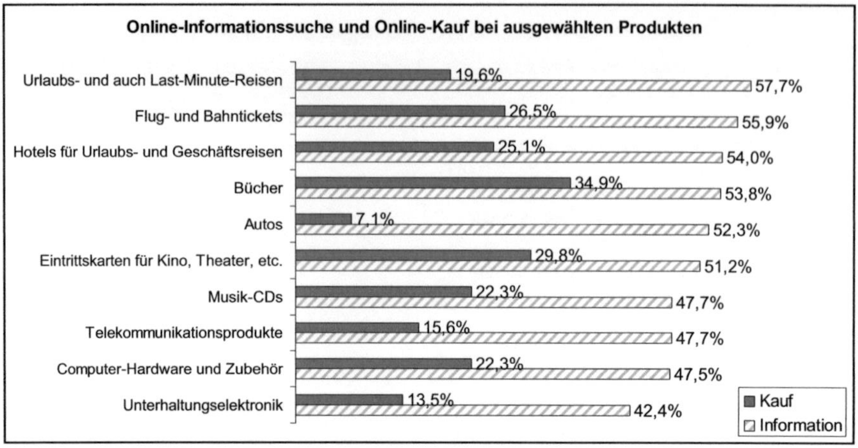

Abb. 6 Online-Informationssuche und Online-Kauf bei ausgewählten Produkten
Quelle: Eigene Darstellung, nach AGOF, 2007, S. 26 ff.

Zusammenfassend existieren scheinbar erhebliche Potenziale für die Distribution von Mobiltelefonen über das Internet. Sowohl der aktuelle Anteil des Online-Umsatzes an dem Gesamtumsatz, die hohen Wachstumsraten sowie die niedrige Conversion Rate zeigen, dass hier Potenziale für Händler und Netzbetreiber liegen, die durch Identifikation der Kundenbedürfnisse und optimale Ausgestaltung der Vertriebskanäle genutzt werden können.

2.2.3 Exkurs: Web 2.0 – Interaktives Internet auf dem Vormarsch

Der Begriff Web 2.0 gehört aktuell zu den populärsten Begriffen rund um das Thema Internet. Der hinter dem Begriff stehende Inhalt ist jedoch sehr vage, wird kontrovers diskutiert und eine konkrete anerkannte Definition gibt es in der einschlägigen Literatur noch nicht. Im Folgenden soll dieser Begriff kurz erörtert werden, da Konsumenten im Rahmen des Kaufprozesses unterschiedliche, hinter diesem Begriff stehende Dienste wie Communities oder Foren nutzen, welche im Rahmen der späteren empirischen Arbeit berücksichtigt werden.

Vertraut man der nach Zugriffszahlen populärsten Web 2.0 Anwendung, so lässt sich Web 2.0 eher als *„eine veränderte Wahrnehmung und Benutzung des Webs“* bezeichnen (Wikipedia, 2007) und nicht als technische Revolution. Tim Berners-Lee, der Begründer des WWW, bezeichnet den Begriff als inhaltsfrei, da man nicht wisse, was darunter zu verstehen sei und merkt an, dass das Internet bereits von Anfang an als ein kollaborativer Raum zur Interaktion von Menschen ausgelegt gewesen sei (Berners Lee, 2006). Bei genauer Betrachtung ist Web 2.0 nichts gravierend Neues, sondern eher eine Rückbesinnung auf die Grundzüge des Internets, als dieses noch vornehmlich zum aktiven Austausch von Forschungszwecken diente.

Die Meinungen gehen somit auseinander, ob der Hype um Web 2.0 auf verbesserten Softwaretechnologien und optimierten grafischen Darstellungsmöglichkeiten beruht, oder ob die steigende Zahl der Internetnutzer sowie deren durch die Erfahrung gewonnene zunehmende Emanzipation diesen Trend bewirken (Schwinn, Behrendt, 2007, S. 19). Das grundlegende Prinzip des Web 2.0 besagt, dass Inhalte nicht mehr von zentralen Stellen wie Medienkonzernen und Unternehmen verbreitet werden, sondern dass Konsumenten untereinander Content erstellen und verbreiten (Schlagwort: „*User generated content*"). Der Konsument entscheidet somit aktiv, unter Einbezug der unterschiedlichen sozialen virtuellen Netzwerke, welche Inhalte er konsumieren und veröffentlichen möchte. Die Kernanwendungen im Kontext Web 2.0 sind WebBlogs, Social Networking, Video-Sharing, Virtuelle Communities und weitere interaktive Internetanwendungen. Der Durchbruch dieser neuen Interaktivität der Anwendungen und der Mitgestaltung ist zum einen in der bereits skizzierten verbesserten und schnelleren Internetzugangstechnik begründet, zum anderen aber auch in dem zunehmenden professionellen Angebot von Anwendungen und Portalen, über die auch technisch nicht versierte Konsumenten auf einfache Weise Inhalte erstellen und verbreiten können. Diese Art von Anwendungen trägt dazu bei, dass Konsumenten sich selbst verwirklichen und Anerkennung erzielen können.

Die Adoption von Web 2.0-Angeboten durch Konsumenten wächst in Deutschland rapide. Nach einer Studie von Nielsen//NetRatings (2007) haben im Februar 2007 mit 54% mehr als die Hälfte aller Internetnutzer Web 2.0 Angebote genutzt und somit fast die Größenordnung von Finanzseiten und Reiseinternetseiten erreicht. Laut einer Studie aus dem Dezember 2006 verlassen sich 50% der befragten Internetuser bei Kaufentscheidungen auf Empfehlungen, die über Web 2.0-Foren und -Internetangebote gelesen worden sind (TNS Infratest, 2007, S. 356).

2.2.4 Zwischenfazit zur Internetpenetration und E-Commerce-Akzeptanz

An dieser Stelle soll ein kurzes Resümee zu den in Kapitel 2.2 vorgenommenen Ausführungen gezogen werden, das die Kerninformationen zur Internetnutzung der Konsumenten und deren Partizipation an E-Commerce-Aktivitäten zusammenfasst:

- Hoch performante Zugangsmöglichkeiten sowie attraktive Tarifmodelle ermöglichen zunehmend schnellen und kostengünstigen Zugriff auf das Internet.
- Das Internet hat inzwischen eine weite Verbreitung in der Bevölkerung erzielt, und der Anteil der Internetnutzer in der Gesamtbevölkerung wird weiter zunehmen.
- Der Anteil der Nichtnutzer ist trotzdem relativ groß und bleibt es auch zukünftig.
- Über das Internet getätigte Einzelhandelsumsätze stellen nur einen sehr geringen Teil des Gesamtumsatzes im Einzelhandel dar.
- Prognosen weisen auf die positive Entwicklung des Online-Handels hin.
- Beinahe alle Internetnutzer haben das Internet bereits in der kaufvorbereitenden Phase zur Informationssuche genutzt, und mehr als die Hälfte der Internetnutzer hat schon einmal ein Produkt im Internet erworben.
- Web 2.0 ist ein aktueller Hype mit großen Auswirkungen auf das Konsumentenverhalten.

Somit ist offensichtlich, dass das Internet ein nicht zu vernachlässigender Vertriebskanal für Unternehmen ist. Allein die immense Bedeutung des Kanals bei der Informationsgewinnung und zunehmend auch in der Kaufphase muss die Unternehmen veranlassen, das Internet noch fokussierter in marketing- und vertriebsstrategische Entscheidungen mit einzubeziehen.

2.3 Das Mobiltelefon als Untersuchungsgegenstand

Mobiltelefone sind tragbare Telefone, die über Funk mit einem Telekommunikationsnetz kommunizieren. Zusätzlich zu dem Begriff des Mobiltelefons sind Bezeichnungen wie Handy oder im englischsprachigen Raum cell(ular) phone oder mobile phone gebräuchlich. Seinen Ursprung hat es in Deutschland mit dem analogen C-Netz, welches 1985 eingeführt wurde. In der jüngeren Vergangenheit ist auch der Begriff des Smartphones entstanden. Ein Smartphone vereint die Funktionalitäten eines Mobiltelefons mit denen eines PDA (Personal Digital Assistent). Hierdurch wird das Endgerät zur Kommunikationszentrale abseits der Telefonie, mit E-Mail-Verwaltung, Kalenderfunktion (inkl. Abgleich mit Standardkalendern wie Outlook), Webbrowsern bis hin zum Navigationssystem und gängigen Office-Anwendungen.

Mobiltelefone sind in den vergangenen Jahren zu einem Massenphänomen in Deutschland geworden. Im Jahr 2006 wurde mit 104% erstmals die Penetrationsrate von 100% überschritten. Statistisch gesehen verfügt somit jeder Deutsche zumindest über einen Mobilfunkvertrag, absolut entspricht dies 85,7 Millionen Mobilfunkteilnehmer (TNS Infratest, 2007, S. 123). Laut Angaben der Bundesnetzagentur ist die Zahl der Mobiltelefonnutzer bis zum zweiten Quartal 2007 weiter auf 91,07 Millionen Benutzer gestiegen (Bundesnetzagentur, 2007). Bis zum Jahr 2010 wird mit einer jährlichen Wachstumsrate von 3,6% gerechnet (TNS Infratest, 2007, S. 123). Nach Berechnungen des Verbandes BITKOM (2007a, S. 11) wird die Penetrationsrate im Jahr 2009 damit bei 117% liegen.

Es besitzt jedoch nur rein statistisch jeder Bundesbürger ein Mobiltelefon. Ein Mehrfachbesitz von bis zu drei Endgeräten ist nicht unüblich und knapp 8% der Kunden sind inaktiv, so dass diese die aktivierte SIM-Karte nicht weiter nutzen (Mikulcik, 2007, S. 23 f.). In der Realität existieren immer noch erhebliche Bevölkerungsgruppenanteile, in denen die Penetration der Mobiltelefone nicht in dem Maße voran geschritten ist. Eine Studie der Verlagsgruppe Bauer zeigt auf, dass bei den 20-29 jährigen gut 94% ein mobiles Endgerät besitzen. Mit zunehmendem Alter nimmt der Mobiltelefonbesitz jedoch aktuell noch ab. So besitzen zurzeit nur jeder Zweite der Altersgruppe 60-69 Jahre und nur knapp 30% der über 70 jährigen ein Mobiltelefon (TNS Infratest, 2007, S. 135). Die folgende Abbildung zeigt die rasante Entwicklung von Mobilfunkteilnehmern in Deutschland. Nach einem exponentiellen Wachstum in den späten 90er Jahren hat sich das durchschnittliche Wachstum durch die zunehmende Penetration erwartungskonform verringert, blieb jedoch weiterhin positiv.

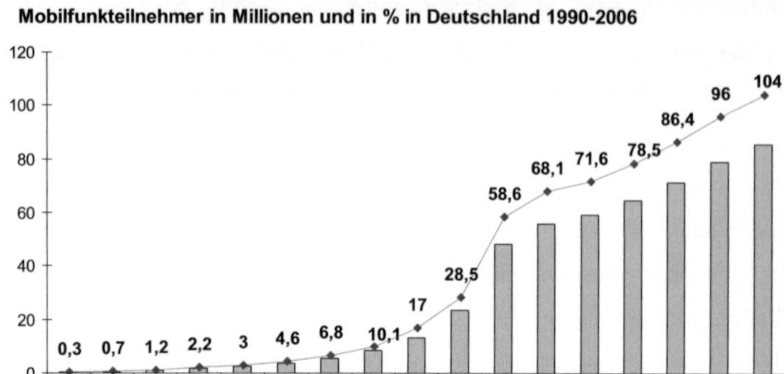

	90	91	92	93	94	95	96	97	98	99	00	01	02	03	04	05	06
Teilnehmer in Millionen	0,3	0,5	1	1,8	2,5	3,8	5,6	8,3	13,3	23,4	48,2	56,1	59,1	64,8	71,3	79,2	85,7
Penetrationsrate in %	0,3	0,7	1,2	2,2	3	4,6	6,8	10,1	17	28,5	58,6	68,1	71,6	78,5	86,4	96	104

Abb. 7 Entwicklung der Mobilfunkteilnehmer in Deutschland
Quelle: Bundesnetzagentur, 2007

Die Mobilfunkteilnehmer benutzen längst Anwendungen über die reine Sprachtelefonie hinaus. 22,5 Milliarden SMS wurden im Jahr 2006 verschickt, und auch die Nutzung von Datendiensten nimmt zu. Ende 2006 haben 4,5 Millionen Kunden regelmäßig UMTS-Dienste genutzt (Bundesnetzagentur, 2006, S. 72 f.). Ferner sind die heutigen Endgeräte u.a. mit Kameras ausgestattet, mit denen Videos und digitale Fotos gemacht werden können, die hinsichtlich der Qualität mit denen einfacher Digitalkameras vergleichbar sind. Da neuere Endgeräte über ausreichende Datenspeicher verfügen, eignen sich die Geräte auch zum Abspielen von digitaler Musik und können dabei Substitutprodukte zu MP3-Playern werden. Durch die zunehmende Verbreitung von Smartphones werden die Endgeräte zudem für den mobilen Business-Einsatz immer interessanter.

In Deutschland existieren vier Netzbetreiber, nämlich T-Mobile, Vodafone D2, E-Plus sowie O_2. Diese Netzbetreiber besitzen eine eigene Mobilfunkinfrastruktur. T-Mobile ist, bezogen auf Konsumenten, die das jeweilige Netz nutzen, mit einem Marktanteil von 37,7% der größte Netzbetreiber, gefolgt von Vodafone mit 34,7%, E-Plus mit 14,9% und O_2 mit 12,7% (Bundesnetzagentur, 2007). Diese Marktanteile spiegeln jedoch nicht die direkten, unmittelbaren Kunden dieser Netzbetreiber wider, sondern sie enthalten auch die Kunden, die einen Vertrag bei einem der unzähligen Mobiltelefonserviceprovider (bspw. debitel, Mobilcom) abgeschlossen haben oder über eine Prepaid-Karte der Serviceprovider die Infrastruktur der Netzbetreiber nutzen. Die Mobilfunkservicebetreiber besitzen im Gegensatz zu den Netzbetreibern keine eigene Infrastruktur, sondern kaufen Minuten und Datenvolumen bei den Netzbetreibern ein und verkaufen diese an die eigenen Kunden weiter. Im Jahr 2006 konnten die Mobilfunkserviceprovider rund 25% Marktanteil an der Gesamtheit der Mobilfunkkunden aufweisen (Bundesnetzagentur, 2007).

Auch die Angebote von Discountern wie Aldi oder Lidl, der Bild-Zeitung oder der Discount-Vertriebsmarken der Netzbetreiber, die alle unter dem Begriff Mobilfunkdiscounter zusammengefasst werden können, haben in den vergangenen Jahren enorme Zuwächse erhalten. Nach dem Start im Jahr 2005 konnten Ende 2006 bereits 4,9 Millionen Kunden, das sind knapp 6% der Gesamtnutzer, diesem Segment zugeordnet werden (Bundesnetzagentur, 2006, S. 70).

Bei einer quantitativen Betrachtung der Nutzerzahlen ist jedoch kaum noch mit außerordentlichen Kundenzuwächsen zu rechnen. Der Markt unter den vier Netzbetreibern kann als ein enges Oligopol bezeichnet werden, wo dauerhafte Wettbewerbsvorteile durch Differenzierung schwierig zu realisieren sind, da die Kernleistungen (Telefonie und Datendienste) sehr ähnlich sind (Gerpott, 2007, S. 502). Die Unternehmen sind somit motiviert, die Kunden möglichst langfristig zu binden und zu einer intensiven Nutzung der Dienstleistungen zu bewegen.

Um mit einem Mobiltelefon telefonieren zu können, ist die Freischaltung einer Mobilfunknummer durch den jeweiligen Netzbetreiber bzw. Serviceprovider notwendig. Grundsätzlich können Konsumenten so genannte Prepaid-Karten nutzen oder einen Laufzeitvertrag („*Postpaid-Ansatz*") abschließen. Bei dem Kauf einer Prepaid-Karte, wie sie seit 1997 angeboten wird, geht der Kunde keine langfristige Vertragsbindung ein. Monatliche Grundgebühren oder Mindestumsätze gibt es nicht, dafür sind die anfallenden Gebühren höher als bei Laufzeitverträgen, und das Mobiltelefonendgerät wird nur geringfügig durch die Netzbetreiber oder Serviceprovider subventioniert. Der Kunde zahlt im Voraus für die spätere aktive Netznutzung ein Entgelt und ist auch nach Verbrauch des Guthabens unter Beibehaltung der Nummer für einen gewissen Zeitraum erreichbar. Da trotz der geringen Subventionierung die Anschaffungskosten für Prepaid-Pakete durch den Einsatz einfacher und günstiger Mobiltelefonendgeräte relativ gering sind, ist der Kauf ansatzweise mit dem eines kurzlebigen Gutes vergleichbar (Mikulcik, 2007, S. 26). Der Anteil von Prepaid-Kunden am Gesamtmarkt der Mobilfunkteilnehmer liegt bei gut 50% (Bundesnetzagentur, 2006, S. 71). Auf Grund veränderter Vermarktungsstrategien der Netzbetreiber und Serviceprovider ist dieser jedoch in den letzten Jahren zurückgegangen (Gerpott, 2007, S. 502).

Des Weiteren können Konsumenten einen Laufzeitvertrag (Postpaid) abschließen. Laufzeitverträge dauern in der Regel 24 Monate und monatliche Gebühren, sei es in Form von Mindestumsätzen oder Grundgebühren, sind zu entrichten. Zusätzlich gibt es Flatrate-Tarife, bei denen eine monatliche Grundgebühr zu zahlen ist, jedoch keine weiteren Gesprächsgebühren anfallen. Der Kunde profitiert bei Laufzeitverträgen von deutlich reduzierten Gebühren und hat nach maximal zwei Jahren Anspruch auf ein voll subventioniertes neues Endgerät.

Der Mobilfunkmarkt ist geprägt von intensiven und aggressiven Markterschließungsstrategien der Netzbetreiber und Provider. Insbesondere die unterschiedlichsten Tarifmodelle für Privatkunden, spezielle Einstiegsangebote, Serviceleistungen oder die Subventionierung von Endgeräten lassen den Markt zu einem komplexen und für den Konsumenten teils undurchschaubaren Wirkungsraum werden. Dabei entwickelt sich der Absatzmarkt für Mobiltelefone weiterhin positiv. In Deutschland werden im Jahr 2007 insgesamt 36,5 Millionen Endgeräte verkauft (BITKOM, 2007b). Viele Mobiltelefonbesitzer neigen dazu, ihre in Vorjahren gekauften Mobiltelefone durch aktuelle Modelle zu ersetzen. Das Mobiltelefon ist zu einem Prestigeobjekt geworden, mit dem Konsumenten einen bestimmten Lebensstil und Modebewusstsein ausdrücken möchten (TNS Infratest, 2007, S. 136). Die positiven Absatzzahlen beruhen auch auf der Tatsache, dass Mobiltelefone zu den technischen Produkten gehören, die eine vergleichsweise hohe Wiederbeschaffungsrate haben. Anders als Fernsehgeräte oder Digitalkameras, deren Nutzungsdauer oftmals viele Jahre beträgt, kaufen Konsumenten mit einem Laufzeitvertrag in der Regel spätestens alle zwei Jahre ein neues Endgerät, da dies subventioniert wird. Durch diese innovations- und vertragsbedingte häufige Wiederbeschaffung beträgt die Betriebszeit eines Mobiltelefons oftmals nur 18-24 Monate. Mobilfunkgeräte mit einem Laufzeitvertrag und somit gleichzeitiger hoher Subventionierung kosten von einem Euro für Einsteigergeräte bis hin zu mehreren Hundert Euros bei hochwertigen Geräten. Auf Grund der vertraglichen Bindung und der damit zusammenhängenden Gebühren fallen jedoch auch bei günstigen Geräten signifikante Kosten während der Vertragslaufzeit an. Nicht subventionierte Endgeräte kosten hingegen zumeist mehrere Hundert Euros.

2.4 Die Distribution von Mobiltelefonen

Das folgende Kapitel analysiert die Distribution von Mobiltelefonen. Zunächst erfolgt eine definitorische Abgrenzung des Begriffs der Distribution und des Multi-Channel-Vertriebs (Kapitel 2.4.1) sowie der unterschiedlichen Absatzkanäle (Kapitel 2.4.2), um darauf das Multi-Channel-Shopping-Verhalten aus Kundensicht zu betrachten (Kapitel 2.4.3). Anschließend werden die erläuterten Grundlagen auf die Distribution von Mobiltelefonen in der Praxis übertragen (Kapitel 2.4.4) und die sich aus der zunehmenden Akzeptanz des Internets ergebenden Herausforderungen für einen Mobilfunknetzbetreiber als Multi-Channel-Retailer diskutiert (Kapitel 2.4.5).

2.4.1 Begriffliche Grundlagen zur Distributionspolitik und zur Multi-Channel-Distribution

Unter der Distributionspolitik sind alle Entscheidungen und Maßnahmen zu verstehen, die die Übermittlung von Leistungen vom Hersteller bis zum Endkunden betreffen (Meffert, 2000, S. 600). Zur Distributionspolitik gehören insbesondere Entscheidungen, über welche Distributionskanäle Produkte oder Dienstleistungen an Endkunden verkauft werden. Ein Absatzkanal bzw. Distributionskanal beschreibt den Weg, den eine Leistung auf dem Weg vom Hersteller zum Endkunden nimmt (Ahlert, 1996, S. 11). Typische Erscheinungsformen eines Absatzkanals sind die Distribution über stationäre Shops, ein Vertrieb über den Außendienst oder die Distribution über das Internet. Aufgabe eines Distributionskanals ist es, eine funktionierende und durchgehende Verbindung zwischen dem Hersteller und dem Kunden zu schaffen.

Es erscheint zunächst sinnvoll, die möglichen Kanalstrukturen bei der Distribution eines Produktes näher zu betrachten. So verdeutlicht die **vertikale Struktur** eines Marketingkanals den Weg des Produktes vom Hersteller bis hin zum Endkunden und wird von der Zahl der Distributionsstufen im Kanal, die Vertriebs- und Marketingaufgaben wahrnehmen, klassifiziert (Rosenbloom, 2004, S. 21). In einem zweistufigen Marketingkanal (direkter Absatz) sind der Hersteller und der Endkunde die einzigen beteiligten Akteure, der Hersteller setzt seine Produkte direkt, ohne Einschaltung von Absatzmittlern, an seine Kunden ab (Specht, Fritz, 2005, S. 163). Der Hersteller übernimmt hierbei alle Funktionen und Aufgaben, die zur Versorgung des Endkunden anfallen. Dies können eigene Vertriebsmitarbeiter oder unternehmenseigene bzw. unternehmensgebundene Verkaufsstellen leisten, oder es kann auch der Absatz im Rahmen von Direktmarketing-Aktionen oder Teleshopping sein (Bruhn, 2007, S. 251). Absatzhelfer können dabei auftreten, nehmen bestenfalls verkaufsunterstützende Funktionen wahr, repräsentieren jedoch keine eigene Stufe (Wirtz, Defren, 2007, S. 14). Zu den Vorteilen des direkten Absatzes gehört die Möglichkeit, den Vertrieb nach eigenen Qualitätsansprüchen auszurichten. Die Sicherstellung der Beratungsqualität sowie die direkte und ganzheitliche Steuerung aller vertrieblichen Tätigkeiten schafft die Möglichkeit, direkten Einfluss auf den Endkunden zu nehmen. Außerdem erhöht sich die Deckungsspanne. Nachteilig wirken sich insbesondere der hohe Kapitalbedarf sowie die mangelnde Ubiquität der eigenen Produkte aus (vgl. ausführlich: Bruhn, 2007, S. 251 f.; Pepels, 2007, S. 49 ff.).

In einem drei- oder mehrstufigen Absatzkanal (indirekter Absatz) werden zusätzlich ein oder mehrere Absatzmittler in Form von Groß- oder Einzelhändlern eingebunden (Rosenbloom, 2004, S. 20; Specht, Fritz, 2005, S. 162 ff.). Diese Absatzmittler übernehmen Teile der marketingpolitischen Aufgaben, jedoch primär Distributionsaufgaben. Die Hauptaufgabe des Groß- und Einzelhandels liegt somit nicht wie beim Hersteller von Produkten in der Gütererzeugung, sondern in der Beschaffung und im Absatz von Waren ohne wesentliche Be- bzw. Verarbeitung (Barth et al., 2007, S. 1). Durch einen indirekten Vertrieb erlangt der Hersteller die Möglichkeit, hohe Distributionsgrade zu erzielen, unterschiedliche Kundengruppen zu erreichen und schnell zu expandieren. Zudem kann er flexibler agieren und mit einer deutlich geringeren Kapitalbindung rechnen. Die größten Nachteile sind die Abhängigkeit des Herstellers von Absatzmittlern sowie die geringe Distributionskontrolle (vgl. ausführlich: Bruhn, 2007, S. 255; Pepels, 2007, S. 22 ff.).

Auf **horizontaler Ebene** ist zu untersuchen, wie viele unterschiedliche Absatzkanäle bei der Distribution eines Produktes eingebunden werden. Unternehmen können das Internet oder einen stationären Handel als einzigen Absatzkanal verwenden, so dass von einem eingleisigen oder auch Einkanalvertrieb gesprochen wird. In Situationen, in denen ein Unternehmen mehrere Absatzkanäle wie das Internet und der stationäre Handel kombiniert eingesetzt werden, spricht man von einem Mehr- oder Multikanalvertrieb (Fritz, 2004, S. 240).

Der **Mehrkanalvertrieb** bzw. das **Multi-Channel-Retailing** (-Marketing) ist eine etablierte Form der Distribution.[8] In dieser Arbeit wird hierunter verstanden, dass ein Anbieter seine Produkte über verschiedene Kanäle (mindestens zwei) wie das Internet, stationäre Geschäfte oder den Katalogversand seinen Kunden zum Kauf offeriert (Specht, Fritz, 2005, S. 166). In dieser Weise argumentieren auch Easingwood und Coelho (2003, S. 35) oder Rosenbloom (2004, S. 21), die unter einer Multi-Channel-Strategie das Anbieten von Produkten auf dem Markt über zwei oder mehrere Distributionskanäle verstehen. Es sei jedoch angemerkt, dass ein mehrgleisiger Vertrieb in einer weiten Begriffsauslegung auch dann vorliegen kann, wenn ein Unternehmen über Betriebs- bzw. Vertriebstypen gleicher Art, im Sinne unterschiedlicher *„Schienen“* seine Produkte verkauft (Schramm-Klein, 2003, S. 18). Diese weite Begriffsauslegung verfolgen nicht alle Autoren. Ahlert und Hesse (2003, S. 9) zählen Systeme von Unternehmen, die Produkte in unterschiedlichen Sparten und Vertriebsschienen unter verschiedenen Markierungen bzw. Betriebstypenmarken anbieten, nicht zu Multi-Channel-Systemen.

Im Sinne der hier verwendeten Definition ist es nicht zwingend erforderlich, dass die Betriebs- und Vertriebstypen konzeptionell unterschiedlich sein müssen und bspw. ein Distanzkanal wie das Internet und ein stationärer Kanal vorliegen müssen. Insbesondere die Präsenz eines elektronischen Kanals wie das Internet ist für das Vorliegen eines Mehrkanalsystems nicht unmittelbar notwendig, da ansonsten Unternehmen, die bspw. einen stationären Kanal und einen Katalogversand oder mehrere stationäre Vertriebsschienen betreiben, gemäß der Definition ausgegrenzt werden würden (Schröder, 2005, S. 3).

Aktuell bietet bereits ein Großteil der Hersteller- bzw. Handelsunternehmen die Produkte über zwei oder mehrere Kanäle an, so dass die Unternehmen gemäß der vorigen Definitionen als Multi-Channel-Retailer zu klassifizieren sind. Aus diesem Grund gibt es in der jüngeren Literatur weitergehende Definitionen, die nicht nur auf die Zahl der Distributionskanäle abzielen, sondern explizit den Verzahnungsgrad bzw. den prozessualen Integrationsgrad mehrerer unterschiedlicher Kanäle untersuchen. Bei Berücksichtigung des Internets gehören dazu abgestimmte Preise in allen Kanälen, der

---

8 Alternativ werden Begriffe wie Multiple Distribution oder Mehrkanalsystem (Schögel, 1997, S. 22 ff.) oder mehrgleisige Distribution (Ahlert, 1996, S. 157) verwendet.

Kauf im Internet und die mögliche Rückgabe im stationären Laden, die Überprüfung der Vorrätigkeit von Produkten im stationären Handel über das Internet, mögliche Bestellungen in Kiosken oder im Laden sowie die kanalübergreifende Nutzung von Geschenkgutscheinen, Coupons oder Kundenkarten (Schwaiger, Numberger, 2007, S. 241 f.). Andere Autoren verwenden darüber hinaus weitere Kriterien, deren Existenz Bedingung für das Vorliegen von Multi-Channel-Systemen ist. Zu denen gehören der Sortiments- bzw. Zielgruppenzusammenhang zwischen den Kanälen, die Kommunikation und Markierung der einzelnen Kanäle oder auch die organisatorisch-rechtliche Integration der Kanäle (Schramm-Klein, 2003, S. 17).[9]

2.4.2 Betriebsformen im Multi-Channel-Retailing

Die einzelnen Erscheinungsformen des Einzelhandels werden in der Literatur als **Betriebsformen** bzw. **Betriebstypen** beschrieben (Müller-Hagedorn, 2005, S. 80 ff.; Ahlert, Kenning, 2007, S. 111 f.; Specht, Fritz, 2005, S. 83 ff.). Einige Autoren nehmen eine Differenzierung dieser beiden Begriffe vor, dennoch werden diese oftmals synonym verwendet. Des Weiteren wird teilweise neben dem Begriff des Betriebstyps für stationäre Betriebe noch den Begriff des Vertriebstyps für Vertriebskonzepte des Distanzhandels verwendet (bspw. Liebmann, Zentes, 2001, S. 345 f.). Dieser zusätzlichen Trennung wird hier nicht gefolgt, stattdessen werden auch Vertriebskonzepte des Distanzhandels als Betriebsformen bezeichnet. Eine aus Sicht des Autors stimmige Begriffsabgrenzung wählen Ahlert und Kenning (2007). Ihrer Meinung nach können unter Betriebsformen *„unternehmensübergreifende Systematiken von Handelsbetrieben“* verstanden werden, *„die durch Klassifikation oder Typisierung entstehen können“* (Ahlert, Kenning, 2007, S. 111). Aus diesem Verständnis können allgemeine Begriffe wie „das Warenhaus“ oder „der Discounter“ gebildet werden. Betriebstypen hingegen sind *„unternehmensindividuelle Systematiken von Betreibungskonzepten“* und entstehen durch das konkrete Übertragen des Begriffs der Betriebsform auf ein bestimmtes Unternehmen (Ahlert, Kenning, 2007, S. 111).

Es gibt unterschiedlichste Merkmale zur Klassifizierung von Betriebsformen in der Praxis. Dazu gehören u.a. die Sortimentspolitik, das Preis- und Serviceniveau, das Kun-

---

9 Hier wird auf die weiterführende Literatur zum Multi-Channel-Retailing verwiesen, da dieses komplexe Themenfeld in der Kürze nicht aufgearbeitet werden kann (bspw. Schwaiger, Numberger (2007); Schramm-Klein (2003); Müller-Lankenau (2007); Schröder (2005)).

denkontaktprinzip, die Größe der Verkaufsfläche sowie die Gestaltung des Ladens und der Standort (Müller-Hagedorn, 2005, S. 82; Specht, Fritz, 2005, S. 83 ff.; Barth et al., 2007, S. 88 ff.; Pepels, 2007, S. 107 ff.). Eine konsumentenorientierte Definition von unterschiedlichen Betriebsformen wählt Gröppel (1994, S. 382), nach der unter Betriebsformen „*eine vom Konsumenten mehr oder weniger bewusst wahrgenommene Bündelung von Einkaufsstätten verstanden werden, die aufgrund bestimmter, wahrnehmbarer Charakteristika (wie beispielsweise Standort, äußeres Erscheinungsbild der Einkaufsstätte, Bedienungssystem, Größe des Ladens, Warenpräsentation und Ladengestaltung, Werbung) vom Konsumenten als ähnlich erlebt werden.*“ Die Definition von Gröppel deckt sich mit dem hier verwendeten Ansatz. Kunden sehen in den einzelnen Betriebsformen des Einzelhandels alternative und unterschiedliche Einkaufsstätten, in denen sie die gewünschten Produkte der Handelsunternehmungen erwerben können. Aus diesem Grund wird im weiteren Verlauf auch der Begriff der Einkaufsstätte synonym verwendet.

Ahlert und Kenning (2007, S. 113) unterscheiden auf Einzelhandelsebene zwischen 27 unterschiedlichen Betriebsformen, über die Produkte distribuiert werden können.[10] Zu diesen gehören Fachmärkte, Kaufhäuser, Tele-Shops, Versandhäuser oder auch Internetshops. Diese können allesamt anhand unterschiedlichster Kriterien charakterisiert werden, so dass sie der obigen Definition von Gröppel folgend auch vom Konsumenten mehr oder weniger bewusst als eigenständige Betriebsform wahrgenommen werden. Ahlert und Kenning führen den Absatzkanal Internet nur unter der Bezeichnung „Internetshop“ auf. Nach Meinung des Autors lassen sich jedoch auch die Internetshops von mehreren Anbietern bzw. auf verschiedenen elektronischen Marktplätzen aus Konsumentensicht unterschiedlich charakterisieren, so dass im Folgenden der Betriebstyp „Internetshop“ analog zu Einzelhandelsbetriebsformen im traditionellen Kontext differenzierter betrachtet wird. Im Rahmen des Kapitels 2.4.4 werden die für die Distribution eines Mobiltelefons relevanten Einkaufsstätten bzw. Einzelhandelsbetriebstypen skizziert. Des Weiteren sei bereits hier auf die Operationalisierung der Kaufprozessphasen in Kapitel 5.3.2 verwiesen.

---

[10] Siehe auch Schramm-Klein (2003, S. 10), die in ihrer Dissertation eine Übersicht von 20 Betriebs- und Vertriebstypen inkl. deren Charakterisierung erstellt hat.

2.4.3 Multi-Channel-Shopping aus Konsumentensicht

Alternative Vertriebswege und deren Nutzung gewinnen für Konsumenten immer mehr an Bedeutung. Beschaffungskanäle werden nicht nur nach der Verfügbarkeit der Produkte, sondern vor allem nach Bequemlichkeitsgesichtspunkten ausgesucht. Der Konsument möchte die Hoheit haben, mit Unternehmen über traditionelle aber auch innovative Kanäle wie das Internet in Kontakt zu treten und wünscht eine Verbindung und Integration der einzelnen Online- und Offline-Kanäle (Ahlert, Blut, Michaelis, 2007, S. 275).

Für Konsumenten gilt es somit, nicht nur die Produktwahl sorgfältig zu treffen, sondern sich auch für eine Einkaufsstätte zu entscheiden, welche die individuellen situations- und kontextabhängigen Informationsbedürfnisse und Wünsche am besten befriedigt (Chang, Dholakia, 2003, S. 178). Folglich wird die Wahl eines Beschaffungskanals von den jeweiligen kanalspezifischen Fähigkeiten determiniert. Online-Kanäle verschaffen den Konsumenten zielgerichtete, umfassende und bequem erreichbare Produkt- und Preisinformationen, wohingegen beim stationären Einkauf das haptische Erlebnis sowie der Wunsch nach sozialer Interaktion in den Vordergrund treten (Link, Kramm, 2007, S. 557). Weitere Vor- und Nachteile des Internets als Distributionskanal wurden bereits im Kapitel 2.1.3 ausführlich dargestellt.

Schröder und Zaharia (2007, S. 85) klassifizieren drei unterschiedliche Grundtypen von Konsumenten: Die erste Gruppe nutzt ausschließlich und in jedem Kaufprozess immer denselben Kanal. Dies können Konsumenten sein, die konsequent nur den stationären Handel wählen und einen Wechsel zu anderen Kanälen nicht erwägen. Eine zweite Gruppe wickelt den gesamten Kaufprozess auch über nur einen Kanal ab, wechselt diesen Kanal aber abhängig von bestimmten Einflussfaktoren wie dem Produkttyp oder der Bedeutung des Kaufs. Konsumenten dieser Gruppe können somit für eine Produktkategorie im gesamten Kaufprozess stets das Internet nutzen, für eine andere Produktkategorie jedoch nur den stationären Handel wählen. Die dritte Gruppe verteilt ihre Aktivitäten im Rahmen des Kaufprozesses auf mehrere Kanäle. Diese Konsumenten nutzen unterschiedliche Informations- und Transaktionskanäle im Zuge des Kaufprozesses und weisen somit ein multiples Nutzungsverhalten auf.

Die Bedeutung und Akzeptanz unterschiedlicher Distributionskanäle beschreibt Silberberger (2001, S. 25), der besagt, dass 85% der Konsumenten innerhalb eines Jahres drei oder mehr Kanäle zur Kaufvorbereitung oder für den letztendlichen Kauf nutzen.

Kapitel 2.2.2 zeigte auf, dass sich Internetnutzer oftmals vor einem Kauf über das Internet informieren, den Kauf jedoch nicht über das Internet, sondern über andere Kanäle abwickeln, z.B. den stationären Handel. Die Umwandlungsquote zwischen Online-Informationssuche und anschließendem Online-Kauf ist bei vielen Produkten noch sehr gering. Einige Studien gehen explizit auf das „***Channel-Hopping-Verhalten***" ein. Dach (2002b, S. 34) zeigt in einer Studie zum Multi-Channel-Retailing auf, dass knapp 30% der Online-Shopper sich vor dem Kauf im stationären Handel informiert haben. Allerdings erfolgt nur in knapp 3% aller Einkäufe die Offline-Informationsbeschaffung bei dem Händler, bei dem später im Internet das Produkt gekauft wird. Auch Breidenbach (2007, S. 126 ff.) weist ein „*multiples Informations-Kauf-Verhalten*" nach, indem sie branchenübergreifend aufzeigt, dass Konsumenten in den untersuchten Branchen doppelt so häufig (Bekleidung, Baumarkt) bzw. drei mal so häufig (Weingut) die Firmenpräsenz im Internet zur Informationssuche wie zum Kauf nutzen.

2.4.4 Die Mobiltelefon-Distribution in der Praxis und die Bedeutung des Internets

Um die Praxis der Distribution eines Mobiltelefons zu verstehen, ist es zunächst wichtig, die beteiligten Akteure zu skizzieren. Der Endabnehmer bzw. Käufer ist leicht identifizierbar. Da der B2C-Bereich Fokus dieser Arbeit ist, sind es natürliche Personen, die ein Mobiltelefon mit einem Laufzeitvertrag kaufen.[11] Die Betrachtung der Seite des Anbieters der Leistung ist jedoch schwieriger, da diese grundsätzlich aus zwei Perspektiven analysiert werden kann.

Zum einen kann der Hersteller von Mobiltelefonen als steuerndes Willenszentrum des Distributionssystems gesehen werden, der die Endgeräte entweder direkt oder indirekt über Absatzmittler (Groß- und Einzelhandel) an die Endkunden verkauft. Insbesondere die indirekten Online- und Offline-Kanäle weisen dabei eine sehr differenzierte Struktur auf, da das Mobiltelefon auf unterschiedliche Weise an den Endkunden verkauft wird. Mobilfunknetzbetreiber ständen bei dieser Sichtweise auf der Ebene des Einzelhandels und wären somit als Distributionsorgan der Hersteller einzuordnen. Bei dieser Betrachtung würde allein das physische Endgerät Mobiltelefon und dessen Weg vom Hersteller zum Endkunden analysiert werden.

---

[11] In dieser Arbeit werden Mobiltelefonkäufe untersucht, bei denen gleichzeitig ein Endgerät gekauft und ein Vertrag abgeschlossen wird, da insbesondere hier eine intensive Auseinandersetzung im Kaufprozess erwartet wird (vgl. Kapitel 3.1.3).

Zum anderen kann auch der Mobilfunknetzbetreiber (T-Mobile, Vodafone, E-Plus, O_2) als Ausgangspunkt des Distributionssystems definiert werden. Der Netzbetreiber braucht den Hersteller von Mobiltelefonen als Lieferanten des vom Mobilfunknetzbetreiber am Markt angebotenen Produktes. Dieses Produkt ist zumeist ein Leistungsbündel aus einem Mobiltelefon mit einem Laufzeitvertrag oder einer Prepaid-Karte. Das originäre Ziel eines Netzbetreibers ist es nicht, verlängerter Arm eines Herstellers zu sein und ausschließlich die Einzelhandelsfunktionen zu übernehmen. Stattdessen versuchen Netzbetreiber, ihren Kundenstamm zu erweitern in Form von Kunden, die einen Laufzeitvertrag oder eine Prepaid-Karte besitzen. In diesem Kontext bieten sie vornehmlich obiges Leistungsbündel am Markt an. Dennoch verkaufen sie auch Mobiltelefone ohne vertragliche Bindung und treten in dieser Rolle aus funktionaler Sicht nur als Absatzmittler eines Herstellers auf. Dies dient jedoch eher der Erweiterung des Geschäftsbetriebs, als dass es eine originäre Kernaufgabe ist.

Im Folgenden wird der zweiten Sichtweise gefolgt und der Netzbetreiber als der steuernde Akteur im Distributionssystem, als ein „*Quasi-Hersteller*" gesehen. Der Mobilfunknetzbetreiber ist somit für die Ausgestaltung des Distributionssystems verantwortlich, damit das Leistungsbündel (Mobiltelefon und Vertrag) auf eine für ihn optimale Weise an den Endkonsumenten verkauft wird. Der Netzbetreiber bedient sich bei der Distribution der gängigen Distributionsvarianten, die auch der Hersteller eines Produktes wählt. Neben einem direkten Vertrieb werden auch indirekte Vertriebskanäle genutzt, um Kunden zu gewinnen. Aus Sicht des Mobiltelefonnetzbetreibers ist jedoch beim indirekten Vertrieb nicht der Vertrieb des Mobiltelefons als Endgerät wichtig, das der eingeschaltete Absatzmittler oftmals nicht vom Netzbetreiber bezieht, sondern der Abschluss eines Vertrages. Der Absatzmittler profitiert von Prämien, die der Netzbetreiber bei Abschluss eines Vertrages zahlt.

Abb. 8 zeigt die Absatzkanäle eines Mobilfunknetzbetreibers. Distributionsobjekt ist ein Mobiltelefon in Kombination mit einem Laufzeitvertrag. Es werden nur endkundengerichtete Absatzkanäle skizziert, unabhängig davon ob sie direkter oder indirekter Natur sind. Auf mögliche vertikale Zwischenstufen wird nicht näher eingegangen, da die Endkundensicht im Mittelpunkt des Interesses steht. Gemäß der in Kapitel 2.4.2 vorgenommen begrifflichen Abgrenzung werden somit die relevanten Einkaufsstätten/Betriebstypen näher aufgezeigt. Bei der Analyse des Distributionssystems wird zwischen direkten und indirekten Absatzkanälen sowie zwischen traditionellen Offline-

und innovativen Online-Kanälen differenziert. Der Netzbetreiber wird im Sinne der zuvor aufgestellten Definition als Multi-Channel-Retailer bezeichnet, da unterschiedliche direkte Distributionskanäle vorliegen. Auch weitere Kriterien wie eine abgestimmte Kontrahierungs- und Kommunikationspolitik sowie eine organisatorische Integration der unterschiedlichen Absatzkanäle erfüllt der Netzbetreiber, so dass ein integrierter, mehrgleisiger Vertrieb vorliegt.

Mobilfunknetzbetreiber verfügen im direkten Vertrieb über eigene stationäre Shops, eine eigene Telefon-Hotline oder eigene Internetseiten zur Distribution ihrer Produkte. Ferner werden Produkte auch über Direktmarketing-Aktionen als weiteren Distanzkanal direkt vom Netzbetreiber an Endkunden distribuiert. Trotz der hohen Penetrationsrate von Mobiltelefonen in der Bevölkerung erhöhen die Netzbetreiber die Zahl der firmeneigenen Shops deutlich, um den direkten Zugangsweg zum Kunden zu gewährleisten und die sich daraus ergebenden Vorteile zu sichern (Handelsblatt, 2006).

Auch die indirekten Vertriebskanäle weisen eine sehr differenzierte Struktur auf. Im Zuge des indirekten Absatzes über das Internet können die Produkte von Absatzmittlern bei gewerblichen Auktionen auf Auktionsplattformen verkauft werden. Serviceprovider tun dies über ihre Internetseiten und preisgünstige unbekannte bzw. wenig bekannte wie auch renommierte Einzelhändler verkaufen über deren Online-Shops. Der indirekte Vertrieb im Offline-Kontext erfolgt über die klassischen Absatzkanäle durch Absatzmittler im Distanzhandel (Katalog- und Versandhandel, TV, Telefonhotline von Händlern und Serviceprovidern) wie auch über Absatzmittler im stationären Handel (Kauf-, Warenhaus, Fachdiscounter, Shops der Serviceprovider, sonstiger stationärer Handel). Die im indirekten Vertrieb eingeschalteten Absatzmittler sind zudem auf unterschiedliche Weise organisiert. Sie können als autarke Vertragshändler agieren, über Verbundgruppen wie Händlersysteme organisiert sein oder auch als Handelsvertreter auftreten (Mikulcik, 2007, S. 21 ff.). Da die jeweilige organisatorische Strukturierung für die Fragestellung dieser Arbeit nicht von Interesse ist, wird hierauf nicht eingegangen.

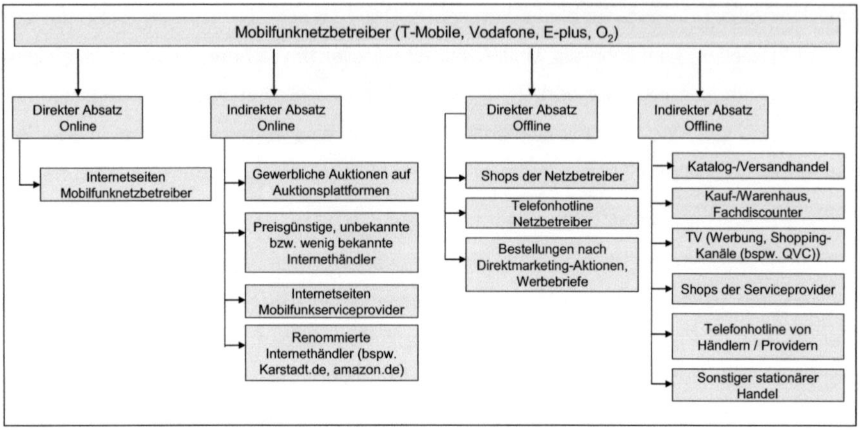

Abb. 8 Die Mobiltelefon-Distribution aus Sicht eines Netzbetreibers
Quelle: Eigene Darstellung

Auf die Bedeutung des Internets für die Konsumenten beim Kauf eines Mobiltelefons ist bereits in Kapitel 2.2.2 ausführlich eingegangen worden. Die grundlegende Erkenntnis ist, dass es erhebliche Potenziale für die Distribution von Mobiltelefonen über das Internet gibt. Sowohl der Anteil des Online-Umsatzes an dem Gesamtumsatz, die hohen Wachstumsraten sowie die niedrige Conversion Rate zeigen, dass das Internet bisher unterdurchschnittlich in dem Kaufprozess von Mobiltelefonen durch die Konsumenten genutzt wird.

2.4.5 Wachsende Herausforderungen für Mobilfunknetzbetreiber als Multi-Channel-Retailer durch die zunehmende Akzeptanz des Internets

Multi-Channel-Retailer, zu denen, wie im vorigen Kapitel skizziert, auch die Mobilfunknetzbetreiber gehören, müssen sich den Herausforderungen stellen, die durch die Komplexität und Dynamik der einzelnen Absatzkanäle entstehen. So sind in den Kanälen unterschiedliche Wettbewerber, Lieferanten und vor allem auch unterschiedliche Kundengruppen Interaktionspartner (Schröder, Zaharia, 2007, S. 84). Im Folgenden wird dabei explizit auf einige, sich durch die zunehmende Akzeptanz des Internets ergebende Herausforderungen eingegangen. Grundsätzliche Herausforderungen sowie Chancen und Risiken des Multi-Channel-Retailing werden nicht weiter aufgegriffen, es wird vielmehr auf die vielfältige weiterführende Literatur verwiesen (Merx, Bachem, 2004; Schögel, 1997; Schramm-Klein, 2003; Ahlert, Hesse, 2003).

Eine nachteilige Konsequenz der zunehmenden Akzeptanz des Internets ist für die Netzbetreiber die wachsende Konkurrenz in den Absatzkanälen und damit die **Wettbewerbsintensivierung**. Im Internet kommen neben den traditionellen Konkurrenten, die zusätzlich zum etablierten stationären Kanal nun auch das Internet als Distributionskanal nutzen, neue Unternehmen hinzu, die sich ausschließlich auf das Internet fokussieren und auf Grund niedriger Markteintrittsbarrieren schnell in den Markt gelangen (Fritz, 2004, S. 91). Insbesondere neue Mobilfunkdiscounter oder Serviceprovider, aber auch Formen des Einzelhandels, deren Geschäftsmodell nur auf dem Verkauf ihrer Leistungen über das Internet beruht und die besonders günstige Kostenstrukturen aufweisen, sind bedeutende Konkurrenten. Auf Grund besserer Kostenstrukturen offerieren sie oftmals attraktivere Endgerätepreise für hochwertigere Geräte als die etablierten Netzbetreiber bzw. schaffen durch Gratis-Zubehörartikel oder sonstige Angebote bei Einsteigergeräten besondere Kaufanreize für den Kunden. Dem Netzbetreiber entgehen durch diese Konkurrenten die Margengewinne bei der Endgerätedistribution, aber auch zumeist die direkte vertragliche Bindung des Kunden. Der Wettbewerb intensiviert sich durch die erhöhte Markttransparenz und die sinkende Loyalität der Kunden, da die Kosten eines Anbieterwechsels bei auslaufenden Verträgen marginal sind (Fritz, 2004, S. 92). Auch wenn die konkurrierenden Serviceprovider bzw. Mobilfunkdiscounter bei den Netzbetreibern die Daten- und Telefonievolumina einkaufen, sind die Netzbetreiber interessiert, möglichst viele Konsumenten unmittelbar als Kunden zu binden, um Margen zu erhöhen und Cross-Selling-Potenziale deutlich besser auszuschöpfen.

Eine der wichtigsten absatzkanalpolitischen Herausforderungen ist die **Abstimmung und Integration der einzelnen Distributionskanäle**, wie es bereits die neueren Definitionen des Multi-Channel-Vertriebs postulieren. Daher ist neben der Festlegung der Multikanalstruktur vor allem das Management von Integrations- und Koordinationsprozessen zwischen den einzelnen Absatzkanälen eine zentrale Herausforderung eines Multi-Channel-Retailers (Bruhn, 2007, S. 258). So kann die komfortable Abwicklung eines Bestellprozesses über das Internet und die Möglichkeit, die bestellten Produkte im stationären Handel umzutauschen/zurückzugeben, einen Wettbewerbsvorteil für einen etablierten Netzbetreiber schaffen, den alleinige Online-Distributoren nicht realisieren können. Durch eine funktionierende Multi-Channel-Strategie ist es möglich, Synergieeffekte zu schaffen, die Vorteile verschiedenster Kanäle zu vereinen und ihre Nachteile auszugleichen.

Insbesondere auf Grund der umfangreichen Informationsmöglichkeiten durch das Internet wird oftmals angenommen, dass sich die Rollenverteilung im Sinne einer **Machtverschiebung** zu Gunsten der Endkonsumenten verändert hat. Nach dem Konzept der Wettbewerbskräfte von Porter gewinnen die Konsumenten mit zunehmender Verbreitung und Nutzung des Internets im Kaufprozess an Verhandlungsmacht (Porter, 2001, S. 67). Die Netzbetreiber können durch innovative und individualisierte Tarife und Angebote Differenzierungspotenziale zu Konkurrenten aufbauen. Hierdurch wird die subjektiv empfundene Austauschbarkeit der Leistungen verringert und Machtverhältnisse werden wieder angeglichen. Weitere Maßnahmen zur Bindung des Kunden an das Unternehmen helfen, Verhandlungsmacht zu neutralisieren.

Entgegen anfänglicher Prognosen haben die Umsätze im Online-Handel noch kein Niveau erreicht, welches eine Bedrohung für den stationären Handel in Form erheblicher Umsatzeinbußen darstellt (vgl. Kapitel 2.2.2). Jedoch hat das Internet als flexible und individualisierte Einkaufsmöglichkeit für eine Erweiterung der Einkaufsstättenalternativen gesorgt. Die Herausforderung für einen Netzbetreiber liegt somit darin, die **Koexistenz beider Distributionsformen** zu verstehen und diese optimal auf die Anforderungen der Konsumenten auszurichten. Die Kundenpotenzialausschöpfung kann hierdurch erhöht werden, da dem Kunden durch die unterschiedlichen Absatzkanäle mehrere Kontaktmöglichkeiten zum Unternehmen gegeben werden, die er in einer spezifischen Kaufsituation nutzen kann. Neben seiner Funktion als weitere Vertriebsschiene kann man das Internet nutzen, um durch Data-Mining-Software oder Marktforschungsbemühungen Informationen zu sammeln, die auch dem stationären Handel helfen, Kundenprofile zu erstellen und zielgerichtete, personalisierte Marketingmaßnahmen durchzuführen (Breidenbach, 2007, S. 41).

Bei der Aufbereitung der Nutzerzahlen in Kapitel 2.2.1 ist die weite Verbreitung des Internets in unterschiedlichen Bevölkerungsgruppen offensichtlich geworden. Internetnutzer sind nicht mehr eine homogene Zielgruppe. Stattdessen existieren **unterschiedliche Segmente von Konsumenten**, die differierende Anforderungen und Erwartungen haben. Es zeigt sich ein ausgeprägtes Channel-Hopping-Verhalten bei Konsumenten, die verschiedene Online- und Offline-Kanäle in die einzelnen Phasen des Kaufprozesses integrieren. Eine Zielgruppenplanung und Marktsegmentierung ihrer Interessenten und Kunden ist für Netzbetreiber ein entscheidender Erfolgsfaktor. Nur die Unternehmen haben langfristig im Internet Erfolg, die ihr Leistungsangebot an den spezifischen Verhaltens- und Nutzungsmustern einzelner Konsumentensegmente ausrichten.

In diesem Zusammenhang sind insbesondere die aktuellen Entwicklungen im Konsumentenverhalten zu berücksichtigen. Das Kaufverhalten von Konsumenten kann nicht mehr als konsistentes, eindimensionales, zeitlich stabiles und einheitliches Verhalten charakterisiert werden. Im Laufe der Zeit ist dieses zunehmend mehrdimensional, schwer prognostizierbar und zu einem divergierenden **multioptionalen Verhalten** geworden, so dass die Entwicklung zu einem *„paradoxen Konsumenten"* geführt hat (Liebmann, 1996, S. 45; Meffert et al., 2001, S. 17; Liebmann, Zentes, 2001, S. 135 f.). Neben allgemeinen Veränderungen in der sozioökonomischen und soziodemografischen Struktur (Verschiebung der Altersstruktur, zunehmende Single-Haushalte, Polarisierung des Vermögens, zunehmende Mobilität der Konsumenten) lässt sich insbesondere ein Wandel der Werte und Motive (zunehmende Erlebnis-, Convenience-, Preis-, und/oder Marken-Orientierung) feststellen, so dass von einer Mehrdimensionalität des Konsumentenverhaltens zu sprechen ist (Schramm-Klein, 2003, S. 38; Liebmann, Zentes, 2001, S. 136 ff.). Das Konsumentenverhalten ist Resultat eines Drangs zur Selbstverwirklichung bzw. -inszenierung und Individualisierung der Bedürfnisse (Liebmann, Zentes, 2001, S. 135 f.).

Konsumenten verhalten sich multioptional, indem sie unterschiedliche, zum Teil **konfliktäre Grundorientierungen** aufzeigen (Liebmann, Zentes, 2001, S. 135). Mit dem multioptionalen Verhalten lassen sich Tendenzen wie das Variety Seeking (Bedürfnis des Kunden nach Abwechslung), das Channel Hopping oder das Smart Shopping erklären. Situativ und umfeldbedingt stehen unterschiedliche Anforderungen an die Einkaufsstätte (Convenience, Preis, Zweck, Erlebnis) im Vordergrund, so dass keine konsistente Wahl von Produkten, Herstellern oder Einkaufsstätten zu beobachten ist (Schramm-Klein, 2003, S. 40). Ein kundenseitiger Kanalwechsel innerhalb einzelner Transaktionen und Transaktionsphasen, insbesondere der Wechsel zwischen dem stationären und dem internetbasierten Einzelhandel belegt das zunehmende Channel-Hopping-Verhalten der Konsumenten (Ahlert, Hesse, 2003, S. 11 f.).

Das Angebot eines an den Konsumentenbedürfnissen ausgerichteten Multi-Channel-Systems mit unterschiedlichen Absatzkanälen hilft dabei, die je nach Bedürfnissituation unterschiedlichen Anforderungen der Konsumenten an die Informations- und Kaufkanäle optimal zu befriedigen (Schramm-Klein, 2003, S. 40). Die Multi-Channel-

Anbieter müssen die kanalspezifischen Präferenzen der Konsumenten, insbesondere unter Berücksichtigung des Internets als Beschaffungskanal, in den einzelnen Phasen des Kaufprozesses verstehen. Typische Fragestellungen sind dabei die Folgenden: Welche Konsumentengruppen kaufen in welchem Distributionskanal? Welche Charakteristika und konsumentenspezifischen Determinanten begründen das jeweilige Verhalten in den einzelnen Phasen des Kaufprozesses? Welche Angebote nutzen die Konsumenten kaufprozessübergreifend?

Die auf diesen Fragestellungen aufbauende Gestaltung und Steuerung von multiplen Vertriebswegen, um den Kunden möglichst in allen Phasen des Kaufprozesses an sich zu binden, ist folglich eine der zentralen Herausforderungen für Multi-Channel-Retailer, um so die Konsumentenreichweite und letztendlich die Wahrscheinlichkeit eines Kaufs durch die Kunden zu erhöhen.

3 Das Kaufverhalten von Konsumenten – Allgemeine Grundlagen und konzeptionelle Betrachtung der Kaufprozessphasen

Das folgende Kapitel stellt das Verhalten der Konsumenten bei Kaufvorgängen in den Mittelpunkt. Nach einer Erörterung allgemeiner Grundlagen des Kaufverhaltens erfolgt die Klassifikation eines Mobiltelefonkaufs aus verhaltenswissenschaftlicher Sicht (Kapitel 3.1). Des Weiteren wird das Kaufentscheidungsverhalten von Konsumenten aus Sicht von Phasenmodellen und aus prozessualer Betrachtungsweise skizziert, um die im Rahmen der Dissertation gewählte Auswahl der einzelnen Kaufprozessphasen einzuordnen und zu erklären (ebenso Kapitel 3.1). Anschließend erfolgt die konzeptionelle Aufarbeitung der einzelnen, in der späteren empirischen Untersuchung betrachteten Phasen des Kaufprozesses, die Informationsphase (Kapitel 3.2), die Kaufphase (Kapitel 3.3) sowie die After-Sales-Phase (Kapitel 3.4). Dabei werden die psychischen Vorgänge innerhalb des Individuums und die Teilprozesse der jeweiligen Phasen verdeutlicht und die hier gewonnenen Erkenntnisse bei der Erstellung der Forschungsmodelle für die empirische Arbeit und somit letztlich auch bei der Operationalisierung der Konstrukte berücksichtigt.

3.1 Theoretische Grundlagen zum Kaufverhalten und die Auswahl einer phasenorientierten Betrachtung als Forschungsrahmen dieser Arbeit

In früheren Arbeiten lag bei der Betrachtung des Kaufverhaltens der Fokus auf der Interaktion von Herstellern und Konsumenten während des Kaufaktes. Heutzutage herrscht Einigkeit darüber, dass das Konsumentenverhalten als ein kontinuierlicher Prozess angesehen werden kann, der sich nicht nur auf den Kaufakt an sich beschränkt (Solomon et al., 2001, S. 23). Vielmehr sind alle vom Konsumenten durchlaufenen Prozesse vor, während und nach einem Kauf relevant. Grundsätzlich umfassen Kaufentscheidungen eine Vielzahl von Teilentscheidungen, die durch den Konsumenten im Rahmen eines Kaufes getroffen werden müssen: Entscheidungen zur Produktkategorie, zur Marke, zur Bezugsquelle, zur Menge, zum Kaufzeitpunkt oder auch zur Zahlungsform (Gerdes, 2003, S. 74).

Das folgende Kapitel arbeitet das Verhalten von Konsumenten in Kaufprozessen theoretisch auf. Zunächst werden unterschiedliche Typen von Kaufentscheidungen und Produktkategorien skizziert (Kapitel 3.1.1), die u.a. auch von dem zu kaufenden Produkt determiniert werden (Kapitel 3.1.2), um auf dieser Basis eine Klassifizierung eines Mobiltelefonkaufs vornehmen zu können (Kapitel 3.1.3). Anschließend erfolgt eine kurze Erläuterung und kritische Würdigung von Phasenmodellen sowie dem Modell der Einkaufsstättenwahl aus prozessualer Sicht (Kapitel 3.1.4), um schließlich den Ansatz dieser Arbeit vorzustellen (Kapitel 3.1.5).

3.1.1 Typologisierung von Kaufentscheidungen

Der Forschungsschwerpunkt dieser Arbeit liegt auf individuellen Kaufentscheidungen von Privatpersonen, also Konsumentenentscheidungen. Ein Mobiltelefonkauf lässt sich zumeist derart einordnen, da diese Entscheidung in der Regel nicht wie bei extrem kostspieligen Gütern, etwa Immobilien, im Kollektiv getroffen wird.

In der Literatur existieren verschiedene Systematiken zur Klassifikation von Kaufentscheidungen. Oftmals werden diese im Sinne einer verhaltenswissenschaftlichen Klassifikation nach dem Ausmaß der kognitiven Steuerung eingeordnet. So gibt es sowohl stark kognitiv geprägte als auch gefühlsbetonte, affektive Kaufentscheidungen. Hieraus lässt sich erst ein grober Anhaltspunkt identifizieren, wie Kaufentscheidungen klassifiziert werden können. Weitere Faktoren bei der Klassifikation von Kaufentscheidungen sind u.a. das Produktwissen vor dem Kauf, die Anzahl der Kaufbeurteilungskriterien zur Bewertung des Produktes und ob diese Kriterien bereits vor dem Kauf bekannt sind oder noch gebildet werden müssen (Hier und im Folgenden Unger, 1998, S. 48). Nach welchen Regeln nimmt ein Konsument die Kaufbewertung vor, wie viele Kaufalternativen existieren, und ist das Evoked Set[12] an Alternativen dem Konsumenten unmittelbar bewusst, oder muss es im Laufe des Kaufprozess noch gebildet werden? Eine der bekanntesten Systematiken zur Strukturierung von Kaufentscheidungen, die diese Faktoren berücksichtigen, ist die Einteilung in extensive, limitierte, habitualisierte und impulsive Kaufentscheidungen (Kroeber-Riel, Weinberg, 2003, S. 370; Kuß, Tomczak, 2004, S. 98 ff.).

---

[12] Das Evoked Set ist eine Alternativenmenge in einer Kaufsituation, an die sich der Konsument spontan erinnert, die er für relevant erachtet und bei der eine grundsätzlich positive Einstellung zu einem möglichen Kauf besteht (Foscht, Swoboda, 2005, S. 153).

Extensive Kaufentscheidungen

Extensive Kaufentscheidungen[13] lassen sich durch einen hohen Informationsbedarf, eine lange Entscheidungsdauer sowie die Notwendigkeit, Bewertungskriterien zu bilden und Kaufrisiken abzubauen, charakterisieren (Kroeber-Riel, Weinberg, 2003, S. 382). Beispielhaft kann dies der Kauf eines Autos, teurer Kleidung, Unterhaltungselektronik oder anderer bedeutender Produkte oder Dienstleistungen sein, bei denen die Kosten und Risiken einer falschen Entscheidung hoch sind (Blackwell et al., 2001, S. 86). Konsumenten besitzen ein hohes Kaufinvolvement gegenüber dem zu kaufenden Objekt (Trommsdorff, 2004, S. 321). Das Ausmaß der kognitiven Beteiligung des Konsumenten ist bei extensiven Kaufentscheidungen sehr stark ausgeprägt, da die wirklichen Kaufabsichten (wie die Produktwahl) erst im Entscheidungsprozess konkretisiert werden (Foscht, Swoboda, 2005, S. 151). Auch emotionale Prozesse sind bei extensiven Kaufentscheidungen bedeutsam, da die kognitive Steuerung der Produktauswahl zunächst emotional *„angeschoben“* werden muss (Kroeber-Riel, Weinberg, 2003, S. 383). Extensive Kaufentscheidungen liegen tendenziell eher vor, wenn der Konsument über keine oder kaum bewährte Entscheidungsmuster verfügt und folglich diese fehlende Erfahrung durch Prozesse wie eine intensive Informationsbeschaffung (über interne und externe Informationsquellen) und -verarbeitung ausgeglichen werden soll (Foscht, Swoboda, 2005, S. 151). Meist werden bei extensiven Kaufentscheidungen komplexe Entscheidungsregeln angewandt, und der Konsument durchläuft alle Phasen eines Kaufprozesses.

Limitierte Kaufentscheidungen

Bei **limitierten Kaufentscheidungen** geht es um ein Verhalten, bei dem der Kauf nicht mehr extensiv, jedoch noch nicht habitualisiert durchgeführt wird (Kroeber-Riel, Weinberg, 2003, S. 384). Sie treten zumeist auf, wenn die Entscheidungssituation weder neu noch besonders schwierig ist. Die Kaufentscheidungen sind kognitiv gesteuert und werden überlegt und geplant getroffen (Kroeber-Riel, Weinberg, 2003, S. 384). Der Konsument hat bereits Kauferfahrungen mit Produkten gemacht und besitzt somit ein ausgeprägtes Produktwissen, jedoch keine Präferenzen für ein bestimmtes Pro-

---

[13] Es existieren auch Begriffe wie echte Entscheidung, Suchkauf, Planungshandeln, nicht programmierte Entscheidung, innovative Entscheidung oder komplexe Entscheidung (Kroeber-Riel, Weinberg, 2003, S. 382).

dukt (Unger, 1998, S. 49). Reaktive und emotionale Prozesse spielen für limitierte Kaufentscheidungen eine untergeordnete bzw. keine Rolle, da der Konsument die Kaufentscheidungen als nicht besonders neuartig und schwierig empfindet und folglich nicht in dem Maße wie bei einer extensiven Kaufentscheidung aktiviert wird (Weinberg, 1981, S. 93). Informationen werden zwar aufgenommen und verarbeitet, eine Suche findet also statt, aber nicht in dem Umfang wie bei extensiven Kaufentscheidungen, da zumeist nur Schlüsselinformationen aufgenommen werden, die zur Vereinfachung des Entscheidungsprozesses führen (Foscht, Swoboda, 2005, S. 153). Kauferfahrungen, Markenkenntnis und Prädispositionen werden auf ihr ausreichendes Vorhandensein geprüft, um eine Entscheidung innerhalb des bevorzugten Evoked Sets zu treffen (Kroeber-Riel, Weinberg, 2003, S. 385). Grundsätzlich durchläuft der Konsument bei einer limitierten Kaufentscheidung die gleichen Phasen wie bei einer extensiven Kaufentscheidung. Der kognitive Aufwand ist jedoch geringer und die Dauer des Entscheidungsprozesses reduziert sich.

Habitualisierte Kaufentscheidungen

Habitualisierte Kaufentscheidungen (auch Gewohnheitskäufe genannt) zeichnen sich wie limitierte Kaufentscheidungen durch eine *„kognitive Entlastung des Entscheidungsaufwandes, die untergeordnete Bedeutung affektiver Prozesse und die geringe Entscheidungszeit*" (Kroeber-Riel, Weinberg, 2003, S. 401) aus. Das Evoked Set der Konsumenten sowie die Beurteilungskriterien für die Produkte stehen bereits vor dem Kauf fest und beinhalten zumeist nur eine oder sehr wenige Alternativen (Unger, 1998, S. 50). Dies kann sich auf Einkaufsstätten (bei der Einkaufsstättenwahl) oder auf Produkte (bei der Produktwahl) beziehen. Gelegentlich müssen Konsumenten auch bei habitualisierten Kaufentscheidungen noch nach wenigen neuen Informationen suchen, oftmals fallen die Einkaufsentscheidungen jedoch nach vorgefertigten Entscheidungsmustern (Schiffman, Kanuk, 2003, S. 549). Die Habitualisierung kann auf Persönlichkeitsmerkmalen (bspw. Involvement oder Risikoneigung), auf eigenen Gebrauchserfahrungen oder auf Übernahme von Gebrauchserfahrungen (bspw. Empfehlungen anderer Personen oder Konsumnormen) beruhen (Kroeber-Riel, Weinberg, 2003, S. 401 ff.). Starke Produkttreue der Konsumenten ist in der Regel eine Folge von habituellem Verhalten, da im Extremfall diese Konsumenten immer wieder das gleiche Produkt oder die gleiche Marke gewohnheitsmäßig kaufen (Kroeber-Riel, Weinberg, 2003, S. 404 f.).

Impulsive Kaufentscheidungen

Impulsives Kaufentscheidungsverhalten lässt sich als *„unmittelbar reizgesteuertes (reaktives) Entscheidungsverhalten, das in der Regel durch Emotionen begleitet wird“* (Kroeber-Riel, Weinberg, 2003, S. 409) definieren. Impulskäufe weisen eine hohe Aktivierung des Konsumenten und sein rasches Handeln auf und werden mit geringer kognitiver Beteiligung getroffen (Foscht, Swoboda, 2005, S. 157). Ein hohes emotionales Involvement der Konsumenten liegt vor. Impulskäufe können als Folge einer Reizsituation (situative Faktoren als Auslöser) oder als Folge psychischer Prozesse (emotionale Aufladung, Streben nach affektivem Genuss) verursacht werden (Foscht, Swoboda, 2005, S. 158). Durch die starke Beteiligung reaktiver und emotionaler Prozesse bei impulsiven Kaufentscheidungen werden mögliche negative Konsequenzen wie finanzielle Belastungen oder mögliche Produktmängel nicht gebührend beachtet (Rook, 1987, S. 195 f.). Der Konsument wird durch einkaufsstimulierende Produkt- und PoS-Gestaltungen wie Produktplatzierung und -präsentation zum spontanen Kauf animiert (Foscht, Swoboda, 2005, S. 157). Im Rahmen von Impulskäufen findet, falls überhaupt, keine nennenswerte Produktbeurteilung statt. Das Ausmaß der kognitiven Steuerung ist sehr gering. Eine Zusammenfassung der obigen Erörterungen liefert Abb. 9.

Impulsive Entscheidungen	Limitierte Entscheidungen
• ungeplant/gedanklich kaum kontrolliert (geringe kognitive Beteiligung) • starke Reizsituation • emotionale Aufladung / Streben nach affektivem Genuss • keine nennenswerte Produktbeurteilung (wenn überhaupt)	• kognitiv gesteuert, geringerer Aufwand als bei extensiven Kaufentscheidungen • vorhandene Erfahrungen, bewährte Entscheidungsregeln • Präferenz interner gegenüber externer Informationsquellen • Evoked Set vorhanden (keine eindeutigen Präferenzen)
Habitualisierte Entscheidungen	**Extensive Entscheidungen**
• geringe kognitive Steuerung (eher reaktiv) • quasi automatischer Prozess (meist eindeutige Präferenzen) • geringe Entscheidungsdauer • ausgeprägtes Evoked Set vorhanden • abhängig von Persönlichkeitsmerkmalen und eigenen und fremden Gebrauchserfahrungen	• hohe kognitive Beteiligung (hoher Informationsbedarf) • komplexe Entscheidungsregeln • lange Entscheidungsdauer • starkes Involvement • tendenziell hohes wahrgenommenes Risiko

Abb. 9 Unterschiedliche Typen von Kaufentscheidungen
Quelle: Eigene Darstellung, strukturell in Anlehnung an Foscht, Swoboda, 2005, S. 149

3.1.2 Abgrenzung unterschiedlicher Produktklassen

Wie zuvor erwähnt, werden die unterschiedlichen Typen von Kaufentscheidungen auch von der Produktklasse bzw. Produktart mitbestimmt. Produkte können hinsichtlich ihrer Charakteristika in verschiedenen Kategorien klassifiziert werden. Neben einer Einteilung in Verbrauchsgüter (Güter, die während der Nutzung verbraucht werden) und Gebrauchsgüter (Güter, die über eine längere Zeit gebraucht werden), findet sich oftmals der Begriff der Konsumgüter (Kotler et al., 2007, S. 627). Konsumgüter sind Güter, die Konsumenten für den eigenen Gebrauch und Verbrauch kaufen. Auf Grund von Kaufgewohnheiten können diese in vier Untergruppen unterteilt werden (Hier und im Folgenden Kotler et al., 2007, S. 627 f.):

Güter des täglichen Bedarfs (convenience goods) werden regelmäßig gekauft, zeichnen sich durch einen niedrigen Preis und ein geringes kognitives Engagement der Konsumenten aus, die kaum Zeit für einen Vergleich unterschiedlicher Produkte und den anschließenden Kauf aufwenden. Diese Produkte werden zumeist ubiquitär vertrieben.

Suchgüter (shopping goods) werden hingegen weniger häufig gekauft, und die Konsumenten investieren erheblich mehr Energie bei der Informationssuche. Der Preis ist zumeist höher, und der Vertrieb erfolgt selektiver.

Sonderprodukte (speciality goods) sind Produkte mit einzigartigen Charakteristika oder exklusive Markenprodukte. Konsumenten sind bereit, intensive Anstrengungen vorzunehmen, um ein Produkt dieser Art zu erwerben. Diese Produkte weisen einen hohen Preis auf und sind wegen eines selektiven Händlernetzes nicht überall erhältlich.

Unbekannte oder unerwünschte Güter (unsought goods) sind Produkte, von deren Existenz der Konsument kaum Kenntnis hat oder dieser aus alleinigem Antrieb nicht kaufen würde. Zu diesen Produkten gehören Innovationen oder auch Lebensversicherungen, über deren Existenz der Konsument informiert ist, aber oft erst nach erheblichen Marketinganstrengungen bereit ist, diese zu erwerben.

	Güter des täglichen Bedarfs	Suchgüter	Sonderprodukte und Spezialitäten	Unbekannte oder unerwünschte Güter
Käufer-verhalten	Häufiger Kauf, wenig Planung, kaum Preisvergleiche, geringes Engagement	Kauf weniger häufig, mehr Planung und Überlegung, Vergleich der Alternativen in Bezug auf Preis, Qualität, Aussehen, etc.	Markenpräferenz und Markentreue beim Käufer, besonders bewusst getätigter Kauf, kaum alternative Marken, geringe Preisempfindlichkeit	Käufer kennt das Angebot und die Alternativen kaum, wenig Interesse oder sogar emotionale Ablehnung
Preis-gestaltung	Niedriger Preis	Höherer Preis	Hoher Preis	Unterschiedlich
Distribution und Distributions-dichte	Weit verbreitete Einkaufsmöglichkeiten	Selektiver Vertrieb durch ausgewählte Händler	Exklusivvertrieb durch einen oder wenige Handelspartner pro Vertriebsregion	Unterschiedlich
Werbung und Verkaufs-förderung	In der Regel Massen-Marketing durch den Hersteller	Werbung und Verkauf durch Hersteller und Handel	Sorgfältig abgestimmte und zielgerichtete Werbung durch Hersteller und Handel	Aggressive Werbung und aggressives Marketing durch Anbieter und Absatzmittler
Beispiele	Zahnpasta, Tageszeitung, Benzin, Waschmittel	Möbel, Markenkleidung, Fernseher	Luxusgüter wie Rolex-Uhren oder Armani-Anzüge	Lebensversicherungen, Blutspende

Tab. 1 Charakteristika von unterschiedlichen Konsumgütern
Quelle: Kotler et al., 2007, S. 628

3.1.3 Klassifikation des Mobiltelefonkaufs

Fasst man die vorausgegangenen Ausführungen zusammen und versucht, die Überlegungen auf den Untersuchungsgegenstand, den Kauf eines Mobiltelefons, anzuwenden, so lässt sich aus Sicht des Autors das Mobiltelefon als ein Suchgut bezeichnen, bei dem in der Regel eine extensive Kaufentscheidung vorliegt. Abhängig von persönlichen Eigenschaften der Konsumenten kann jedoch auch eine limitierte Kaufentscheidung existieren.

Die Charakterisierung als Suchgut erscheint konsequent, wenn der vorgestellten Kategorisierung von Kotler und seinen Kollegen gefolgt wird. In der Regel werden Mobiltelefone weniger häufig gekauft. Bei dem Kauf eines Mobiltelefons mit Vertragsbindung besitzen die Verträge oftmals eine Vertragslaufzeit von 24 Monaten, so dass erst nach Ablauf bzw. zum Ende des Vertrages ein neues Mobiltelefon gekauft wird. Durch die lange vertragliche Bindung an einen Netzbetreiber/Provider und somit auch an das dazugehörige Endgerät ist der Kunde gewillt, sich gewissenhaft über Vertragsmodalitäten und Eigenschaften des Mobiltelefons zu informieren. Auch wenn Mobiltelefone mit Vertragsbindung durch die Subventionierung des Vertrages oftmals keine hohen Anschaffungsausgaben zur Folge haben, entstehen beim Konsumenten im Laufe der Vertragslaufzeit erhebliche Kosten, so dass im Gesamtnutzungszeitraum von spürbaren finanziellen Belastungen ausgegangen werden kann. Der Vertrieb der Mobiltelefone erfolgt in der Regel selektiv in eigenen Shops der Provider und Netzbetreiber oder in Elektronikfachgeschäften. Marketingaktivitäten und Werbung werden sowohl von Herstellern als auch Netzbetreibern bzw. Providern sowie von Distributoren durchgeführt.

Die Charakterisierung als extensive bzw. in Einzelfällen auch limitierte Kaufentscheidung ist nicht so eindeutig. Durch eine Negativabgrenzung können jedoch die habitualisierte und die impulsive Kaufentscheidung auf Grund ihrer skizzierten Charakteristika ausgeschlossen werden. Es ist davon auszugehen, dass die Mobiltelefonkaufentscheidung kognitiv geprägt ist und die einzelnen Merkmale des Telefons und des dazugehörigen Vertrages intensiv von den Konsumenten untersucht werden. Durch die lange Vertragsbindungsdauer dürften die Konsumenten ein gewisses Maß an Risiko wahrnehmen, das zu einer intensiveren Auseinandersetzung mit dem Kauf führt. Da für eine Vielzahl der Konsumenten der Kauf eines Mobiltelefons ein wiederholter Kauf ist, kann sich bei ihnen bereits ein gewisses Evoked Set an Alternativen gebildet haben. Diese Konsumenten besitzen Erfahrungen und greifen auf bewährte Entscheidungsregeln zurück. Aus diesem Grund wird bei ihnen der Kauf eher den Charakter einer limitierten Kaufentscheidung haben.

3.1.4 Modelle des Kaufentscheidungsverhaltens von Konsumenten

Die vorigen Ausführungen verdeutlichen, dass Kaufentscheidungen von Konsumenten oftmals ein komplexes Vorgehen und eine intensive Auseinandersetzung mit dem zu kaufenden Objekt erfordern. Auch der Kauf eines Mobiltelefons enthält eine Vielzahl von Teilprozessen.

Um das Kaufentscheidungsverhalten der Konsumenten zu erklären, sind in der Fachliteratur eine Vielzahl von Modellen entwickelt worden. Zu diesen gehören **stochastische Modelle** wie die behavioristischen Stimulus-Response-Modelle (S-R-Modelle) oder auch **Strukturmodelle** bzw. Stimulus-Organismus-Response-Modelle (S-O-R-Modelle). Strukturmodelle können dabei noch in Partial- und Totalmodelle unterteilt werden.[14] Im Folgenden werden mit den Phasenmodellen sowie mit der

[14] Für eine ausführliche Auseinenandersetzung mit den einelnen Modellen des Kaufverhaltens sei auf die umfangreiche Literatur verwiesen (bspw. Kroeber-Riel, Weinberg, 2003; Balderjahn, Scholderer, 2007; Foscht, Swoboda, 2005; Scheuch, 1996; Sander, 2004).

Einkaufsstättenwahl von Konsumenten aus prozessualer Sicht zwei Modelle des Kaufentscheidungsverhaltens näher betrachtet, die bedeutend für den in dieser empirischen Arbeit verwendeten Ansatz sind.

Phasenmodelle

Phasenmodelle differenzieren das Käuferverhalten zeitlich, in dem der Kaufprozess in einzelne Phasen unterteilt wird (Foscht, Swoboda, 2005, S. 31). Die Phaseneinteilung orientiert sich an den Stufen einer extensiven Kaufentscheidung. Grundsätzlich existieren in der Literatur leicht divergierende Einteilungen des Kaufprozesses in einzelne Phasen, wobei sich zumeist nur die verwendeten Namen der Phasen unterscheiden. Die Autoren wählen in der Regel fünf bis sieben Phasen als Bestandteile des Kaufprozesses aus. Foscht und Swoboda (2005, S. 31) nennen die folgenden fünf Phasen:

- Prozessanregungsphase (Bedürfniserkennung)
- Such- und Vorauswahlphase (Suche nach Objekten zur Bedürfnisbefriedigung, Vorauswahl auf der Basis einiger Kriterien)
- Bewertungs- und Auswahlphase (Bewertung des Objektes auf der Basis der relevanten Merkmale und Auswahl des subjektiv besten Objektes)
- Realisierungsphase (Kauf des Objektes)
- Nachkaufphase

Auch die englischsprachige Fachliteratur gibt diese vorgenommene Differenzierung in fünf Phasen relativ einheitlich wieder, indem ein Kaufprozess mit dem Erkennen eines Problems oder Bedürfnisses beginnt und mit der Konsumption und Bewertung des gekauften Produktes endet (Assael, 2004, S. 31; Peter, Olson, 2005, S. 169; Hanna, Wozniak, 2001, S. 293; Solomon, 2004, S. 293). Grundsätzlich ist anzumerken, dass die einzelnen Phasen interdependent sind. Der Kaufprozess wird nicht systematisch komplett durchlaufen, sondern es existieren zwischen den einzelnen Phasen Rückkopplungen. Unbefriedigende Ergebnisse bei der Alternativenbewertung lassen den Konsumenten zurück zur Informationsphase springen oder gar zurück zur Problemerkennung, da das Bedürfnis neu zu definieren ist (Sander, 2004, S. 52). Analog zu den Totalmodellen werden auch bei den Phasenmodellen nicht in jeder Kaufsituation alle Phasen durchlaufen. So fallen bei einem Impulskauf das Bedürfnis und seine Befriedigung unmittelbar zusammen, und es kommt weder zu einer ausgeprägten Such- und Vorauswahlphase noch zu einer Bewertungs- und Auswahlphase (Foscht, Swoboda, 2005, S. 31). Die größte Bedeutung erlangen Phasenmodelle bei Kaufentscheidungsprozessen, die langwierig und komplex sind, so dass eine starke Phasendifferenzierung möglich ist. Foscht und Swoboda (2005, S. 32) halten Phasenkonzepte für wertvoll, insbesondere die Betrachtung einer reduzierten Unterscheidung in drei Phasen, der Vorkaufphase, der Kaufphase und der Nachkaufphase (Nutzung und Nachkaufaktivitäten).

Die Einkaufsstättenwahl der Konsumenten aus prozessualer Sicht

Die Wahl der Einkaufsstätte ist vor dem letztendlichen Kauf eines Produktes zwingend zu treffen. Die Wahl eines Produktes und diejenige einer Einkaufsstätte sind hierbei schwer zu trennen, da eine wechselseitige Abhängigkeit besteht (Bauer et al., 1999, S. 10). Aus diesem Grund orientieren sich Ansätze zur Einkaufsstättenwahl oftmals an Phasenmodellen der Produktwahl. Die Wahl der Einkaufsstätte spielt in den meisten Werken eine untergeordnete Rolle, da die Mehrzahl von Untersuchungen und Ansätzen sich mit der Produkt- und Markenwahl beschäftigt. Assael (2004, S. 50 f.) sieht die Einkaufsstättenwahl ebenso wie die Wahl eines Produktes bzw. einer Marke als ein komplexes Entscheidungsmodell, welches von der Bedürfniserkennung über die Informationssuche, die Alternativenbewertung und die Einkaufsstättenwahl bis hin zur Nachkaufbewertung reicht. Die Einkaufsstättenwahl mit ihren Teilprozessen wird insbesondere in der Arbeit von Heinemann erarbeitet, der sich an dem Totalmodell von Blackwell und seinen Kollegen (aktuellste Version in: Blackwell et al., 2001) orientiert. Heinemann (1976, S. 127 ff.) teilt die Einkaufsstättenwahl in fünf Phasen ein:

- Erkennen des Kaufanlasses
- Suche nach geeigneten Einkaufsstätten
- Bewertung der Einkaufsstätten im Hinblick auf die Bedürfnisse des Konsumenten
- Auswahl und Kontaktieren der Einkaufsstätte
- nachträgliche Bewertung der Einkaufsstätte

Heinemann zeigt auf, dass die einzelnen Phasen nicht an eine bestimmte zeitliche Ordnung einzelner Teilaktivitäten gebunden sind und sieht in dem aufgestellten Phasenschema eher ein Instrument *„zur Charakterisierung verschiedener Kategorien von Teilprozessen oder „Episoden“, zwischen denen ein ständiger Wechsel stattfindet“* (Heinemann, 1976, S. 126). Durch diese Aussage wird implizit deutlich, dass es sich ähnlich wie bei den Totalmodellen eher um eine grafisch anschauliche Skizzierung des Einkaufsstättenwahlprozesses handelt als um ein überprüfbares Modell. Der Begriff des *„Prozessmodells“* (Heinemann, 1976, S. 100) muss aus Sicht des Autors dieser Arbeit zumindest kritisch betrachtet werden. Die Einkaufsstättenwahlentscheidung wird von internen und externen Variablen beeinflusst. Zu den internen Variablen gehören Gedächtnisinhalte, also gespeicherte Informationen und Erfahrungen wie die Kenntnis von Einkaufsstätten oder Informationsquellen, Persönlichkeitsmerkmale wie Motive oder Charakterzüge, Werte, Einstellungen und Image-Aspekte, während zu den externen Variablen das soziale Umfeld, sozioökonomische Merkmale, das kommerzielle Umfeld, das physische Umfeld sowie das politisch-rechtliche Umfeld gehören (Heinemann, 1976, S. 114 ff.). Die Intensität, mit der Konsumenten die Phasen durchlaufen, ist wie bei den klassischen Modellen zur Produktwahl auch von der Bedeutung, Neuheit und Komplexität des Einkaufsanlasses abhängig (Heinemann, 1976, S. 277).

3.1.5 Kritische Würdigung der Modelle und Konsequenzen für diese Arbeit

Vor- und Nachteile der unterschiedlichen Modellansätze zur Erklärung des Kaufentscheidungsverhaltens von Konsumenten, insbesondere die der Totalmodelle, werden in der Fachliteratur intensiv diskutiert (Trommsdorff, 2004, S. 29 f.; Kroeber-Riel, Weinberg, 2003, S. 377; Gerhard, 1995, S. 18).

Diese Arbeit untersucht das Konsumentenverhalten in den einzelnen Phasen eines Kaufprozesses. Daher wird der Argumentation u.a. von Foscht und Swoboda gefolgt, die in Prozessphasenmodellen eine Reihe von Vorteilen sehen. Sie argumentieren, dass es wichtig sei, die spezifischen Verhaltensweisen der Konsumenten in den einzelnen Phasen zu betrachten, um anschließend Strategien und Instrumente kundenorientiert sowohl phasenübergreifend als auch phasenspezifisch einzusetzen (Foscht, Swoboda, 2005, S. 34). Sie empfehlen eine Einteilung in drei Phasen: Vorkaufsphase, Kaufphase und Nachkaufphase (Foscht, Swoboda, 2005, S. 34). Hieraus ergibt sich die Möglichkeit, den Kaufprozess der Konsumenten ganzheitlich zu betrachten und sich nicht, wie häufig durchgeführt, auf einzelne Phasen zu beschränken und die für die jeweilige Phase relevanten Determinanten des Käuferverhaltens zu identifizieren (Foscht, Swoboda, 2005, S. 34 f.).

Aus Sicht des Autors ist eine gleichzeitige Berücksichtigung aller drei Phasen eines Kaufprozesses in der Empirie auch in der Tatsache begründet, dass Konsumenten ein ausgeprägtes Channel-Hopping-Verhalten aufweisen und bedürfnis- und motivabhängig zwischen Online- und Offline-Kanälen in den einzelnen Phasen eines Kaufprozesses wechseln (Breidenbach, 2007, S. 126 ff.; Dach, 2002b, S. 34; Silberberger, 2001, S. 25). Dieses Verhalten lässt sich insbesondere bei komplexen Produkten und Dienstleistungen feststellen (Frambach et al.; 2007, S. 27). Daher ist es aus praxisorientierter Unternehmenssicht notwendig, die Determinanten des Konsumentenverhaltens sowie die Präferenzen der Konsumenten in den jeweiligen Kaufprozessphasen zu verstehen, um hierdurch die Angebote eines Multi-Channel-Retailers kaufprozessphasenspezifisch für die jeweilige Käufergruppe optimal gestalten und die Nutzungswahrscheinlichkeit dieser Angebote in den jeweiligen Phasen erhöhen zu können. Eine isolierte Betrachtung der einzelnen Kaufprozessphasen könnte diese Wechselbeziehungen im Konsumentenverhalten nicht aufdecken.

Im Zuge des Kaufprozesses eines Mobiltelefons müssen zumindest vier unterschiedliche Entscheidungen (Endgerät, Mobilfunkvertrag, Händler sowie Einkaufsstätte) von Konsumenten getroffen werden. Es ist davon auszugehen, dass zu Beginn einer Kaufentscheidung oftmals alle vier Komponenten noch nicht final entschieden sind und insbesondere die Entscheidungen über Mobiltelefon/Vertrag und Händler sich gegenseitig bedingen. So ist es offensichtlich, dass ein Konsument bei Interesse an einem T-Mobile-Vertrag nur den Handel aufsuchen kann, der diese Verträge auch distribuiert und den gewünschten Vertrag nicht bei Geschäften, die an andere Netzbetreiber gebunden sind, abschließen kann. Auf der anderen Seite sind auch Situationen denkbar, in denen die Wahl eines Endgeräts den Anbieter determinieren kann.

Abhängig von der Phase des Kaufprozesses und weiteren kaufprozessbeeinflussenden Determinanten können die Konsumenten sowohl die einzelnen Kanäle des Netzbetreibers als Multi-Channel-Retailer wie auch Angebote von anderen im Mobilfunkbereich tätigen Handelsunternehmen und Intermediären als Informationsmedium in der Vorkaufphase, für die eigentliche Transaktion in der Kaufphase oder für Aktivitäten in der After-Sales-Phase nutzen. In dieser Arbeit werden daher auch die folgenden drei Phasen des individuellen Kaufprozesses von Konsumenten untersucht:

- Informationsphase vor dem Kauf
- Kaufphase
- After-Sales-Phase

Im Folgenden werden die einzelnen Kaufprozessphasen detailliert konzeptionalisiert und aufgearbeitet, um das Verhalten der Konsumenten in den jeweiligen Phasen theoretisch fundiert einordnen und verstehen zu können. Des Weiteren wird auf der Basis dieser Ausführungen die spätere Operationalisierung der Messkonstrukte für die empirische Analyse vorgenommen.

3.2 Informationsphase vor dem Kauf

Das folgende Kapitel analysiert die Informationsphase vor dem Kauf. Zunächst wird das Informationsverhalten der Konsumenten mit den dazugehörigen Teilprozessen grundlegend skizziert (Kapitel 3.2.1). Darauf aufbauend wird die Informationsbeschaffung und Informationsaufnahme als ein Teilprozess ausführlicher betrachtet (Kapitel 3.2.2). Dabei erfolgt eine Untersuchung der unterschiedlichen Alternativen in Form der internen und externen Informationssuche (Kapitel 3.2.2.1) sowie des Ausmaßes des Informationsverhaltens (Kapitel 3.2.2.2) und der Arten von Informationsquellen bei der externen Informationssuche (Kapitel 3.2.2.3).

3.2.1 Das Informationsverhalten von Konsumenten

Die Informationsphase vor dem Kauf ist ein bedeutender Teil des Kaufprozesses. Bei Betrachtung der zuvor in Kapitel 3.1.4 vorgestellten Phasenmodelle des Kaufprozesses beginnt sie nach dem Erkennen eines Bedürfnisses bzw. eines Problems. Es schließen sich Evaluierung und Auswahl der in der Informationsphase identifizierten Alternativen an.

Informationen spielen vor, während und nach einer Kaufentscheidung eine wichtige Rolle für den Konsumenten. In der Fachliteratur wird das Informationsverhalten der Konsumenten als Ablauf eines kognitiven Prozesses interpretiert. Es existieren unterschiedliche Ansichten über die Anzahl der Teilprozesse und deren Reihenfolge. Oftmals wird zwischen fünf Phasen (Teilprozessen) bzw. „Aktivitätsklassen" (Silberer, 1981, S. 27) des Informationsverhaltens unterschieden, nämlich Informationsbedarf, Informationsbeschaffung, Informationsverarbeitung, Informationsspeicherung und Informationsweitergabe (Silberer, 1981, S. 28 ff.; Roßmanith, 2001, S. 27 ff.; Tölle, 1983, S. 84 ff.). Die einzelnen Phasen werden nicht in jeder Kaufentscheidung durchlaufen, da dieses bewusste Vorgehen in der Regel extensive sowie zum Teil auch limitierte Kaufentscheidungen charakterisiert.

Ein vorhandener **Informationsbedarf** ist notwendige Bedingung für das Durchlaufen der weiteren Phasen des Informationsverhaltens und somit Auslöser des weiteren Informationsprozesses. Unter dem Informationsbedarf wird die nach Art, Zeit und Qualität spezifizierte Menge an Informationen verstanden, die ein Konsument benötigt bzw. wünscht, um innerhalb eines bestimmten Zeitkorridors seine Handlungsziele zu erfüllen (Gerhard, 1995, S. 87). Raffée und Silberer (1975, S. 13 ff. und S. 37) nennen drei Determinantengruppen, deren Einflussfaktoren und deren Interaktion zur Erklärung des subjektiven Informationsbedarfs. Zu diesen gehören motivationale Determinanten (bspw. Sicherheitsstreben, Transparenzstreben, Konsistenzstreben, persönliche Interessen), kognitive Determinanten (bspw. Einstellungen, Erfahrungen, Wertvorstellungen, kognitive Komplexität) und situative Determinanten (bspw. Menge, Inhalt und Zugänglichkeit der Umweltinformationen; Zeitdruck, Rechtfertigungsdruck).[15] Im Zuge dieser Arbeit wird der Informationsbedarf als bereits existierende Größe aufgefasst und nicht weiter untersucht. Der Kauf eines Mobiltelefons impliziert einen gewissen Informationsbedarf, der zu den weiteren Teilprozessen des Informationsverhaltens und insbesondere der Informationsbeschaffung über interne und externe Informationsquellen führt.

Untersuchungsgegenstand sind im Rahmen dieser Arbeit die beiden Phasen der **Informationsbeschaffung** und der **Informationsweitergabe**.[16] Während die Informationsbeschaffung sowohl in den Kaufprozessphasen „Informationsphase vor dem Kauf" und „After-Sales-Phase" relevant ist, besitzt die Informationsweitergabe vornehmlich Bedeutung für die After-Sales-Phase und wird im Kapitel 3.4.3 diskutiert.

3.2.2 Informationsbeschaffung und Informationsaufnahme der Konsumenten

Durch die Informationsbeschaffung und die Informationsaufnahme versucht der Konsument, in einer Kaufsituation den subjektiv empfundenen Informationsbedarf zu decken. Die Informationsbeschaffung beinhaltet alle mentalen und physischen Aktivitäten zur Gewinnung von Informationen über den Beurteilungsgegenstand und über potenzielle Handlungsalternativen sowie deren anschließende Aufnahme im Gedächtnis (Heinemann, 1976, S. 146 f.). Im Rahmen dieser Arbeit wird in einem enger gefassten

---

[15] Raffée und Silberer (1975, S. 14 ff.) beschreiben die unterschiedlichen Determinanten ausführlich. Zur Vertiefung sei auf deren Arbeit verwiesen, da der Informationsbedarf hier nicht intensiv aufgearbeitet wird.

[16] Die Teilprozesse der Informationsverarbeitung und der Informationsspeicherung werden an dieser Stelle nicht näher erläutert. Es sei auf die vielfältige weiterführende Literatur verwiesen (u.a.: Kroeber-Riel, Weinberg (2003, S. 268 ff.); Trommsdorff (2004, S. 274 ff.); Balderjahn, Scholderer (2007, S. 27 ff.)).

Begriff unter der Informationsbeschaffung die interne und externe Informationsaufnahme (bzw. Informationssuche als synonym verwendeter Begriff) seitens der Konsumenten verstanden.[17]

3.2.2.1 Interne und externe Informationssuche

Bei der **internen Informationssuche** werden im Gedächtnis abgespeicherte Informationen zu bisherigen positiven wie negativen Erfahrungen und Kenntnissen über unterschiedliche Produkte, Dienstleistungen oder auch Einkaufsstätten abgerufen (Foscht, Swoboda, 2005, S. 79). Auch Erfahrungen aus dem letzten Kaufprozess, Werbeanzeigen oder mit Freunden geführte Gespräche spielen eine Rolle (Hanna, Wozniak, 2001, S. 296). Grundsätzlich versucht der Konsument, die zur Problemlösung benötigten Informationen zunächst über die von ihm präferierte interne Informationssuche abzudecken, und erst bei unzureichendem Vorhandensein von internen Informationen wird die externe Suche gestartet (Hawkins, et al., 2003, S. 525; Bettman, 1979, S. 106; Kroeber-Riel, Weinberg, 2003, S. 385). Die interne Informationssuche kann sowohl aktiv durch bewusstes Abrufen von Gedächtnisinhalten als auch passiv erfolgen (Kroeber-Riel, Weinberg, 2003, S. 246). Mögliche Ursachen dafür, dass die interne Suche vom Konsumenten als nicht ausreichend empfunden wird, sind negative Erfahrungen in der Vergangenheit, technologische Veränderungen, lang zurückliegende letzte Käufe oder ein hohes wahrgenommenes Risiko (Sheth et al., 1999, S. 532).

Für die vorliegende Arbeit beschränkt sich der Autor auf die Analyse der **externen Informationssuche** der Konsumenten beim Kauf eines Mobiltelefons.[18] Unter der externen Suche wird die Aneignung von Informationen verstanden, die nicht aus dem Gedächtnis gewonnen werden, sondern aus sämtlichen externen Informationsquellen wie Freunden, Einzelhandel, Werbung oder Magazinen (Bettman, 1979, S. 111).

Eine bewährte Gliederungssystematik (Abb. 10) der Arten der externen Informationssuche haben Kroeber-Riel und Weinberg (2003, S. 246) entwickelt, auf die

---

[17] Vgl. bspw. Blackwell et al. (2001, S. 73); Kroeber-Riel, Weinberg (2003, S. 243 ff.).

[18] Dafür spricht insbesondere der gewählte Untersuchungskontext. Die Integration des Internets als externe Informationsquelle in den Kaufprozess im Multi-Channel-Umfeld ist Forschungsgegenstand dieser Arbeit und nicht, inwieweit Konsumenten bevorzugt interne verglichen mit externen Informationsquellen nutzen. Des Weiteren wird durch den später noch skizzierten Einsatz des Konstruktes des subjektiven Produktwissens als kaufprozessbeeinflussende Determinante die interne Informationssuche in dem Forschungsmodell berücksichtigt.

im Folgenden näher eingegangen wird. Externe Informationen können entweder durch eine aktive Suche nach den gewünschten Informationen gewonnen werden oder auch durch eine nicht beabsichtigte, passive Aufnahme, bei der der Konsument nur empfänglicher gegenüber Informationen ist, die von außen an ihn herangetragen werden (Blackwell et al., 2001, S. 75; Kroeber-Riel, Weinberg, 2003, S. 244 f.). Bei einer passiven, zufälligen Informationsaufnahme führen Werbung, Auszeichnungen oder Verpackungen zu einem beiläufigen Lernen. Dies kann bei einer eventuellen späteren Konfrontation mit den Produkten in einer Kaufsituation abgerufen und angewandt werden (Solomon et al., 2001, S. 254). Auch passiv aufgenommene Informationen durch Gespräche können im Rahmen eines Kaufprozesses einen wichtigen Einfluss besitzen.

Die aktive externe Informationssuche kann impulsiv, bewusst, gewohnheitsmäßig oder auch konfliktgesteuert erfolgen. Die bewusste, aktive externe Informationsaufnahme unterteilen Kroeber-Riel und Weinberg (2003, S. 248) in aktivierende Vorgänge und kognitive Programme. Aktivierende Vorgänge skizzieren die Gründe der Informationssuche, z.B. die persönliche Informationsneigung oder situationsspezifische Konflikte/Risiken, wohingegen kognitive Programme die Art der Informationssuche beschreiben. Die Stärke der aktivierenden Vorgänge bestimmt die Intensität und den Umfang der Suchanfrage, wohingegen die Auswahl der Informationsquellen durch die kognitiven Entscheidungsregeln determiniert wird (Kroeber-Riel, Weinberg, 2003, S. 245).

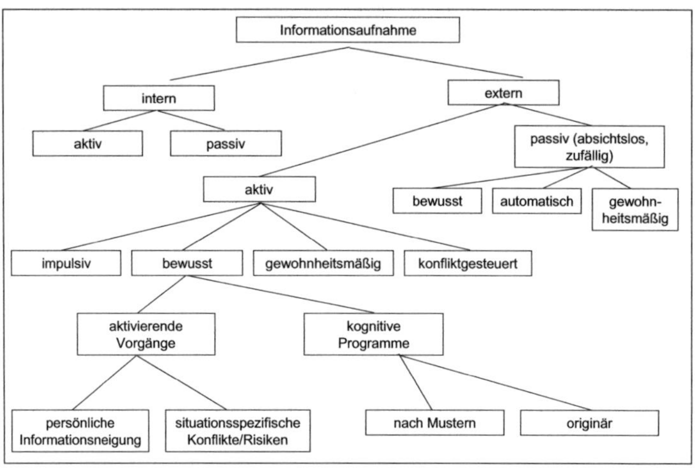

Abb. 10 Die Informationsaufnahme von Konsumenten

Quelle: Kroeber-Riel, Weinberg, 2003, S. 246

Die externe Suche kann weiterhin nach der Suchhäufigkeit, dem Suchzeitpunkt und der Suchdauer unterteilt werden, so dass sich nach Bloch et al. (1986, S. 120) zwei Formen ergeben: Die einmalige Suche vor dem Kauf resultiert aus einem subjektiv empfundenen Mangel an Informationen. Sie versucht, diesen Mangel zu beheben, eine gute Entscheidungsbasis zu schaffen und letztendlich eine gute Kaufentscheidung zu realisieren. Die Zufriedenheit nach dem Kauf soll sich durch die Suche erhöhen. Im Gegensatz dazu steht die fortwährende Suche, bei der kein unmittelbares Problem vorhanden ist und die oftmals aus Interesse an dem Produkt und dessen Gebrauch erfolgt. Assael (2004, S. 184 ff.) argumentiert ähnlich und unterscheidet zwischen vier unterschiedlichen Prozessen der Informationsaufnahme, welche allesamt auch vom Involvement der Konsumenten beeinflusst werden:

- Fortwährende Suche (prinzipielles Interesse an bestimmten Bereichen oder Produktkategorien führt zu einer regelmäßigen und andauernden Suche nach Informationen durch den Konsumenten)
- Gezielte kaufanlassbezogene Suche (Informationssuche des Konsumenten, die durch eine Kaufsituation veranlasst ist und bei der bewusste Suchstrategien verfolgt und bestimmte Quellen einbezogen werden)
- Ungezielte kaufanlassbezogene Suche (die Informationssuche des Konsumenten ist ebenso durch einen Kaufanlass veranlasst; der Konsument sucht jedoch zunächst generelle Informationen, u.a. über Suchmaschinen im Internet, um so einen Überblick über Produktalternativen oder wichtige Produktkriterien zu gewinnen)
- Passive Informationsaufnahme (der Konsument sucht nicht gezielt und intensiv nach Informationen, sondern nimmt diese passiv und eher zufällig auf)

In dieser Arbeit ist gemäß der vorgestellten Systematik hauptsächlich der Bereich der aktiven und bewussten Informationsaufnahme relevant, da diese zur Vorbereitung einer konkreten Kaufentscheidung dient. Aktives Informationssuchen ist tendenziell ein Charakteristikum von High-Involvement-Käufen, wohingegen passives Informationsverhalten für Low-Involvement-Käufe typisch ist (Balderjahn, Scholderer, 2007, S. 36). Der Konsument sucht aktiv und bewusst nach externen Informationen zur Optimierung seines Kauf-Outputs. Impulsive, gewohnheitsmäßige oder auch konfliktgesteuerte Suchformen sind durch den konkreten Bezug zu einem Kaufprozess, dem Kauf eines Mobiltelefons, nicht in dem Maße relevant. Jedoch ist auch die passive, absichtslose Informationsaufnahme bedeutend, solange die externen Informationen vom Konsumenten bewusst wahrgenommen werden. Hierzu gehören, wie oben skizziert, passive

Werbemedien (TV-Spots, Anzeigen in Magazinen), bei denen der Konsument zufällig die Information wahrnimmt, aber bewusst verarbeitet, da er sie für den Kaufprozess für relevant hält. Auch die Aufnahme von Meinungen anderer Konsumenten kann passiver Natur sein, wenn der Konsument diese nicht aktiv nachfragt.

Die Einschränkung auf die bewusst wahrgenommene Informationsaufnahme ist auch durch den in der empirischen Untersuchung gewählten Ansatz der schriftlichen Befragung der Konsumenten begründet. Die tatsächliche Informationsaufnahme ist jedoch bedeutend umfangreicher, da auch die reaktive und nicht bewusst kontrollierte Aufnahme von Informationen erheblichen Einfluss auf das Konsumentenverhalten hat (Kroeber-Riel, Weinberg, 2003, S. 248).

3.2.2.2 Ausmaß des Informationsverhaltens von Konsumenten

Die Hauptерkenntnis empirischer Untersuchungen zu dem Informationssuchverhalten von Konsumenten ist, dass viele Konsumenten vor dem Kauf überhaupt keine Informationen oder nur sehr wenige Informationen suchen (Kroeber-Riel, Weinberg, 2003, S. 248). In einer älteren Studie stellte sich heraus, dass beim Kauf von Farbfernsehern mit 22% fast ein Viertel der befragten Konsumenten keine Informationen suchte und die anderen zumeist nur eine schwache Suchaktivität aufwiesen (Duncan, Olshavsky, 1982, S. 39). Eine weitere Studie kam zu dem Ergebnis, dass Konsumenten bei Käufen hochwertiger Konsumgüter zumeist nicht mehr als zwei Einkaufsstätten aufsuchten (Alba et al., 1997, S. 41). Ursache für dieses Verhalten ist, dass der Großteil der Kaufentscheidungen habitualisiert oder limitiert ist und auf interne Informationen zurückgegriffen wird. Der Konsument lässt sich bei der Kaufberatung durch Freunde oder Verkaufspersonal im Handel eher bestätigen, als dass er aktiv weitere externe Informationen sucht (Kroeber-Riel, Weinberg, 2003, S. 249). Bei extensiven Kaufprozessen wird hingegen auf Grund der Komplexität meist eine umfangreiche externe Informationssuche mit der Evaluierung mehrerer Marken, Geschäfte, Produktattributen oder Informationsquellen und mit einem erhöhten Zeitaufwand durchgeführt (Blackwell et al., 2001, S. 112).

Es zeigt sich auch, dass sich die Konsumenten hinsichtlich ihrer individuellen Informationsneigung unterscheiden und somit manche Konsumenten auf Grund ihrer stärker ausgeprägten persönlichen Informationsneigung (die so genannten „*Informationssucher*“) grundsätzlich intensiver nach Informationen suchen (Kroeber-Riel, Weinberg,

2003, S. 249). Diese auch als Prädisposition zu verstehende Neigung der Konsumenten zur intensiven Informationssuche wird durch unterschiedliche Faktoren wie insbesondere das Involvement, sozioökonomische Merkmale oder das wahrgenommene Risiko beeinflusst (Kroeber-Riel, Weinberg, 2003, S. 250 f.). Neben diesen personenspezifischen Einflussfaktoren besitzt auch das jeweilige Produkt erheblichen Einfluss auf das Informationsverhalten von Konsumenten. Bei Produkten wie Lebensmittel, die in habitualisierten Kaufentscheidungen beschafft werden, suchen Konsumenten wesentlich weniger Informationen vor dem Kauf als bei hochwertigen und hochpreisigen Gütern des langfristigen Bedarfs wie Möbel (Breidenbach et al., 2005, S. 252).

Auch die Einstellung gegenüber dem jeweiligen Informationsmedium, die Motive zur Nutzung eines Mediums (bspw. das Motiv, ein mit dem Kauf verbundenes Risiko zu minimieren) sowie situative Faktoren wie Zeitdruck oder Dringlichkeit des Bedarfs sind weitere Determinanten des Informationsverhaltens (Zaharia, 2006, S. 53 f.). Andere Autoren nennen die subjektive Bedeutung des Kaufs, das subjektive Kaufrisiko, das Produktwissen oder auch die Dringlichkeit der Entscheidung (Solomon et al., 2001, S. 253 ff.) bzw. die soziale Wichtigkeit des Kaufs und eigene Wertvorstellungen (Schiffman, Kanuk, 2003, S. 558) als weitere Determinanten. Insbesondere ältere Personen befriedigen mit der persönlichen Kommunikation bei einem Besuch des stationären Handels und der Diskussion mit dem Verkaufspersonal während der Informationssuche ihr Bedürfnis nach sozialem Kontakt (Kroeber-Riel, Weinberg, 2003, S. 253). Auch Charakteristika des Marktes werden als Einflussfaktor auf die externe Informationssuche herangezogen. Die Zahl der Alternativen des zu kaufenden Produktes oder der Dienstleistung, die Preisspanne zwischen den Angeboten, unterschiedlichste Distributionsweisen und die Verfügbarkeit von Informationen beeinflussen das Ausmaß der externen Informationssuche (Hawkins et al., 2003, S. 539).

Das Ausmaß des individuellen Informationsverhaltens kann zudem durch unterschiedliche theoretische Ansätze erklärt werden. Wilke (2007, S. 56 ff.) führt in Anlehnung an Silberer (1981, S. 33 ff.) hierbei den Komplexitätsansatz, den risikotheoretischen Ansatz, das allgemeine Gedächtnismodell, den Ansatz der kognitiven Dissonanz sowie den Kosten-Nutzen-Ansatz als wissenschaftliche Theorien zur Erklärung des Informationsverhaltens an und untersucht diese im Rahmen seiner empirischen Arbeit. Auch andere Autoren betten das Informationsverhalten in vorhandene theoretische Ansätze wie die Institutionsökonomik, die Neue Institutionsökonomik, den Prinzipal-Agent-Ansatz oder die Transaktionskostentheorie ein, um auf ihnen aufbauend das Verhalten der Konsumenten bei der Informationssuche zu erklären (Breidenbach, 2007, S. 21 ff.). In dieser Arbeit steht eine ganzheitliche Analyse des Kaufprozesses im Vordergrund, so dass Determinanten auszuwählen sind, die nicht nur einzelne Aspekte des Kaufprozesses, sondern diesen ganzheitlich beeinflussen. Die Auswahl und Aufbereitung dieser kaufprozessbeeinflussenden Faktoren wird ausführlich im Kapitel 4 vorgenommen.

Gemäß dem Ansatz der Informationsökonomie suchen Konsumenten so viele Informationen wie nötig, um wohl überlegte Entscheidungen treffen zu können und sich im Stande zu sehen, eine Beurteilung der möglichen Alternativen vorzunehmen (Solomon et al., 2001, S. 256). Konsumenten haben gewisse Erwartungen an den Wert zusätzlicher Informationen und suchen solange weiter, wie der Nutzen der Informationssuche höher ist als die Kosten (Solomon et al., 2001, S. 257). Bei der Informationsbeschaffung berücksichtigen Konsumenten oftmals nicht nur finanzielle sondern auch psychische Kosten und Nutzen (Kroeber-Riel, Weinberg, 2003, S. 252). Der Nutzen einer Informationssuche ist das Kennenlernen von Produktalternativen, von möglichen Einkaufsstätten sowie deren Preisen. Insbesondere die Reduzierung des wahrgenommenen Risikos verschafft dem Konsumenten einen Nutzengewinn. Die Suche kann zu einem niedrigeren Preis führen, die präferierte Einkaufsstätte und ein qualitativ hochwertiges Produkt können gefunden und eine höhere Sicherheit für den Kauf erlangt werden (Hawkins et al., 2003, S. 524). Auf der anderen Seite kann der zeitliche Aufwand für die Suche des Geschäfts und die anschließende Informationsbeschaffung im Handel als Kosten interpretiert werden. Auch Transportkosten, die durch Anfahrt oder evtl. Parkgebühren entstehen, fließen in das Entscheidungskalkül ein.

In der Praxis hat sich das Internet grundsätzlich als Medium zur externen Informationssuche etabliert (vgl. Kapitel 2.1.3 und 2.2.2). Die Nutzung des Internets hilft, die in einem Kaufprozess entstehenden Transaktionskosten für die Konsumenten zu minimieren. Diese beinhalten die anfallenden Kosten der Information und Kommunikation für die Anbahnung, Vereinbarung, Abwicklung, Kontrolle und Anpassung eines Leistungsaustausches (Picot et al., 2003, S. 49 ff.). Durch Inanspruchnahme des Internets kann durch eine zunehmende Virtualisierung der Transaktionskosten der individuelle Nutzen der Konsumenten maximiert werden (Breidenbach, 2007, S. 22). Die Suchkosten sind bei der Suche im Internet vergleichsweise niedrig, da sowohl der monetäre als auch der physische Aufwand deutlich geringer ist als bei traditionellen Einkaufsformaten. Konsumenten erlangen durch das umfangreiche Informationsangebot zumeist einen besseren und schnelleren Marktüberblick und sparen Zeit und Fahrtkosten, die im traditionellen Einzelhandel anfallen würden. Zu den Suchkosten einer Informationssuche über das Internet gehören u.a. die vom Konsumenten investierte Zeit und die Anstrengungen, um die Internetangebote der Hersteller und Händler zu finden und anschließend die gewünschten Informationen zu erhalten (Zaharia, 2006, S. 52). Monetäre Kosten umfassen die Telekommunikationskosten für die Online-Verbindung, die jedoch auf Grund zunehmender Flatrate-Tarife an Bedeutung verlieren, und Gebühren für kostenpflichtigen Content wie Testberichte.

Über das Internet können im Sinne der in Kapitel 3.2.2.1 vorgestellten Gliederungssystematik der Informationsbeschaffung sowohl aktiv als auch passiv Informationen gewonnen werden. Konsumenten können über eine Selbstselektion die individuell für sie als wichtig wahrgenommenen Informationen abfragen und dadurch aktiv die relevanten Informationen erlangen („*Searching*"). Auf der anderen Seite können sie auch durch das nicht zielgerichtete Betrachten unterschiedlicher Internetseiten („*Browsen*") und durch Werbebanner oder Pop-Up-Fenster passiv Informationen aufnehmen. Des Weiteren können Konsumenten sich auch aktiv mit anderen Benutzern über Virtuelle Communities austauschen (vgl. Kapitel 2.1.3).

Insbesondere bei Produkten oder Dienstleistungen mit einer Vielzahl von entscheidungsrelevanten Charakteristika und Attributen scheint die Informationssuche im Internet einfacher zu sein als eine Suche über Offline-Kanäle. Da auch beim Kauf eines Mobiltelefons mit dem dazugehörigen Vertrag eine Vielzahl von Details zu berücksichtigen ist, ist anzunehmen, dass das Internet ein geeignetes Informationsmedium für diese Kaufprozessphase darstellt.

3.2.2.3 Arten von externen Informationsquellen

Falls der Konsument im Rahmen seines Kaufprozesses gewillt ist, zusätzliche Informationen zu suchen, muss er überlegen, wie er sein wahrgenommenes Informationsdefizit beheben möchte. Dabei bestimmt er, welche Informationsquellen er grundsätzlich und mit welcher Intensität in der externen Informationssuche nutzen möchte.

In der Literatur werden die unterschiedlichen Arten von externen Informationsquellen zumeist in Gruppen eingeteilt. Rha (2002, S. 17) unterscheidet zwischen kommerziellen, neutralen und persönlichen Quellen. Blackwell und seine Kollegen (Blackwell et al., 2001, S. 75) trennen in "*marketer dominated*" und "*nonmarketer dominated*", wobei letztere noch in neutrale und subjektive Quellen aufgeteilt werden. Auch in der deutschsprachigen Literatur finden sich ähnliche Unterteilungen wieder. So differenziert Gerhard (1995, S. 89 f.) zwischen neutralen Quellen (Fachzeitschriften), sozialen Quellen (Freunde und Bekannte, Familienmitglieder) und unternehmenskontrollierten Quellen. Auf das Internet bezogen unterscheiden Hansen et al. (2004, S. 276) zwischen anbieterseitig kontrollierte Informationsquellen, konsumentenseitig kontrollierten Informationsmöglichkeiten, durch dritte Parteien (Intermediäre) kontrollierte Informationsquellen und durch verbraucherpolitische Organisationen kontrollierte Inhalte.

Folgt man den obigen Ausführungen und klassifiziert die unterschiedlichen Informationsquellen, die im Rahmen der externen Informationssuche vor dem Kauf genutzt werden können, so lassen sich die folgenden drei Gruppen skizzieren:

- Informationen von anderen Konsumenten (persönliche Kommunikation)
- Informationen von Herstellern und Händlern (anbieterinitiierte Kommunikation)
- Informationen von neutralen Quellen

Die folgende Abbildung fasst typische Online- und Offline-Informationsquellen für die jeweiligen Gruppen bei einem Mobiltelefonkauf zusammen. Die Auflistung orientiert sich an den in der Literatur genannten Informationsquellen (Assael, 2004, S. 188; Bauer, Sauer und Fleig, 2004, S. 416; Rha, 2002, S. 17). Für weitere Details zur Auswahl dieser Quellen und der letztendlichen Operationalisierung des Konstruktes sei auf das Kapitel 5.3.2.1 verwiesen.

Informationsquellen		
Informationen von anderen Konsumenten	**Informationen von Herstellern und Händlern**	**Informationen von neutralen Quellen**
• Konsumentenbeurteilungen auf Community-Internetseiten • Konsumentendiskussionen im Internet • Kundenrezensionen in Online-Shops • Diskussionen mit Freunden, Arbeitskollegen, Familie	• Internetseiten Händler • Internetseiten Hersteller • Internetseiten Netzbetreiber / Provider • Kontaktaufnahme per E-Mail mit Herstellern, Händlern, Netzbetreibern • E-Mail-Newsletter • stationärer Handel • Telefonhotline • Printwerbung (Zeitschriften, Zeitungen, Magazine) • TV (Werbung, Shopping Kanäle, reguläres TV) • Mobile Verkaufsteams	• Neutrale Artikel/Tests im Internet (bspw. von Fachzeitschriften) • Internetsuchmaschinen • Vergleichsinternetseiten, u.a. mit Vergleichstests/Konfiguratoren (areamobile.de/guenstiger.de) • Verbraucherorganisationen (Stiftung Warentest) • Artikel/Tests in Publikums- oder Fachzeitschriften • Neutrale, objektive Berichte im Radio/TV

Abb. 11 Arten von Informationsquellen beim Kauf eines Mobiltelefons
Quelle: Eigene Darstellung

Eine wesentliche Unterscheidung der einzelnen Arten von Informationsquellen geschieht durch die ihnen beigemessene Glaubwürdigkeit. Unternehmenskontrollierte Medien und Kanäle von Herstellern und Händlern wie Werbung, stationäre Shops oder auch Internetangebote werden im Eigeninteresse des Anbieters gestaltet, der seine Produkte an Konsumenten verkaufen will und mögliche Informationsasymmetrien bewusst zum eigenen Vorteil des Unternehmens ausnutzt (Einwiller, 2003, S. 53). Persönliche Kommunikation von und mit anderen Konsumenten ist zur Informationsgewinnung im Vergleich zur Massenkommunikation effizienter, da ihr größere Glaubwürdigkeit und Flexibilität zugeschrieben wird und sie im Vergleich zu anbieterinitiierter Werbung ohne finanzielle Interessen der Konsumenten und Manipulationsinteressen getätigt wird und dabei zumeist auf eigenen Erfahrungen der Konsumenten beruht (Bickart, Schindler, 2002, S. 428; Helm, 2000, S. 136 f.). Auch Informationen von neutralen Quellen wie Testberichte oder Hinweise von Verbraucherorganisationen, weisen eine höhere Glaubwürdigkeit auf als Informationen von Herstellern und Händlern, da diese Organe grundsätzlich Neutralität bewahren sollten und ihnen Kompetenz zugestanden wird.

Die persönliche Kommunikation wird zumeist genutzt, wenn Konsumenten trotz der leicht zu erreichenden anbieterseitigen Informationsquellen noch in einem kritischen Maß ein gewisses Risiko wahrnehmen und daher die Vorzüge der interpersonellen Kommunikation nutzen wollen, nämlich die Zugeschnittenheit auf das individuelle Problem sowie die hohe Glaubwürdigkeit durch das fehlende Eigeninteresse (Einwiller, 2003, S. 53 f.). Weitere funktionale und hedonistische Vor- und Nachteile der persönlichen Kommunikation können der Abb. 12 im Kapitel 3.4.3 entnommen werden.

Oftmals wird unter der interpersonellen Kommunikation die direkte und unmittelbare Kommunikation von Konsumenten verstanden. Diese enge Sichtweise greift jedoch durch die Entwicklung neuer Kommunikationssysteme wie E-Mail, Chats und das Internet zu kurz, so dass hierunter auch die Kommunikation zwischen unabhängigen, persönlichen Organen subsumiert werden kann, die über sekundäre und tertiäre Medien wie das Internet oder das Telefon abläuft (Einwiller, 2003, S. 114 f.). Durch das Internet gelangen Konsumenten in die komfortable Situation, die gewünschten Informationen nicht nur durch persönliche Kommunikation mit Freunden, Verwandten oder Arbeitskollegen zu erhalten, sondern sie können auch von ihnen unbekannten Personen über Virtuelle Communities (Rezensionen in Online-Shops, Foren, Chats, etc.) Erfahrungsberichte und Informationen zu dem gewünschten Produkt einholen.

Mehrere Studien (Dellarocas 2003; Hennig-Thurau, Walsh, 2003; Senecal, Nantel, 2004) belegen, dass Konsumentenbeurteilungen im Internet erheblichen Einfluss auf das Informationsverhalten im Kaufprozess haben, da Konsumenten durch diese bessere und schnellere Entscheidungen erwarten. Diesen Quellen wird auf Grund der vermeintlichen Unparteilichkeit ein besonderes Gewicht bei der Informationssuche und Bewertung der Alternativen beigemessen (Wölfer, 2002, S. 108). Auch die Studie von Park und seinen Kollegen belegt, dass Konsumentenrezensionen, die eine hohe Informativität und Qualität besitzen, positiv mit der Kaufabsicht eines Produktes im Internet zusammenhängen (Park et al., 2007, S. 139).

3.3 Kaufphase

Nachdem sich der Konsument in der Informationsphase über das zu kaufende Produkt bzw. die Dienstleistung informiert hat und sich dann in der hier nicht näher untersuchten Phase der „Vor-Kauf-Alternativenbewertung“ zu dem Kauf eines bestimmten Gutes in einer bestimmten Einkaufsstätte entschieden hat, folgt der letztendliche Kauf des Produktes.

Unterschiedliche Autoren wählen differierende Definitionen zur Beschreibung der einzelnen Teilprozesse der Kaufphase. Zumeist beschränken sich diese nicht auf die Abwicklung des Kaufaktes an sich, wie die folgenden Definitionen verdeutlichen: *„Die Kaufphase ist durch die Alternativenidentifikation, die Intentionentwicklung und den Kauf i.e.S. – also durch die Kaufentscheidung an sich und durch die Abwicklung des Kaufs gekennzeichnet.“* (Foscht, Swoboda, 2005, S. 187). Nach Blackwell und seinen Kollegen besteht die Kaufphase aus zwei Phasen: *„In the first phase, consumer choose one retailer over another retailer (or some other form of retailing such as catalogs, electronic sales with the aid of a TV or PC, or direct sales). The second phase involves in-store choices, influenced by salespersons, product displays, electronic media, and point-of-purchase (POP) advertising.”* (Blackwell, et al., 2001, S. 79). Konsumenten müssen dabei in der Kaufphase folgende Entscheidungen treffen: *„1. Whether to buy 2. When to buy 3. What to buy (product type and brand) 4. Where to buy (type of retailer and specific retailer) 5. How to pay“* (Blackwell et al., 2001, S. 127).

Bei einer intensiven Analyse der Kaufphase im weiteren Sinn ist die vorgestellte Unterteilung in mehrere Teilphasen und deren differenzierte Betrachtung sinnvoll. Zwischen der Intentionentwicklung und dem letztendlichen Kauf kann geraume Zeit vergehen. Eine Vielzahl unterschiedlicher Einflussfaktoren wie die persönliche Stimmung, Zeitdruck, Einstellungen Dritter (Freunde, Bekannte, Verbraucherinformationen oder Kundenrezensionen) sowie die spezielle Bedarfssituation und andere situative Faktoren beeinflussen ebenso wie die bereits vorhandene Kauferfahrung, Einkaufsmotive und Stimuli am Point of Purchase (Sonderangebote, Werbedisplays, das letztlich vorrätige Sortiment) das Kaufverhalten der Konsumenten und können die im Zuge der „Vor-Kauf-Alternativenbewertung" gebildeten Intentionen obsolet machen (Kotler et al., 2007, S. 302; Solomon, 2004, S. 328; Blackwell et al., 2001, S. 127).

Im Rahmen dieser Arbeit wird jedoch eine sehr enge Begriffsauslegung der Kaufphase gewählt und letztlich nur die **Wahl der Einkaufsstätte** näher betrachtet. Die Nichtberücksichtigung der Zahlungsabwicklung als Teilprozess der Kaufphase ist in der Auswahl der späteren Stichprobe begründet.[19] Wesentliche Besonderheiten der Zahlungsabwicklung im Internet sind bereits im Kapitel 2.1.3 aufgearbeitet worden. Des Weiteren wird die bei einigen Definitionsansätzen verfolgte Unterteilung der Kaufphase in die Teilprozesse der Bildung der Kaufintention und der letztendlichen Realisierung des Kaufs nicht weiter verfolgt, da die im weiteren Verlauf der Arbeit noch detailliert skizzierte empirische Untersuchung nur rückwirkend den Kaufprozess der Konsumenten betrachtet und Aussagen zur Intentionentwicklung durch die zeitliche Verzögerung der Befragung und der Subjektivität der Antworten nur eingeschränkte Gültigkeit besitzen würden.[20] Ebenso ist anzunehmen, dass zwischen der Bildung der Kaufintention und dem letztendlichen Kauf eine vergleichsweise kurze Zeitspanne liegt, da die monetäre Tragweite des Kaufs in Relation zu sehr hochpreisigen Produkten wie Automobilen

[19] Durch die Zusammenarbeit in der empirischen Studie mit dem Netzbetreiber und die Generierung der Stichprobe aus der Kundendatenbank sind keine wertvollen Erkenntnisse bei einer Analyse des Zahlungsverhaltens zu erwarten, da der Netzbetreiber den Online-Kunden nur zwei alternative Zahlungswege anbietet, die gemäß den Ausführungen in Kapitel 2.1.3 zu den modifizierten Zahlungsweisen zu zählen sind.

[20] Zur Lösung des Problems und einer Analyse der Beziehung von der Entwicklung von Verhaltensintentionen zum letztendlichen Kauf wäre eine zweistufige empirische Arbeit notwendig gewesen, die das Konsumentenverhalten sowohl unmittelbar bei der Bildung der Verhaltensintention als auch nach dem Kauf untersucht.

oder auch Häusern gering ist und somit gebildete Kaufintentionen zumeist auch unmittelbar realisiert werden.

Assael (2004, S. 44) sieht in der Wahl der letztendlichen Einkaufsstätte einen analogen Entscheidungsprozess wie bei der Produktevaluierung und hält sie in manchen Fällen gar für entscheidender als die Produktwahl. Der Begriff der Einkaufsstätte repräsentiert in dieser Arbeit nicht einen konkreten Einzelhandelsbetrieb („*Der Media Markt in Straße X*"), sondern eine Betriebsform bzw. einen Betriebstyp des Einzelhandels.[21] Der Begriff der Einkaufsstättenwahl beschreibt somit die vom Konsumenten bei seinem letzten Mobiltelefonkauf getroffene Wahlentscheidung für einen bestimmten Einzelhandelsbetriebstyp. Die relevanten Einkaufsstätten bzw. Betriebstypen in dem Distributionssystem des Netzbetreibers sind bereits in Kapitel 2.4.4 skizziert worden.

Die Wahl der Einkaufsstätte wird durch das Internet zunehmend komplexer. Konsumenten können nicht nur zwischen dem traditionellen Handel und dem Internet entscheiden, sondern auch unter den verschiedensten Händlern im Internet, die das Produkt distribuieren. Somit müssen sich die Konsumenten für ein grundlegendes Distributionskonzept (bspw. Distanzhandel, stationärer Handel), für einen Betriebstyp (bspw. Warenhaus, Discounter, Katalog, Internetshop Netzbetreiber, Internetshop Händler) und für das konkrete Einzelhandelsunternehmen (bspw. Shops von T-Mobile, E-Plus oder Warenhäuser wie Karstadt, Kaufhof) entscheiden.

An dieser Stelle sei angemerkt, dass die Wahl der Einkaufsstätte auch durch die Produktwahl bereits beeinträchtigt sein kann, diese oftmals sogar zwingend vorgeschaltet ist. Im Rahmen der Informationsphase und der Entscheidungsfindung wird der Konsument in der Regel bereits einen Mobilfunknetzbetreiber bzw. Serviceprovider ausgewählt haben, dessen Tarifmodell optimal zu seinen Bedürfnissen passt. Sobald diese Entscheidung getroffen ist, fallen aus dem Gesamtset von Einkaufsstätten diejenigen heraus, die nicht den gewünschten Anbieter führen. So kann nach der Entscheidung für einen T-Mobile-Vertrag kein O_2-Shop mehr zum Kauf des Endgeräts und zum Abschluss des Vertrages aufgesucht werden. Es existieren jedoch auch Einzelhändler, die alle Netzbetreiber und teils auch Serviceprovider führen und somit unabhängig von der Anbieterwahl aufgesucht werden können (bspw. my-eXtra-Shops).

---

[21] Vgl. dazu Kapitel 2.4.2, in dem eine Abgrenzung der Begrifflichkeiten bereits vorgenommen wurde.

Die Wahl einer Einkaufsstätte, unabhängig davon, ob Online- oder Offline-Einkaufsstätte, erfolgt nach einem Vergleich unterschiedlicher Einkaufsstätten und unter Berücksichtigung individueller Kriterien der Konsumenten. Dies können zum einen einkaufsstättenspezifische Kriterien wie das Image der Einkaufsstätte (Service, physische Begebenheiten wie Sauberkeit oder Attraktivität, bequeme Erreichbarkeit oder die Atmosphäre), die Werbung des Handels oder die Lage und Größe des Einzelhandels sein (Hawkins et al., 2003, S. 598 ff.). Aber auch Charakteristika der Konsumenten wie das wahrgenommene Risiko gegenüber dem Produkt bzw. der Einkaufsstätte und individuelle Einkaufsmotive bzw. Einkaufsorientierungen der Konsumenten haben erheblichen Einfluss auf die letztendliche Wahl der Einkaufsstätte (Hawkins et al., 2003, S. 604). Beck (2004, S. 26) unterscheidet dabei in Anlehnung an die Arbeit von Kreller (2000) zwischen drei unterschiedlichen Determinanten des Einkaufsstättenwahlprozesses:

- Objektspezifische Determinanten (u.a. Preis, Sortiment, Erreichbarkeit, Personal)
- Soziodemografische Merkmale (u.a. Geschlecht, Alter, Einkommen, Familie, Leitbilder)
- Situative Faktoren (u.a. physische, soziale, zeitliche oder psychische Einflüsse)

Zudem existieren einige theoretische Erklärungsansätze, die zumeist auf den in Kapitel 3.1 vorgestellten Modellansätzen des Käuferverhaltens fundieren und explizit den Einkaufsstättenwahlprozess erklären sollen. Eine sehr ausführliche Analyse der relevanten Prognose- und Erklärungsmodelle der Einkaufsstättenwahl nimmt Beck (2004) in ihrer Dissertation vor.

So bauen auf den stochastischen S-R-Modellen die Ansätze zur Transportkostenminimierung von Bacon (1971) oder dynamische Modelle zur Übergangswahrscheinlichkeit (Messung der Wahrscheinlichkeit einer Wiederholung bzw. Änderung einer Einkaufsstättenwahl) auf, die jedoch auf Grund strikter Prämissen und der ausschließlichen Analyse von beobachtbaren Sachverhalten und der nahezu vernachlässigten Berücksichtigung von konsumentenspezifischen Bewertungsprozessen als sehr kritisch anzusehen sind (Beck, 2004, S. 14). Auf den S-O-R-Modellen aufbauende Modelle zur Erklärung der Einkaufsstättenwahl berücksichtigen durch den Einbezug von intervenierenden Variablen die psychischen Prozesse der Konsumenten (Schneider, 2004, S. 33 f.). Zu diesen gehören ältere Verhaltensmodelle wie das Anreiz-Beitrags-Modell von Sprowls und Asimov (1961), das Simulationsmodell des Kaufprozesses von

Amstutz (1967) oder das bereits vorgestellte Prozessmodell der Einkaufsstättenwahl von Heinemann (1976) (vgl. ausführlich: Beck, 2004, S. 15 ff.). Des Weiteren kann die Wahlentscheidung auch anhand der Transaktionskostentheorie erklärt werden (Beck, 2004, S. 89 ff.).[22]

Ziel dieser Arbeit ist es, die kaufprozessbeeinflussenden Determinanten zu identifizieren, die den Konsumenten zum Kauf in den jeweiligen Einkaufsstätten bewegen. Daher wird analog zur Informationsphase nicht detailliert auf die einzelnen theoretischen Erklärungsansätze eingegangen, sondern auf das Kapitel 4 und die Herleitung des Forschungsmodells verwiesen.

3.4 After-Sales-Phase

Im Zuge der Betrachtung der After-Sales-Phase gilt es zunächst, eine theoretische Eingrenzung der Phase vorzunehmen und die für diese Untersuchung relevanten Teilprozesse zu identifizieren (Kapitel 3.4.1). Aufbauend auf diesen Erkenntnissen werden anschließend die Informationsbeschaffung und Informationsaufnahme nach dem Kauf (Kapitel 3.4.2), das Artikulations- und Beschwerdeverhalten unter Nutzung des Mediums Internet (Kapitel 3.4.3) sowie die Internet-Loyalität (Kapitel 3.4.4) ausführlich erörtert.

3.4.1 Theoretische Eingrenzung und Auswahl der betrachteten Teilprozesse

Die After-Sales-Phase oder Nachkaufphase umfasst die Teilprozesse, die sich dem eigentlichen Kauf des Produktes oder der Inanspruchnahme der Dienstleistung anschließen. Im Vergleich zu den ihr vorgelagerten Stufen des Kaufprozesses hat die After-Sales-Phase in empirischen Untersuchungen zumeist nicht die Beachtung gefunden. Auf Grund der anerkannten Bedeutung des Beziehungsmarketings in der Literatur und der Bindung des Kunden über den einmaligen Kaufakt hinaus ist die Phase jedoch ein wichtiger Bestandteil des Kaufprozesses und soll dementsprechend hier intensiv betrachtet werden (vgl. u.a. Bruhn, 2007; Bruhn, Homburg, 2005). Eine gute Betreuung in der After-Sales-Phase und das Verstehen der individuellen Prozesse des Konsumenten sind die Basis für Folgegeschäfte der Unternehmen.

---

[22] Eine ausführliche Auseinandersetzung mit den erwähnten Modellen liefert Beck (2004, S. 14 ff.).

Im Folgenden wird konsequenterweise der Fokus wiederum auf die Konsumentenperspektive gelegt, und es werden nicht mögliche Verhaltensweisen der Anbieter untersucht. Bei einer Analyse der einzelnen kundenseitigen Aktivitäten bzw. Prozesse der After-Sales-Phase kommen unterschiedliche Autoren zu nahezu identischen Ergebnissen und Teilprozessen (Hawkins et al., 2003, S. 626; Foscht, Swoboda, 2005, S. 203 ff.; Blackwell et al., 2001, S. 71):

- Konsum, Nutzung bzw. Anwendung des gekauften Produktes
- Evaluierung der gemachten Erfahrungen durch den Konsumenten (Zufriedenheitsurteil)
- Artikulations- / Beschwerdeverhalten
- Wiederkauf, Cross-Selling, Stopp des Konsums
- Entsorgung, Wiederverkauf

Im Rahmen dieser Arbeit werden nicht alle sich dem Kauf anschließenden Prozesse untersucht. So ist die Entsorgung oder der Wiederverkauf eines Mobiltelefons nicht in dem Maße interessant. Oftmals werden Mobiltelefone gleichzeitig mit einem Laufzeitvertrag gekauft, so dass nach Beendigung des Vertrages ein neues subventioniertes Endgerät gekauft werden kann und der materielle Wert des Altgeräts, insbesondere auf Grund der rasanten technologischen Entwicklungen, zumeist so gering ist, dass ein Wiederverkauf nicht rentabel ist.

Des Weiteren sind einzelne Elemente nicht überschneidungsfrei. So kann das Artikulations- und Beschwerdeverhalten isoliert untersucht werden, es ist aber ebenso, wie noch gezeigt wird, eine Facette des Loyalitätskonstruktes. Im Rahmen dieser Arbeit sind wiederum die Teilprozesse der After-Sales-Phase relevant, in denen prinzipiell das Internet in die individuellen Handlungen integriert werden kann. Auf dieser Prämisse aufbauend und unter Berücksichtigung von in der empirischen Forschung häufig untersuchten Teilaktivitäten der After-Sales-Phase, betrachtet diese Arbeit die folgenden drei Teilprozesse näher:

- Informationsbeschaffung und Informationsaufnahme nach dem Kauf (Kapitel 3.4.2)
- Artikulations- und Beschwerdeverhalten (Kapitel 3.4.3)
- Internet-Loyalität in Form von Weiterempfehlung des Internets als Einkaufsstätte und mögliche Nutzung des Internets im Rahmen eines Wiederkaufs (Kapitel 3.4.4)

3.4.2 Informationsbeschaffung und Informationsaufnahme nach dem Kauf

Nach dem Kauf steht nicht mehr die kaufprozessvorbereitende Suche im Mittelpunkt der Suchaktivitäten. Der Konsument hat sich nach einer mehr oder weniger intensiven Informationssuche vor dem Kauf für ein Produkt und einen Anbieter entschieden.[23]

Versucht man die Informationsbeschaffung nach dem Kauf theoriegeleitet zu charakterisieren, so ist sie gemäß der vorgestellten Klassifizierung von Assael (2004, S. 184 ff.; vgl. Kapitel 3.2.2.1) als fortwährende Suche bzw. passive Informationsaufnahme zu bezeichnen. Nach der Gliederungssystematik zu den unterschiedlichen Arten der Informationsaufnahme von Konsumenten von Kroeber-Riel und Weinberg (2003, S. 246; vgl. Kapitel 3.2.2.1 und Abb. 10) ist sie hauptsächlich aktiver Natur. Im Gegensatz zur Informationsphase vor dem Kauf nehmen neben einer bewussten Informationssuche auch impulsive, gewohnheitsmäßige bzw. konfliktgesteuerte Formen der Suche eine stärkere Rolle im Informationsverhalten der Konsumenten ein. Analog zur Informationsaufnahme vor dem Kauf ist auch in dieser Phase die passive, absichtslose, Informationsaufnahme (TV-Spots, Anzeigen, passive Teilnahme an Gesprächen) relevant, solange sie bewusst wahrgenommen wird.

Die oftmals von Neugier ausgelöste **impulsive Informationssuche** ist typisches Ergebnis des menschlichen Explorationsverhaltens und begleitet alltägliche Handlungen, wohingegen die **gewohnheitsmäßige Suche** aus gewachsenen, bewährten Verhaltensmustern resultiert (Kroeber-Riel, Weinberg, 2003, S. 248). Hierzu kann das gewohnheitsmäßige Lesen von Fachzeitschriften oder Werbeanzeigen zu Mobiltelefonen gehören oder auch das nicht zielgerichtete „*Browsen*“ im Internet in Mobilfunkforen oder anderen themenbezogenen Internetangeboten.

Eine **konfliktgesteuerte Informationssuche** liegt hingegen vor, wenn eine bestimmte Situation eine Informationssuche bedingt. So kann ein plötzlich auftretender Fehler des Endgeräts zu einem Informationsbedarf führen. Des Weiteren können Konsumenten nach dem Kauf Fragen zur Handhabung des gekauften Endgeräts oder zu Bestandteilen des gewählten Mobilfunkvertrages haben. Dieses Bedürfnis ist mehr oder weniger bei jedem Gebrauchsgut existent, welches ein gewisses Maß an Komplexität be-

---

[23] Im Kapitel 3.2 sind bereits intensiv die unterschiedlichen Arten, Quellen sowie das Ausmaß und die Determinanten der Informationssuche im Rahmen der externen Informationssuche vor dem Kauf untersucht worden, so dass eine erneute, sich wiederholende Auseinandersetzung mit der Thematik hier nicht erfolgt und vielmehr auf dieses Kapitel verwiesen wird.

sitzt. Da auch ein Mobiltelefon sowie dazugehörige Vertragsdetails keine selbsterklärenden Produkte für weite Teile der Bevölkerung sind und falls die interne Informationssuche nicht zum gewünschten Ergebnis führt, nutzen Konsumenten unterschiedliche externe Informationsquellen zur Befriedigung des Informationsbedarfs.

Ein weiterer Grund zur vermehrten Informationsnachfrage nach dem Kauf eines Produktes liegt in gleichgewichtstheoretischen Ansätzen, zu denen auch die **Theorie der kognitiven Dissonanz** von Festinger (1978) gehört. Die Kernaussage dieser Theorie ist, dass Konsumenten bei Auftreten widersprüchlicher kognitiver Elemente (bspw. Einstellungen, Erfahrungen oder Verhalten) einen Spannungszustand wahrnehmen und diesen Zustand ausgleichen wollen. Sie streben nach Wiederherstellung der Konsistenz des individuellen kognitiven Systems (Nieschlag et al., 2002, S. 1025 f.; Festinger, 1978, S. 16 ff.).

Nachkaufdissonanzen entstehen aus einer Gegenüberstellung der ausgewählten und der ausgeschlagenen Alternative. Grundsätzlich können Nachkaufdissonanzen als negatives Gefühl definiert werden, welches durch eine wahrgenommene Diskrepanz beim Vergleichen der Vorzüge der gewählten Variante und der Vorzüge der ausgeschlagenen Variante entsteht (Trommsdorff, 2004, S. 141). Die Intensität der kognitiven Dissonanzen wird durch die dem Konsumenten zur Verfügung stehenden Produktalternativen, von der subjektiven Bedeutung des Kaufs, der Homogenität der Handlungsalternativen sowie der sozialen Bedeutung der Kaufentscheidung beeinflusst (Tölle, 1983, S. 106). Sie treten besonders dann auf, wenn eine irreversible Kaufentscheidung getroffen wurde und die Kaufentscheidung aus eigenem Willen (z.B. ohne sozialen Druck) durchgeführt wurde (Foscht, Swoboda, 2005, S. 203). Weitere Gründe für das Auftreten kognitiver Dissonanzen sind die Aufnahme neuer Informationen, die der eigenen Einstellung widersprechen (Werbung von Konkurrenz) oder ein einstellungsdiskrepantes Verhalten (ein weniger präferiertes Produkt wurde dem Wunschprodukt auf Grund des günstigen Preises vorgezogen) (Balderjahn, Scholderer, 2007, S. 69).

Um den Gleichgewichtszustand wieder herzustellen und die Dissonanzen zu reduzieren, verfügt der Konsument über verschiedene Strategien, die eingeschlagen werden, sobald eine subjektive Toleranzschwelle überschritten worden ist (Nieschlag et al., 2002, S. 1026). Um seine psychischen Inkonsistenzen zu vermeiden, nimmt der Konsument im Rahmen der selektiven Informationssuche insbesondere positive Meinungsäußerungen von Konsumenten über das jeweilige Produkt auf. Der Konsument vermeidet dissonanzverstärkende Informationen und sucht intensiv nach dissonanzreduzierenden Auskünften (Festinger, 1978, S. 16). Er ist somit nicht an neutralen Informationen interessiert, sondern möchte explizit eine Bestätigung für die Richtigkeit seines Kaufs erhalten. Insbesondere die Nutzung virtueller Meinungsplattformen kann dabei als ein wirkungsvolles Medium zur Reduktion kognitiver Dissonanzen angesehen werden (Hennig-Thurau, Walsh, 2003, S. 54).

Auch der Versuch, die Glaubwürdigkeit der widersprüchlichen Informationen abzuwerten oder die Kognitionen umzubewerten und somit die Wichtigkeit der kognitiven Elemente der Alternativen zu verschieben und dadurch einen Gleichgewichtszustand zu erlangen, ist eine dissonanzreduzierende Maßnahme (Nieschlag et al., 2002, S. 1026). Des Weiteren kann der Konsument widersprüchliche Informationen im Vorfeld meiden und verdrängen sowie einzelne Informationsquellen abwerten, um so die Entstehung kognitiver Dissonanzen bereits im Ansatz abzuwenden oder als letzten Lösungsweg versuchen, die getroffene Entscheidung durch einen Umtausch rückgängig zu machen (Nieschlag et al., 2002, S. 1026).

3.4.3 Artikulations- und Beschwerdeverhalten

Das Artikulations- und Beschwerdeverhalten nach dem Kauf eines Mobiltelefons beinhaltet die positive und negative Kundgebung von Meinungen und Erfahrungen zu dem Mobiltelefon, dem dazugehörigen Kaufprozess oder dem Mobilfunkanbieter. In diesem Kapitel steht insbesondere das dazu genutzte Kommunikationsmedium im Fokus der Betrachtung. Es wird untersucht, welche Kanäle (Online und Offline) zur Artikulation von positiven und negativen Meinungen und Erfahrungen von den Konsumenten genutzt werden. Dies ist der entscheidende Unterschied zu der im nächsten Kapitel noch zu betrachtenden Dimension der „Weiterempfehlungsabsicht des Internets als Distributionskanal“ des Konstruktes der Internet-Loyalität. Bei dieser steht das positive Artikulationsverhalten der Konsumenten zum Internet als Einkaufsstätte gegenüber anderen Konsumenten, unabhängig vom Kommunikationsmedium, im Mittelpunkt. Die diesem Kapitel zu Grunde liegenden Ausführungen zum Artikulationsverhalten sind jedoch für das nächste Kapitel relevant.

Im Zuge der Analyse des Artikulationsverhalten sind einige Parameter zu beachten: So muss unterschieden werden, ob es sich um eine positive (Lob, Empfehlung) oder negative (Warnung, Beschwerde) Meinungsäußerung handelt und die Intensität der Meinungsäußerung sowie der Empfänger bzw. die Plattform, über die die Artikulation kundgetan wird, müssen beachtet werden. Positive Meinungsäußerungen von einem Konsumenten schließen ein negatives Artikulationsverhalten nicht aus, da im Zuge des Kundenlebenszyklus unterschiedliche positive wie negative Kommunikationsanlässe bestehen können. Grundsätzlich wird zwischen der interpersonellen Kommunikation zwischen Konsumenten und der händler- bzw. herstellergerichteten Kommunikation (Beschwerden bzw. in Ausnahmefällen Lob) unterschieden. Diese können sich auch gegenseitig bedingen. So kann ein interpersoneller Rat eines Freundes erst eine anbietergerichtete Beschwerde auslösen (Malafi, 1991, S. 144).

Die **interpersonelle Kommunikation** wird häufig mit den Begriffen „Word-of-Mouth“ (WOM), Mundwerbung, Mund-zu-Mund-Werbung oder Mundpropaganda bzw. Mund-zu-Mund-Propaganda belegt, die jedoch allesamt den gleichen Sachverhalt beschreiben (Helm, 2000, S. 22; Wangenheim, 2003, S. 55). Auf die Bedeutung dieser interpersonellen Form der Kommunikation für die Informationsbeschaffung ist bereits in Kapitel 3.2.2.3 eingegangen worden. Bei der Analyse des Artikulationsverhaltens steht nun nicht mehr die Rolle des Rezipienten im Fokus sondern die des Kommunikators. In der einschlägigen Literatur ist das Gebiet der WOM-Kommunikation bereits vor dem Zeitalter des Internets ausgiebig untersucht worden (für einen umfangreichen Überblick: Ozcan, 2004). Das WOM hat bedeutenden Einfluss auf die Entscheidungen des Konsumentenmarktes und auf die Diffusion von Informationen zu neuen Produkten (Vilpponen et al., 2006, S. 71). Unter WOM versteht man die gesamte informelle Kommunikation der Konsumenten hinsichtlich des Besitzes, des Gebrauchs, der Eigenschaften bestimmter Produkte und Dienstleistungen und/oder deren Distributoren gegenüber anderen Konsumenten (Westbrook, 1986, S. 261).[24] Hierunter können sowohl negative, neutrale als auch positive Meinungsäußerungen subsumiert werden. Positive Meinungsäußerungen können auch mit dem Begriff der Weiterempfehlung gleichgesetzt werden, unter der man den *„informellen Austausch von Informationen über ein Unternehmen und/oder seine Leistung“* versteht (Wangenheim et al., 2002, S. 182). Richins und Root-Shaffer (1988, S. 33) unterscheiden in einer Studie zu Auto-

[24] Die Definition von Westbrook beschränkt sich, übereinstimmend mit der Verwendung in dieser Arbeit, explizit auf die Nachkaufphase. Grundsätzlich kann die Artikulation jedoch phasenübergreifend erfolgen.

mobilen inhaltlich zwischen drei Typen der WOM-Kommunikation: (1) Vorstellen von Produktneuigkeiten, (2) Weitergabe von Empfehlungen in Form von eigenen Meinungen zu Produkten und das Aussprechen von Kaufempfehlungen sowie (3) die Artikulation eigener Erfahrungen zu einem selbst gekauften Produkt. Kundenempfehlungen wie das WOM enthalten neben einer Informationskomponente oftmals auch eine Bewertung sowie eine explizite bzw. implizite Handlungsempfehlung (Helm, 2000, S. 20).

WOM kann über verschiedene Kommunikationswege geschehen. Neben der häufigsten Variante, der face-to-face-Kommunikation, kann WOM über das Telefon, per Brief, per E-Mail oder über das Internet getätigt werden (Hanna, Wozniak, 2001, S. 457). Kommunikationsmedien im Internet sind Diskussionsforen, Newsgroups, Virtuelle Communities oder Blogs.

Eine Vielzahl von Untersuchungen bezieht sich insbesondere auf die interpersonelle face-to-face-Kommunikation. Unterschiedliche Autoren kommen zu dem Schluss, dass im Gegensatz zum traditionellen (Offline) WOM nur limitierte Erkenntnisse zum freiwilligen WOM über das Internet als Kommunikationskanal vorliegen (De Bruyn, Lilien, 2004, S. 6; Fong, Burton, 2006, S. 63). Das zeigt sich auch an der bisher uneinheitlichen begrifflichen Kennzeichnung. So existieren Begriffe wie „*Internet word of mouth*", "*electronic word of mouth*" oder auch "*electronic referral marketing*" (Vilpponen et al., 2006, S. 72). Im Folgenden wird der Begriff von Hennig-Thurau und seinen Kollegen der „***Electronic word of mouth communication***" (E-WOM) verwendet, die E-WOM als "*any positive or negative statement made by potential, actual, or former customers about a product or company, which is made available to a multitude of people and institutions via the Internet*" definieren (Hennig-Thurau et al., 2004, S. 39).

Die inhärenten Charakteristika des Internets wie die Dezentralität, Ortsunabhängigkeit oder auch Interaktivität verhelfen dem E-WOM zu einem besonderen Stellenwert (Dellarocas, 2003, S. 1407). Die Beschränkung der Adressaten auf den eigenen Bekannten- und Familienkreis ist aufgehoben, da theoretisch alle Internetnutzer die gemachten Äußerungen in öffentlichen Verzeichnissen lesen können. Eine 1:n-Kommunikationsbeziehung wie im Bereich der Massenwerbung liegt dabei ansatzweise vor. Stauss (2000, S. 242) spricht im Zuge dieser potenziell unbegrenzten Rezipientenzahl auch von einem „*boundless dialogue*". Des Weiteren sind die gemachten Äußerungen stets freiwillig und werden zumeist unaufgefordert abgegeben (De Bruyn, Lilien, 2004, S. 6). Godin (2000, S. 90) führt noch einige weitere Besonderheiten auf:

- Dauerhaftigkeit – Ohne Einbezug des Internets endet eine Informationsübermittlung mit dem Ende der bidirektionalen Kommunikation. Im Internet bleibt diese Information über Monate oder Jahre erhalten.
- Geschwindigkeit – Ohne Einbezug des Internets dauert es eine gewisse Zeitspanne, bis die Information in größere Gruppen getragen wird. Im Internet wird diese Information rasant verbreitet.
- Glaubwürdigkeit – Ohne Einbezug des Internets gilt die kundenseitige Artikulation bereits als glaubwürdig. Diese erhöht sich noch, wenn einzelne Informationen nicht nur von einem einzelnen anonymen Konsumenten sondern von einer Vielzahl von Kommunikatoren über Ratingsysteme parallel im Internet verbreitet werden.

Aktuelle Untersuchungen zeigen, dass mit 90% ein Großteil des WOM noch ohne Einbezug des Internets getätigt wird (Keller, Berry, 2006, S. 20). Bei der Analyse der Kommunikationspartner zeigt sich in einer älteren Studie von Bruhn (1982, S. 58), dass Familienmitglieder, Freunde und Kollegen die am häufigsten kontaktierten Partner sind. Auf den weiteren Plätzen liegen anbietergerichtete Artikulationen in Form von Beschwerden gegenüber Verkäufern und Technikern. Verbraucherberatungen nehmen eine untergeordnete Rolle ein.

Die Intensität der Meinungsäußerung ist jedoch unterschiedlich. Samson (2006, S. 649) kommt in einem branchenübergreifenden Vergleich des Artikulationsverhaltens der Konsumenten zu dem Ergebnis, dass mehr Konsumenten ein Produkt über positives WOM empfehlen (41%), als dass Konsumenten negatives WOM äußern (22%). Diese Erkenntnis stimmt seiner Meinung nach mit anderen Studien überein. Es zeigt sich aber, dass die Zahl der kontaktierten Personen beim negativen WOM durchschnittlich größer ist als beim positiven WOM (vgl. Kapitel 4.5.2.2 oder Hansen, Jeschke, 2000, S. 447; Anderson, 1994, S. 8; Hoffmann, 1991, S. 198). Andere Autoren hingegen sind der Meinung, dass Lob und somit positive Erfahrungen mit Produkten und Unternehmen im Internet seltener kommuniziert werden und dabei zumeist als Antworten auf konkrete Fragen anderer Konsumenten oder als Reaktion auf kritische Beiträge getätigt werden (Stauss, Seidel, 2007, S. 598 f.). Dabei werden diese positiven Artikulationen in Form von Beiträgen in Newsgroups, Foren, Virtuellen Communities, eigenen Internetseiten oder speziellen Fan-Sites zumeist von hoch involvierten Konsumenten getätigt (Stauss, 2000, S. 243). Nach Stauss und Seidel liegt der Schwerpunkt des E-WOM in der negativen Artikulation. Dies kann auf unterschiedliche Weise und mit differierender Intensität geschehen, wobei neben den obigen Medien so genannte *„hate sites"* genutzt werden können, die sich ausschließlich mit der Kritik an einem Unternehmen auseinandersetzen (Stauss, Seidel, 2007, S. 600).

In der einschlägigen Literatur wird der Sender von WOM (also der Kommunikator) oftmals mit einem Meinungsführer (Opinion Leader) gleichgesetzt, welcher die Entscheidungen anderer Konsumenten durch seine Äußerungen und Verhaltensweisen beeinflusst (Solomon et al., 2001, S. 332 ff.; Assael, 2004, S. 464 ff.; Blackwell et al., 2001, S. 409 ff.; Haywood, 1989; S. 56 ff.).[25] Des Weiteren ist das Produktinvolvement eine bedeutende Determinante, inwieweit sich jemand aktiv an persönlichen Gesprächen über das jeweilige Produkt beteiligt (Kroeber-Riel, Weinberg, 2003, S. 513). Ozcan (2004, S. 14 ff.) fasst im Rahmen einer umfangreichen Literaturanalyse unterschiedliche Antezedenzien, Konsequenzen und Moderatoren des WOM zusammen, die Konsumenten dazu veranlassen, aktiv als Kommunikator aufzutreten bzw. passiv Informationen aufzunehmen. Dabei wird offensichtlich, dass die Zufriedenheit bzw. Unzufriedenheit der wohl meist untersuchte und auch bestätigte Einflussfaktor des WOM ist (Ozcan, 2004, S. 17 f.). Aber auch das Involvement, die Innovativität, das Meinungsführerkonzept sowie sonstige andere produktspezifische, konsumentenspezifische, kontextspezifische und weitere Einflussfaktoren werden von Ozcan (2004, S. 15 ff.) identifiziert.

Die folgende Abbildung fasst die unterschiedlichen Vorteile, die sowohl der kommunizierende Sender (Kommunikator) von WOM als auch der Empfänger aus funktionaler und hedonistischer Sicht wahrnehmen, zusammen. Im Zuge der Analyse des Artikulationsverhaltens ist die Rolle des Senders wichtig, wohingegen die des Empfängers für die Informationsbeschaffung vor dem Kauf (vgl. Kapitel 3.2) als auch für die Informationsbeschaffung nach dem Kauf (vgl. Kapitel 3.4.2) relevant ist. Es zeigt sich, dass Konsumenten hedonistische wie auch funktionale Vorteile wahrnehmen, wenn sie als Kommunikator fungieren. Zu den hedonistischen Vorteilen gehören das Gefühl von Macht und Prestige und das Streben nach einer verbesserten Stellung in einer Gruppe. Ferner möchten Kommunikatoren eventuelle Zweifel an ihrem eigenen Verhalten ausräumen. Funktionale Vorteile ergeben sich insbesondere durch mögliche

---

[25] Nicht alle Autoren vertreten diese unmittelbare Verknüpfung mit dem Opinion-Leader-Knozept: Nach von Wangenheim (2003, S. 55 f.) geht die Kommunikation nicht zwangsläufig von einem Meinungsführer, sondern lediglich von einem nicht kommerziell interessierten Kommunikator aus

positive Wechselwirkungen des Austauschs in Form von Wissenszugewinn oder auch durch das Kennenlernen neuer Konsumenten mit ähnlichen Verhaltensweisen.

	Hedonistische Vorteile	Funktionale Vorteile
Empfänger	• verringertes Risiko des neuen Verhaltens • erhöhtes Vertrauen und Sicherheit bei der Auswahl • geringere kognitive Dissonanzen • erhöhte Wahrscheinlichkeit der Akzeptanz in einer bevorzugten Gruppe oder bei einem bevorzugten Individuum	• mehr Informationen über verschiedene Optionen • mehr vertrauens- und glaubwürdige Informationen • geringerer Suchaufwand • neue Beziehung / Bekanntschaft mit einem anderen Individuum
Sender	• Gefühl von Macht und Prestige durch das Beeinflussen des Verhaltens anderer Konsumenten • verbesserte Stellung / höherer Rang in einer Gruppe • geringere Zweifel an dem eigenen Verhalten	• mögliche positive Wechselwirkungen des gedanklichen Austauschs • erhöhte Beachtung und höherer Status • Kennenlernen neuer Konsumenten mit ähnlichen Verhaltensweisen • erhöhter Zusammenhalt in einer Gruppe • Steigerung der eigenen Zufriedenheit durch verbale Kommunikation

Abb. 12 Vorteile des WOM aus Empfänger- und Sendersicht
Quelle: Blackwell et al., 2001, S. 405 (Eigene Übersetzung)

Für im E-Commerce tätige Unternehmen sind von Konsumenten getätigte Artikulationen über das Medium Internet, unabhängig ob positiver oder negativer Natur, von besonderer Bedeutung. Wie bereits skizziert, ist der Kreis der potenziellen Rezipienten deutlich größer als bei der ursprünglichen, oft bidirektional ausgelegten persönlichen Kommunikation. Lob und Kritik können somit von einem großen Kreis an Konsumenten eingesehen werden. Die Bedeutung des WOM durch Konsumenten für den Umsatz von Unternehmen ist im traditionellen Handel oftmals nachgewiesen worden (Goldenberg et al., 2001, S. 212). Studien im Online-Buchmarkt haben gezeigt, dass Kundenrezensionen bei Internet-Buchhändlern sich positiv auf den Verkaufserfolg der bewerteten Bücher auswirken (Chevalier, Mayzlin, 2006, S. 349). Auch weitere Studien weisen einen positiven Effekt von positivem WOM im Internet auf den Umsatz des bewerteten Zielobjektes nach (Senecal and Nantel, 2004) bzw. den negativen Effekt eines negativen WOM auf die Wiederkaufsabsicht von Konsumenten (Lau, Ng, 2001). Darüber hinaus liefern Kundenartikulationen im Internet den Anbietern wertvolle Hinweise zur Markenbildung, Kundenakquisition und Kundenrückgewinnung, Produktentwicklung und Qualitätsverbesserungen (Dellarocas, 2003, S. 1407).

Neben der interpersonellen WOM-Kommunikation wird im Folgenden kurz das **Beschwerdeverhalten** von Konsumenten betrachtet. In einem ersten Schritt erfolgt dabei eine Begriffsdefinition, um die Unterschiede zwischen einer Beschwerde und dem WOM zu identifizieren.

Beschwerden lassen sich als „*Artikulationen von Unzufriedenheit, die gegenüber Unternehmen oder Drittinstitutionen mit dem Zweck geäußert werden, auf ein subjektiv als schädigend empfundenes Verhalten eines Anbieters aufmerksam zu machen, Wiedergutmachung für erlittene Beeinträchtigungen zu erreichen und/oder eine Änderung des kritisierten Verhaltens zu bewirken*“ (Stauss, Seidel, 2007, S. 49) definieren.

Aus der Definition werden zwei gravierende Unterschiede zwischen dem interpersonellen WOM und Beschwerden deutlich. Empfänger von Beschwerden sind nicht andere Konsumenten, sondern in der Regel das für die Unzufriedenheit verantwortlich gemachte Unternehmen oder Drittinstitutionen wie Verbraucherzentralen. Ebenso verfolgt der sich beschwerende Konsument ein konkretes Ziel in Form einer Wiedergutmachung des Schadens / der Beeinträchtigung oder einer Änderung des kritisierten Verhaltens. Beim WOM existiert diese Intention nicht, da andere Konsumenten Rezipienten der Botschaft sind und somit keine Wiedergutmachung zu erwarten ist. Beschwerden können sich grundsätzlich auf alle Phasen des Leistungsprozesses beziehen, also sowohl auf die Vorleistungsphase (Informationsbeschaffung, Kauf) als auch die Nachleistungsphase (Konsum, Gebrauch) (Borth, 2004, S. 29).

Insbesondere die Zufriedenheit wird in der Literatur als notwendige, aber nicht als hinreichende Bedingung für eine Beschwerde angesehen (vgl. Kapitel 4.5.2). Nicht alle unzufriedenen Kunden neigen dazu sich zu beschweren. Ob Konsumenten sich beschweren, hängt von einer Vielzahl von Faktoren wie den entstehenden Beschwerdekosten und dem erwarteten Beschwerdenutzen, Produktmerkmalen (Relevanz des Schadens), Problemmerkmalen (objektive Nachweisbarkeit des Problems) sowie situationsspezifischen Merkmalen (Zeitdruck, mögliche Zeugen, Beschwerdeimage des Unternehmens) ab (Stauss, Seidel, 2007, S. 67 ff.; Hansen, Jeschke, 2000, S. 440 ff.). Vor allem auch personenspezifische Merkmale beeinflussen die Beschwerdeneigung. So sind Konsumenten, die sich beschweren, zumeist jünger, haben eine gehobene Bildung und ein mittleres bis hohes Einkommen, und sie sind tendenziell selbstbewusster (Stauss, Seidel, 2007, S. 70). Weitere Persönlichkeitsmerkmale sind das Produktinteresse und die Meinungsführerschaft der Kunden im Bereich des Beschwerdeobjekts, die generelle Einstellung der Kunden zu Beschwerden sowie positive wie negative gesammelte Beschwerdeerfahrungen (Hansen, Jeschke, 2000, S. 445). Die sich aus den unterschiedlichen Persönlichkeitsmerkmalen ergebende generelle Einstellung und Neigung der Konsumenten Beschwerden zu äußern, wird in der Literatur auch unter dem Stichwort *„attitude toward complaining“* zusammengefasst (Richins, 1982, S. 502).

Studien zum Beschwerdeverhalten von Konsumenten haben gezeigt, dass die Beschwerdezufriedenheit bzw. -unzufriedenheit einen großen Einfluss auf die Gesamtzufriedenheit mit der jeweiligen Geschäftsbeziehung und auf das Kauf- und Artikulationsverhalten hat (Stauss, Seidel, 2007, S. 74 ff.). So können durch das Beschwerdemanagement zufrieden gestellte Kunden Zufriedenheit mit den Produkten und dem Unternehmen zurück erlangen und anschließend positives WOM aufweisen (Stauss, Seidel, 2007, S. 74).

Dem Kunden stehen grundsätzlich mündliche, schriftliche, telefonische und elektronische Beschwerdewege bzw. Beschwerdekanäle zur Verfügung (Stauss, Seidel, 2007, S. 116 f.). Vor allem der elektronische Kanal über E-Mail oder Internet erlangt in den letzten Jahren an Bedeutung. So entstehen bei einem Versand via E-Mail keine nennenswerten monetären Kosten und auch geringere psychische Kosten, da der Konsument sich keiner unmittelbaren und kritischen Gesprächssituation aussetzen muss, so dass durch die geringen Dialogbarrieren auch Beschwerden geäußert werden, die ansonsten nicht kommuniziert werden würden (Stauss, Seidel, 2007, S. 125).

Ergänzend soll angemerkt werden, dass Konsumenten auch bei einer hohen Zufriedenheit sich anbietergerichtet äußern können. Dabei loben sie das betroffene Unternehmen direkt oder über Drittinstitute. Diese Form ist nicht der interpersonellen Kommunikation und nicht einer Beschwerde zuzuordnen. Dieses Verhalten und die intentionalen Ursachen werden hier nicht weiter erörtert, bei der Operationalisierung des Konstruktes jedoch berücksichtigt (vgl. Kapitel 5.3.2.3.)

3.4.4 Internet-Loyalität - Weiterempfehlungsabsicht des Internets als Einkaufsstätte und die Nutzungsabsicht beim Wiederkauf

In einer ersten grundlegenden Definition kann Loyalität als eine emotionale Bindung bzw. eine loyale Haltung gegenüber einer Sache oder einer Person charakterisiert werden (Borth, 2004, S. 36). Dabei existieren in der Literatur zwei ähnliche Begriffe, die das obige Verhalten der Konsumenten beschreiben: Die **Kundenbindung** und die **Kundenloyalität**.

Diese Begriffe werden je nach Autor getrennt voneinander betrachtet und konzeptionalisiert oder ohne klare inhaltliche Abgrenzung nebeneinander gestellt und als gleichbedeutend angesehen.[26] Ein grundlegender Unterschied zwischen beiden Konzepten ist, dass die Kundenloyalität ausschließlich aus der kundenbezogenen Perspektive der emotionalen Bindung an einen Anbieter zu interpretieren ist, wohingegen die Kundenbindung weiter gefasst ist und sowohl eine kundenbezogene als auch eine anbieterbezogene Perspektive umfasst (Homburg, Bruhn, 2005, S. 8). Im Rahmen der anbieterseitigen Perspektive werden unter der Kundenbindung die Maßnahmen der Unternehmen verstanden, die (bisherigen) Verhaltensweisen und zukünftigen Verhaltensabsichten eines Kunden zu dem Unternehmen positiv zu gestalten und eine stabile Beziehung zu schaffen bzw. auszuweiten (Homburg, Bruhn, 2005, S. 8). In der kundenbezogenen Perspektive der Kundenloyalität steht hingegen eher die emotionale, freiwillige und nicht erzwungene Verbundenheit eines Kunden an das Unternehmen und seine Leistungen im Vordergrund, die sich in der bewussten und gewollten Fortsetzung einer Geschäftsbeziehung ausdrückt (Borth, 2004, S. 38).

Es existieren zwei unterschiedliche Forschungsansätze zur Kundenloyalität. Zum einen untersuchen **behavioristische Erklärungsansätze** das tatsächlich beobachtbare Wiederkaufverhalten der Konsumenten. Hierzu kann die Kaufreihenfolge der Konsumenten analysiert werden, der Kaufanteil einer Marke bei den Konsumenten betrachtet, die Anzahl erworbener Marken analysiert oder die Wiederkaufwahrscheinlichkeit anhand von Zeitreihendaten und bedingten Wahrscheinlichkeiten errechnet werden (Borth, 2004, S. 36 f.; Peter, 1999, S. 74 ff.). **Einstellungsorientierte Ansätze** zur Konzeptionalisierung der Kundenloyalität sehen Kunden hingegen als loyal an, wenn sie sich aus Überzeugung loyal verhalten. Dabei werden oftmals die Wiederkaufsabsicht und auch die Weiterempfehlungsabsicht eines Konsumenten als Indiz für loyales Verhalten gewertet (Giering, 2000, S. 15 ff.).

Insbesondere die Konzeptionalisierung der Kundenloyalität mittels rein behavioristischer Ansätze wird in der Literatur kritisch gesehen, da diese zwar das reale Kundenverhalten messen, nicht jedoch die Ursachen ergründen (Borth, 2004, S. 37). Daher sind einstellungsorientierte Ansätze besser geeignet, da diese die Überzeugung und

[26] Eine ausführliche Darstellung von unterschiedlichen Kundenbindungs- und Kundenloyalitätsdefinitionen findet sich bspw. bei Rams (2001, S. 25 ff.).

Absichten der Konsumenten, sich loyal zu verhalten, messen und damit zufällige, unbewusste oder erzwungene Wiederkäufe oder Wiedernutzungen, die eher zu einer Pseudoloyalität führen, nicht als Loyalität auffassen. Nach dem heutigen Stand der Forschung sind sowohl Verhaltens- als auch Einstellungsaspekte Bestandteile des Konstruktes der Kundenloyalität (Giering, 2000, S. 15).

Versucht man die Begriffe der Kundenbindung und Kundenloyalität anhand der behavioristischen und einstellungsorientierten Erklärungsansätze abzugrenzen, zeigt sich, dass die Kundenbindung eher mit dem tatsächlichen Verhalten (Wiederkauf, Cross Selling, Weiterempfehlung) der Konsumenten in Verbindung gebracht wird, während die Kundenloyalität eher die Verhaltensabsichten der Konsumenten beschreibt (Wiederkaufsabsicht, Weiterempfehlungsabsicht, Cross-Buying-Absicht) (Mentzel, 2003, S. 90). Dieser Abgrenzungsversuch ist jedoch nicht eindeutig, da es sich bestenfalls um eine tendenzielle Aussage handelt. Da im Rahmen dieser Arbeit die Loyalität gegenüber dem Medium Internet als Distributionskanal untersucht wird, ist eine anbieterseitige Betrachtung nicht möglich, denn ein konkreter Anbieter im Sinne eines Unternehmens, welches gezielt seine Kunden binden möchte, existiert nicht. So wird im Folgenden die Kundenloyalität aus der kundenbezogenen Perspektive betrachtet.

Die **Kundenloyalität** wird in der Literatur oftmals mit unterschiedlicher Komplexität und Dimensionalität konzeptionalisiert. Nach Homburg und Bucerius (2006, S. 56) umfasst das Konstrukt der Loyalität insgesamt drei Dimensionen: das Wiederkaufverhalten der Konsumenten des gleichen Produktes, das Zusatzkaufverhalten im Hinblick weiterer Produkte des Anbieters (Cross Buying) sowie das Weiterempfehlungsverhalten gegenüber anderen Kunden. Giering (2000, S. 18) definiert die Kundenloyalität aus einstellungsorientierter Sicht als „*die Absicht eines Kunden, die Produkte eines bestimmten Anbieters wieder zu kaufen, den entsprechenden Anbieter weiterzuempfehlen und die Einkäufe bei diesem Anbieter auszudehnen.*" Foscht und Swoboda (2005, S. 213) sehen in der Kundenloyalität ein zweidimensionales Konstrukt, welches zum einen auf dem bisherigen (loyalen) Verhalten beruht und zum anderen auf der (loyalen) Einstellung zu der jeweiligen Geschäftsbeziehung. Weitere Autoren verstehen bereits unter einem konsistenten Marken- bzw. Anbieterwahlverhalten durch die Konsumenten Kundenbindung bzw. Kundenloyalität (vgl. ausführlich Braunstein, 2001, S. 14). Abb. 13 fasst die unterschiedlichen Konzeptionalisierungsansätze zusammen.

Der Grad der Kundenloyalität wird entweder durch beobachtbares Verhalten oder durch zu messende Verhaltensabsichten ausgedrückt.

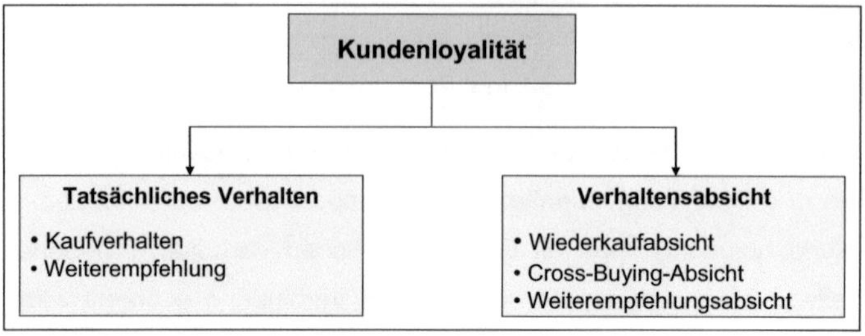

Abb. 13 Dimensionen des Konstruktes Kundenloyalität
Quelle: Helm, 2007, S. 195

Es gibt unterschiedliche Zielobjekte, auf die sich die Kundenloyalität beziehen kann. In der Regel wird die Kundenloyalität zu einem bestimmten Produkt/einer Marke bzw. einem Hersteller oder einem bestimmtem Händler (Burmann, 1991; Fitzsimons et al., 1997; Roehm et al., 2002) untersucht. Die Loyalität gegenüber einem bestimmten Online-Anbieter wird auch als *„E-Customer-loyalty"* bezeichnet (Srinivasan et al., 2002, S. 41). Die Kundenloyalität kann sich jedoch auch allgemein auf ein Medium wie das Internet als generelle Einkaufsstätte beziehen.

Die Kundenloyalität wird oftmals mit dem Konstrukt der Zufriedenheit in Verbindung gebracht. So wird in der Literatur postuliert, dass die Loyalität eine Folge von hoher Zufriedenheit ist und diese die wichtigste Determinante zur Erklärung der Kundenloyalität.[27] In einer empirischen Studie ist jedoch gezeigt geworden, dass 60 bis 80% der Konsumenten, die einen Anbieterwechsel vorgenommen haben, angaben, mit ihrem bisherigen Anbieter vor dem Wechsel zufrieden gewesen zu sein (Reichheld, Sasser, 2000, S. 107). Folglich müssen weitere Faktoren existieren, die die Kundenloyalität beeinflussen. Als weitere Determinanten zum Ausmaß der Kundenloyalität werden u.a. ökonomische, psychische und soziale Wechselbarrieren, die Attraktivität von Konkurrenzangeboten, das Image des Anbieters bzw. der Marke, das Variety-Seeking-Streben von Konsumenten sowie weitere kaufprozessbeeinflussende konsumentenspezifi-

[27] Umfangreiche Forschungsergebnisse finden sich bspw. bei Homburg, Bucerius (2006) oder Homburg et al. (1999). Hier sei auf die ausführliche Auseinandersetzung mit der Beziehung zwischen Kundenzufriedenheit und Kundenloyalität im Kapitel 4.5.2 im Zuge der Konzeptionalisierung des Konstruktes der Kundenzufriedenheit verwiesen.

sche Determinanten wie das Involvement, das Commitment, das Vertrauen und die emotionale Gebundenheit genannt (Borth, 2004, S. 48 ff.; Mentzel, 2003, S. 92 ff.; Bauer, Hammerschmidt, 2004, S. 194 f.; Peter, 1999, S. 126; Eggert und Helm, 2000, S. 66 ff.). Insbesondere die erwähnten Wechselbarrieren, die u.a. rechtlicher oder ökonomischer Natur sein können, spiegeln jedoch nicht die emotionale, freiwillige Verbundenheit eines Konsumenten im Sinne der Loyalität wider, sondern sind eher als eine Form von Gebundenheit und somit als anbieterseitige Kundenbindung zu interpretieren (Borth, 2004, S. 38).

Konsumenten können auch aus objektiven, funktionalen Gründen ein loyales Verhalten zeigen. So kann eine funktionale Loyalität durch die Kriterien Preis, Qualität, Vertrieb, eine bequeme Handhabung des Produktes beim Gebrauch oder durch Loyalitätsprogramme gefördert werden, die dem Konsumenten Gründe liefern, einen bestimmten Anbieter zur präferieren (Wemerfelt, 1991, S. 231). Werden diese Kriterien jedoch von anderen Unternehmen kopiert, ist die funktionale Kundenloyalität nie zeitlich überdauernd gesichert.

Zur Erklärung des Kundenloyalität bzw. Kundenbindung in Zusammenhang mit der Kundenzufriedenheit durch verhaltenswissenschaftliche Theorien bemüht man oft die bereits in Kapitel 3.4.2 dargestellte Theorie der kognitiven Dissonanz (Kernaussage in diesem Kontext: zufriedene Kunden im kognitiven Gleichgewicht verhalten sich loyal), die Lerntheorie (bereits praktiziertes Verhalten mit positiver Konsequenz wie zufriedenstellende Käufe werden wiederholt) und die Risikotheorie (loyales Verhalten, da ein mögliches Risiko bedingt durch ein Wechsel eines Produktes/Anbieters vermieden werden soll) (Schramm-Klein, 2003, S. 142 ff.; Borth, 2004, S. 40 ff.; Homburg, Bruhn, 2005, S. 14 f.). Andere Autoren führen zudem die Transaktionskostentheorie (Kostengründe und somit ökonomische Effizienz führen zum Entstehen dauerhafter Geschäftsbeziehungen) oder die Mikroökonomische Theorie Hirschmans (1974) (Zufriedenheit als zentrale Determinante für die Kundenbindung) als beeinflussende Konzepte zur Kundenbindung bzw. Kundenloyalität an (Peter, 1999, S. 82 ff.).

Insbesondere im Internet ist die Gefahr der Abwanderung von Kunden als groß anzusehen. Durch die hohe Wettbewerbsintensität und durch Intermediäre zur Unterstützung des individuellen Einkaufsprozesses gelangt der Konsument in die komfortable Situation, dass sich Wechselbarrieren, resultierend aus Informationsrisiken bei einem

Anbieterwechsel und Variety-Seeking-Kosten im Vergleich zu den traditionellen Märkten, erheblich reduziert haben (Bauer, Hammerschmidt, 2004, S. 190 f.).

Auf der anderen Seiten zeigen Studien, dass Internet-Kunden dazu neigen, die Einkäufe nur bei einem oder sehr wenigen Anbietern zu vereinen (Reichheld, Schefter, 2000, S. 106). Dies lässt sich durch die Risikotheorie erklären, die maßgeblich zur Begründung von Internetkäufen herangezogen wird. Konsumenten haben positive Erfahrungen mit einem Anbieter gemacht und in der Regel bereits persönliche Daten wie Kreditkarteninformationen oder Bankverbindungen hinterlegt und Vertrauen aufgebaut. Das Risiko, dass diese Daten bei einem anderen Anbieter missbraucht werden, wird von einem Teil der Konsumenten als so hoch eingeschätzt, dass von einem Wechsel abgesehen wird.

Auch wenn die Kundenbindung (-loyalität) an sich kein originäres ökonomisches Ziel darstellt, geht die wissenschaftliche Literatur grundsätzlich von einem positiven Zusammenhang mit dem Unternehmenserfolg aus. Einige Autoren sehen in der Kundenbindung auch einen strategischen Erfolgsfaktor für ein Unternehmen (Jeschke, 1995, S. 122). Die Kundenbindung unterstützt dabei drei ökonomische Ziele des Unternehmens (Diller, 1995, S. 32):

- Steigerung des Wachstums (erhöhte Kundenpenetration in Form von Cross-Buying oder Kaufhäufigkeiten; mehr Kundenempfehlungen über Mund-zu-Mund-Werbung und Kundenvermittlung)
- Erhöhung des Gewinns / Rentabilität (Erlössteigerungen durch Cross-Selling und geringere Preiselastizität der Kunden; Kosteneinsparungen durch geringe Steuverluste und auch geringere Akquisationskosten)
- Zunahme der Sicherheit (mehr Stabilität in der Geschäftsbeziehung durch Habitualisierung und Immunisierung im Kundenverhalten; verstärkter Informationsfluss durch erhöhte Beschwerde- und Auskunftsbereitschaft der Kunden)

Empirische Studien zeigen, dass eine Senkung der Kundenabwanderungsquote um jährlich 5% eine Steigerung des Gewinns von 30% (Autokundendienstkette) bis hin zu 85% (Großbank) ermöglichen kann (Reichheld, Sasser, 1990, S. 107). Dies ist auch darin begründet, dass viele Geschäftsbeziehungen mit Kunden anfänglich, bedingt durch hohe Kundengewinnungskosten, einen negativen Deckungsbeitrag aufweisen und erst im Laufe der Jahre rentabel werden (Reicheld, Sasser, 1990, S. 106). Auch beim Abschluss eines Mobilfunkvertrags als ein Kontraktgeschäft entwickelt sich der individuelle Deckungsbeitrag des Konsumenten erst in der Vertragslaufzeit bei fortwährender Nutzung der Angebote positiv (Gerpott, 2006, S. 502). Die Kundenbindung an sich weist jedoch nicht nur positive Effekte auf den Unternehmenserfolg auf, sondern verursacht auch zusätzlichen Aufwand und birgt Risiken. So sind insbesondere Kosten für die Kundenkommunikation oder auch für mögliche Treueprämien in Massenmärkten zu nennen, die jedoch bspw. über eine elektronische Kommunikation oder dem Gewähren von kostenneutralen elektronischen Dienstleistungen als Treueprämien deutlich reduziert werden können (Lihotzky, 2003, S. 43). Insgesamt schließt sich der Autor der Meinung von Diller an, nach der zumeist *„ein deutlich positiver Saldo aus den spezifischen Erträgen und Aufwendungen der Kundenbindung erwartet werden“* kann (Diller, 1995, S. 49).

Für Unternehmen ist es somit wichtig, die von ihnen beeinflussbaren Faktoren so zu gestalten, dass Kundenloyalität entsteht. Dabei ist das Schaffen von Kundenzufriedenheit oftmals Hauptanliegen unternehmensseitiger Bemühungen. Insbesondere die Nutzung intelligenter Softwaresysteme ist wichtig, mit denen das Konsumentenverhalten gespeichert, analysiert und mit dem anderer Kundengruppen verglichen werden kann. Das Unternehmen ist somit in der Lage, durch gezieltes One-to-One-Marketing die Loyalität der Kunden zu erhöhen. Vor allem die Markentreue als Spezialfall der Kundenloyalität ist beim Online-Shopping bei starken Marken ausgeprägter als beim Offline-Shopping, da Konsumenten die Marke als Indiz für Qualität und Sicherheit sehen und so ihr Risiko minimieren möchten (Fritz, 2004, S. 120).

4 Entwicklung des Forschungsmodells

Die vorherigen beiden Kapitel haben wichtige definitorische Abgrenzungen vorgenommen und das Kaufverhalten der Konsumenten aus theoretischer Sicht konzeptionell aufgearbeitet.

In diesem Kapitel wird das Forschungsmodell für die spätere empirische Untersuchung entwickelt, mittels dessen untersucht wird, inwieweit Konsumenten das Internet im Rahmen einer ganzheitlichen Betrachtung in den Mobiltelefonkaufprozess integrieren. Dazu werden, aufbauend auf dem aktuellen Forschungsstand, Forschungsfragen formuliert und zwei Strukturmodelle für die Informationsphase und After-Sales-Phase zur Erklärung des Kaufverhaltens im Internet zur anschließenden empirischen Überprüfung aufgestellt. Für die Betrachtung der Kaufphase werden Hypothesen aufgestellt, die mittels einer Diskriminanzanalyse in der späteren empirischen Untersuchung überprüft werden.

Die im Forschungsmodell zur Erklärung herangezogenen verhaltensbestimmenden kaufprozessbeeinflussenden Determinanten werden dabei sorgfältig ausgewählt. Die argumentative Vorgehensweise hierzu wird in den Kapiteln 4.1 und 4.2 beschrieben. Die ausführliche begriffliche und konzeptionelle Aufarbeitung dieser psychografischen Determinanten erfolgt in den Kapiteln 4.3 bis 4.5. Es wird ein umfassender Überblick gegeben, inwieweit die Konstrukte in der empirischen Forschung zur Analyse des Kaufverhaltens bereits berücksichtigt worden sind. Dabei werden sowohl Studien aus dem traditionellen Offline-Shopping-Kontext als auch insbesondere die Studien skizziert, die den Einfluss der Determinanten auf die Integration des Internets in den Kaufprozess der Konsumenten untersuchen. Auf der Basis der konzeptionellen Aufbereitung sowie der bisherigen Forschungsergebnisse und offenen Forschungsfragen erfolgt die Konstruktion der zu untersuchenden Hypothesen.

Im Kapitel 4.6 erfolgt eine kritische Würdigung der gesichteten empirischen Studien, um daraus ableitend die konkrete Vorgehensweise in dieser Arbeit festzulegen. Dabei werden Schwächen existierender Studien vermieden und Stärken anderer Studien genutzt, um eine möglichst hohe Qualität dieser Arbeit zu gewährleisten. Abschließend werden im Kapitel 4.7 die Hypothesen sowie die zu überprüfenden Strukturmodelle zusammenfassend vorgestellt.

4.1 Identifikation relevanter Studien

Durch eine möglichst umfassende Literaturrecherche über aktuelle empirische Studien, die die Nutzung bzw. Integration des Internets in den verschiedenen Phasen eines Kaufprozesses von Konsumenten untersuchen, wird die Grundlage für die Modellentwicklung geschaffen. Hierzu wurden bis Oktober 2007 insgesamt weit über 100 empirische Arbeiten identifiziert, die sich mit einem ähnlichen Untersuchungskontext beschäftigen und deren zusammengefasste Ergebnisse im Anhang nachzulesen sind.[28] Folgende Kriterien waren bei der Recherche und Aufbereitung der Studien wichtig und dienten als Selektionskriterium für die Aufnahme in die Gesamtübersicht:

- Die Studien müssen in einem wissenschaftlich anerkannten Journal veröffentlicht worden sein bzw. zumindest subjektiv in den Augen des Autors den wissenschaftlichen Ansprüchen einer möglichen Veröffentlichung genügen.
- Das untersuchte Zielkonstrukt muss die Integration des Internets durch den Konsumenten in zumindest einer der im Kapitel 3 skizzierten Phasen des Kaufprozesses abbilden.
- Eine theoretische Fundierung muss erkennbar sein und die Auswahl der unabhängigen Variablen wissenschaftlichen Ansprüchen genügen.
- Eine empirische Überprüfung der Ergebnisse muss durchgeführt werden.

Nicht analysiert wurden Studien, die das gewerbliche Kaufverhalten untersuchen, da dies nicht Thema dieser Arbeit ist. Ebenso sind Arbeiten nicht näher betrachtet worden, die die Internetnutzer in unterschiedliche Segmente bzw. Typologien einteilen, da dies eine Erweiterung des Forschungsgegenstandes zur Folge gehabt hätte.[29] Auch Studien, die sich auf eine deskriptive Analyse des Kaufverhaltens von Konsumenten im Internet beschränken, wurden nicht berücksichtigt. Es bleibt anzumerken, dass die vorgenommene Literaturrecherche einen sehr dynamischen Charakter hat, da in der jüngeren Vergangenheit Veröffentlichungen von Forschungsergebnissen zu der Thematik E-Commerce / Internet deutlich zunehmen. Des Weiteren erhebt sie keinen Anspruch auf Vollständigkeit, da bei der Auswahl der Studien bereits ein Fokus auf die Studien gelegt worden ist, die sich vornehmlich mit der Erklärungskraft psychografischer Determinanten beschäftigen, wie nun im Folgenden gezeigt wird.

---

[28] Für weitere Vertiefungen und ergänzende Literaturhinweise sei an dieser Stelle auch auf die Meta-Analysen von Chang et al. (2005), Cheung et al. (2003) und Cao und Mokhtarian (2005) verwiesen.

[29] Eine Übersicht findet sich bspw. bei Ahlert et al. (2006, S. 82 ff.).

4.2 Vorgehensweise bei der Erstellung einer Kategorisierung und Auswahl der relevanten kaufprozessbeeinflussenden Determinanten

Kapitel 3 verdeutlichte bereits, dass im Rahmen dieser Arbeit die phasenübergreifende Betrachtung des Kaufprozesses von Konsumenten im Mittelpunkt steht. Daher werden zur Analyse des Kaufverhaltens auch vornehmlich nicht diejenigen verhaltenswissenschaftlichen Erklärungsansätze herangezogen, deren Erklärungskraft sich nur auf einzelne Teilprozesse bzw. auf stark eingeschränkte Ausschnitte des Kaufverhaltens reduziert. Stattdessen werden auf der Basis der Aufbereitung des Forschungsstandes die kaufprozessbeeinflussenden konsumentenspezifischen Determinanten identifiziert, die das Kaufverhalten der Konsumenten möglichst phasenübergreifend erklären und denen zugleich eine hohe Relevanz attestiert wird.

Bei der Analyse der einzelnen Phasen und Teilprozesse des Kaufverhaltens in Kapitel 3 ist offensichtlich geworden, dass das jeweilige Verhalten in einer Vielzahl unterschiedlicher Determinanten und Erklärungsansätze begründet sein kann. Bei der Analyse des Konsumentenverhaltens spielen intrapersonale psychische Prozesse des Konsumenten sowie soziale Determinanten und situative Faktoren eine zentrale Rolle (Esch et al., 2006, S. 39 f.). Soziale und situative Einflussgrößen lassen sich den externen, interpersonellen Faktoren zuordnen, wohingegen bei den intrapersonalen Faktoren zwischen aktivierenden und kognitiven Prozessen unterschieden wird. Aktivierende Determinanten treiben das Verhalten der Konsumenten an. Sie beinhalten die Konstrukte Aktivierung, Involvement, Emotion, Motivation und Einstellung (Kroeber-Riel, Weinberg, 2003, S. 49 ff.). Kognitive Prozesse unterstützen das Denken von Konsumenten und führen zur anschließenden beabsichtigten Steuerung des Verhaltens (Foscht, Swoboda, 2005, S. 73).[30] Situative Einflussfaktoren sind u.a. das physische Umfeld des Kaufs, der Zweck des Erwerbs oder der Zeitfaktor (Schneider, 2004, S. 42 f.).

Andere Autoren nehmen leicht divergierende Einteilungen vor, unterscheiden sich jedoch von der grundlegenden Argumentationsweise nicht. So nennen Kotler et al. (2007, S. 310 ff.) neben den internen psychologischen Faktoren noch kulturelle Fakto-

---

[30] Hier wird nicht weiter auf aktivierende und kognitive Prozesse eingegangen. Zur Vertiefung sei auf die Standardwerke zum Konsumenten- bzw. Käuferverhalten verwiesen (bspw. Foscht, Swoboda (2005, S. 37 ff.); Trommsdorff (2004, S. 47 ff.), Kroeber-Riel, Weinberg (2003, S. 49 ff.)).

ren (Kultur, Subkultur, soziale Schicht), soziale Faktoren (Gruppen, Familie, Rollen, Status) sowie persönliche Faktoren (Alter und Lebensphase, Beruf, finanzielle Situation, Lebensstil, Persönlichkeit und Selbstbild) als Einflussfaktoren auf das Konsumentenverhalten. Zusätzlich existieren noch zeitstabilere Konstrukte (Prädispositionen des Konsumentenverhaltens) wie Werte oder die Persönlichkeit der Konsumenten (Meffert, Bruhn, 2000, S. 89). Trommsdorff unterscheidet zwischen Zuständen (verhaltenswissenschaftliche Konstrukte psychischer und sozialer Art), welche als statische Erklärungsgrößen der Theorie dienen und Prozessen, die als dynamische Erklärungsgrößen die verhaltenswissenschaftliche Theorie erklären (Hier und im Folgenden Trommsdorff, 2004, S. 35 ff.). Zu den Zuständen gehören Involvement/Aktiviertheit, Gefühle/Emotionen, Wissen/Kognitionen, Motive/Bedürfnisse, Einstellungen/Images, Werte/Normen sowie Lebensstile/Persönlichkeit. Zu den Prozessen zählen Informationsaufnahme, Wahrnehmung, Lernen, Denken, Entscheiden und Verhalten.

Im Rahmen der Aufbereitung des Forschungsstandes bietet es sich nach den obigen Ausführungen und der hier untersuchten Forschungsfrage an, die jeweiligen Studien hinsichtlich der zur Erklärung herangezogenen kaufprozessbeeinflussenden Determinanten zu analysieren. Dabei erfolgt eine sehr differenzierte Betrachtung, um darauf aufbauend die für diese Arbeit relevanten Determinanten identifizieren zu können.

Aus diesem Grund wird zunächst eine Matrix erstellt, deren erste Dimension die in den Studien jeweils untersuchten theoretischen Konstrukte (kaufprozessbeeinflussende Determinanten) beinhaltet und die zweite Dimension die relevanten Phasen des Kaufprozesses (Informationsphase, Kaufphase, After-Sales-Phase) abbildet. In der Regel verwenden die einzelnen Studien die klassischen Variablen der Konsumentenforschung. Zu diesen gehören direkt beobachtbare und abfragbare soziodemographische Merkmale wie Alter, Beruf, Bildung oder Einkommen, die jedoch im Rahmen dieser Arbeit nur am Rande betrachtet werden. Zusätzlich werden nicht direkt beobachtbare theoretische Konstrukte mit einem unterschiedlichen Grad an kognitiver, emotionaler oder affektiver Anreicherung als exogene Determinanten ausgewählt, die allesamt den zuvor vorgestellten unterschiedlichen Gruppierungen von kaufprozessbeeinflussenden Determinanten zugeordnet werden können.

Des Weiteren unternehmen einige Autoren den Versuch, das Konsumentenverhalten auf der Basis existierender theoretischer Verhaltensmodelle zu erklären, wobei hier zumeist die konzeptionell eng verwandten Theorien des Technology Acceptance Modell (Liu, Wei, 2003; O`Cass, Fenech, 2003), der Theory of Planned Behavior (Shim et al., 2001) oder der Theory of Reasoned Action (Verhoef, Langerak, 2001) ausgewählt werden.

Cao und Mokhtarian (2005, S. 9) kommen zu dem Schluss, dass die alleinige Anwendung einer Theorie nicht ausreicht, um das komplexe Phänomen des Internetkaufverhaltens zu erklären und somit eine Integration unterschiedlicher Theorien nötig sei. Aus diesem Grund wird im Rahmen dieser Arbeit auch keine der skizzierten Theorien isoliert eingesetzt, sondern durch den gleichzeitigen Einbezug unterschiedlicher, empirisch für relevant erachteter Determinanten ein eigenes Forschungsmodell aufgestellt und empirisch überprüft.

Nach Erstellung der Matrix erfolgt die Einteilung der unterschiedlichen identifizierten theoretischen Konstrukte der ersten Dimension in übergeordnete Kategorien. Die inhaltliche Einteilung orientiert sich an den zuvor vorgestellten Kategorisierungen, wobei insbesondere intrapersonale Determinanten im Fokus stehen und die jeweilige Ziel- bzw. Objektorientierung der Konstrukte ausschlaggebende Kriterien für die gefundenen Meta-Kategorien gewesen sind. Im Einzelnen sind die folgenden Kategorien identifiziert worden:

- (1) Allgemeine Persönlichkeitseigenschaften der Konsumenten bzw. allgemeine konsumentenspezifische Determinanten (general consumer characteristics)
- (2) Produktbezogene Persönlichkeitseigenschaften der Konsumenten bzw. produktbezogene konsumentenspezifische Determinanten (product related consumer characteristics)
- (3) Internet- bzw. händlerbezogene Persönlichkeitseigenschaften (Determinanten) der Konsumenten (internet / vendor related consumer characteristics)
- (4) (Wahrgenommene) Charakteristika und Attribute des Internets bzw. der Händler (Technology attributes and channel / vendor characteristics including customer perceptions)
- (5) Generelle Produkteigenschaften (general product characteristics)

Die ersten drei Kategorien gehören zu den intrapersonalen Determinanten bzw. psychischen Prozessen der Konsumenten. Sie sind konsumentenindividuell unterschiedlich und beschreiben zum einen grundsätzliche, allgemeine Eigenschaften der Konsumenten, die unabhängig vom Untersuchungskontext sind, zum anderen konsumentenspezifische Eigenschaften, auf das jeweilige Produkt bzw. den Untersuchungsgegenstand der Studien bezogen, sowie drittens konsumentenspezifische Eigenschaften, bezogen auf das Internet bzw. den (Internet-) Händler. Die Trennung dieser Determinanten in eigene Kategorien ist aus Sicht des Autors schlüssig, da sie allesamt einen eigenständigen Charakter aufweisen.

Ähnliche Aufteilungen der kaufprozessbeeinflussenden Determinanten wie in dieser Arbeit lassen sich auch in weiteren Publikationen zu dem Thema finden. So unterscheiden Cao und Mokhtarian (2005, S. 25 ff.) die kaufverhaltensrelevanten Determinanten in (1) "*perceived characteristics of the web as a sales channel*" (2), "*online consumer characteristics*" und (3) "*vendor and product characteristics*". Chang et al. (2005, S. 543 ff.) nehmen eine fast identische Einteilung vor, indem sie die folgenden drei Kategorien unterteilen: (1) "*perceived characteristics of the web as a sales channel*", (2) "*online consumer characteristics*" und (3) "*website and product characteristics*". Auch Black et al. (2002, S. 171) nennen die folgenden generellen Faktoren, die die Wahl eines Einkaufskanals beeinflussen: (1) „*channel factors*“, (2) „*product factors*“, (3) „*consumer factors*“ und (4) „*retailer factors*“.

Im Folgenden werden die relevanten Erkenntnisse der jeweiligen Studien aus der angefertigten Matrix separat für die einzelnen gebildeten Meta-Kategorien vorgestellt. Es gilt insbesondere, die Wirkung der exogenen Determinanten auf die Integration des Internets in den Kaufprozess der Konsumenten herauszustellen. Dabei wird auch die Auswahl der Determinanten getroffen, die als erklärende Konstrukte in der späteren empirischen Analyse Verwendung finden. Diese Arbeit legt ihren Schwerpunkt auf die intrapersonalen Konstrukte als Determinanten des Kaufverhaltens. Im Rahmen der Untersuchung soll eine ausgewogene Kombination aus allgemeinen konsumentenspezifischen Determinanten, produktbezogenen konsumentenspezifischen Determinanten sowie internet- bzw. händlerbezogenen Determinanten der Konsumenten in die Untersuchung eingehen. Bei der Auswahl der spezifischen Determinanten der jeweiligen Kategorie ist die Bedeutung des Konstruktes in der Konsumentenforschung allgemein bzw. explizit für das Kaufverhalten im Internet ein wichtiger Faktor gewesen. Die für die Arbeit ausgewählten Konstrukte werden an der jeweiligen Stelle ausführlich konzeptionell aufgearbeitet, so dass ein umfassendes Verständnis der Konstrukte gewährleistet ist.

4.3 Allgemeine Persönlichkeitseigenschaften der Konsumenten

Allgemeine Persönlichkeitseigenschaften der Konsumenten (konsumentenspezifische Determinanten) haben zur Erklärung des Kaufverhaltens sowohl im Online-Kontext als auch im traditionellen Offline-Kontext immer schon eine wichtige Rolle gespielt. Zur Erklärung des Kaufverhaltens im Internet sind bisher insbesondere die Konstrukte der Convenience-Orientierung und der Innovativität der Konsumenten, weitere Einkaufsmotive (zu denen grundsätzlich auch die Convenience-Orientierung gezählt werden kann), das Selbstbewusstsein und die Risikoneigung empirisch untersucht worden.

Die **Einkaufsorientierung bzw. Einkaufsmotive** spiegeln die generellen Neigungen und Erwartungen wider, die ein Konsument gegenüber seinem Einkaufsvorgang hat. Sie sind spezielle Dimensionen des individuellen Lebensstils und werden auf der Basis von Aktivitäten, Interessen oder auch Meinungsäußerungen zum Einkaufsverhalten operationalisiert (Li et al., 1999). Zu diesen Motiven gehören die Erlebnisorientierung, die Unabhängigkeitsorientierung, die Preisorientierung, die Smart-Shopping-Orientierung, die Qualitätsorientierung oder die Beratungsorientierung (Zaharia, 2006; Lingenfelder, Schulze, 2007; Seock, 2003). Die einzelnen Motive haben oftmals positive oder negative Auswirkungen auf die Integration des Internets in den jeweiligen Phasen des Kaufprozesses. So neigen bspw. zeitbewusste Konsumenten zur Nutzung des Internets (Sim, Koi, 2002; Sin, Tse, 2002).[31] Die ausschließliche Untersuchung von Einkaufsmotiven wird aus zweierlei Gründen nicht weiter verfolgt. Zum einen soll eine ausgewogene Kombination von unterschiedlichen Determinanten der jeweiligen Kategorien ausgewählt werden und keine Beschränkung auf Einkaufsmotive erfolgen. Zum anderen sind in den letzten Jahren wertvolle Arbeiten im deutschsprachigen Raum zur Untersuchung der Wirkung von Einkaufsmotiven als exogene Konstrukte auf die Nutzung des Internets im Kaufprozess veröffentlicht worden (Lingenfelder, Schulze, 2007; Loevenich, 2002; Zaharia, 2006), so dass bei einer erneuten Anwendung der Innovationsaspekt dieser Arbeit leiden würde.

Bei Betrachtung der individuellen **Risikoneigung** zeigt sich, dass weniger risikoaverse Konsumenten das Internet intensiver in ihrem Kaufprozess nutzen als risikoaverse

---

[31] Das Zeitmotiv wird von vielen Autoren als Dimension des Convenience-Konstruktes gesehen. In dieser Arbeit wird das Concenience-Konstrukt u.a. auch durch eine Zeitkomponente operationalisiert (vgl. Kapitel 5.3.1.1).

Konsumenten (Donthu, Garcia, 1999; Lee, Tan, 2003; Sim, Koi, 2002; Zaharia, 2006). Die Risikoneigung ist eng mit dem im Kapitel 4.5.1 noch zu skizzierenden Konstrukt des wahrgenommenen Risikos verwandt. Da im Rahmen dieser Arbeit nur ein Konstrukt der Risikotheorie als Ausgangskonstrukt berücksichtigt werden soll, wird das Konstrukt des wahrgenommenen Risikos gegenüber dem Internet als Distributionskanal bevorzugt. Dies ist zum einen durch den in der Literatur belegten höheren Erklärungsgehalt gerechtfertigt, der bereits im Kapitel 3 deutlich geworden ist, und zum anderen durch die konstruktspezifisch gegebene Möglichkeit, die einzelnen wahrgenommenen Risikodimensionen bei einem Internetkauf zu identifizieren.

Auch das **Selbstbewusstsein** hat Einfluss auf die Integration des Internets in den Kaufprozess. Selbstbewusste Konsumenten neigen tendenziell eher dazu, das Internet in Kaufprozessen zu nutzen (Bauer, Sauer, Becker, 2004; Choi, Geistfeld, 2004; Hernandez, Mazzon, 2007). Andere Studien zeigen jedoch keine signifikante Beziehung (Sin, Tse; 2002, Seock, 2003) oder gar eine negative Beziehung (Boyle, Ruppel, 2004). Auf Grund der uneinheitlichen Ergebnisse wird dem Konstrukt eine nicht so starke prediktive Güte zugesprochen, so dass von seiner Anwendung in dieser Arbeit Abstand genommen wird.

Stattdessen werden die Konstrukte der **Convenience-Orientierung** und der **persönlichen Innovativität** als Repräsentanten der Kategorie ausgewählt, deren Auswahl in den folgenden Abschnitten begründet und eine umfassende theoretische Aufbereitung und Konzeptionalisierung durchgeführt. Die folgende Abbildung zeigt auf, in welchen Studien die unterschiedlichen Ausgangskonstrukte untersucht worden sind. Detaillierte Ergebnisse aller Studien finden sich im Anhang. Empirische Studien zu allgemeinen soziodemographischen Persönlichkeitsdeterminanten werden hier nicht aufgenommen. Diese Kriterien werden in den meisten Studien untersucht, so dass eine ungemeine Erweiterung der Tabelle die Folge gewesen wäre. Eine kurze theoretische Auseinandersetzung erfolgt in Kapitel 4.4.3.3. Generelle Erkenntnisse zu dem Nutzungsverhalten des Internets in Abhängigkeit dieser Determinanten zeigt Kapitel 2.2.1 auf.

Convenience Orientation / Convenience-seeking-behaviour
Anderson & Srinivasan (2003); Bauer et al. (2002); Betz (2003); Chiang & Dholakia (2003); Donthu & Garcia (1999); Forsythe et al. (2003); Forsythe et al. (2006); Kaufmann-Scarborough & Lindquist (2002); Kim & LaRose (2004); Li et al. (1999); Lingenfelder & Schulze (2007); Loevenich (2002); Seock (2003); Sin & Tse (2002); Swaminathan et al. (2001); Zaharia (2006)
Opinion Leadership
Kwak et al. (2002); Lassar (2005)
Innovativeness (innate / domain-specific)
Black et al. (2002); Blake et al. (2003); Blake et al. (2007); Citrin et al. (2000); Donthu & Garcia (1999); Goldsmith (2002); Goldsmith & Goldsmith (2002); Lassar (2005); Limayem et al. (2000); Park & Jong-Kun (2003); Roy & Ghose (2006); Sim & Koi (2002); Wang et al. (2006); Yi et al. (2006)
Risk Tendency
Donthu & Garcia (1999); Kwak et al. (2002); Lee & Tan (2003); Sim & Koi (2002) Tan (1999); Zaharia (2006)
Self Confidence / Self-efficacy
Bauer, Sauer, Becker (2004); Boyle & Ruppel (2004); Choi & Geistfeld (2004); Eastin (2002); Hernandez & Mazzon (2007); Lim & Ferguson (2003); Seock (2003); Sin & Tse (2002)
Shopping Orientation / Shopping Motives
Broekhuizen (2006); Brown et al. (2001); Donthu & Garcia (1999); Gan et al. (2006); Hernandez & Mazzon (2007); Jepsen (2007); Kim & LaRose (2004); Koufaris (2002); Li et al. (1999); Lingenfelder & Schulze (2007); Loevenich (2002); O´Cass & Fenech (2003); Seock (2007); Sim & Koi (2002); Sin & Tse (2002); Zaharia (2006)
Other Consumer Characteristics
Anderson & Srinivasan (2003); Blake et al. (2003); Bosnjak et al. (2007); Chen & Tan (2004); Cho et al. (2002); Park & Cheol (2002); Park et al. (2005); Rha (2002); Seock (2003); Shim et al. (2000); Supphellen & Nysveen (2001); Swaminathan et al. (2001)

Abb. 14 Ausgewählte Studien zu allgemeinen Persönlichkeitseigenschaften
Quelle: Eigene Darstellung

4.3.1 Convenience-Orientierung der Konsumenten

4.3.1.1 Theoretische Grundlagen und Konstrukt-Konzeptionalisierung

Einkaufsmotive, zu denen auch die Convenience-Orientierung gehört, repräsentieren innere Antriebskräfte im Kaufverhalten, die das Ziel haben, interne Bedürfniszustände zu befriedigen (Henneking, 1998, S. 68 ff.). Unter Motiven versteht man *„zielgerichtete, gefühlsmäßig und kognitiv gesteuerte Antriebe des Konsumentenverhaltens"* (Trommsdorff, 2004, S. 118). Im Gegensatz zu Emotionen weisen Motive eine Zielgerichtetheit auf. Einstellungen hingegen verfügen zusätzlich zu der kognitiven Zielorientierung von Motiven noch über eine kognitive Gegenstandsbeurteilung und gehen somit einen Schritt weiter als Motive.

Experten sind sich sicher, dass die individuelle Convenience-Orientierung einen großen Einfluss auf Kaufentscheidungen von Konsumenten hat (Berry et al., 2002, S. 3). Dach verdeutlicht, dass Einkaufsmotive und somit auch die Convenience-Orientierung insbesondere im Bereich der Betriebstypenwahl zwischen dem stationären Handel und dem E-Commerce eine bedeutende Rolle spielen (Dach, 2000a, S. 183 ff.). Unter dem

Begriff der Convenience-Orientierung (angelsächsisch convenience = Bequemlichkeit, Annehmlichkeit) versteht man das Bemühen der Konsumenten, eine möglichst bequeme Art des Einkaufens und des Ge- bzw. Verbrauchs von Produkten oder Dienstleistungen zu erreichen (Swoboda, 1999, S. 95). Convenience-orientierte Konsumenten streben danach, eine Aufgabe in kürzester Zeit und mit geringstem Aufwand an menschlicher Energie zu lösen (Morganosky, 1986, S. 37). Im Zuge von Einkaufsaktivitäten drückt die Convenience-Orientierung der Konsumenten das Bestreben aus, den Einsatz knapper Ressourcen (Zeit, psychische und physische Energie) zu optimieren und damit den Beschaffungsaufwand im Kaufprozess zu reduzieren (Loevenich, 2002, S. 111). Andere Definitionen charakterisieren die Convenience-Orientierung auch als den Wert, den Konsumenten Produkten und Dienstleistungen mit zeit- und aufwandsparenden Eigenschaften beimessen (Berry et al., 2002, S. 3).

Grundsätzlich zeichnet sich das Konsumentenverhalten durch einen Trend zu mehr Komfort und Bequemlichkeit aus (Meffert, Bruhn, 2000, S. 6). Faktoren, die die individuelle Convenience-Orientierung der Konsumenten beeinflussen, sind vielseitig. Neben soziodemographischen Charakteristika (Einkommen, Geschlecht, Alter, Beruf, Arbeitsintensität, Wohnort, Familiengröße, Bildung) besitzen auch lebensstilbezogene Determinanten (Zeitdruck, individuelle Überlastung, Hedonismus) Einfluss auf die individuelle Convenience-Orientierung (Berry et al., 2002, S. 3). Weitere Treiber sind der zunehmende Anteil an Einpersonen- und Seniorenhaushalten, die veränderte Altersstruktur der Bevölkerung, die wachsende Bedeutung der Freizeit als eigenständige Nutzendimension sowie ein grundsätzliches Streben nach Vereinfachung (Swoboda, 1999, S. 96; Meffert et al., 2001, S. 11 f.). Der Konsument sucht Convenience beim Warenangebot und beim Kaufprozess an sich (Swoboda, 1999, S. 96).

Die individuelle Convenience-Orientierung hat Einfluss auf ein convenience-bezogenes Verhalten. So erwartet man, dass Konsumenten mit einer hohen Convenience-Orientierung für sie annehmliche Produkte kaufen und diese Käufe in für sie subjektiv bequemen Einkaufsstätten vollziehen (Scholderer, Grunert, 2005, S. 108). Auch das so genannte „*One-Stop-Shopping*“, welches das Bestreben der Konsumenten ausdrückt, Einkäufe möglichst in einem Geschäft zu tätigen, spielt eine bedeutende Rolle zur Befriedigung der Convenience-Orientierung.

Kaufman-Scarborough und Lindquist (2002, S. 335 f.) teilen das Convenience-Konstrukt bezogen auf den Einkaufsprozess in neun, jedoch nicht überschneidungsfreie

Dimensionen auf, von denen einige (comparison, energy, schedule convenience) die Bequemlichkeitsvorteile des Internets im Kaufprozess berücksichtigen:

- access convenience: Einfaches Erreichen von Einkaufsstätten und einfaches Erlangen von Besitz über Produkte
- search convenience: Geringer zeitlicher Aufwand, Produkte zu finden und zu vergleichen
- comparison convenience: Bequemlichkeit des Online-Shoppings, durch den Einsatz von interaktiven Shopping-Agenten Produkte untereinander vergleichen zu können und so den vorher selbst definierten Consideration Set zu erweitern
- possession convenience: Einfache und unkomplizierte Möglichkeit, Produkte zu besorgen.
- transaction convenience: Einfache und bequeme Möglichkeit, Produkte einzukaufen und umzutauschen bzw. zurückzugeben
- time convenience: Schnelles Einkaufen ohne Verzögerungen
- energy convenience: Bequemlichkeit des Online-Shoppings, da ein Aufsuchen des stationären Handels nicht notwendig ist, Vergleiche online gemacht werden können und mentale und physische Energieressourcen reduziert benötigt werden.
- place convenience: Einkaufen in der Nähe des Wohnorts bzw. von zu Hause aus über den Distanzhandel sowie Hausanlieferungen
- schedule convenience: Bequemlichkeit des Online-Shoppings, zeitunabhängig (rund um die Uhr) Produkte zu vergleichen und einzukaufen

Andere Autoren wählen eine nicht so differenzierte Betrachtung des Convenience-Konstruktes und unterscheiden zwischen den Dimensionen Zeit und Aufwand sowie der räumlichen Dimension (Gehrt et al., 1996, S. 21). Die wahrgenommene Bequemlichkeit eines Einkaufsvorgangs umfasst dabei die zeitlichen, räumlichen und aufwandsbezogenen Einsparungen für den Konsumenten und beinhaltet Aspekte wie die zeitliche Flexibilität, das einfache Platzieren und Stornieren von Bestellungen sowie die zufriedenstellende Lieferung der Ware und den Umgang mit evtl. Rücksendungen (Gehrt et al., 1996, S. 25 f.). Marquis (2005, S. 55) unterscheidet den Aufwand in mentalen Aufwand (Aufwand, der durch Vorausplanung entsteht) und physischen Aufwand (Aufwand der entsteht, um ein gewünschtes Produkt oder eine gewünschte Dienstleistung zu erhalten).

Neben der individuellen Convenience-Orientierung wählen einige Autoren auch die vom Konsumenten wahrgenommene Bequemlichkeit des Internets als Distributionskanal als Ausgangskonstrukt zur Erklärung des Nutzungsverhaltens des Internets von

Konsumenten im Kaufprozess. Dabei wird die Einstellung der Konsumenten zu dem Medium Internet gemessen und kein persönliches Einkaufsmotiv, wie es Ziel dieser Arbeit ist. Grundsätzliche Erkenntnis dieser Studien ist, dass Konsumenten, die das Internet als bequem einschätzen (generell oder insbesondere als Distributionskanal), es auch verstärkt in den Kaufprozess integrieren (Betz, 2003; Chiang, Dholakia, 2003; Forsythe et al., 2003; Forsythe et al., 2006; Kaufman-Scarborough, Lindquist, 2002; Sin, Tse, 2002; Swaminathan et al., 1999). Diese Form der Konzeptionalisierung wird jedoch im Rahmen dieser Arbeit nicht verfolgt, da diese Erkenntnisse aus Sicht des Autors nicht überraschend erscheinen und der Fokus auf das Einkaufsmotiv der Convenience-Orientierung gelegt werden soll.

4.3.1.2 Convenience durch das Internet

Das Internet bietet Konsumenten Möglichkeiten, das Streben nach Convenience zu befriedigen. Die Bedeutung des Convenience-Konstruktes für das Konsumentenverhalten und der damit verbundenen Einkaufsstättenwahl im Internet hat ihren Grund im Wegfall der physischen Einkaufsstätte im Internet. Der Konsument wird zur Nutzung des Internets motiviert, da es die bequeme Möglichkeit schafft, zu jeder Zeit und an jedem Ort Bestellungen aufzugeben (Rohm, Swaminathan, 2004, S. 750).

Grundsätzliche, einkaufstättenunspezifische und kanalübergreifende Faktoren, die den Kauf eines Produktes oder einer Dienstleistung für einen Konsumenten bequem und annehmlich machen, sind u.a. lange Öffnungszeiten, das Kombinieren des Einkaufens mit anderen Erledigungen, die Möglichkeit schnell einzukaufen, die Sortimentsvielfalt, ein angemessenes Preisniveau, die Warenpräsentation, die Qualität des Angebots und die Beratungskompetenz (Swoboda, 1999, S. 99). Im Folgenden wird das Internet als Distributionskanal hinsichtlich der von Swoboda genannten Faktoren betrachtet. Einige dieser Faktoren sind bereits im Kapitel 1.3 im Zusammenhang mit den Besonderheiten und Vor- und Nachteilen im E-Commerce diskutiert worden. Daher werden diese hier nur noch skizziert.

Bis auf temporäre Nichterreichbarkeit (bspw. durch einen Serverausfall bei einem Anbieter) kann der Konsument 24 Stunden täglich und 7 Tage die Woche das Internet für Einkäufe nutzen. Durch die Vielfältigkeit der Angebote kann der Konsument parallel Einkäufe vornehmen und andere Tätigkeiten wie Bankgeschäfte oder elektronische Behördengänge tätigen. Käufe über das Internet sind schnell realisierbar, da immense

Zeitvorteile existieren: Ein Aufsuchen der stationären Einkaufsstätte entfällt, und die Möglichkeit der Personalisierung durch das Registrieren und Speichern persönlicher Daten in häufig besuchten Shops beschleunigt den Einkaufsvorgang, da wiederholte Eingaben nicht erforderlich sind.

Die Sortimentsbreite und –tiefe ist nahezu unbegrenzt. Es ist eher ein Überangebot von Waren anzutreffen. Die Qualität bei standardisierten Produkten ist identisch mit der im stationären Handel. Das Preisniveau ist oftmals deutlich geringer, da reine Internethändler kostspielige Verkaufsräume zur Warenpräsentation nicht benötigen. Intermediäre im Internet liefern dem Kunden Informationen zu preisgünstigen Bestellmöglichkeiten. Im Rahmen der Warenpräsentation erhält der Konsument alle verfügbaren Informationen zu den Produkten, einzig das haptische Erlebnis bei der Produktbeurteilung wird nicht geboten.

Die Beratungskompetenz dürfte im stationären Handel höher ausgeprägt sein, da dort unmittelbar kompetente Ansprechpartner für den Kunden verfügbar sind. Einige Internetanbieter offerieren jedoch telefonische Unterstützungsmöglichkeiten durch qualifiziertes Personal, interaktive Entscheidungshilfen wie Shopping Agenten oder interaktive Vergleichsmatrizen an, die den Kunden bei seiner Problemstellung unterstützen. Solche Angebote helfen dem Online-Händler Beratungskompetenz aufzubauen. Umfangreiche Testberichte oder Rezensionen in Virtuellen Communities oder auf Internetseiten von Online-Händlern verhelfen dem Konsumenten zu einem höheren Wissensstand und steigern die Bequemlichkeit des Kaufens.

Auf der Basis der obigen Ausführungen kommen der Autor dieser Arbeit und auch andere Autoren (Kaufman-Scarborough, Lindquist, 2002, S. 336) zu der Erkenntnis, dass durch das Internet die Bedingungen zur Gewährleistung von Convenience im Einkaufsprozess als erfüllt betrachtet werden können. Die individuelle Convenience-Orientierung kann somit als ein maßgeblicher Treiber des Kaufs im Internet angesehen werden, da zeitliche, einkaufsstätten- und kaufprozessbezogene Parameter das Internet als überlegen gegenüber traditionellen Methoden des Einkaufens erscheinen lassen.

4.3.1.3 Forschungsergebnisse zur Convenience-Orientierung

Studien, die die Auswirkungen der individuellen Convenience-Orientierung auf das Einkaufsverhalten vor dem Internetzeitalter untersucht haben, bestätigen zumeist eine positive Beziehung zwischen der individuellen Convenience-Orientierung und der Nutzung von traditionellen Distanzkanälen und somit der Bestellung von zu Hause aus (Gillett, 1970; Berkowitz et al., 1979; Eastlick, Feinberg, 1999).

Auch in der jüngeren Vergangenheit wurde das Convenience-Konstrukt oftmals empirisch untersucht, zumeist in der englischsprachigen Literatur, und eine positive Beziehung zwischen der Convenience-Orientierung der Konsumenten und der Nutzungsabsicht bzw. der tatsächlichen Nutzung des Internets in einem Kaufprozess bestätigt. Dabei fällt auf, dass vornehmlich der eigentliche Kauf und nicht die vor- und nachgelagerten Phasen des Kaufprozesses intensiv untersucht worden sind. Im Folgenden werden nur die Studien vorgestellt, die die Convenience-Orientierung im Sinne eines Einkaufsmotivs als Ausgangskonstrukt berücksichtigen.

Für die **Informationsphase** existieren keine eindeutigen und umfangreichen Forschungsergebnisse. Seock (2003) weist keinen signifikanten Einfluss der individuellen Convenience-Orientierung auf die Intention, das Internet zur Informationsphase in einem Kaufprozess von Kleidung nutzen zu wollen, nach, wohingegen in der gleichen Studie eine positive Beziehung zur Kaufintention über das Internet festgestellt wird. Auch Zaharia (2006) untersucht in ihrer Dissertation sowohl die Informationsphase als auch die Kaufphase und kommt zu dem Ergebnis, dass die Convenience-Orientierung sich positiv auf die Nutzung des Online-Kanals eines Multi-Channel-Retailers zur Information und zum anschließenden Kauf auswirkt. Insbesondere durch die mehrphasige Betrachtung sind die Arbeiten von Seock (2003) und Zaharia (2006) als bedeutsam anzusehen.

Die **Kaufphase** ist bereits intensiver untersucht worden. Konstruktübergreifend sei angemerkt, dass diese Studien implizit auch das Verhalten der Konsumenten in der Informationsphase untersuchen, da nicht zwischen einzelnen Phasen des Kaufprozesses unterschieden wird. Es ist zu erwarten, dass Konsumenten bei der alleinigen Frage, ob sie Produkte im Internet kaufen würden oder bereits gekauft haben, auch eine evtl. Informationsbeschaffung über das Internet als Teilkomponente des Online-Kaufs mit einbeziehen, wobei der Fokus auf dem letztendlichen Geschäftsabschluss liegt. Konsumenten, die im Internet einkaufen, dürften mit hoher Wahrscheinlichkeit das Medium auch zur Informationssuche genutzt haben. Kritisch wird diese, oftmals gewählte, Vorgehensweise noch in Kapitel 4.6 aufgegriffen.

In einer deutschen Studie kommt Loevenich (2002) zu dem Ergebnis, dass die Convenience-Orientierung positiv mit der Einstellung gegenüber dem Internetshopping für Elektronikprodukte verbunden ist, jedoch keine signifikant positive Wirkung auf die Einstellung gegenüber dem Online-Kauf von Bekleidung aufweist. Mittels einer Diskriminanzanalyse haben Lingenfelder und Schulze (2007) in der Tourismusbranche keine signifikanten Unterschiede hinsichtlich der Convenience-Orientierung von Reisebürokunden und Internetkunden festgestellt.

Li et al. (1999) untersuchen das aktuelle Kaufverhalten der Konsumenten im Internet („*online buying behaviour*“) und zeigen auf, dass Konsumenten, die oftmals im Internet einkaufen, eine höhere Convenience-Orientierung aufweisen, als Konsumenten mit einem sehr geringen bzw. keinem Internetkaufanteil. Zu einem ähnlichen Ergebnis kommen auch Swaminathan et al. (1999). Hier zeigt sich, dass convenience-orientierte Konsumenten häufiger Produkte im Internet einkaufen und dabei höhere Geldbeträge investieren. Auch Donthu und Garcia (1999) und Kim und LaRose (2004) bestätigen die positive Wirkung einer hohen Convenience-Orientierung auf die „*E-Shopping-Adoption*“ bzw. „*online buying activity*“.

Die **After-Sales-Phase** mit dem Zielkonstrukt „E-Loyalty“ ist bisher in nur einer quantitativen Studie untersucht worden, und diese zeigt keine signifikanten Ergebnisse (Anderson, Srinivasan, 2003). Dabei operationalisieren die Autoren das Loyalitätskonstrukt nur anhand der Wiedernutzungsabsicht, so dass nur ein Teilprozess der After-Sales-Phase mittels eines einstellungsorientierten Ansatzes betrachtet wird. In einer qualitativen Studie mit 42 Tiefeninterviews kommen Srinivasan et al. (2002) zu dem Ergebnis, dass die Convenience-Orientierung der Konsumenten eine positive Antezedenzbedingung der E-Loyalität ist.

Auf der Basis der bisherigen Arbeiten im Online-Kontext kann festgestellt werden, dass die individuelle Convenience-Orientierung positiven Einfluss auf die Integration des Internets in der Kaufphase besitzt. Der Einfluss auf die anderen Phasen des Kaufprozesses ist bisher jedoch nicht in dem Maße betrachtet worden, so dass hier deutlicher Forschungsbedarf besteht. Eine Zusammenfassung der aktuellen Forschungsergebnisse liefert die folgende Abbildung.

Studie	Ausgangskonstrukt	Zielkonstrukt	Ergebnis
Anderson & Srinivasan (2003)	convenience motivation	e-loyalty	(n.s.)
Bauer et al. (2002)	wahrgenommene Convenience des Internets	Wahrscheinlichkeit zukünftiger Online-Versicherungsabschlüsse	(+)
Betz (2003)	relativer Bequemlichkeitsvorteil	(1) Informationsakzeptanz (2) Transaktionsakzeptanz (3) After-Sales Akzeptanz	(1) (n.s.) (2) (n.s.) (3) (+)
Chiang & Dholakia (2003)	perceived shopping convenience of the internet	intention to shop online	(+)
Donthu & Garcia (1999)	importance of convenience	e-shopping adoption	(+)
Forsythe et al. (2003)	shopping convenience of the internet	(1) frequency of online visiting (2) frequency of online purchasing	(1) (+) (2) (+)
Forsythe et al. (2006)	shopping convenience of the internet	online shopping behaviour (visitor or purchaser)	(+ purchaser)
Kaufmann-Scarborough & Lindquist (2002)	perceived convenience of the internet	frequency of online shopping	(+)
Kim & LaRose (2004)	convenience shopping orientation	online buying activity	(+)
Li et al. (1999)	convenience orientation	consumer's online buying behaviour	(+)
Lingenfelder & Schulze (2007)	Convenience-Orientierung	Diskriminanzanalyse zwischen Internet- und Reisebüro-Kunden	(n.s.)
Loevenich (2002)	Convenience-Orientierung	Einstellung zum Online-Shopping	(1) (+) Elektronik (2) (n.s.) Bekleidung
Seock (2003)	convenience/time consciousness	(1) intention to search for information at favorite clothing websites (2) Intention to purchase from favorite clothing websites	(1) (n.s.) (2) (+)
Sin & Tse (2002)	convenience of internet shopping	internet buying behaviour	(+)
Swaminathan et al. (1999)	(1) perceived convenience of using Web vendors (2) convenience orientation of consumers	online purchase behaviour (frequency)	(1) (+) (2) (+)
Zaharia (2006)	Convenience-Orientierung	Nutzung des Online-Kanals des Multi-Channel-Retailers zur Information UND anschließender Nutzung des Kanals zum Kauf	(+)

Abb. 15 Ausgewählte Studien zur Convenience-Orientierung
Quelle: Eigene Darstellung

4.3.1.4 Formulierung der Hypothesen

Die Ausführungen im vorigen Abschnitt zeigen, dass das Internet als Distributionskanal dem convenience-orientierten Konsumenten erhebliche Vorteile gegenüber den traditionellen stationären Kanälen bietet. Folglich wird angenommen, dass convenience-orientierte Konsumenten das Internet verstärkt in ihren Kaufprozess integrieren. Die folgenden Hypothesen gilt es, im Rahmen der Dissertation sowohl für Online- als auch Offline-Käufer näher zu untersuchen:

H_{1a}: Die individuelle Convenience-Orientierung hat positiven Einfluss auf die Nutzungsintensität von Online-Informationsquellen vor dem Kauf.

H_{1b}: Die individuelle Convenience-Orientierung hat positiven Einfluss auf die Nutzungsintensität von Online-Informationsquellen nach dem Kauf.

H_{1c}: *Die individuelle Convenience-Orientierung hat positiven Einfluss auf die Internet-Loyalität.*

H_{1d}: *Die individuelle Convenience-Orientierung ist bei Online-Käufern höher als bei Offline-Käufern.*

4.3.2 Persönliche Innovativität der Konsumenten

4.3.2.1 Theoretische Grundlagen und Konstrukt-Konzeptionalisierung

Das Konzept der persönlichen Innovativität von Konsumenten (auch Innovationsfähigkeit oder Innovationsneigung bzw. in der englischsprachigen Literatur „innovativeness" genannt) ist trotz der oftmals attestierten hohen Bedeutung in der deutschsprachigen empirischen Literatur nicht in dem gebührenden Maße und Umfang untersucht worden. Hirschman (1980, S. 283) merkte bereits vor Jahren an, dass wenige verhaltenswissenschaftliche Konzepte eine solch unmittelbare Bedeutung für das Konsumentenverhalten haben wie die Innovativität. Das Konstrukt hat zentrale Bedeutung für die Diffusionstheorie von Produkten und sonstigen Innovationen (Midgley, Dowling, 1978, S. 233). Wenn die persönliche Innovativität ein valider Indikator für die Diffusion und Adoption neuer Produkte durch Konsumenten ist, so sind diese Konsumenten zu identifizieren, um sie gezielt mit Marketing-Aktivitäten anzusprechen und so den Umsatz zu steigern (Hauser et al., 2006, S. 689). Hoch innovative Konsumenten, die aus eigener Initiative an Neuigkeiten interessiert sind und daher auch als frühzeitige Käufer auftreten, werden in der Marketingforschung als Innovatoren bezeichnet (Trommsdorff, 2004, S. 243). Im Bereich des Neuproduktmarketings sind diese doppelt bedeutsam, da sie sowohl als Käufer als auch als „*Diffusionsagenten*" für die Hersteller wertvoll sind (Trommsdorff, 2004, S. 243).

Zunächst helfen einige grundlegende Definitionen des Konstruktes, es greifbarer zu machen, um anschließend die einzelnen Facetten zu betrachten und die verwendete Sichtweise für diese Arbeit zu skizzieren. Leavitt und Walton (1975, S. 549) charakterisieren innovative Konsumenten als Personen, die offen für neue Erfahrungen sind und öfter traditionelle Wege verlassen, um andere und neue Stimuli auszuprobieren. So kann unter der Innovativität von Konsumenten die Neigung verstanden werden, neue und unterschiedliche Produkte und Marken zu kaufen, anstatt bei bisherigen Entscheidungen und etabliertem Konsumverhalten zu bleiben (Im et al., 2003, S. 62). Blake et al. (2007, S. 25) definieren aus verhaltensorientierter Sicht die Innovativität als das

Ausmaß, in dem ein Konsument bestimmte Innovationen früher adoptiert bzw. als die Prädisposition oder Bereitschaft, eine Innovation zu adoptieren. Die persönliche Innovationsfähigkeit kann auf neue Informationstechnologien ausgerichtet als *„the willingness of an individual to try out any new information technology"* definiert werden (Agarwal, Prasad, 1998, S. 206).

Die Forschung im Bereich der Innovativität fokussiert sich u.a. auf die Charakteristika und Eigenschaften von Konsumenten, die die Schnelligkeit der Adoption neuer Produkte begründen (Hauser et al., 2006, S. 689). Unterschiedliche Studien kommen zu dem Ergebnis, dass Innovatoren ein höheres Einkommen sowie eine höhere Bildung besitzen und tendenziell jünger sind, sie neigen zur größeren sozialen Mobilität, sind weniger risikoavers, haben zahlreiche soziale Kontakte und gehören zu den Meinungsführern (Im et al., 2003, S. 61). Individuelle Charaktereigenschaften sind mit der persönlichen Innovativität eng verbunden. So haben einige Autoren eine positive Korrelation zwischen Unabhängigkeitsstreben, Extraversion, Impulsivität, Risikoneigung und Toleranz herausgefunden sowie eine negative Korrelation zwischen Dogmatismus, Konservativität sowie dem Bedarf von Strukturen und Klarheit und der persönlichen Innovativität (Steenkamp et al., 1999, S. 56). Innovatoren können durch ihre persönlichen Charakteristika und Verhaltensweisen mit Meinungsführern im sozialen System gleichgesetzt werden, da sie zumeist sozial gut integriert und bevorzugte Gesprächspartner für andere Konsumenten sind (Kroeber-Riel, Weinberg, 2003, S. 676).

In bisherigen Arbeiten, die sich mit der Innovativität von Konsumenten auseinandergesetzt haben, ist es noch nicht gelungen, eine eindeutige Definition des Begriffs und ein dazugehöriges Messkonstrukt zu erstellen. Versucht man die unterschiedlichen Arten der Innovativität von Konsumenten zu systematisieren, so gibt es zumindest zwei Forschungsströme, den der immanenten Innovativität (**„*innate innovativeness*"**) und den der domainspezifischen Innovativität (**„*domain specific innovativeness*"**), die näher betrachtet werden müssen. Ersterer erfasst die generelle Innovationsneigung, wohingegen die domainspezifische Innovativität die objektspezifisch bezogene Innovativität (zumeist auf ein Produkt) misst. Einige Autoren nennen noch die verwirklichte Innovativität (**„*actualized innovativeness*"**) als dritte Kategorie, die aber aus Sicht des Autors für den Forschungsrahmen dieser Arbeit nicht die Relevanz der ersten beiden hat. Aus Gründen der Vollständigkeit werden diese Kategorie wie die anderen Ansätze skizziert.

Actualized innovativeness (verwirklichte Innovativität)

Das Konzept der „*actualized innovativeness*“ hat insbesondere in der Forschung im Bereich des Diffusionsansatzes weite Anwendung gefunden. Es bemisst sich nach dem Ausmaß und der Schnelligkeit der Adoption einer Innovation durch den Konsumenten und hat meist einen konkreten, domainspezifischen produkt- oder dienstleistungsbezogenen Charakter (Lassar, 2005, S. 180). Diese Form von Innovativität wird in unterschiedlicher Weise konzeptionalisiert und operationalisiert, bspw. durch das Messen von Kaufabsichten oder Meinungen zu neuen Produkten, durch die Anzahl von neuen Produkten, die einem Konsumenten gehören oder auch durch die Zeit, die im Vergleich zu anderen Konsumenten vergeht, ehe neue Produkte adoptiert werden (Lassar, 2005, S. 180). So können hiernach Innovatoren identifiziert werden, in dem man den Zeitraum misst, bis wann ein bestimmtes Produkt von ihnen adoptiert wird (x-Wochen, x-Monate) oder bis eine bestimmte Prozentzahl der Konsumenten dieses Produkt gekauft hat oder nutzt (Blake et al., 2003, S. 157). So kennzeichnet die Diffusionstheorie die ersten 2,5% der Konsumenten, die ein Produkt kaufen, als Innovatoren und trennt so die Imitatoren zeitlich (als nachfolgende Käufer) und sachlich (als nachmachende Käufer) von der Gruppe der Innovatoren (Trommsdorff, 2004, S. 243).

Insbesondere die Messung der Innovativität durch die Zeit, die bis zum Erwerb der Produkte vergeht, ist kritisch zu betrachten. Die Ergebnisse sind nur für die jeweilige spezifische Untersuchung zu gebrauchen und bieten durch den vergangenheitsbezogenen Charakter keinen Ausblick in die Zukunft (Goldsmith, Hofacker, 1991, S. 210). Zusätzlich basieren die Einschätzungen stets auf den potenziell fehlerhaften Erinnerungen der Konsumenten (Goldsmith, Hofacker, 1991, S. 210). Daher schließt sich der Autor dieser Arbeit der Meinung von Midgley und Dowling (1978, S. 230) an, dass die Innovativität eines Konsumenten ein hypothetisches Konstrukt sei, welches das letztendliche Verhalten wie Käufe und die Adoption von Produkten erklären und vorhersagen, nicht jedoch vergangenheitsbezogen den Kauf von Produkten (im Extremfall nur die Betrachtung eines speziellen Produktes) analysieren soll, wobei die wahre Innovativität eines Konsumenten durch situative Einflüsse verzerrt wiedergegeben wird.

Innate Innovativeness (immanente Innovativität)

Die immanente oder auch angeborene Innovativität (auch „*innate innovativeness*“ genannt) drückt als unbeobachtbare Charaktereigenschaft die grundsätzliche Tendenz der Konsumenten aus, sich innovativ zu verhalten und neue Produkte zu kaufen (Lassar, 2005, S. 180). Diese Form der Innovativität ist unabhängig von der jeweiligen Produktklasse (Im et al., 2003, S. 62). Midgley und Dowling (1978, S. 236) definieren die immanente Innovativität eines Konsumenten als die inhärente oder angeborene Tendenz, neue Ideen, Produkte oder Dienstleistungen ausfindig zu machen, die auf psychologische Charakterzüge und soziologische Variablen beruht. Folglich lässt sich diese Art von Innovativität als grundsätzliche Charaktereigenschaft oder auch als „*global innovativeness*" bezeichnen, konträr zu der domainspezifischen Innovativität, die sich jeweils auf eine spezielle Produktkategorie bezieht (Im et al., 2003, S. 62).

Mit Hilfe der immanenten Innovativität gelingt es Forschern, innovative Konsumenten und Innovatoren auf der Basis ihrer individuellen Persönlichkeit und deren kognitiver Handlungen (Art der Informationsverarbeitung oder der methodischen Vorgehensweise bei Problemlösungen) zu segmentieren (Im et al., 2003, S. 62).

Es gibt ein weites Spektrum an Verfahren, die immanente Innovativität zu konzeptionalisieren und zu messen. Beispielhaft sind die folgenden zu nennen (Tellis et al., 2007, S. 4 f.):

- Innovativität als Bereitschaft etwas zu ändern
- Innovativität als individuelle Empfänglichkeit für neue Erfahrungen und Stimuli
- Innovativität als individuelle Präferenz, etwas Neues und Kreatives ausfindig zu machen

In einer produktbezogenen Definition sehen Steenkamp et al. (1999, S. 56) die persönliche Innovativität als eine persönliche Prädisposition, eher neue und verschiedene Produkte und Marken zu kaufen als die bisherige Wahl und das etablierte Konsumverhalten beizubehalten. Im Zuge der immanenten Innovativität tätigen Konsumenten dabei innovative Entscheidungen unabhängig von den kommunizierten Erfahrungen anderer (Midgley, Dowling, 1978, S. 235 f.).

Die persönliche Innovativität hat grundlegenden Einfluss auf die Adoption neuer Produkte und Marken aus der Vielzahl von angebotenen Produkten und Dienstleistungen (Midgley, Dowling, 1978, S. 234 f.). Die Stärke dieses Einflusses wird jedoch auch von anderen Faktoren wie dem Marketing und der Werbung der Unternehmen beeinflusst, so dass es auch möglich ist, dass Konsumenten mit hoher Innovativität nicht zu den Innovatoren neuer Produkte gehören, da die anderen Faktoren die Innovativität kompensieren (Steenkamp et al., 1999, S. 56).

Domain Specific Innovativeness (Domainspezifische Innovativität)

Eine dritte Form der individuellen Innovativität ist die domainspezifische Innovativität (DSI), die maßgeblich von Goldsmith und Hofacker untersucht wurde. Diese Form der Innovativität drückt die Absicht der Konsumenten aus, etwas über Innovationen (neue Produkte) innerhalb einer spezifischen Interessensdomäne zu lernen oder sie zu adoptieren (Goldsmith, Hofacker, 1991, S. 211). In einer Vielzahl von Studien ist produktklassenübergreifend nachgewiesen worden, dass die DSI positiv mit dem Kauf oder der Benutzung neuer Produkte korreliert (Blake et al., 2007, S. 25). Der entscheidende Unterschied zur immanenten Innovativität ist, dass die DSI spezifisch auf eine Produktkategorie bzw. einen speziellen Untersuchungsgegenstand beschränkt ist (Lassar, 2005, S. 180). Einige Autoren sehen in der domainspezifischen Innovativität im Vergleich zu den anderen Arten ein besseres Verfahren, um Vorhersagen über die Adoption von Innovationen durch Konsumenten zu treffen (Goldsmith, Hofacker, 1991, S. 210 f.). Sie kritisieren, dass mit zunehmender Abstraktion des Konstruktes (wie bei der immanenten Innovativität), der prediktive Gehalt sinkt. Ein sehr anschauliches Beispiel wählt hierzu Buss (1989, S. 1184 f.): *„Tennis performance is better predicted by tennis ability than by general athletic ability"*.

Im Rahmen dieser Arbeit wird jedoch untersucht, inwieweit die grundsätzliche, auf psychologische Charakterzüge beruhende Innovativität der Konsumenten die Integration des Internets in den einzelnen Phasen des Kaufprozesses eines Mobiltelefons beeinflusst. Aus diesem Grund möchte der Autor der Argumentation von Hurt et al. (1977, S. 59) oder auch Im et al. (2003, S. 65) folgen, die in dieser Form der Innovativität die Bereitschaft der Konsumenten sehen, etwas zu ändern und die auf inhärente Persönlichkeitszüge beruht, die produktklassenübergreifend zu einem innovativen Verhalten führen.

Das Internet als neuer Distributionskanal ist eine Neuerung für die Denkweise der Konsumenten, und sie müssen etablierte Verhaltensmuster modifizieren, um diese zu adoptieren. Folglich ist die persönliche, immanente Innovativität der Forschungszweig, der in der empirischen Untersuchung verfolgt wird. Die Verwendung der domainspezifischen Innovativität hält der Autor für unangebracht. Es gilt zu erforschen, in welcher Form Personen, die von ihrer grundsätzlichen persönlichen Prädisposition her innovativ sind, das Internet nutzen. Die Untersuchung von Konsumenten, die sich gegenüber dem Internet innovativ verhalten (Ausgangskonstrukt) und deren Integration des Mediums in den Kaufprozess (Zielkonstrukt), würde einer Tautologie gleich kommen, da diese Konsumenten mit hoher Wahrscheinlichkeit das Internet bereits nutzen.

4.3.2.2 Forschungsergebnisse zur persönlichen Innovativität

Es existieren wenige Studien, die explizit die Wirkung der Innovativität auf die Adoption einzelner Distributionskonzepte im traditionellen Distanzhandel untersuchen. Dem Autor sind zwei Arbeiten bekannt, die die Adoption von Distanzkanälen in Abhängigkeit der Innovativität der Konsumenten analysieren (Berkowitz et al., 1979; Reynolds, 1974). Studien untersuchen zumeist die Beziehung zwischen der Innovativität und der Adoption neuer Produkte, Services oder anderer Verhaltenskonstrukte (Im et al., 2003, S. 61; Tellis et al., 2007, S. 3 f.). Dabei hat sich die Innovativität der Konsumenten zumeist als ein geeignetes, das Konsumentenverhalten erklärendes, Konstrukt erwiesen.

In der jüngeren Forschung existieren einige Studien, die die Innovativität als Ausgangskonstrukt zur Erklärung der Nutzung des Internets in Kaufprozessen untersuchen. Dabei wird grundsätzlich eine positive Beziehung zwischen einer hohen Innovativität und der Nutzung deutlich. Wiederum befassen sich die Studien zumeist mit der Kaufphase und widmen der Informationsphase sowie der After-Sales-Phase wenig Aufmerksamkeit. Im Rahmen der **Informationsphase** zeigt sich, dass eine hohe Internet-spezifische Innovativität positiv auf die Nutzung des Internets zur Informationssuche wirkt (Blake et al., 2003; Blake et al., 2007). Bisher ist dem Autor dieser Arbeit keine Studie bekannt, die die Wirkung der immanenten Innovativität auf die Nutzung des Internets in der Informationsphase betrachtet.

In der **Kaufphase** weisen sowohl die domain-spezifische Innovativität gegenüber dem Internet (Blake et al., 2003; Blake et al., 2007; Citrin et al., 2000; Goldsmith, 2002; Goldsmith, Goldsmith, 2002; Yi et al., 2006) als auch die immanente Innovativität (Donthu, Garcia, 1999; Lassar, 2005; Limayem et al., 2000) eine positive Beziehung zu der aktuellen Nutzung bzw. der zukünftigen Nutzungsabsicht des Internets zum Kauf von Produkten auf. Somit scheinen beide Konstrukte geeignet zu sein, das Kaufverhalten im Internet zu erklären. Kritisch sei angemerkt, dass zwei Studien, die beide Arten der Innovativität untersuchen, für die DSI eine signifikante positive Beziehung nachgewiesen haben, bei der immanenten Innovativität die Beziehung jedoch nicht signifikant gewesen ist (Citrin et al., 2000; Goldsmith, 2002).

Einzig die Studie von Wang et al. (2006) untersucht explizit die **After-Sales-Phase**. Die Autoren können dabei einen positiven Zusammenhang zwischen der *„internet buying innovativeness*“ und der Loyalität zu einer Website feststellen.

Die dargestellten Ergebnisse zeigen, dass beide Formen der Innovativität grundsätzlich positiv auf die Internetnutzung der Konsumenten in Kaufprozessen wirken, wobei die Ergebnisse zur domain-spezifischen Innovativität tendenziell eindeutiger sind, was aber wegen der inhaltlichen Nähe und Verbundenheit der Konstrukte der Internet-Innovativität und der Nutzung des Internets im Kaufprozess nicht überrascht. Auf Grund der unzureichenden Betrachtung der unterschiedlichen Phasen des Kaufprozesses sowie der bisher noch lückenhaften Ergebnisse zu dem Forschungsansatz der immanenten Innovativität scheint der Einbezug des Konstruktes in die Untersuchung dieser Arbeit gerechtfertigt zu sein.

Studie	Ausgangskonstrukt	Zielkonstrukt	Ergebnis
Black et al. (2002)	innate innovativeness	Diskriminanzanalyse zwischen Internet-Nichtnutzern und Nutzern von Finanzangeboten im Internet	(n.s.)
Blake et al. (2003)	internet shopping innovativeness	(1) variety of product classes one visits on the internet (2) e-shopping frequency and the variety of product classes one purchases	(1) (+) (2) (+)
Blake et al. (2007)	domain-specific innovativeness	online shopping frequency (both for information or make a purchase)	(+)
Boyle & Ruppel (2004)	personal innovativeness	online purchasing intention	(+)
Citrin et al. (2000)	(1) open-processing innovativeness (2) domain-specific innovativeness	adoption of internet for shopping (determinate the brand and buy the product)	(1) (n.s.) (2) (+)
Donthu & Garcia (1999)	innovativeness	e-shopping adoption	(+)
Goldsmith (2002)	(1) internet innovativeness (2) global innovativeness	frequency of online buying and future likelihood of buying online	(1) (+) (2) (n.s.)
Goldsmith & Goldsmith (2002)	internet innovativeness	buying apparel over the internet (past and future)	(+)
Lassar (2005)	innate (personal) innovativeness	online banking adoption	(+)
Limayem et al. (2000)	personal innovativeness	internet shopping intention	(+)
Park & Jong-Kun (2003)	innovativeness	online buying intention	(+)
Roy & Ghose (2006)	(1) innate Innovativeness (2) purchase and consumption innovativeness	internet usage behaviour	(1) (n.s.) (2) (n.s.)
Sim & Koi (2002)	innovativeness	internet buyer vs. non internet buyers	(n.s.)
Wang et al. (2006)	internet buying innovativeness	website loyalty	(+)
Yi et al. (2006)	(1) personal innovativeness in IT (2) adopter category innovativeness	intention to shop online	(1) (+) (2) (n.s.)

Abb. 16 Ausgewählte Studien zur persönlichen Innovativität
Quelle: Eigene Darstellung

4.3.2.3 Formulierung der Hypothesen

Innovatoren suchen intensiv nach Informationen und beziehen eine Vielzahl von Informationsquellen in ihre Suche ein. Ferner adoptieren innovative Konsumenten schneller Neuerungen und sind eher bereit, etablierte Verhaltensmuster zu modifizieren. Da Innovatoren zudem mit Meinungsführern gleichgesetzt werden, weisen sie ein ausgeprägtes Kommunikationsverhalten auf. Diese Erkenntnisse des letzten Kapitels führen zu folgenden Hypothesen:

H_{2a}: *Die persönliche Innovativität hat positiven Einfluss auf die Nutzungsintensität von Online-Informationsquellen vor dem Kauf.*

H_{2b}: *Die persönliche Innovativität hat positiven Einfluss auf die Nutzungsintensität von Online-Informationsquellen nach dem Kauf.*

H_{2c}: *Die persönliche Innovativität hat positiven Einfluss auf die Nutzungsintensität des Internets zur Artikulation von positiven Meinungen/Erfahrungen.*

H_{2d}: *Die persönliche Innovativität hat positiven Einfluss auf die Nutzungsintensität des Internets zur Artikulation von negativen Meinungen/Erfahrungen.*

H_{2e}: *Die persönliche Innovativität hat positiven Einfluss auf die Internet-Loyalität der Konsumenten.*

H_{2f}: *Die persönliche Innovativität ist bei Online-Käufern höher als bei Offline-Käufern.*

4.3.3 Soziodemografische Konsumentenmerkmale

Soziodemografische Kriterien lassen sich in demographische und sozioökonomische Merkmale differenzieren. Zu den demografischen Merkmalen gehören u.a. das Geschlecht, das Alter, der Familienstand, die Haushaltsgröße oder die Zahl der Kinder. Sozioökonomische Merkmale sind u.a. die Ausbildung, der Beruf oder das Einkommen (Meffert, 2000, S. 192 f.). In der Forschung werden diese einzelnen Kriterien oftmals miteinander kombiniert.

Eine Vielzahl von Autoren kritisiert die Verwendung von soziodemografischen Faktoren als exogene Variablen. Zwar belegen Studien im E-Commerce-Kontext, dass insbesondere jüngere Konsumentengruppen (bspw. Swinyard, Smith, 2003), Männer (bspw. Li et al., 1999; Bauer et al., 2000) und gut ausgebildete Konsumenten (bspw. Swinyard, Smith, 2003) das Internet in Kaufprozessen verstärkt nutzen, jedoch hat sich gerade in Zeiten, in denen vom multioptionalen bzw. hybriden Konsumenten oder gar vom paradoxen Konsumentenverhalten gesprochen wird, gezeigt, dass soziodemografische Merkmale oder deren Verknüpfung zu Konstrukten wie der sozialen Schicht kaum eine bzw. keine Erklärungskraft zur Wahl von Produkten und Einkaufsstätten besitzen (Kreller, 2000, S. 233 ff.).

An dieser Stelle wird daher kein umfassender Überblick über den Forschungsstand zu soziodemografischen Kriterien gegeben. Sie besitzen im Rahmen dieser Arbeit nicht den Stellenwert wie die anderen skizzierten Konstrukte. Bei der späteren Auswertung werden diese jedoch auch erhoben und relevante Ergebnisse aus den empirischen Daten vorgestellt.

4.4 Produktbezogene Persönlichkeitseigenschaften der Konsumenten

Bei Analyse der Studien, die die produktbezogenen Persönlichkeitseigenschaften (Determinanten) der Konsumenten als Ausgangskonstrukte berücksichtigen, zeigt sich, dass zumeist auf das Involvement (in der Regel das Produktinvolvement) sowie das vorhandene Produktwissen der Konsumenten zurückgegriffen wird.

Seltener werden die **Einstellung der Konsumenten gegenüber dem Produkt** oder der jeweiligen Marke als Ausgangskonstrukte untersucht. Dabei zeigt sich grundsätzlich eine positive Beziehung zwischen einer positiven Einstellung und der Nutzung des Internets beim Kauf von Produkten (Bauer, Neumann, Haber, Huber, 2004; Bauer et al., 2003). In diese Kategorie fallen aus Sicht des Autors auch Konstrukte wie das **Interesse an einem Produkt** (Jepsen, 2007) oder die **subjektive Wichtigkeit des Produktes** für einen Konsumenten (Rha, 2002), bei denen eine positive Beziehung zur Internetnutzung aufgezeigt wird. Die Konstrukte sind jedoch, abhängig von der konkreten Operationalisierung, eng mit dem Produktinvolvement und dem Produktwissen verbunden.

Im Rahmen dieser Arbeit werden die beiden Konstrukte des **Produktinvolvements** und des **Produktwissens** als erklärende Konstrukte für das Konsumentenverhalten ausgewählt. Die Auswahl erfolgt auch auf Grund der intensiven Berücksichtigung der Konstrukte sowohl in der traditionellen als auch in der Internet-Forschung. Das Involvement-Konstrukt gilt als ein besonders etabliertes Konstrukt zur Erklärung des Konsumentenverhaltens. Auch das Produktwissen gehört zu den bedeutenden Konstrukten und hat insbesondere zur Erklärung des Informationsverhaltens weite Berücksichtigung gefunden. Die folgende Abbildung zeigt die Studien zum Internetkaufverhalten auf, in denen die unterschiedlichen Ausgangskonstrukte untersucht worden sind.

Involvement
Bei et al. (2004); Black et al. (2002); Bosnjak et al. (2007); Cai et al. (2004); Goldsmith (2002); Jih (2005); Kim et al. (2007); Koufaris (2002); Kwak et al. (2002); Lee (2006); Letho et al. (2006); Lueg et al. (2006); Park et al. (o. J.); Pedersen & Nysveen (2005); Roßmanith (2001); Shang et al. (2005); Shang et al. (2006); Spiekermann (2001); Wang et al. (2006)
Product Knowledge / Experience
Bei et al. (2004); Chen & He (2003); Klein & Ford (2003); Lee (2006); Letho et al. (2006); Martinez Guerrero et al. (2007); Pedersen & Nysveen (2005); Pikkarainen et al. (2004); Ratchford et al. (2003); Rha (2002); Spiekermann (2001); Vijayasarathy (2002)
Attitude towards the product / brand
Bauer, Neumann, Haber, Huber (2004) / Bauer et al. (2003); Boyer & Hult (2005); Jepsen (2007); Park et al. (o. J.); Rha (2002)

Abb. 17 Ausgewählte Studien zu produktbezogenen Persönlichkeitseigenschaften
Quelle: Eigene Darstellung

4.4.1 Das Involvement der Konsumenten

4.4.1.1 Theoretische Grundlagen und Konstruktkonzeptionalisierung

"The greatest marketing advantage of the Internet is its ability to facilitate, simplify and accelerate the high-involvement buying process." (Assadi, 1998, S. 9)

Glaubt man dem obigen Zitat, so ist das Internet beim Kauf eines Mobiltelefons, welcher als High-Involvement-Kauf klassifiziert werden kann, ein ideales Medium zur Abwicklung dieser Art von Transaktionen. Das Involvement-Konstrukt besitzt in der Marketingforschung eine lange Tradition. Nachdem es zunächst hauptsächlich im angelsächsischen Raum eingesetzt worden ist, hat es inzwischen auch im deutschsprachigen Gebiet besondere Berücksichtigung erhalten. Trommsdorff (2004, S. 55) bezeichnet das Involvement gar als ein *„Schlüsselkonstrukt der Marketingforschung"*. Es hat weit reichende Auswirkungen auf den Kaufentscheidungsprozess, insbesondere auf die Stärke der damit einhergehenden kognitiven Anstrengungen.

In der Literatur existiert keine einheitliche Definition für das Involvement-Konstrukt. Dies liegt vor allem an den unterschiedlichen Facetten des Involvements, die im weiteren Verlauf des Kapitels noch näher skizziert werden. Bereits 1947 wurde es erstmals von Sherif und Cantril in der Sozialpsychologie im Rahmen des **Ego-Involvements** eingeführt. Ego-Involvement liegt vor, *„when any stimulus or situation is consciously or unconsciously related to them (Anmerkung des Autors "them" = "the contents of the ego") by an individual"* (Sherif, Cantril, 1947, S. 117). Zu einer allgemeinen Definition ohne weiteren Einbezug von Objekten, Situationen oder externen Stimuli eignet sich die Definition von Trommsdorff: *„Involvement ist der Aktivierungsgrad bzw. die Motiv-*

stärke zur objektgerichteten Informationssuche, -aufnahme, -verarbeitung und -speicherung" (Trommsdorff, 2004, S. 56). Durch diese Definition werden aber noch keine Aussagen zu den das Involvement bestimmenden Faktoren (Produkte, Konsumanlässe, Werbebotschaften, situative Faktoren) getroffen. Diese werden in der weiteren Ausarbeitung des Konstruktes noch aufgegriffen, da das Ausmaß an Involvement „*abhängig von der mehrdimensionalen Konstellation psychischer Zustände des Konsumenten und von der mehrdimensionalen Stimulussituation*" (Trommsdorff, 2004, S. 57) ist, in der sich der Konsument befindet.

Zaichkowsky, deren Konstrukt zur Messung des Involvements weite Verbreitung gefunden hat, definiert Involvement als „*die von einer Person wahrgenommene Relevanz eines Objektes basierend auf inhärenten Bedürfnissen, Werten und Interessen*" (Zaichkowsky, 1985, S. 342). Kroeber-Riel und Weinberg (2003, S. 345) verstehen unter dem Involvement das gedankliche Engagement bzw. die Ich-Beteiligung sowie die damit einhergehende Aktivierung, mit der sich ein Konsument einem Sachverhalt oder auch einer Aktivität widmet. Ein hohes Involvement ist zumeist mit starken Emotionen verbunden und führt zu einem hohen Engagement des Konsumenten in Form einer kognitiven und emotionalen Auseinandersetzung mit der zur treffenden Entscheidung (Kroeber-Riel, Weinberg, 2003, S. 371).

Eine umfangreiche zustands- und ursachenorientierte Definition wählt Jeck-Schlottmann im Rahmen ihrer Dissertation. Ihrer Meinung nach kennzeichnet Involvement „*einen personenspezifischen Zustand der Aktivierung und der Motiviertheit, der durch äußere Variablen wie Produkt, Situation, Kommunikation und durch interne Variablen, wie Selbstverständnis und Wertesystem bestimmt wird. Involvement ist mit emotionalen und kognitiven Prozessen, wie Informationssuche und -verarbeitung verbunden*" (Jeck-Schlottmann, 1987, S. 78). Die Definition zeigt, dass sowohl kognitive als auch emotionale Prozesse im Rahmen des Involvement-Konstruktes existieren und ein Objekt (bzw. eine „Variable" in ihrer Definition) zwingend erforderlich ist, um Involvement beim Konsumenten auszulösen. Es sei jedoch angemerkt, dass nicht unbedingt eine kognitive und emotionale Auseinandersetzung erfolgen muss. Hohes Involvement kann auch vorliegen, wenn keine extensiven kognitiven Aktivitäten ausgelöst werden und stattdessen emotionales Involvement dominiert. So können Produkte wie Schmuck oder Parfüm die Konsumenten derart emotional einnehmen, dass sie es mit geringen kognitiven Aktivitäten, dass heißt, ohne eine extensive Informationssuche, direkt kaufen, sie aber trotzdem sehr involviert sind (Jeck-Schlottmann, 1988, S. 9 f.).

Konsumenten mit einem ausgeprägten persönlichen Involvement werden auch als „*Informationssucher*“ bezeichnet und neigen in der Regel zu einer sehr bewussten Auseinandersetzung mit Informationen und streben gemäß ihrem subjektiven Empfinden nach ausreichend Informationen (Kroeber-Riel, Weinberg, 2003, S. 250). Diese Konsumenten wissen mehr über die vorhandenen Informationsquellen und binden eine größere Zahl dieser unterschiedlichen Quellen in die Informationssuche ein (Thorelli, Thorelli, 1977, S. 251, zitiert aus Kroeber-Riel, Weinberg, 2003, S. 250). Bei intensiver kognitiver Verarbeitung von Informationen stellen Konsumenten mit einem hohen Involvement besondere Ansprüche an die Informationsquellen. Qualität und Glaubwürdigkeit der Informationsquellen werden von ihnen, im Vergleich zu wenig involvierten Konsumenten, als bedeutsamer eingeschätzt (Foscht, Swoboda, 2005, S. 122). Bei der Untersuchung der Nachkaufphase und des Abbaus möglicher Dissonanzen ist man zu der Erkenntnis gekommen, dass der Druck, Dissonanzen zu reduzieren, eher in Situationen beobachtet werden kann, die durch ein hohes Involvement für den Konsumenten gekennzeichnet sind (Solomon et al., 2001, S. 160 f.). Weiterhin ist das Involvement ein wichtiges Konstrukt, um die aktive persönliche Kommunikation von Konsumenten zu erklären. Konsumenten mit hohem Involvement neigen eher als niedrig involvierte Konsumenten dazu, aktiv ihre Meinung kund zu tun (Kroeber-Riel, Weinberg, 2003, S. 513). Somit sind hoch involvierte Kunden Multiplikatoren für positive bzw. negative Erfahrungen.

Es gibt jedoch keine High- und Low-Involvement-Produkte (bzw. auch Stimuli) an sich, sondern das Ausmaß des Involvements hängt von der subjektiven Bedeutung des jeweiligen Produktes (bzw. Stimulus) und der individuellen Interpretation des Stimulus durch den Konsumenten ab (Antil, 1984, S. 204). Das Involvement ist zwischen den einzelnen Konsumenten sehr unterschiedlich ausgeprägt auf Grund etwa der Persönlichkeit, der Phase des Kaufprozesses, der bisherigen Erfahrungen oder auch der individuellen finanziellen Situation (Antil, 1984, S. 204). Daher fordert Antil eine Trennung zwischen Involvement und informationsverarbeitenden Aktivitäten, da dies, obwohl sie miteinander verbunden sein können, zwei sehr verschiedene Konzepte sind (Antil, 1984, S. 205). Als Beispiel führt er den Kauf eines Automobils durch einen Konsumenten mit einem stark ausgeprägten Automobil-Produktwissen an, der treu zu einer existierenden Marke steht. Dieser investiert nicht viel Energie in die externe Suche, und sein Entscheidungsprozess ist vergleichsweise einfach und schnell. Der Kauf hat trotzdem eine hohe Bedeutung für ihn, und ein hohes Involvement liegt vor.

4.4.1.2 Faktoren des Involvements und die daraus resultierenden Arten des Involvements

Das Involvement-Konstrukt wird durch zwei Dimensionen spezifiziert: Durch die Intensität der Aktivierung sowie deren Wirkungsrichtung. Die Intensität der Aktivierung gegenüber einem Entscheidungsobjekt bzw. einer -situation ist ein Resultat aus dem Zusammenspiel unterschiedlicher Faktoren. Zu nennen sind personenspezifische, stimulusspezifische und situative (situationsspezifische) Faktoren (Muehling et al., 1993, S. 45 ff.; Kroeber-Riel, Weinberg, 2003, S. 371 f.; Trommsdorff, 2004, S. 58). Diese Faktoren bestimmen die Intensität der Aktivierung des Konsumenten und damit die Stärke der emotionalen und kognitiven Prozesse.

Personenspezifische Faktoren bezeichnen den Einfluss persönlicher Neigungen des Konsumenten auf das Involvement, die von subjektiven Zielen, Werten und Bedürfnissen abhängen (Kroeber-Riel, Weinberg, 2003, S. 371). Ähnliche Faktoren nennt auch Zaichkowsky (1985, S. 342), in dem sie Bedürfnisse, die persönliche Wichtigkeit, das Interesse und konsumentenindividuelle Werte als beeinflussende personenspezifische Faktoren kennzeichnet. Da diese Faktoren individuell unterschiedlich sind, sind verschiedene Konsumenten in gleichen Situationen nicht gleich stark involviert (Trommsdorff, 2004, S. 60). Je mehr ein Objekt diese zentralen Prädispositionen eines Individuums berührt, desto höher fällt auch das von diesem Objekt ausgelöste Involvement aus (Trommsdorff, 2004, S. 60).

Die Verbundenheit eines Konsumenten mit einem Objekt auf Grund der persönlichen Prädispositionen wird auch als Ego-Involvement bezeichnet (Sherif, Cantril, 1947, S. 117). Es wird als längerfristiges Persönlichkeitsmerkmal charakterisiert und ist unabhängig von situativen Einflüssen (Bloch, 1982, S. 413). Ein sehr stark ausgeprägtes **Ego-Involvement** ist nur selten anzutreffen. Nur im Rahmen des *„fanatischen Konsumentenverhaltens“*, bei dem Produkte zum Mittelpunkt des Lebens werden, spielt es eine Rolle (Jeck-Schlottmann, 1988, S. 5). Im Kontext personenspezifischer Faktoren wird oftmals auch vom **Enduring Involvement**, also dem beständigen, andauernden Involvement gesprochen. Dieser Begriff wird oftmals parallel zum Ego-Involvement genutzt (Houston, Rothschild, 1978, S. 185). Das Enduring Involvement wurde begrifflich erstmals von Houston und Rothschild (1978, S. 184) geprägt und „*reflects the strength of the pre-existing relationship between an individual and the situation in which the behavior will occur*". Diese Affinität beschränkt sich jedoch nicht nur auf ein Produkt, sondern kann auch sonstige Aktivitäten oder Dienstleistungen umfassen (Higie et al., 1991, S. 187).

Das überdauernde Anhalten des Interesses des Ego-Involvement bzw. Enduring Involvement ist ein zentraler Unterschied zum situativen Involvement. Es ist mit bestimmten, kontinuierlichen Verhaltensweisen (fortwährende Informationssuche, Mund-zu-Mund-Propaganda, etc.) verbunden, während beim situativen Involvement dieses Verhalten nur temporär existiert (Matzler, 1997, S. 195).

Situative (situationsspezifische) Faktoren beschreiben den Einfluss von Realisationsbedingungen auf die Entscheidung des Konsumenten und führen zum **Situationsinvolvement** (Deimel, 1989, S. 154). Antil (1984, S. 204) definiert diese Form des Involvements als wahrgenommene Wichtigkeit oder als Interesse eines Konsumenten in einer bestimmten Situation, welches durch einen Stimulus oder mehrere Stimuli geweckt wird. Das Situationsinvolvement hängt von der psychischen Situation des Konsumenten und der Umweltsituation ab, so dass ein möglicher Zeitdruck bei einer Kaufentscheidung und die jeweilige Verwendungssituation des Objektes als situationsspezifische Determinanten zu kennzeichnen sind (Trommsdorff, 2004, S. 62).

Ein Konsument, der sich grundsätzlich für ein Produkt interessiert, kann ein wenig involviertes Verhalten aufzeigen, wenn er unter Zeitdruck steht, der gleiche Konsument in einer Situation ohne Zeitdruck hingegen ein hoch involviertes Verhalten aufweisen. Der Zeitdruck kann die mit einem hohen Involvement verbundene hohe Informationsneigung in einer Kaufsituation somit begrenzen (Deimel, 1989, S. 154). Im Rahmen der Verwendungssituation kann unterschieden werden, ob das Produkt für den eigenen Gebrauch oder als Geschenk gekauft wird und ob das Produkt mit mehreren anderen Konsumenten oder alleine konsumiert wird (Blackwell et al., 2001, S. 92). So ist beim Kauf von Wein ein höheres Involvement vorhanden, wenn er nicht für den Eigenbedarf sondern als Geschenk für Freunde oder Verwandte gedacht ist (Zaichkowsky, 1985, S. 348). Dann verhalten sich auch mit einem niedrigen Produktarteninvolvement ausgestattete Konsumenten wie hochinvolvierte Konsumenten: Intensive Informationssuche sowie Alternativenbewertung und Mund-zu-Mund-Propaganda sollen zur Optimierung des Kauf-Outputs bei hohem wahrgenommenen Risiko dienen (Richins, Bloch, 1986, S. 280).

Stimulusspezifische Faktoren beschreiben den Einfluss eines Produktes und der Form der Kommunikation auf den Konsumenten. Trommsdorff (2004, S. 58) unterteilt die stimulusspezifischen Faktoren in produktspezifische, medienspezifische und botschaftsspezifische Faktoren. Für diese Arbeit ist der Einfluss des Produktes relevant, der zu Produktinvolvement führt.

Das **Produktinvolvement** geht ursprünglich auf Day (1970) zurück. Es drückt die persönliche Relevanz aus, die eine Produktart oder ein konkretes Produkt für einen Konsumenten besitzt (Zaichkowsky, 1985, S. 345). Es bezeichnet das generelle Ausmaß des Interesses an einem Produkt oder die zentrale Bedeutung des Produktes für das eigene Selbstgefühl des Konsumenten (Day, 1970, S. 45). Bloch (1982, S. 413) ergänzt, dass dieses Interesse nicht von Kaufsituationen abhängt, sondern andauernd ist. Die Höhe des Involvements, welches ein Produkt beim Konsumenten auslöst, ist jedoch subjektiv und somit personenspezifisch und situationsabhängig und nicht produkt- bzw. produktgruppenspezifisch (Zaharia, 2006, S. 121). Das Produktinvolvement wird also nicht von der Langlebigkeit oder dem Preis des Produktes bestimmt, sondern von vielen anderen Faktoren wie dem subjektiven Interesse oder dem symbolischen und hedonistischen Wert des Produktes für einen Konsumenten (Laurent, Kapferer, 1985, S. 43). Insbesondere das wahrgenommene Risiko des Kaufs und der anschließenden Nutzung des Produktes bestimmt das Ausmaß des Produktinvolvements (Roßmanith, 2001, S. 41). Analog zu den anderen Arten des Involvements steigen mit zunehmendem Produktinvolvement auch das Engagement der Konsumenten sowie die kognitive Verarbeitungstiefe, und die Konsumenten sind zu einer intensiven Informationsverarbeitung bereit. Konsumenten mit einem hohen Produktinvolvement sprechen häufig Empfehlungen zu Produkten und Anbietern aus und sind ebenso gewillt, als Ratgebende gegenüber interessierten, weniger informierten Rezipienten über das jeweilige Produkt zu sprechen (Helm, 2000, S. 160). Die Ausführungen zeigen, dass das Konstrukt eng mit dem Ego-Involvement bzw. Enduring Involvement verwandt ist. Beide Arten des Involvements bedingen ein Interesse an einem Produkt, welches andauernd ist und nicht nur temporär durch situative Einflüsse besteht. Einige Autoren benutzen daher die beiden Begriffe auch synonym (Bloch, 1982, S. 413).

Ein integriertes, übersichtliches Modell zu den Einflussfaktoren des Produktinvolvements geben Peter und Olson (2005, S. 93). Ihrer Meinung nach wird das Involvement immer von einer Kombination aus zwei Arten von selbstrelevanten Quellen bestimmt, intrinsische und situative Faktoren (Peter, Olson, 2005, S. 92). Zu den intrinsischen Faktoren gehören Konsumenteneigenschaften wie das individuelle Selbstbild, Persönlichkeitszüge oder vorhandene Expertise. Situative Faktoren sind die Kaufsituation, ein Zeitdruck oder die soziale Umgebung. Zusätzlich wirken noch Produkteigenschaften wie der Preis oder das wahrgenommene Risiko eines Fehlkaufs auf die selbstrelevanten Quellen und somit auf das Produktinvolvement ein. Ein hohes Produktinvolvement führt zu stark affektivem Verhalten mit ausgeprägten Emotionen und beeinflusst die Motivation der Konsumenten, sich affektiv und kognitiv in einer Entscheidungssituation mit problemlösenden Aktivitäten zu beschäftigen (Peter, Olson, 2005, S. 88). Eine extensive Suchaktivität ist somit auch in diesem Ansatz Folge von hohem Involvement. Abb. 18 zeigt die Einflussfaktoren des Produktinvolvements aus Sicht der beiden Autoren.

Peter und Olson wählen einen sehr weiten Begriff des Produktinvolvements und unterscheiden sich von den zuvor skizzierten Ansätzen, die in den genannten Faktoren eher zwei eigene Arten von Involvement in Form des situativen Involvements und des Enduring Involvement verstehen, als dass dies Antezedenzien des Produktinvolvements wären (bspw. Houston, Rothschild, 1978). Celsi und Olson bezeichnen diese Form des (Produkt-) Involvements auch als ***„Felt-Involvement“***, als ein aus unterschiedlichen Ursachen resultierendes Gesamt-Involvement (Celsi, Olson, 1988, S. 211). Dabei sind das Enduring Involvement und das situative Involvement Antezedenzien des Felt Involvement (Celsi, Olson, 1988, S. 211). Der Ansatz von Peter und Olson deckt sich jedoch mit der frühen Argumentation von Antil. So führte Antil (1984, S. 204) bereits 1984 an, dass es oftmals nicht ein einziger Stimulus ist, der das Involvement des Konsumenten maßgeblich beeinflusst, sondern eine Kombination mehrerer Stimuli wie das Produkt, die Werbung oder auch Bezugspersonen und deren Interpretation.

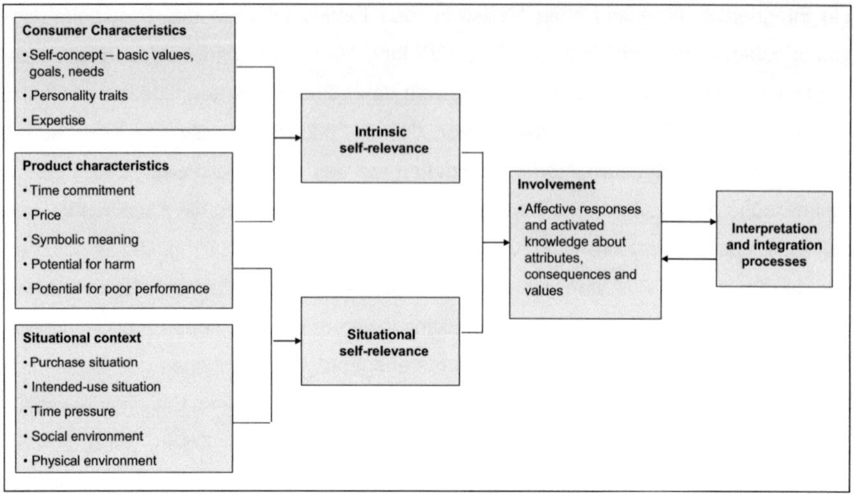

Abb. 18 Das Produktinvolvement nach Peter und Olson
Quelle: Peter, Olson 2005, S. 93

Im Rahmen dieser Dissertation wird das Produktinvolvement der Konsumenten in Bezug auf den Untersuchungsgegenstand des Mobiltelefons untersucht. Wie bereits skizziert, ist nicht das Mobiltelefon per se bestimmender Faktor für die Höhe des Involvements. Es wird den Argumentationen von Peter und Olson und auch Antil gefolgt, nach denen das Produktinvolvement von einer Vielzahl von Faktoren abhängt und insbesondere die Kombination dieser Faktoren maßgeblich das wirkliche Ausmaß des Involvements beeinflusst. Da im Rahmen der noch zu skizzierenden Operationalisierung die allgemeine grundsätzliche Einstellung zu Mobiltelefonen abgefragt wird, treten situative Faktoren wie eine mögliche Kaufsituation oder zeitlicher Druck in den Hintergrund.

4.4.1.3 Low- und High-Involvement als dichotome Ausprägungen des Konstruktes und Konsequenzen für das Konsumentenverhalten

In der Literatur wird das Involvement-Konstrukt häufig dichotom mit den Ausprägungen „High-Involvement“ und „Low-Involvement“ gesehen. Zwar bemerken einige Autoren (Solomon et al., 2001, S. 128 f.; Antil, 1984, S. 205), dass der Grad des Involvements als ein Kontinuum betrachtet werden müsste, welches von „*vollkommener Interesselosigkeit an einem Ende der Marketingstimulanz bis zur Obsession am anderen Ende reicht*“ (Solomon et al., 2001, S. 128 f.), aus praktischen Gründen wird jedoch in der

Literatur oftmals nur zwischen den beiden Ausprägungen differenziert. Die künstlich geschaffene Dichotomie reduziert die Möglichkeit, unterschiedliche Studien miteinander zu vergleichen, da die Bestimmung der Grenzen der Extreme zumeist einer mehr oder weniger ausgeprägten Willkür des Forschers unterliegt. Im Rahmen dieser Arbeit wird die Kritik aufgegriffen und das Produktinvolvement als ein Kontinuum angesehen, künstliche Grenzen werden nicht gezogen.

Produkte lassen sich, wie bereits dargestellt, nicht anhand ihrer Eigenschaften als High-Involvement-Produkte oder Low-Involvement-Produkte charakterisieren, folglich ist es keine produktimmanente Eigenschaft, die ein Produkt klassifizierbar macht, sondern stets ein Resultat der bereits skizzierten unterschiedlichen Faktoren. Auch wenn keine Produkte mit immanenten Involvementeigenschaften existieren, so lassen sich Massenartikel mit niedrigem Preis wie Süßwaren, Soft-Getränke oder auch Handcremes als Produkte kennzeichnen, die in der Regel ein niedriges Involvement beim Konsumenten bedingen, wohingegen Autos oder auch Parfüm und Schmuck klassische High-Involvement-Produkte darstellen (Korgaonkar, Moschis 1982, S. 34). Bei High-Involvement-Produkten treten Risikoaspekte in das Entscheidungskalkül ein und beeinflussen die Intensität der Auseinandersetzung mit dem zu kaufenden Objekt. Finanzielle Risiken treten bei teuren Produkten auf, wohingegen auch soziale Risiken im Hinblick auf relevante Bezugsgruppen oder auch psychologische Risiken durch die Gefahr einer falschen Entscheidung den Konsumenten beschäftigen.

Eine anschauliche Übersicht der Auswirkungen unterschiedlicher Involvementniveaus auf das Konsumentenverhalten und insbesondere die Informationsaufnahme und -verarbeitung hat Trommsdorff (2004, S. 56) erstellt, die in der Abb. 19 wiedergegeben ist. Es zeigt sich, dass Konsumenten, die ein hohes Involvement aufweisen, sich intensiver mit der Informationssuche auseinandersetzen. Sie suchen aktiv nach Informationen, setzen sich mit den gesammelten Informationen auseinander und beachten eine Vielzahl von unterschiedlichen Merkmalen, die sie für relevant erachten. Gering involvierte Konsumenten zeigen ein gegensätzliches Verhalten. Sie nehmen die Informationen passiv auf und akzeptieren diese eher, als dass sie sie kritisch betrachten und verarbeiten. Auch die Intensität der Auseinandersetzung mit den Informationen ist deutlich schwächer als bei hoch involvierten Konsumenten.

High-Involvement-Charakteristik	Low-Involvement-Charakteristik
• Aktive Informationssuche	• Passive Informationsaufnahme
• Aktive Auseinandersetzung	• Passieren lassen
• Hohe Verarbeitungstiefe	• Geringe Verarbeitungstiefe
• Geringe Persuasion („souveräner Konsument")	• Hohe Persuasion („geheime Verführung")
• Vergleichende Bewertung vor dem Kauf	• Bewertung allenfalls nach dem Kauf
• Viele Merkmale beachtet	• Wenige Merkmale beachtet
• Wenig akzeptable Alternativen	• Viele akzeptable Alternativen
• Viel sozialer Einfluss	• Wenig sozialer Einfluss
• Ziel: „Optimierung"	• Ziel: „Keine Probleme"
• Markentreue durch Überzeugung	• Markentreue durch Gewohnheit
• Stark verankerte, intensive Einstellung	• Gering verankerte, flache Einstellung
• Hohe Gedächtnisleistung	• Geringe Gedächtnisleistung

Abb. 19 Auswirkungen unterschiedlicher Involvementniveaus auf das Konsumentenverhalten
Quelle: Trommsdorff, 2004, S. 56

4.4.1.4 Forschungsergebnisse zum Involvement-Konstrukt

Bereits im traditionellen Offline-Kontext ist das Involvement-Konstrukt eingehend empirisch betrachtet worden und weist eine hohe Erklärungskraft für das Konsumentenverhalten auf.

Das Produktinvolvement hat positiven Einfluss auf die fortwährende Suche nach Informationen zu der jeweiligen Produktklasse (Ittersum, 2001). Hoch involvierte Konsumenten neigen zu einer intensiven Suche nach produktrelevanten Informationen und verarbeiten diese intensiver als Konsumenten mit niedrigem Involvement (Beatty, Smith, 1987; Bloch et al., 1986; Celsi, Olson, 1988; Richins, Bloch, 1986). Lin und Chen (2006) kommen in ihrer Untersuchung zu Versicherungen und Catering-Dienstleistungen zu dem Ergebnis, dass Konsumenten mit einem hohen Produktinvolvement stärkere Absichten haben, Informationen zu suchen und die Produkte zu kaufen. Eine wichtige Aktivität der Nachkaufphase ist die Weitergabe von gewonnenen Informationen und Erfahrungen aus dem Produktkauf und der anschließenden Nutzung. Dholakia (1998) zeigt auf, dass Konsumenten mit hohem Enduring Involvement und situativem Involvement dazu neigen, Informationen an Dritte weiterzugeben. Konsumenten mit hohem Enduring Involvement neigen nach dem eigentlichen Kauf zum häufigen Lesen von Informationen über das entsprechende Produkt sowie zu einer ausgeprägten Mund-zu-Mund-Propaganda (Richins, Bloch, 1986).

Hupp (1998) stellt in einer kaufprozessphasenübergreifenden Analyse heraus, dass mit zunehmendem Stimulusinvolvement die Informationsbeschaffung und -verarbeitung ausgeprägter ist und die Bindung an die Marke in Form der Markenloyalität steigt.

Betrachtet man aktuelle Untersuchungen, die den Einfluss der verschiedenen Involvementarten auf das Konsumentenverhalten im Internet erklären, so zeigen sich ähnliche Ergebnisse wie im traditionellen Offline-Kontext. Grundsätzlich wird das Konstrukt im Gegensatz zu den bisher vorgestellten Konstrukten öfter in den einzelnen Kaufprozessphasen untersucht.

Dabei betrachten die Autoren die unterschiedlichen Facetten des Involvements. Einige Autoren wählen das Produktinvolvement bzw. das Produktklasseninvolvement (bspw. Bei et al., 2004; Black et al., 2002; Koufaris, 2002; Roßmanith, 2001), andere hingegen das kaufsituationsspezifische Involvement (bspw. Cai et al., 2004; Spiekermann, 2001; Wang et al., 2006) oder auch das Involvement gegenüber dem Internet (bspw. Goldsmith, 2002; Kwak et al., 2002) als Ausgangskonstrukt. Dies erschwert einen Vergleich der gewonnenen Erkenntnisse. Im Folgenden werden einzelne Ergebnisse des in dieser Arbeit untersuchten Konstruktes des Produktinvolvements vorgestellt. Weitere Details sind der Abb. 20 und dem Anhang zu entnehmen.

Im Rahmen der **Informationssuche** kommen unterschiedliche Studien zu der Erkenntnis, dass ein hohes Produktinvolvement sich positiv auf das Ausmaß der Nutzung des Internets zur Gewinnung von kaufrelevanten Informationen (Bei et al., 2004; Roßmanith, 2001) auswirkt.

Auch für die **Kaufphase** bestätigen sich obige Erkenntnisse. Konsumenten mit einem hohen Involvement gegenüber einem Produkt oder einer Dienstleistung nutzen das Internet bereits zum Kaufen von Produkten (Lueg et al., 2006; Shang et al., 2005), planen zukünftig das Internet zum Kauf zu nutzen (Bosnjak et al., 2007; Jih et al., 2005; Park et al., o. J.; Pedersen, Nysveen, 2005) und weisen zudem eine höhere Nutzungsintensität und -frequenz beim Online-Shopping auf (Lueg et al., 2006; Shang et al., 2005). Black et al. (2002) zeigen im Rahmen einer Diskriminanzanalyse zwischen Internetnutzern und Nichtnutzern auf, dass Internetnutzer allgemein ein höheres Produktklasseninvolvement aufweisen.

Die Arbeiten von Koufaris (2002) und Shang et al. (2006) untersuchen die Wirkung des Produktinvolvements in der **After-Sales-Phase** und zeigen eine positive Beziehung zwischen einem hohen Produktinvolvement und einem loyalen Verhalten in Form von

Wiedernutzungsabsichten auf. Shang et al. (2006) untersuchen zusätzlich noch das Verhalten der Konsumenten in Virtuellen Communities. Es zeigt sich, dass ein hohes Maß an kognitivem Involvement positiv auf das Leseverhalten von Beiträgen in diesen Communities wirkt. Diese Erkenntnis kann jedoch sowohl für die Informationsphase als auch die After-Sales-Phase gelten. Auch Park et al. (o. J.) belegen in ihrer Studie, dass ein hohes Maß an Involvement bei Online-Reisen sich positiv auf das kommunizierte WOM auswirkt, das Internet zum Buchen von Reisen zu empfehlen. Die Autoren betrachten jedoch nicht das genutzte Medium zur Artikulation des WOM.

Studie	Ausgangskonstrukt	Zielkonstrukt	Ergebnis
Bei et al. (2004)	Product Involvement	extent of usage of information sources on the internet	(n.s.)
Black et al. (2002)	Product Category Involvement	Internetnutzer vs. Nichtnutzer	Nutzer (+)
Bosnjak et al. (2007)	(1) affective involvement (2) cognitive involvement	intention to shop online	(1) (+) (2) (n.s.)
Cai et al. (2004)	Purchase Decision Involvement	use the internet for information search	(+)
Goldsmith (2002)	Internet Involvement	frequency of online buying and future likelihood of buying online	(+)
Jih et al. (2005)	Online Banking Involvement	willingness of adoption of internet banking services	(+)
Kim et al. (2007)	Online Shopping Involvement	patronage intention towards an online store	(+)
Koufaris (2002)	Product Involvement	intention to return to a website	(+)
Kwak et al. (2002)	Internet Involvement	internet purchasing behaviour	(+)
Lee (2006)	Involvement with online purchases	extent of external information search on the internet	(+)
Letho et al. (2006)	Online Onformation Involvement	degree of online information search	(+)
Lueg et al. (2006)	Shopping Involvement	(1) actual shopping time and spending level on the internet (2) future intention to use the internet for shopping	(1) (+) (2) (+)
Park et al. (o. J.)	(1) personal involvement in online vacation (2) motivational involvement in online purchasing	intention to purchase vacations online	(1) (+) (2) (+)
Park et al. (o. J.)	(1) personal involvement in online vacation (2) motivational involvement in online purchasing	intention to recommend purchasing vacations online	(1) (+) (2) (+)
Pedersen & Nysveen (2005)	Product Involvement	online purchase intention	(n.s.)
Roßmanith (2001)	Produktinvolvement	Ausmaß der externen Informationssuche	(+)
Shang et al. (2005)	Fashion Involvement	E-shopping intensity and actual online shopping behaviour	(+)
Shang et al. (2006)	(1) cognitive involvement in a brand (2) affective involvement in a brand	participation in virtual consumer communities (posting and lurking)	(1) (+ „lurking") (2) (n.s.)
Shang et al. (2006)	(1) cognitive involvement in a brand (2) affective involvement in a brand	loyalty behaviour	(1) (+) (2) (+)
Spiekermann (2001)	Purchase Involvement	manual search and interaction with agent	(+)
Wang et al. (2006)	Purchase Decision Involvement	website loyalty	(+)

Abb. 20 Ausgewählte Studien zum Involvement
Quelle: Eigene Darstellung

Die bisherigen Forschungsergebnisse haben gezeigt, dass das Produktinvolvement geeignet ist, das Konsumentenverhalten im Internet zu erklären. Insbesondere das Nachkaufverhalten erscheint jedoch noch nicht ausreichend erforscht. Folglich gilt es, die existierenden Erkenntnisse in Bezug auf den Kauf eines Mobiltelefons zu bestätigen und neue Erkenntnisse, insbesondere zum Informations- und Artikulationsverhalten nach dem Kauf zu gewinnen.

4.4.1.5 Formulierung der Hypothesen

Basierend auf den Ausführungen des letzten Kapitels und den einzelnen Forschungsergebnissen zum Produktinvolvement werden die folgenden Hypothesen aufgestellt:

H_{3a}: *Das Produktinvolvement hat positiven Einfluss auf die Nutzungsintensität von Online-Informationsquellen vor dem Kauf.*

H_{3b}: *Das Produktinvolvement hat positiven Einfluss auf die Nutzungsintensität von Online-Informationsquellen nach dem Kauf.*

H_{3c}: *Das Produktinvolvement hat positiven Einfluss auf die Nutzungsintensität des Internets zur Artikulation von positiven Meinungen/Erfahrungen.*

H_{3d}: *Das Produktinvolvement hat positiven Einfluss auf die Nutzungsintensität des Internets zur Artikulation von negativen Meinungen/Erfahrungen.*

H_{3e}: *Das Produktinvolvement ist bei Online-Käufern höher als bei Offline-Käufern.*

4.4.2 Produktwissen der Konsumenten

4.4.2.1 Theoretische Grundlagen und Konstruktkonzeptionalisierung

In der Regel besitzen Konsumenten bereits vor Beginn eines Kaufentscheidungsprozesses ein gewisses Vorwissen über das zu lösende Problem und zu den zur Lösung des Problems zur Verfügung stehenden Alternativen. Dieses Wissen kann auf bereits gemachten Erfahrungen beruhen oder durch Werbung oder Mund-zu-Mund-Kommunikation entstehen. Unter Konsumentenwissen versteht man die Menge an im Gedächtnis abgespeicherten Informationen, die für den Kauf und den Konsum von Produkten benötigt wird und bei Bedarf von dem Konsumenten aktiviert und abgerufen werden kann (Blackwell et al., 2001, S. 259). Nach Alba und Hutchinson (1987, S. 411) hat das Konsumentenwissen zwei bedeutende Komponenten: Die Vertrautheit und die Expertise. Die Vertrautheit definiert sich durch die Zahl der produktbezogenen Erfahrungen, die ein Konsument gesammelt hat. Die Expertise hingegen drückt die individuelle Fähigkeit aus, produktbezogene Aufgaben erfolgreich zu bewältigen.

In der Literatur wird das Konstrukt des Wissens u.a. in deklaratorisches (bzw. deklaratives) und prozedurales Wissen unterteilt. Das **deklaratorische Wissen**, welches noch in semantisches und episodisches Wissen unterteilt wird, bezieht sich auf Fakten, konkret also auf Gegenstände, deren Eigenschaften und ihre Beziehungen untereinander und auf den situativen Kontext (Kuß, Tomczak, 2004, S. 21). Semantisches Wissen bezeichnet Inhalte im Gedächtnis wie die Bedeutung von Begriffen, Eigenschaften von Marken sowie Regeln und Gesetzmäßigkeiten, wohingegen episodisches Wissen personenspezifische Erkenntnisse und Erfahrungen wiedergibt (Kuß, Tomczak, 2004, S. 21). Die im episodischen Wissen gesammelten Erfahrungen sind nicht analytisch sondern ganzheitlich und vornehmlich bildlich abgespeichert, wohingegen beim semantischen Wissen verbale Begriffe dominieren (Trommsdorff, 2004, S. 90). Das **prozedurale Wissen** nutzt das deklaratorische Wissen für das eigene Verhalten. Diese Form von Wissen ist schwieriger zu verbalisieren und beschreibt das Wissen, wie etwas ausgeführt bzw. getan wird (Foscht, Swoboda, 2005, S. 100). Es entsteht durch Lernprozesse und kann bei häufiger Wiederholung auch unbewusst mit geringer kognitiver Anstrengung automatisch ablaufen, welches insbesondere bei habituellen Kaufentscheidungen der Fall ist (Kuß, Tomczak, 2004, S. 21). Der für diese Arbeit relevante Wissensbegriff ist das deklaratorische bzw. deklarative Wissen, da es sich um das Wissen eines Konsumenten bezogen auf die Produktgruppe der Mobiltelefone handelt.

Blackwell und seine Kollegen unterscheiden insgesamt zwischen fünf unterschiedlichen Arten des Wissens von Konsumenten: (1) Wissen über die Existenz eines Produktes, (2) Wissen über die Produkteigenschaften und Produktassoziationen, (3) Einkaufs- bzw. Kaufwissen in Form der unterschiedlichen Informationen, die ein Konsument beim Kauf eines Produktes besitzt (Produktpreise, besondere Kaufzeiten sowie Einkaufsstätten), (4) Wissen über die Verwendung (Gebrauch und Verbrauch) sowie (5) Überzeugungswissen in Form von Wissen über die Ziele und Taktiken von Dritten (Blackwell et al., 2001, S. 260 ff.).

Peter und Olson unterscheiden vier unterschiedliche Ebenen des Produktwissens. Im Einzelnen sind es die Produktklasse (oberste Ebene), die Produktart, die Marke sowie das individuelle Modell bzw. einzelne Features (unterste Ebene) (Peter, Olson, 2005, S. 72). Es gibt nach Peter und Olson drei unterschiedliche Arten des Produktwissens der Konsumenten: Das Wissen über Merkmale und Charakteristika von Produkten, das Wissen über Konsequenzen und Vorteile, die sich aus dem Gebrauch von Produkten ergeben sowie die Kenntnis der eigenen persönlichen Werte, die durch das Produkt zufrieden gestellt bzw. erreicht werden können (Peter, Olson, 2005, S. 74).

Das Wissen über die möglichen Konsequenzen, die durch den Gebrauch eines Produktes entstehen, lassen sich noch in funktionale und psychologische Konsequenzen unterteilen (Peter, Olson, 2005, S. 76 f.). Funktionale Konsequenzen sind direkt greif- und messbar und beinhalten auch die physische Leistung, die sich aus dem Gebrauch bzw. aus dem Konsum eines Produktes ergeben. Am Beispiel des Mobiltelefons kann es der verbesserte Sprechkomfort sein, der sich aus einer bestimmten Geräteeigenschaft ergibt. Psychologische Konsequenzen beschreiben die internen, persönlichen Auswirkungen, also die eigene Gemütslage, die aus dem Gebrauch / Konsum resultieren. Zu diesen können auch die aus dem Produktgebrauch resultierenden sozialen Konsequenzen gehören. So kann der Gebrauch eines neuen und teuren Mobiltelefons das Selbstwertgefühl des Besitzers stärken und sein Ansehen in seinem sozialen Umfeld steigen lassen.

In der Literatur wird oftmals keine klare Unterscheidung vorgenommen, ob sich das Wissen auf eine Produktklasse generell (Mobiltelefone im Allgemeinen) oder auf konkrete Marken bzw. Alternativen durch frühere Erfahrungen und Informationen bezieht. Weiterhin lassen sich insbesondere in der angelsächsischen Literatur Begriffe wie *„product familiarity“* (Vertrautheit mit einem Produkt) und *„product experience“* (Produkterfahrung) finden, die teilweise synonym zu dem Begriff des Produktwissens gebraucht werden (Sauer, 2003, S. 39). Eine aus Sicht des Autors klare Trennung vollziehen Fiske und ihre Kollegen in ihrer Veröffentlichung. So unterscheiden sie zwischen *„brand knowledge“* (relevante Informationen, die ein Konsument über verfügbare Marken hat) und *„product category knowledge“* (relevante Informationen, die ein Konsument über eine bestimmte Produktkategorie besitzt.) (Fiske et al., 1994, S. 46).

Für die spätere empirische Arbeit steht das Produkt(klassen)wissen im Fokus. Vereinfacht wird der gängige Begriff „Produktwissen“ verwendet, wobei hierunter die Expertise des Konsumenten rund um das Produkt bzw. die Produktkategorie des Mobiltelefons verstanden wird. Eine Unterteilung in Produktwissen und Produktklassenwissen ist aus Sicht des Autors nicht notwendig, da bei Mobiltelefonen im Gegensatz zu anderen Gebrauchsgegenständen wie Autos diese Aufteilung nicht sinnvoll erscheint. Das Markenwissen wird nicht gesondert betrachtet. Es ist jedoch offensichtlich, dass das Markenwissen mit dem Produktwissen korreliert, da Kenntnisse in einer Produktkategorie zumeist auch Wissen zu Marken bedingen und vice versa. Es erfolgt somit insbesondere eine Abgrenzung zu dem Begriff der Produkterfahrung, welche über verhaltensorientierte Messungen oftmals durch produktspezifische Kaufverhaltensdaten (Kaufhäufigkeit, Kaufvolumen, Anzahl gekaufter Marken) sowie Ge- und Verbrauchsdaten gemessen wird (Bleicker, 1983, S. 184 f.). Eine weitere Abgrenzung zwischen der Vertrautheit des Konsumenten mit einem Produkt und dem Produktwissen erscheint nicht zwingend notwendig, da beide Konstrukte einen sehr ähnlichen, wenn nicht gleichen Sachverhalt beschreiben, wie manche Autoren auch postulieren (Lürssen, 1989, S. 91).

Das Produktwissen der Konsumenten kann in ein **objektives** und ein **subjektives Produktwissen** unterteilt werden. Im Rahmen des subjektiven Produktwissens geben Konsumenten eine individuelle Einschätzung des eigenen Kenntnisstands an, während beim objektiven Produktwissen anhand von bestimmten Kriterien der gespeicherte Informationsstand im Gedächtnis, also das tatsächliche Wissen, abgefragt wird (Brucks, 1985, S. 2). Idealerweise besteht eine positive Korrelation zwischen dem objektiven und subjektiven Wissen der Konsumenten. Sie ist jedoch nicht immer gegeben. So besteht die Möglichkeit, dass der Konsument das Ausmaß seines wirklichen Produktwissens nicht kennt (Brucks, 1985, S. 2). Trotz wiederholten Kaufens eines identischen Produktes kann der Konsument sich in der jeweiligen Produktklasse nicht auskennen, da er kaum Vergleiche zwischen den unterschiedlichen Produkten anstellt. Auch wenn er sich selber kompetent fühlt, weist er ein geringes objektives Produktwissen auf (Alba, Hutchinson, 1987, S. 71 ff.).

Ein oftmals zur Erklärung der Entstehung von Wissen angeführter Ansatz ist das Drei-Speicher-Modell der menschlichen Informationsverarbeitung (Hier und im Folgenden Kuß, Tomczak, 2004. S. 22 ff.). Nach diesem Ansatz werden vom Konsumenten Umweltreize in den so genannten sensorischen Speicher aufgenommen und eine kleine Teilmenge hiervon in den Kurzzeitspeicher übertragen. Im Kurzzeitspeicher werden diese Reize einige Sekunden aufbewahrt und interpretiert und die Verarbeitung der Informationen ermöglicht, so dass im Zuge dieser Informationsverarbeitung u.a. interpretierte Informationsmengen in Form von Wissen im Langzeitspeicher (Gedächtnis) abgelegt werden können.[32]

---

32 Das Modell wird hier nicht weiter vorgestellt. Zur Vertiefung siehe bspw. Kuß, Tomczak (2004, S. 22 ff.); Trommsdorff (2004, S. 38 ff.) oder Balderjahn, Scholderer (2007, S. 27 ff.).

Konsumenten generieren ihr Wissen aus unterschiedlichen Quellen. Neben den in Kapitel 3.2.2.3 skizzierten unterschiedlichen externen Informationsquellen ist die eigene Erfahrung mit dem Produkt bzw. der Dienstleistung besonders relevant. Direkte, vom Konsumenten gemachte Kauf- und Konsumerfahrungen beeinflussen die Konsumenten mehr als indirekte Erfahrungen wie Ratschläge von Freunden, Zeitungsartikel oder Werbung (Blackwell et al., 2001, S. 271). Bei vollständiger Informationsbasis und somit einem sehr ausgeprägten Produktwissen würde der Konsument in einer Kaufsituation alle relevanten Produktmerkmale zu allen möglichen Alternativen kennen. Dies ist jedoch bestenfalls ein Ausnahmefall. Die Vollständigkeit und Qualität der Informationsbasis hängt von den für den jeweiligen Konsumenten spezifischen Informationskosten und auch vom vorhandenen Involvement ab (Trommsdorff, 2004, S. 100). Auf Grund ökonomischer Überlegungen versuchen Konsumenten, mit möglichst geringem Informationsaufwand ein subjektiv ausreichendes Wissen zu erreichen. Daher werden meist mehrere Produktmerkmale zu einem Schlüsselmerkmal zusammengefasst, wobei bspw. vom Preis auf die Qualität geschlossen wird (Trommsdorff, 2004, S. 103).

4.4.2.2 Forschungsergebnisse zum Produktwissen

Das Konstrukt des Produktwissens ist, insbesondere zur Erklärung des Informationsverhaltens von Konsumenten im traditionellen Kaufkontext, intensiv betrachtet worden.

Einige Autoren kommen zu dem Schluss, dass Konsumenten mit einem hohen Produktwissen eine weniger intensive externe Informationssuche durchführen (Anderson et al., 1979; Moore, Lehmann 1980; Swan 1969). Durch die hohe Expertise müssen sie nicht mehr extensiv auf Informationen externer Quellen zurückgreifen. Zudem führen diese Konsumenten die externe Informationssuche effizienter durch, da sie die relevanten Produktmerkmale und Informationsquellen kennen und somit schneller zu einer Lösung kommen (Brucks, 1985, S. 3).

Andere Studien zeigen hingegen einen positiven Zusammenhang zwischen einem hohen Produktwissen und dem Ausmaß der Informationssuche auf (Jacoby et al.; 1978; Lin, Chen, 2006; Srinivasan; Ratchford, 1991). Hohes Produktwissen lässt die Suche zielgerichteter werden und reduziert die kognitiven Anstrengungen, da die Experten die neuen Informationen leichter verstehen und es gleichzeitig zu einem besseren qualitativen Ergebnis führt (Brucks, 1985, S. 3; Johnson, Russo, 1981, S. 152). Konsumenten mit einem hohen Produktwissen können bestrebt sein, mehr relevante Entscheidungskriterien in die Suche einzubeziehen. Daher wird trotz hohen Produktwissens eine intensive Informationssuche durchgeführt.

Weitere Autoren kommen zu der Erkenntnis, dass die Beziehung zwischen Produktwissen und externer Informationssuche durch ein *„inverses U“* (Bettman, Park; 1980) beschrieben werden kann. Eine positive Beziehung zwischen Produktwissen und Informationssuche liegt im Bereich des niedrigen bis moderaten Produktwissens sowie eine negative Beziehung im Bereich des moderaten bis hohen Produktwissens vor. Die höchste Intensität der externen Informationssuche liegt in den Fällen vor, wo Konsumenten ein moderates Wissen über die Produkteigenschaften besitzen. Bettman und Park (1980, S. 244) begründen diesen Verlauf damit, dass die Aufnahme externer Informationen sowohl durch die Fähigkeit, die Informationen zu verstehen, als auch die Motivation, diese zu suchen, beeinflusst wird. Konsumenten mit geringer Produktvertrautheit besitzen weder die Motivation noch die Fähigkeit, wohingegen Personen mit hoher Vertrautheit die Motivation fehlt. Nur Konsumenten mit mittlerem Wissen weisen beides auf. Der invertierte „U-Zusammenhang“ ist jedoch in der empirischen Forschung oftmals nicht nachgewiesen worden, so dass diese postulierte Beziehung nicht weiter betrachtet wird (Brucks, 1985; Schmidt, Spreng, 1996).

King und Balasubramanian (1994, S. 152) zeigen empirisch gestützt auf, dass Konsumenten mit einem hohen Produktwissen eher objektiven Informationen vertrauen und diese selbstständig akquirieren und nutzen, wohingegen Konsumenten mit niedrigem Produktwissen eher subjektiven Informationen und Empfehlungen anderer folgen. Lin und Fang (2006, S. 1212) weisen nach, dass die Produktvertrautheit der Konsumenten positiven Einfluss auf die selbst getätigte WOM-Artikulation hat.

Betrachtet man wiederum die Studien, die die Integration des Internets im Kaufprozess analysieren, zeigt sich, dass bisher nur die Informationsphase und die Kaufphase betrachtet worden sind. Dem Autor ist noch keine Studie bekannt, die explizit die After-Sales-Phase untersucht. Es zeigt sich grundsätzlich eine positive Beziehung zwischen einem hohen Produktwissen und der Nutzung des Internets im Kaufprozess. Obwohl das Konstrukt im traditionellen Kontext sehr intensiv untersucht wird, ist es bisher zur Erklärung des Konsumentenverhaltens im Internet vergleichsweise wenig beachtet worden. Dies ist jedoch auch darin begründet, dass oftmals verwandte Konstrukte wie die Vertrautheit mit dem Internet untersucht werden.

Untersuchungen der **Informationsphase** zeigen keine einheitliche Tendenz in der Wirkung des Produktwissens auf die Nutzung des Internets zur Informationssuche. So stellen einige Studien einen positiven Zusammenhang zwischen Produktwissen und genereller Nutzung bzw. Nutzungsabsicht des Internets zur Informationssuche (Pedersen, Nysveen, 2005) bzw. zum Ausmaß der Suche im Internet (Bei et al., 2004; Lee, 2006) fest. Letho et al. (2006) weisen hingegen bei einer Untersuchung in der Tourismusbranche eine negative Beziehung zwischen dem vorhandenen Wissen über den Reiseort und dem Ausmaß der Informationssuche über das Internet nach. Andere Autoren (Klein, Ford, 2003; Rha, 2002; Ratchford et al., 2003; Spiekermann, 2001) können keinen signifikanten Einfluss des Produktwissens (sowohl bei Suchgütern als auch bei Erfahrungsgütern) auf das Ausmaß der externen Suche feststellen. Jepsen (2007) belegt, dass ein hohes Interesse an einem Produkt (als ein dem Produktwissen ähnliches Konstrukt) positiv mit der Nutzung des Internets zur Informationsbeschaffung korreliert.

Eindeutige Befunde liefern hingegen die empirischen Arbeiten zur Integration des Internets in der eigentlichen **Kaufphase**. Konsumenten mit einem hohen Produktwissen weisen sowohl eine höhere aktuelle Nutzung des Internets zum Kauf (Martinez Guerrero et al., 2007; Pikkarainen et al., 2004) als auch eine höhere Nutzungsabsicht für zukünftige Käufe (Chen, He, 2003; Pedersen, Nysveen, 2005; Vijayasarathy, 2002) auf. Die folgende Abbildung veranschaulicht die Ergebnisse.

Studie	Ausgangskonstrukt	Zielkonstrukt	Ergebnis
Bei et al. (2004)	product knowledge	extent of usage of information sources on the internet	(+)
Chen & He (2003)	brand knowledge	intention to adopt internet for purchases	(+)
Klein & Ford (2003)	subjective and objective product expertise and experience	use the internet for information search	(n. s.)
Lee (2006)	product experience	extent of external information search on the internet	(+) und (-) (produktabhängig)
Letho et al. (2006)	prior destination experience	degree of online information search (vacations)	(-)
Martinez Guerrero et al. (2007)	ownership of more financial products	use of the internet to make banking transactions	(+)
Pedersen & Nysveen (2005)	product knowledge	(1) goal-oriented search on the internet (2) online purchase intention	(1) (+) (2) (+)
Pikkarainen et al. (2004)	amount of information about online banking	acceptance of online banking	(+)
Ratchford et al. (2003)	product experience	use the internet for information search	(n. s.)
Rha (2002)	product knowledge	extent of usage of information sources on the internet	(n. s.)
Spiekermann (2001)	product class knowledge	manual search on the internet	(n. s.)
Vijayasarathy (2002)	shopping experience	intention to shop using the internet	(+)

Abb. 21 Ausgewählte Studien zum Produktwissen

Quelle: Eigene Darstellung

Die bisherigen Erkenntnisse zeigen insbesondere in der Informationsphase uneinheitliche Ergebnisse. Daher gilt es zu untersuchen, inwieweit Konsumenten das Internet zur Informationssuche vor und nach dem Kauf eines Mobiltelefons nutzen. Des Weiteren gilt es, die bisherigen Erkenntnisse zur Abwicklung des Kaufs zu bestätigen.

4.4.2.3 Formulierung der Hypothesen

Basierend auf den Forschungsergebnissen sowie der theoretischen Aufbereitung des Konstruktes, gilt es, die folgenden Forschungsfragen näher zu betrachten:

H_{4a}: *Das Produktwissen hat positiven Einfluss auf die Nutzungsintensität von Online-Informationsquellen vor dem Kauf.*

H_{4b}: *Das Produktwissen hat positiven Einfluss auf die Nutzungsintensität von Online-Informationsquellen nach dem Kauf.*

H_{4c}: *Das Produktwissen hat positiven Einfluss auf die Nutzungsintensität des Internets zur Artikulation von positiven Meinungen/Erfahrungen.*

H_{4d}: *Das Produktwissen hat positiven Einfluss auf die Nutzungsintensität des Internets zur Artikulation von negativen Meinungen/Erfahrungen.*

H_{4e}: *Das Produktwissen ist bei Online-Käufern höher als bei Offline-Käufern.*

4.5 Internet- bzw. händlerbezogene Persönlichkeitseigenschaften der Konsumenten

Die Persönlichkeitseigenschaften der Konsumenten, die sich direkt auf das Internet bzw. den Internethändler beziehen, gehören zu den meist untersuchten Determinanten des Käuferverhaltens. Insbesondere die Konstrukte des Vertrauens, des wahrgenommenen Risikos, des Wissens über das Internet sowie der Zufriedenheit sind bisher intensiv betrachtet worden.

Das **Vertrauen (Trust)** ist eine Komponente, die eng mit dem wahrgenommenen Risiko verknüpft ist. Es bezeichnet *„a psychological state comprising the intention to accept vulnerability based on positive expectations of the intentions or behaviors of another“* (Rousseau et al., 1998, S. 395). In wissenschaftlichen Auseinandersetzungen besteht Uneinigkeit, ob das Vertrauenskonstrukt eine Determinante oder eine Konsequenz des wahrgenommenen Risikos ist oder ob es unterschiedliche Forschungsströme sind (Bauer, Neumann, Haber, Huber, 2004, S. 434). In der Regel besteht zwischen dem Vertrauen und dem Risiko eine negative Korrelation. Mit zunehmendem Vertrauen sinkt das wahrgenommene Risiko (Mitchell, 1999, S. 174). Konsumenten, die ein hohes Vertrauen in den Internethändler (Chen et al., 2005; Gefen, 2000; Gefen et al., 2003; Richards, Shen, 2006; Suh, Han, 2003) oder in das Internet allgemein (George, 2002; Martinez Guerrero et al., 2007) aufweisen, neigen dazu, das Internet in dem Kaufprozess zu nutzen. Im Zuge dieser Arbeit wird jedoch das wahrgenommene Risiko gegenüber dem Internet als Distributionskanal als kaufprozessbeeinflussende Determinante ausgewählt, so dass auf die Berücksichtigung des Vertrauenskonstruktes verzichtet wird. Das Risikokonstrukt hat sich in einer Vielzahl von empirischen Studien bewährt und bietet zudem die Möglichkeit, einzelne Risikodimensionen differenziert zu betrachten. Eine intensive Betrachtung des Vertrauenskonstruktes in weiteren Studien sei jedoch empfohlen (vgl. Kapitel 6.5).

Auch das Konstrukt **Wissen über das Internet** bzw. **Vertrautheit mit dem Internet** (channel knowledge / familiarity) und dessen Auswirkungen auf den Einbezug des Internets in den Kaufprozess ist oftmals untersucht worden. Mit dem Internet vertraute Konsumenten neigen zu einer Integration des Mediums in den Kaufprozess (Bei et al., 2004; Goldsmith, Goldsmith, 2002; Pedersen, Nysveen, 2005). Die einzelnen Studien nutzen unterschiedliche Methoden zur Messung des Konstruktes, wie die Häufigkeit oder die Länge der Nutzung, allgemeine Selbstauskünfte oder auch die Art der Nutzung (Freizeit, Arbeit). Aus zweierlei Gründen wird dieses Konstrukt nicht weiter aufgegriffen. Zum einen wird bereits das Produktwissen berücksichtigt, so dass ein damit eng verbundenes Konstrukt nicht zusätzlich untersucht werden soll. Zum anderen erscheint dem Autor die Beziehung zwischen dem Wissen über das Internet und der Nutzung desselbigen im Kaufprozess eindeutig. Konsumenten mit einem hohen Internetwissen werden dieses Medium auch eher in dem jeweiligen Kaufprozess nutzen. Der Innovativitätsgrad des Konstruktes wird in diesem Untersuchungskontext somit kritisch gesehen.

Konsumenten, die **Kauferfahrungen im Internet** besitzen bzw. eine hohe Order-Aktivität über andere Distanzkanäle wie dem klassischen Versandhandel oder TV-Shopping aufweisen, sind affiner als Vergleichspersonen ohne diese Erfahrung, das Internet in den Kaufprozess zu integrieren. Frühere Käufe über das Telefon (Eastin, 2002), über das Internet (Brown et al., 2001) oder über einen Distanzkanal allgemein (Harn, et al., 2006) erhöhen die Absicht, das Internet in dem Kaufprozess zu nutzen. Da Kauferfahrungen jedoch keine psychografische Determinante darstellen, welche ein wesentliches Auswahlkriterium für die Ausgangskonstrukte in dieser Arbeit ist, wird von einer Anwendung abgesehen.

Auf Grund der obigen Überlegungen sowie deren Akzeptanz in der Konsumentenforschung werden die Konstrukte des **wahrgenommenen Risikos** und der **Kaufzufriedenheit** als exogene Konstrukte und Repräsentanten dieser Kategorie ausgewählt. Beide Konstrukte gelten sowohl zur Analyse des Kaufverhaltens im traditionellen Offline-Kontext als auch zur Erklärung des Kaufverhaltens im Online-Kontext als sehr geeignet und werden oftmals untersucht. Dies zeigen die folgenden Abschnitte. Insbesondere die Zufriedenheit gilt als eine der wichtigsten Determinanten des After-Sales-Verhaltens von Konsumenten.

Abb. 22 zeigt die jeweiligen Studien, die die einzelnen Konstrukte untersuchen.

Trust
Ahlert et al. (2007); Anderson & Srinivasan (2003); Bauer, Neumann, Haber, Huber (2004) / Bauer et al. (2003); Bhattacherjee (2002); Broekhuizen (2006); Carlos & Guinaliu (2006); Chen et al. (2005); Einwiller (2003); Gefen (2000); Gefen et al. (2003); Gefen & Straub (2004); George (2002); Grazioli & Jarvenpaa (2000); Harn et al. (2006); Harris & Goode (2004); Liang et al. (2005); Luarn & Lin (2003); Martinez Guerrero et al. (2007); McKnight et al. (2002a); Pavlou & Gefen (2004); Richards & Shen (2006); Roy & Ghose (2006); Schlosser et al. (2006); Shang et al. (2006); Suh & Han (2003); van der Heijden et al. (2003); van der Heijden & Verhagen (2002); Yoon (2002)
Channel knowledge / Familiarity
Bhattacherjee (2002); Bauer et al. (2002); Bauer, Sauer, Becker (2004); Bei et al. (2004); Blake et al. (2003); Citrin et al. (2000); Dai & Cude (2004); Eastin (2002); Frambach et al. (2007); Gefen (2000); Gefen & Straub (2004); George (2002); Goldsmith & Goldsmith (2002); Jepsen (2007); Jih et al. (2005); Klein & Ford (2003); Kwak et al. (2002); Lassar (2005); Leelayouthayotin (2004); Li et al. (1999); Montoya-Weiss et al. (2003); O´Cass & Fenech (2003); Parikh (2006); Park & Jong-Kun (2003); Pedersen & Nysveen (2005); Richards & Shen (2006); Shim et al. (2000); Shim et al. (2001); Sin & Tse (2002); van der Heijden & Verhagen (2002); Venkatesh & Agarwal (2006)
Attitude towards the internet as a distribution channel
George (2002); Grazioli & Jarvenpaa (2000); Hansen (2006); Limayem et al. (2000); Perlusz et al. (2003); Shim et al. (2000); Shim et al. (2001); Sim & Koi (2002); Watchravesringkan & Shim (2003)
Previous buying behaviour on the internet or home ordering shopping
Brown et al. (2001); Dholakia & Uusitalo (2002); Eastin (2002); Harn et al. (2006); Kaufmann-Scarborough & Lindquist (2002); Seock (2003); Sin & Tse (2002)
Satisfaction
Anderson & Srinivasan (2003); Balabanis et al. (2004); Bauer & Hammerschmidt (2004); Betz (2003); Cho et al. (2002); Devaraj et al. (2002); Dholakia & Uusitalo (2002); Gwee & Hui (2003); Hansen (2006); Harris & Goode (2004); Kuan et al. (2003); Lingenfelder & Schulze (2007); Loevenich (2002); Luarn & Lin (2003); Ratchford et al. (2003); Yoon (2002)
Perceived risk
Ahlert et al. (2007); Bauer et al. (2002); Bauer, Sauer, Becker (2004); Bei et al. (2004); Boyle & Ruppel (2004); Broekhuizen (2006); Chen & Dubinsky (2003); Chen & He (2003); Choi & Geistfeld (2004); Conner (2002); Eastin (2002); Feathermann & Pavlou (2003); Forsythe et al. (2003); Forsythe et al. (2006); Forsythe & Shi (2003); Gan et al. (2006); Grazioli & Jarvenpaa (2000); Gupta et al. (2004); Hansen (2005); Hansen (2006); Jih et al. (2005); Lee (2006); Leelayouthayotin (2004); Liang et al. (2005); Lim & Ferguson (2003); Lingenfelder & Schulze (2007); Liu & Wei (o. J.); Lu et al. (2005); Loevenich (2002); McKnight et al. (2002a); Montoya-Weiss et al. (2003); Park & Jong-Kun (2003); Park et al. (2005); Pavlou & Gefen (2004); Pedersen & Nysveen (2005); Perlusz et al. (2003); Rha (2002); Spiekermann (2001); Teo & Yeong (2003); van der Heijden et al. (2003)
Other internet/vendor related consumer characteristics
Balabanis et al. (2004); Bauer et al. (2002); Frambach et al. (2007)

Abb. 22 Ausgewählte Studien zu internet- bzw. händlerbezogenen Persönlichkeitseigenschaften
Quelle: Eigene Darstellung

4.5.1 Das wahrgenommene Risiko gegenüber dem Internet als Distributionskanal

4.5.1.1 Theoretische Grundlagen und Konstruktkonzeptionalisierung

„Consumer behavior involves risk in the sense that any action of a consumer will produce consequences which he cannot anticipate with anything approximating certainty, and some of which at least are likely to be unpleasant." (Bauer, 1967, S. 24)

Das Konzept des wahrgenommenen Risikos geht ursprünglich auf Bauer zurück, der als erster Autor das im englischsprachigen Raum als *„perceived risk"* bezeichnete Konstrukt in der Literatur zum Konsumentenverhalten eingeführt hat. So wies er darauf hin, dass alle Handlungen von Konsumenten ein gewisses Risiko aufweisen, da diese Handlungen Konsequenzen haben, die der Konsument vorher nicht vollständig abschätzen kann und er ebenso nicht sicher sein kann, dass sich diese Konsequenzen als erfreulich erweisen werden (Bauer, 1967, S. 24). Die Bedeutung des wahrgenommenen Risikos für die Konsumentenforschung ist hoch, denn es liegt in der Natur der Menschen begründet, dass Konsumenten im Durchschnitt eher motiviert sind, potenzielle Fehler zu vermeiden, als den möglichen Kaufnutzen zu maximieren (Mitchell, 1999, S. 163).

In dieser Arbeit wird das wahrgenommene Risiko gegenüber dem Internet als Distributionskanal untersucht. Das wahrgenommene Risiko resultiert aus möglichen subjektiven Konsequenzen, die sich durch die Nutzung des Internets im Kaufprozess für den Konsumenten ergeben. Das wahrgenommene Risiko in Form einer wahrgenommenen Unsicherheit zu möglichen Kauffolgen ist *„Ausdruck eines auf kognitiver Einschätzung beruhenden Konfliktes"* und kann auch als eine Art *„Vor-Entscheidungsdissonanz interpretiert werden"* (Kroeber-Riel, Weinberg, 2003, S. 398). Auf Grund situativ verfügbarer Informationen nimmt der Konsument Abweichungen zwischen den individuellen Standards und den prognostizierbaren Folgen des Kaufs wahr, als Folge entsteht wahrgenommenes Risiko (Kroeber-Riel, Weinberg, 2003, S. 251).

Während des Kaufprozesses tritt das wahrgenommene Risiko zumeist in den frühen Phasen (Problemerkennung, Informationssuche, Wahl der Einkaufsstätte und Kauf) auf (Cunningham et al., 2004, S. 23). Grundsätzlich kann das wahrgenommene Risiko bei jedem Produkt bzw. jeder Dienstleistung auftreten. Mit höherer Wahrscheinlichkeit existiert es unter folgenden Umständen (Hoyer, MacInnis, 2007, S. 62):

- Wenige Informationen über das Angebot verfügbar

- Das Angebot ist neu
- Hoher Preis
- Hohe technologische Komplexität
- Verschiedene Marken besitzen bedeutende Qualitätsunterschiede
- Geringes Vertrauen oder wenig Erfahrung des Konsumenten
- Meinungen anderer Personen sind wichtig und der Konsument wird auf der Basis der getroffenen Kaufentscheidung von ihnen beurteilt

Ein hohes wahrgenommenes Risiko gegenüber einer Innovation führt zu einer verlangsamten Adoption dieser Innovation (Hawkins et al., 2003, S. 251). Vor allem bei für den Konsumenten neuen, bisher noch nicht konfrontierten Kaufsituationen wird das Risiko verstärkt wahrgenommen, da hier die Kauffolgen und deren Eintrittswahrscheinlichkeit fast nicht einschätzbar sind (Mitchell, 1999, S. 164). Eine solche Kaufsituation kann auch der erstmalige Kauf eines Produktes im Internet sein.

Insbesondere bei Käufen in Betriebstypen des Distanzhandels liegt ein höheres Risiko für den Konsumenten vor, da u.a. die vorkäufliche Inspektionsmöglichkeit nicht gegeben ist. Konsumenten empfinden in klassischen „non-store"-Einkaufssituationen wie bei Telefon-, Katalog- oder Direktmarketingbestellungen ein höheres Risiko (Forsythe et al., 2006, S. 57). Ähnliche Befunde lassen sich auch bei Käufen im Internet feststellen (vgl. Kapitel 4.5.1.3). Distributoren im Online-Umfeld müssen risikoreduzierende Angebote gestalten, so dass das Risikoempfinden abnimmt. In den vergangenen Jahren hat sich das empfundene Risiko gegenüber dem klassischen Distanzhandel auf Grund positiver Erfahrungen oder positiver Mundpropaganda reduziert (Schiffman, Kanuk, 2003, S. 198). Ähnliches wird man nach zunehmender Diffusion des Internets als Distributionskanal auch für dieses erwarten können.

Bei dem wahrgenommenen Risiko handelt es sich stets um ein subjektiv vom jeweiligen Konsumenten empfundenes Risiko und nicht um ein objektiv messbares Risiko (Mitchell, 1999, S. 164; Bauer, 1967, S. 30). Das empfundene Risiko ergibt sich aus der individuellen Risikoneigung und ist abhängig von personenspezifischen Eigenschaften, vom Produkt, der Kaufsituation und der jeweiligen Kultur (Schiffman, Kanuk, 2003, S. 197). So nehmen manche Konsumenten in bestimmten Situationen ein hohes Risiko wahr, andere Personengruppen jedoch nicht. Das Kaufrisiko für die Konsumenten wird auch von den unterschiedlichen Verhaltensoptionen der Anbieter beeinflusst (Einwiller, 2003, S. 27). Das individuell wahrgenommene Risiko variiert mit der jeweiligen Produktkategorie. So können Konsumenten beim Kauf eines innovativen Produktes wie eines Plasma TV ein höheres Risiko empfinden als beim Kauf eines Automobils (Schiffman, Kanuk, 2003, S. 197). Kaufentscheidungen im Bereich Dienstleistungen können als risikoreicher wahrgenommen werden als Produktentscheidungen (Murray, Schlacter, 1990, S. 59 ff.).

Dem wahrgenommenen Risiko wird in der Marketingforschung eine hohe Bedeutung beigemessen. Das zeigt die Vielzahl der Studien, die sich mit dem Konstrukt, insbesondere auch im Kontext von Kaufprozessen über das Internet, beschäftigen. Bei Erkennen der Faktoren, die das wahrgenommene Risiko minimieren, können Distributoren und Hersteller den Konsumenten Hilfestellungen anbieten und das eigene Angebot optimieren, um das Risikoempfinden und die möglichen empfundenen negativen Handlungsfolgen des Kaufaktes abzuschwächen.

Das wahrgenommene Risiko wird oftmals als **mehrdimensionales Konstrukt** mit unterschiedlichen Risikoarten bzw. Risikodimensionen angesehen. Kroeber-Riel und Weinberg (2003, S. 399) unterscheiden zwischen möglichen finanziellen, funktionellen, psychischen und sozialen negativen Konsequenzen eines Kaufs. Hoyer und MacInnis (2007, S. 62 f.) unterscheiden zwischen sechs Arten des wahrgenommenen Risikos:

- Finanzielles Risiko: möglicher monetärer Verlust für den Konsumenten infolge der Kaufhandlung. Es ist umso höher, je teurer das Produkt ist.
- Funktionales Risiko/Performance Risiko (oder leistungsbezogenes Risiko): Unsicherheit, ob gekauftes Produkt erwartungsgemäß funktioniert und Qualitätsversprechen erfüllt.
- Sicherheitsrisiko/Physisches Risiko: mögliche Gesundheits- oder Sicherheitsgefährdung der eigenen Person oder nahe stehender Personen, resultierend aus dem Besitz des Produktes oder dessen Verwendung.
- Soziales Risiko: mögliche Beschädigung des sozialen Status des Konsumenten bei seiner persönlichen Bezugsgruppe, resultierend aus dem Kauf oder der Nutzung eines Angebots.
- Psychologisches Risiko: resultierend aus möglicher Verletzung oder Nichterfüllung von spezifischen psychologischen Bedürfnissen des Konsumenten.
- Zeitliches Risiko: Unsicherheit über eventuellen zusätzlichen Zeitaufwand, resultierend aus dem Kauf, dem Gebrauch, dem Umtausch oder der Entsorgung des Produktes.

Andere Autoren wählen ähnliche Einteilungen. Featherman und Pavlou (2003, S. 455) eliminieren das physische Risiko und erweitern die Dimensionen um das Risiko der

Privatsphäre, bei dem Konsumenten die Kontrolle über ihre persönlichen Daten verlieren können, indem diese Daten ohne Zustimmung verwendet werden. Ferner fügen sie ein globales wahrgenommenes Risiko ein, in dem die einzelnen Dimensionen zusammenfließen. Eine noch differenziertere Betrachtung wählt Lim (2003, S. 216 ff.). Sie unterscheidet zwischen neun verschiedenen Dimensionen. Neben den zuvor skizzierten sechs Arten fügt sie noch die folgenden Risikoarten ein, die insbesondere für Transaktionen im Internetumfeld Gültigkeit besitzen:

- Persönliches Risiko: Mögliches Risiko, dass Konsumenten auf Grund des Kaufverhaltens betrogen werden, bspw. durch Missbrauch der Kreditkartendaten.
- Risiko der Privatsphäre: Mögliches Risiko, dass Händler insbesondere im Online-Umfeld private Daten sammeln und diese in unpassender Weise verwenden.
- Quellen-Risiko: Möglichkeit, dass Nachteile für den Konsumenten entstehen, da der Händler, bei dem der Kauf getätigt wurde, nicht vertrauenswürdig ist und Waren nicht ausliefert.

Je nach Autor gibt es kleinere Modifikationen der Risikodimensionen. Ein festes Set an findet sich jedoch bei allen Autoren wieder. Die Ursachen und spezifischen Ausprägungen der unterschiedlichen Risikodimensionen gegenüber dem Distributionskanal Internet werden im folgenden Abschnitt näher diskutiert und zusammengefasst.

4.5.1.2 Ursachen und Dimensionen des wahrgenommenen Risikos im E-Commerce

Oftmals beschränken sich empirische Arbeiten auf die Messung des wahrgenommenen Risikos gegenüber einem Produkt oder einer Dienstleistung, das empfundene Risiko bzgl. der Art des Einkaufens und somit des Distributionskanals wird hingegen verhältnismäßig wenig untersucht (Cases, 2002, S. 375). Im Folgenden werden die Gründe eruiert, warum Konsumenten überhaupt Risiken wahrnehmen, wie sich diese Gründe explizit im Internet widerspiegeln und welche möglichen Strategien es zum Abbau dieser Risiken für den Konsumenten gibt. Eine aus Sicht des Autors sinnvolle Systematisierung der Ursachen des vom Konsumenten wahrgenommenen Risikos liefert Kaas (1990), die auch von Bauer et al. (2003) und Einwiller (2003) verwendet worden ist. Die Autoren orientieren sich an den Annahmen der Informationsökonomie und unterscheiden in **exogene und endogene Quellen der Unsicherheit**.

4.5.1.2.1 Ursachen exogener Unsicherheit im elektronischen Handel

Exogene Unsicherheiten sind durch die Akteure nicht direkt beeinflussbar. Sie entstehen aus den Besonderheiten elektronischer Märkte und des elektronischen Handels, wie die Systemoffenheit, die Neuartigkeit der Technologie, systembedingte Sicherheitsprobleme und intransparente rechtliche Rahmenbedingungen (Bauer et al., 2003, S. 7). Exogene Faktoren haben allerdings in den vergangenen Jahren an Bedeutung verloren und werden auch zukünftig weiter abnehmen, da hier vertrauensbildende Maßnahmen hinsichtlich der oben genannten Probleme eingeleitet worden sind, und die Konsumenten mit dem Medium vertrauter werden.

Durch die **offene Infrastruktur** des Internets kann grundsätzlich jeder Akteur als Anbieter, Nachfrager oder Intermediär auftreten und am elektronischen Handel teilnehmen. Dies unterscheidet sich von geschlossenen B2B-Plattformen, die nur von einem eingeschränkten Benutzerkreis genutzt werden können (Einwiller, 2003, S. 30). Durch diese Offenheit und das Fehlen einer zentralen Stelle, die im Problemfall Verantwortung übernimmt und Streitigkeiten regelt, entstehen im B2C-Bereich potentielle Probleme. Die **Neuigkeit der Technologie** als risikoauslösender Faktor hat in den letzten Jahren an Bedeutung verloren, da das Internet nunmehr von breiten Bevölkerungsgruppen ausgiebig für unterschiedliche Zwecke genutzt wird (vgl. Kapitel 2.2). Diese Tendenz darf jedoch immer noch nicht pauschalisiert werden, da noch ein großer Teil der Bevölkerung nur geringe oder gar keine Kenntnisse von dem Medium besitzt.

Systembedingte Sicherheitsprobleme resultieren aus der bereits skizzierten Offenheit und Neuartigkeit des Systems, oftmals gepaart mit der Unsicherheit und Leichtsinnigkeit der Benutzer. Sicherheitsprobleme können in vier Bereiche eingeteilt werden (Eggs, 2001, S. 55 f.):

- Vertraulichkeit: Weitergabe von persönlichen Daten und Informationen wie Bankverbindungen und Kreditkarteninformationen an nicht autorisierte Dritte
- Authentizität: Dritte Personen täuschen eine falsche Identität vor (bspw. in E-Mails)
- Integrität: Nachrichten (Inhalte oder auch Absenderadressen) dürfen von Unbekannten nicht unbemerkt verändert werden können
- Verfügbarkeit: Internetseiten von Anbietern können durch Hacker zu einem zeitweiligen Ausfall gebracht werden

Lingenfelder und Loevenich (2001, S. 141) greifen das Problem der Vertraulichkeit auf, bezeichnen es als Übertragungsrisiko und definieren es als das Risiko, dass persönliche Kundendaten auf Grund von Sicherheitslücken beim Transfer und Speichern von Daten bei der Bestell- und Zahlungsabwicklung an unbefugte Dritte weitergegeben werden.

Intransparente rechtliche Rahmenbedingungen treten heutzutage insbesondere noch bei internationalen Transaktionen auf, da dort oftmals heterogene Rechtsgrundlagen vorherrschen. Im nationalen oder EU-weiten Kontext herrscht inzwischen weitestgehend rechtliche Klarheit über Transaktionen im Internet.

4.5.1.2.2 Ursachen endogener Unsicherheit im elektronischen Handel

Endogene Unsicherheit entsteht durch individuelle Charakteristika der Marktteilnehmer und hängt somit direkt vom Verhalten der Anbieter und der Konsumenten ab (Bauer et al., 2003, S. 7). Im Gegensatz zu den exogenen Ursachen sind die endogenen Faktoren zeitlich vergleichsweise stabil und weisen somit zukünftig eine höhere Relevanz auf.

Die vom Anbieter ausgehende Unsicherheit resultiert überwiegend aus einer **Informationsasymmetrie** (Bauer et al., 2003, S. 7). So kann der potenzielle Kunde die physischen Eigenschaften der Produkte vor dem Kauf im Internet nicht überprüfen und auch den Anbieter der Ware wegen des meist rein virtuellen Kontakts nur eingeschränkt beurteilen (Bauer et al., 2003, S. 7). Im Gegensatz zum traditionellen Handel kann er nicht auf der Basis von äußeren Zeichen (physische Erscheinung eines Verkäufers, edle Lage und Ausstattung der Geschäftsräume, etc.) auf die Kompetenz und Integrität des Anbieters schließen (Einwiller, 2003, S. 37).

Weiterhin findet bei Internetkäufen oftmals ein **asynchroner Ressourcenaustausch** statt, da Transaktionen zeitversetzt stattfinden (Ausnahme: digitalisierte oder digitalisierbare Produkte). Der Nachfrager muss zunächst Ressourcen wie persönliche Daten, Kreditkarten- und Bankinformationen angeben und tritt nicht selten in Vorkasse vor der Auslieferung der gekauften Ware. Der Anbieter kann dies durch opportunistisches Verhalten ausnutzen (Einwiller, 2003, S. 36). So können neben finanziellem Missbrauch auch persönliche Daten des Kunden sowie Informationen zu seinem Nutzungsverhalten im Internet durch den Anbieter entweder selbst verwertet oder an

Dritte weiterverkauft werden. Diese Form von Risiko bezeichnen Lingenfelder und Loevenich (2001, S. 141) als Datenrisiko.

Durch den Nachfrager bedingte Ursachen der erhöhten Unsicherheit sind u.a. die individuelle Risikoneigung, die begrenzte Informationsverarbeitungskapazität oder auch die mangelhafte Repräsentation des relevanten Wissens (Bauer et al., 2003, S. 7; Einwiller, 2003, S. 38). In einer Kaufsituation sucht der Konsument in seinem Gedächtnis nach **relevantem Wissen** (bspw. Fakten zu Internetanbietern, prozessualer Ablauf eines Interneteinkaufs) (Einwiller, 2003, S. 41). Bei einem Konsumenten mit mangelnder Erfahrung wird ein unzureichendes Wissen vorliegen. Durch Erfahrungen baut der Konsument jedoch vermehrt Wissen auf, so dass mit zunehmender Verbreitung des Internets generell und insbesondere als Distributionsmedium dieser Aspekt weniger bedeutsam wird (Einwiller, 2003, S. 38).

Die kognitive Fähigkeit der Konsumenten, Informationen aufzunehmen und zu verarbeiten, ist eine konstante Größe und wird durch die **begrenzte Informationsverarbeitungskapazität** determiniert (Einwiller, 2003, S. 38). Durch das Internet verkürzt sich die Implementationszeit von Leistungen rapide und der Konsument wird mit einer Vielzahl von Preisinformationen und Produkteigenschaften und Anbietern konfrontiert, die er trotz elektronischer Unterstützung wie durch Shopping-Agenten nicht alle verarbeiten kann (Einwiller, 2003, S. 38 f.). Somit verfügt der Konsument vor einem Kauf fast nie über alle relevanten Informationen.

4.5.1.2.3 Dimensionen des wahrgenommenen Risikos bei Internettransaktionen

Aus den Charakteristika elektronischer Märkte und den endogenen und exogenen Unsicherheiten ergeben sich mögliche negative Konsequenzen für einen Kauf im Internet. In der folgenden Abbildung werden diese Risiken in die einzelnen zuvor dargestellten Dimensionen des wahrgenommenen Risikos eingeordnet. Die spezifische Ausprägung der einzelnen Risikoarten für einen Konsumenten ist jedoch von vielen abhängig und folglich individuell unterschiedlich.

Dimensionen des wahrgenommenen Risikos bei Internetkäufen	
Finanzielles Risiko	**Funktionales Risiko**
• Missbrauch von Kreditkartendaten • Nichtlieferung von bestellten Waren • Zusammenbruch der Internetverbindung nach Eingabe der Kreditkartendaten • Unsicheres Zahlungssystem	• Unsicherheit bezüglich der Qualität der bestellten Produkte • Lieferung qualitativ minderwertiger oder gar unbrauchbarer Produkte, die die Erwartungen des Konsumenten nicht erfüllen • Fehlende physische Überprüfbarkeit der Produkte vor birgt Qualitätsrisiken
Psychologisches Risiko	**Soziales Risiko**
• Verlust der Persönlichkeitssphäre • Verlust der „menschlichen Seite" bei Internetkäufen • Erleiden von mentalem Stress durch Internetkäufe (bspw. Frustration durch nicht erfolgreiche Käufe)	• Fehlende Akzeptanz des eigenen Kaufverhaltens im Internet bei Bezugspersonen des Konsumenten
Zeit- und Bequemlichkeitsrisiko	**Sicherheitsrisiko**
• Umständliche Handhabung von Reklamationen • Nichtlieferung oder zu späte Lieferung der bestellten Waren • Umständliche Navigation auf den Internetseiten • Abholen der Ware beim Postamt teils notwendig • Intensive Werbebotschaften und Banner im Einkaufsprozess	• Angst vor betrügerischem Verhalten des Anbieters • Mangelnde Sicherheit der transferierten und anzugebenden persönlichen Daten des Konsumenten • Gefahr von Computerviren • Zweifelhafte Richtigkeit der dargestellten Informationen
Physisches Risiko	
• Gekaufte Produkte erweisen sich als gesundheitsschädlich	

Abb. 23 Dimensionen des wahrgenommenen Risikos bei Internetkäufen

Quelle: Eigene Darstellung nach Einwiller (2003, S. 43 ff.); Forsythe (2006, S. 57); Liebermann, Stashevsky (2002, S. 295); Leelayouthayotin (2004, S. 87); Lim, (2003, S. 216 ff.).

4.5.1.2.4 Strategien zur Reduktion des wahrgenommenen Risikos

Der Konsument bildet Risikoreduktionsstrategien, falls ihm bewusst ist, dass negative Konsequenzen aus dem Kauf resultieren können, eine Entscheidung dennoch getroffen werden muss. Die einfachste Strategie ist die Vermeidung des Kaufs, jedoch muss der Konsument dann die Konsequenzen des entgangenen Nutzens tragen. Eine der wichtigsten Strategien zur Beseitigung des wahrgenommenen Risikos ist eine **intensive Informationssuche**. Dabei ist die grundsätzliche Tendenz erkennbar, dass je größer das wahrgenommene Kaufrisiko ausgeprägt ist, desto stärker die Neigung ist, weitere Informationen zu suchen (Kroeber-Riel, Weinberg, 2003, S. 251). Mit zunehmendem Risiko wird die Glaubwürdigkeit von Informationsquellen bedeutender. Daher werden in solchen Situationen zunächst anbieterunabhängige, interpersonelle Informationsquellen präferiert genutzt sowie bei sehr großem Risiko auch neutrale Informationsquellen wie Verbrauchermagazine (Murray, 1991, S. 12; Tölle, 1983, S. 113).

Die folgenden Strategien werden weiterhin eingeschlagen, sobald eine gewisse Risikotoleranzschwelle überschritten wird, um das Ausmaß und den Inhalt des wahrgenommenen Risikos zu minimieren oder es zumindest auf ein für den Konsumenten subjektiv tolerierbares Niveau zu bringen (Kroeber-Riel, Weinberg, 2003, S. 400; Schiffman, Kanuk, 2003, S. 198; Bänsch, 2002, S. 77):

- Markenloyales Verhalten
- Einbezug von Markenimage (Wahl eines Produktes von einer favorisierten oder sehr bekannten Marke; Marke dient als Zeichen von Qualität, Verlässlichkeit, Leistungsfähigkeit.)
- Vertrauen auf Einkaufsstättenimage / Kauf bei bekannten Lieferanten (Bei unzureichenden Informationen über das Produkt wird eine Einkaufsstätte mit hoher Reputation ausgewählt.)
- Kauf von kleineren Mengen
- Kauf von Gütern von geringerem Wert
- Wahl von Rückversicherungsstrategien (Zur Reduktion des Fehlkaufrisikos werden Geld-zurück-Angebote genutzt, Garantien und Vor-Kauf-Tests gewünscht)
- Extensive Suche nach Informationen über Medien, Verkaufspersonal und insbesondere persönliche WOM-Kommunikation
- Kauf von mit Gütekriterien ausgezeichneten Produkten aus der obersten Handelsklasse (Preis und Gütekriterien als Indikatoren für Qualität)

Ferner können im Internet auch Intermediäre in den Kaufprozess eingebunden werden, die das eigene Risiko abmildern sollen. Zu diesen gehören Trusted Shops oder auch Zahlungsdienstleister wie PayPal, bei dem der bezahlte Geldbetrag bis zu einer gewissen Höhe gesichert ist. Der Konsument reduziert hierdurch sein finanzielles Risiko. Eine weitere risikoreduzierende Maßnahme ist die Nutzung des stationären Handels zur Informationssuche und Nutzung der Beratungsmöglichkeit durch das Personal sowie die Begutachtung des physischen Produktes. Die letztendliche Abwicklung des Kaufs im stationären Handel gilt als weitere Risikoreduktionsstrategie, wenn nicht gar als Risikovermeidungsstrategie, da hier das Internet gar nicht mehr im Kaufprozess genutzt wird. Folglich werden Konsumenten mit einem sehr hohen wahrgenommenen Risiko gegenüber dem Internet als Distributionskanal eher im stationären Handel einkaufen. Auf der anderen Seite steigt mit abnehmender Risikoeinschätzung auch die Bereitschaft, das Internet als Distributionskanal zu nutzen.

4.5.1.3 Forschungsergebnisse zum wahrgenommenen Risiko

Das Konstrukt des wahrgenommenen Risikos gehört in der Forschung zur Erklärung des Kaufverhaltens, sowohl im traditionellen Kontext als auch im Online-Kontext, zu den am häufigsten empirisch untersuchten Konstrukten des Konsumentenverhaltens.

Für Einkaufsstättenwahlentscheidungen im traditionellen Kontext ohne Einbezug des Internets ist das wahrgenommene Risiko oftmals als erklärende Determinante untersucht worden. So zeigen Cox und Rich (1964), dass Konsumenten mit einem hohen wahrgenommenen Risiko gegenüber Käufen über das Telefon die zu beschaffenden Produkte eher im stationären Handel kaufen würden als über einen Distanzkanal. Das wahrgenommene Risiko ist in dieser Studie das wichtigste Separierungswerkzeug, um In-Home-Käufer und Käufer in stationären Läden zu unterscheiden (Cox, Rich, 1964, S. 35). Lingenfelder (2001, S. 170) zeigt in einer deutschen Studie auf, dass Konsumenten umso eher Betriebstypen des stationären Handels aufsuchen, je höher das wahrgenommene Risiko gegenüber dem Versandhandel empfunden wird. Weitere Studien bestätigen diese Tendenz. Konsumenten empfinden gegenüber Distanzkanälen (Katalog, Telefon, Werbebriefe) ein höheres wahrgenommenes Risiko als gegenüber dem stationären Handel und neigen daher zumeist dazu, im stationären Handel einzukaufen bzw. wählen risikoreduzierende Maßnahmen, um das Risiko zu minimieren (Akaah, Korgaonkar 1988; Eastlick, Feinberg, 1999; van den Poel, Leunis, 1996).

In einer Meta-Analyse von empirischen Arbeiten, die die Wirkung des wahrgenommenen Risikos auf die Informationsphase untersuchen, stellt Gemünden (1985, S. 86) inkonsistente Ergebnisse fest. In 51 von 100 Untersuchungsergebnissen der Studien ließ sich keine signifikante oder nur eine negative Beziehung zwischen dem wahrgenommenen Risiko und der Informationssuche feststellen, wobei 34 Studien einen positiven Zusammenhang und 15 Studien einen eingeschränkt positiven Zusammenhang bestätigen. Folglich führt ein hohes wahrgenommenes Risiko in etwa der Hälfte der Fälle zu keiner intensiven Informationssuche. Diese Fälle seien aber teilweise erklärbar, da es sich bei den betrachteten Untersuchungsobjekten um Low-Involvement-Käufe oder Routine-Käufe gehandelt haben könnte und bei diesen die Motivation zur weiteren Informationssuche nicht genug ausgeprägt war, da das wahrgenommene Risiko noch unter der individuell akzeptierbaren Toleranzschwelle gelegen hat (Gemünden, 1985, S. 93). Weiterhin kann das Risikoreduktionspotential der betrachteten Informationsquellen als zu niedrig durch die Konsumenten eingeschätzt worden sein oder auch die Informationsnachfrage durch zahlreiche Barrieren und das Streben nach kognitiver Entlastung begrenzt gewesen sein (Gemünden, 1985, S. 94).

Bei einer Analyse der Studien, die die Integration des Internets in den Kaufprozess von Konsumenten in Abhängigkeit vom wahrgenommenen Risiko untersuchen, zeigen sich ähnliche Ergebnisse wie in den skizzierten Studien zu anderen Distanzkanälen. Im Folgenden werden nur ausgewählte Studien vorgestellt, die sich explizit mit dem Risiko des Internetshoppings und nicht mit Risiken wie dem Produktrisiko befassen und zudem signifikante Ergebnisse aufdecken. Detaillierte Ergebnisse zu den Studien sind wiederum dem Anhang zu entnehmen.

Die meisten Arbeiten untersuchen analog zu den bereits vorgestellten Konstrukten nur die eigentliche Kaufphase. Dem Autor ist nur eine Studie bekannt, die einen Aspekt der After-Sales-Phase in Form der Wiederkaufsabsicht im Internet betrachtet, dabei jedoch keine signifikanten Ergebnisse liefert (Hansen, 2006).

Im Rahmen der **Informationsphase** vor dem Kauf zeigt sich, dass ein hohes wahrgenommenes Risiko gegenüber dem Internet als Distributionskanal zu einer intensiveren Nutzung des Mediums zur Informationsgewinnung führt (Bei et al., 2004; Chen, He, 2003; Lee, 2006). Konsumenten versuchen, mit umfangreichen Suchaktivitäten das wahrgenommene Risiko zu verringern und erhoffen sich eine Steigerung der Entscheidungsqualität. Jedoch zeigen andere Studien eine negative Beziehung zwischen einem hohen wahrgenommenen Risiko gegenüber dem Internet und der Häufigkeit der Nutzung des Internets zur Informationsgewinnung auf (Forsythe et al., 2003; Forsythe, Shi, 2003). Die gefundenen Ergebnisse erscheinen schlüssig. Wenn Konsumenten ein hohes wahrgenommenes Risiko empfinden, eine Suche über das Internet aber aus verschiedenen Gründen dennoch eingeleitet wird, versuchen sie ihre Risikowahrnehmung durch die Intensität der Suche zu reduzieren. Auf der anderen Seite versuchen Konsumenten mit einem hohen wahrgenommnen Risiko grundsätzlich, eher andere Informationsquellen als das Internet zu nutzen.

Nahezu alle Studien haben die **Kaufphase** besonders intensiv untersucht und kommen zu dem Ergebnis, dass ein hohes wahrgenommenes Risiko gegenüber dem Internet als Distributionskanal eine negative Wirkung auf die Nutzung des Internets zum Kauf oder Durchführen einer Transaktion hat. Konsumenten mit einer hohen Risikowahrnehmung versuchen das Internet als Einkaufsstätte zu meiden. So führt ein hohes wahrgenommenes Risiko gegenüber dem Internet allgemein bzw. gegenüber dem Internet als potentiellem Distributionskanal sowohl zu einem niedrigen aktuellen und tatsächlichen Kaufverhalten der Konsumenten über das Internet (bspw. Bauer, Sauer, Becker, 2004; Featherman, Pavlou, 2003; Forsythe, Shi, 2003; Lingenfelder, Schulze, 2007; Montoya-Weiss et al., 2003; Park, Jong-Kun, 2003) als auch zu einer gering ausgeprägten Absicht, das Internet im Rahmen zukünftiger Käufe nutzen zu wollen (bspw. Bauer, Sauer, Becker, 2004; Broekhuizen, 2006; Boyle, Ruppel, 2004; Choi, Geistfeld, 2004; Forsythe et al., 2006; Gupta et al., 2004; Hansen, 2005; Jih et al., 2005; Park et al., 2005).

Studie	Ausgangskonstrukt	Zielkonstrukt	Ergebnis
Bauer et al. (2002)	wahrgenommenes Risiko gegenüber dem Internet	Wahrscheinlichkeit eines zukünftigen Online-Versicherungsabschlusses	(-)
Bauer, Sauer, Becker (2004)	wahrgenommenes Risiko gegenüber dem Internet	(1) bisheriger Onlinekauf (ex post) (2) zukünftige Online-Kaufwahrscheinlichkeit (ex ante)	(1) (-) (2) (-)
Bei et al. (2004)	perceived risk	extent of usage of information sources on the internet	(+)
Broekhuizen (2006)	perceived risk to the internet as a distribution channel	online purchasing intention	(-)
Boyle & Ruppel (2004)	perceived internet risk	online purchasing intention	(-)
Chen & He (2003)	perceived risk to an internet vendor	(1) amount of online information search (2) intention to adopt internet for purchases	(1) (+) (2) (-)
Choi & Geistfeld (2004)	perceived risk to the internet as a distribution channel	intention to online purchasing	(-)
Conner (2002)	risk of internet pharmacy	attitude towards internet pharmacy	(-)
Eastin (2002)	perceived level of risk in E-Commerce activities	adoption of internet for shopping, banking, investing, etc.	(-)
Feathermann & Pavlou (2003)	perceived risk to an internet vendor	intention to adopt an internet-based bill payment services	(-)
Forsythe et al. (2003)	perceived risk of internet shopping	(1) frequency of online visiting (2) intention to use the internet for buying	(1) (-) (2) (-)
Forsythe et al. (2006)	perceived risk of internet shopping	online shopping behaviour (visitor or purchaser)	(-) Internetkäufer
Forsythe & Shi (2003)	perceived risk to the internet as a distribution channel	(1) frequency of searching with intent to buy (2) frequency of purchasing online	(1) (-) (2) (-)
Gan et al. (2006)	perceived risk to internet banking	electronic banking purchase and consumption	(-)
Gupta et al. (2004)	online channel risk perceptions	online purchase intention	(-)
Hansen (2005)	perceived internet grocery risk	future online grocery buying intention	(-)
Hansen (2006)	perceived internet grocery risk	repeat online grocery buying intention	(n.s.)
Jih et al. (2005)	perceived risk of online banking	willingness of adoption of internet banking services	(-)
Lee (2006)	perceived risk of online purchases	extent of external information search on the internet	(+) und (-)
Lim & Ferguson (2003)	perceived risk towards internet shopping	intention to use the internet for purchasing	(-)
Lingenfelder & Schulze (2007)	wahrgenommenes Risiko einer Internetbuchung	Diskriminanzanalyse zwischen Internet- und Reisebüro-Kunden	(-) Internetkunden
Liu & Wei (2002)	perceived risk towards internet	intention to adopt E-Commerce	(-)
Loevenich (2002)	wahrgenommenes Kaufrisiko beim Online-Kauf	Einstellung zum Online-Shopping	(-)
McKnight et al. (2002a)	perceived web risk	intention to purchase from the internet site	(-)
Montoya-Weiss et al. (2003)	online channel security risk perceptions	online channel use	(-)
Park & Jong-Kun (2003)	perceived risk of internet shopping	online buying frequency	(-)
Park et al. (2005)	perceived risk of internet shopping	online purchase intention	(-)
Pavlou & Gefen (2004)	perceived risk from the community of sellers	intention to transact with community of sellers of amazon.com	(-)
Pedersen & Nysveen (2005)	perceived product risk	(1) goal-oriented search on the internet (2) online purchase intention	(1) (+) (2) (n.s.)
Teo & Yeong (2003)	perceived risk towards internet shopping	willingness to buy online	(-)
van der Heijden et al. (2003)	perceived risk towards internet shopping	attitude towards online purchasing	(-)

Abb. 24 Ausgewählte Studien zum wahrgenommenen Risiko gegenüber dem Internet
Quelle: Eigene Darstellung

Die vorgestellten Ergebnisse verdeutlichen die Relevanz des Konstruktes in der Konsumentenforschung. Es zeigt sich jedoch, dass ein Großteil der Studien bisher nur die eigentliche Kaufphase untersucht hat. Es liegen noch keine Erkenntnisse zum Informationsverhalten nach dem Kauf sowie zur Internet-Loyalität vor, so dass hier noch weiterer Forschungsbedarf existiert. Des Weiteren ist es ein interessantes Forschungsanliegen, die Unterschiede zwischen den Gruppen der Offline-Käufer und der Online-Käufer sowohl auf der Ebene des Konstruktes als auch die unterschiedliche Wirkung des wahrgenommenen Risikos auf das Verhalten der beiden Gruppen im Kaufprozess detaillierter zu untersuchen.

4.5.1.4 Formulierung der Hypothesen

Auf der Basis der Konzeptionalisierung des Konstruktes und der Forschungsergebnisse der empirischen Studien sollen folgende Forschungsfragen untersucht werden:

H_{5a}: Ein hohes wahrgenommenes Risiko der Online-Käufer hat positiven Einfluss auf die Nutzungsintensität von Online-Informationsquellen vor dem Kauf.

H_{5b}: Ein hohes wahrgenommenes Risiko der Offline-Käufer hat negativen Einfluss auf die Nutzungsintensität von Online-Informationsquellen vor dem Kauf.

H_{5c}: Ein hohes wahrgenommenes Risiko der Online-Käufer hat positiven Einfluss auf die Nutzungsintensität von Online-Informationsquellen nach dem Kauf.

H_{5d}: Ein hohes wahrgenommenes Risiko der Offline-Käufer hat negativen Einfluss auf die Nutzungsintensität von Online-Informationsquellen nach dem Kauf.

H_{5e}: Ein hohes wahrgenommenes Risiko hat negativen Einfluss auf die Internet-Loyalität.

H_{5f}: Das wahrgenommene Risiko ist bei Online-Käufern niedriger als bei Offline-Käufern.

4.5.2 Die Kaufzufriedenheit als Determinante des After-Sales-Verhaltens

Im Gegensatz zu den bisher skizzierten kaufprozessbeeinflussenden Determinanten ist die Kaufzufriedenheit bzw. -unzufriedenheit bereits Resultat eines getätigten Kaufvorgangs und wird von den Gefühlen und Einstellungen der Konsumenten bestimmt. Daher dient das Konstrukt nur zur Erklärung des Konsumentenverhaltens in der After-Sales-Phase.

4.5.2.1 Theoretische Grundlagen und Konstruktkonzeptionalisierung

Kunden zufrieden zu stellen gehört zu den wichtigsten Aufgaben von Unternehmen. Die einschlägige Literatur sieht das Konstrukt der Zufriedenheit als eines der Schlüsselmerkmale für den dauerhaften Unternehmenserfolg an. Zufriedene Kunden weisen eine erhöhte Wiederkaufrate auf, übertragen gute Erfahrungen mit einem Unternehmen auf andere Dienstleistungen und Produkte des Unternehmens und weisen ein erhöhtes positives WOM auf (Mentzel, 2003, S. 60; vgl. Kapitel 4.5.2.2). Trotz oder vielleicht auch gerade wegen dieser bedeutenden Stellung existiert in der Fachliteratur noch kein Konsens zur Konzeptionalisierung und Operationalisierung des Konstruktes. Hierdurch können Erkenntnisse zur Kundenzufriedenheit unterschiedlicher Studien kaum miteinander verglichen werden (Schütze, 1992, S. 121).

Die Kundenzufriedenheit als Nachkaufphänomen spiegelt wider, wie Konsumenten Produkte oder Dienstleistungen beurteilen, die zuvor in Anspruch genommen oder konsumiert worden sind. Im Gegensatz zu dem Einstellungskonstrukt, bei dem nicht zwingend eigene Erfahrungen vorliegen müssen, ist die Zufriedenheit als einstellungsähnliches Konstrukt somit Ergebnis einer ex-post-Beurteilung, bei der definitonsgemäß ein „*konkretes, selbsterfahrenes Konsumerlebnis*“ vorliegen muss (Stauss, Seidel, 2007, S. 59). Durch die Gebundenheit an eine Erfahrung wie ein konkretes Kauferlebnis schwankt die Zufriedenheit jedoch stärker als die Einstellung, die zumeist als ein zeitübergreifender, vergleichsweise stabiler, auf Lernprozessen beruhender emotionaler Zustand charakterisiert werden kann (Borth, 2004, S. 14).

Eine sehr allgemeine und grundlegende Definition der Zufriedenheit wählen Foscht und Swoboda (2005, S. 208), indem sie die Kundenzufriedenheit „*als zentrales Konstrukt im Hinblick auf eine dauerhafte Beziehung zwischen Kunde und Unternehmen*“ sehen, die Resultat einer komplexen Verarbeitung von Informationen ist und dadurch entsteht, „*dass eine gewählte Alternative die subjektiven Erwartungen erfüllt oder übertrifft.*“

Eine Vielzahl von Definitionen und weiteren Erklärungsansätzen des Zufriedenheitskonstruktes basiert auf dem so genannten **Confirmation/Disconfirmation-Paradigma** (C/D-Paradigma) (Oliver, 1980, S. 460 ff.). Homburg und Rudolph (1998, S. 38) betrachten es als Basismodell der Kundenzufriedenheit. Weitere wichtige Theorien, die als Modellierungsrahmen zur Erklärung des Zufriedenheitskonstruktes dienen, sind u.a. die Attributionstheorie, die Assimilationstheorie, die Gerechtigkeitstheorie oder die Kontrasttheorie, die jedoch im Folgenden nicht weiter erörtert werden (Borth, 2004, S. 16 ff.; Götz et al., 2006, S. 415; Homburg, Stock-Homburg, 2006, S. 23 ff.). Die Kernaussage des C/D-Paradigmas ist, dass die Kundenzufriedenheit aus einem Vergleich der Erwartungen des Konsumenten an ein Produkt oder eine Leistung (Soll-

Leistung) und den tatsächlich gemachten Erfahrungen bei der Konsumption dieses Produktes oder der Leistung (Ist-Leistung) resultiert: „*Satisfaction, then, can be seen as an additive combination of the expectation level and the resulting disconfirmation*" (Oliver, 1980, S. 461). Dem C/D-Paradigma folgend, definieren Homburg und Rudolph (1998, S. 35) die Kundenzufriedenheit wie folgt: „*Unter Kundenzufriedenheit kann das Resultat eines komplexen psychischen Vergleichsprozesses verstanden werden. Hierbei vergleicht der Kunde seine Erfahrung beim Gebrauch eines Sachgutes oder einer Dienstleistung (die so genannte Ist-Leistung) mit einem Vergleichsstandard (Soll-Leistung). Kundenzufriedenheit entsteht, wenn der Vergleichsstandard durch die Erfahrung des Kunden mindestens erreicht oder aber übertroffen wird.*"

Der Vergleichsprozess kann somit entweder zu einer Bestätigung (Confirmation) oder zu einer Nicht-Bestätigung (Disconfirmation) führen. Bestätigte Soll-Leistungen führen zu moderater Zufriedenheit, übertroffene Soll-Leistungen zu einer hohen Zufriedenheit (positive Diskonfirmation) und eine Nicht-Bestätigung der Soll-Leistungen zu einer Unzufriedenheit der Konsumenten (negative Diskonfirmation). Paradoxerweise können somit auch Konsumenten, die eine schlechte Leistung erwarten und diese auch erhalten, zufrieden sein (Spreng et al., 1996, S. 15). Empirische Studien belegen, dass nicht nur der Vergleichsprozess die Zufriedenheit beeinflusst, sondern auch das wahrgenommene Leistungsniveau selbst direkt auf die Kundenzufriedenheit wirkt (Homburg, Stock-Homburg, 2006, S. 20).

Die Soll-Komponente (Erwartungen) wird in der Literatur nicht einheitlich gesehen. Neben unterschiedlichen Begriffen werden auch sehr differierende Inhalte der Komponente von verschiedenen Autoren propagiert (Mentzel, 2003, S. 64 ff.). Nach Mentzel (2003, S. 66) beziehen sich die Erwartungen der Konsumenten auf das gesamte Spektrum der Leistungen eines Anbieters und umfassen den Kauf des Produktes bzw. die Inanspruchnahme der Dienstleistung ebenso wie die Erwartungen hinsichtlich des Umgangs mit dem Produkt im Laufe des Produktlebenszyklus und der Resultate einer Dienstleistung. Die Erwartungen sind ein sehr dynamisches Phänomen. So können diese sowohl zwischen einzelnen Konsumenten (interindividuell) als auch zu unterschiedlichen Kaufzeitpunkten bzw. Lebensabschnitten (intraindividuell) variieren (Mentzel, 2003, S. 66). Konsumenten gewöhnen sich im Laufe der Zeit an gebotene Leistungsniveaus und neigen dazu, selbst hohe Qualität als Selbstverständlichkeit hinzunehmen, eine „*Anspruchsinflation*" ist somit die Folge (Bruhn, 2000, S. 1032).

Die Ist-Komponente wird hingegen wesentlich einheitlicher in der Literatur gesehen und als individuell wahrgenommene Leistung eines Produktes oder einer Dienstleistung aufgefasst (Homburg, Rudolph, 1998, S. 41). Auch hier wird deutlich, dass objektiv gleiche Leistungsniveaus von unterschiedlichen Konsumenten differierend wahrgenommen werden. Es ist jedoch allgemein anerkannt, dass für die Bildung von Zufriedenheit allein die individuell und subjektiv wahrgenommene Leistung relevant ist.

Der Vergleich der Soll- mit der Ist-Komponente führt letztendlich zur Ergebniskomponente in Form der Konfirmation bzw. der positiven oder negativen Diskonfirmation. Nachdem zur Feststellung der Differenz zwischen Soll- und Ist-Leistung zunächst beide Komponenten separat gemessen wurden, wird in der jüngeren Forschung zumeist die subjektiv wahrgenommene Diskrepanz zwischen den Komponenten als Ergebnis des Evaluierungsprozesses direkt gemessen (Giering, 2000, S. 9).

Die Eignung des klassischen C/D-Paradigmas wird in der Literatur kontrovers diskutiert. So werden vor allem die folgenden Punkte problematisiert (Balderjahn, Scholderer, 2007, S. 132):

- Soll- und Ist-Komponente müssen unabhängig vom Konsumenten eingeschätzt werden.
- Es wird keine Aussage gemacht, wie Einzeleindrücke und Erwartungen zu Produktmerkmalen und deren Qualitätsbeurteilungen zu einer Gesamtzufriedenheit verknüpft werden sollen.
- Es wird eine symmetrische Wirkung positiver und negativer Merkmalsurteile auf die Gesamtzufriedenheit unterstellt.
- Es gibt nur eine Zufriedenheitsdimension mit den Extremen „sehr unzufrieden“ und „begeistert“, wobei zwei eigenständige Dimensionen in Form einer Zufriedenheits- und einer Unzufriedenheitsdimension sinnvoll wären.
- Der Zusammenhang zwischen dem Erfüllungsgrad der Erwartungen und der Zufriedenheit ist zwar monoton, aber nicht linear.

Insbesondere die Kritik an der Linearitätsannahme zwischen dem Erfüllungsgrad der Erwartungen und der Zufriedenheit wird von einigen Theorien wie der Theorie sozialer Urteile, der Prospect Theorie und dem Kano-Modell untermauert (Homburg, Stock-Homburg, 2006, S. 31 ff.). Nach dem Kano-Modell, welches auf den gleichnamigen Forscher zurückgeht, existieren drei Arten von Anforderungen bzw. Ansprüchen gegenüber Produkten, die auf das Zufriedenheitsniveau wirken (Trommsdorff, 2004, S. 139):

- Basisanforderungen als „selbstverständlich" anzusehende Anforderungen, deren Nicht-erfüllung zu großer Unzufriedenheit führt. Eine Übererfüllung dieser Kriterien wirkt sich nicht auf die Zufriedenheit aus.
- Leistungsanforderungen wirken annähernd proportional auf die Zufriedenheit bzw. Unzufriedenheit. Je mehr diese vorhanden sind, desto besser. Nichterfüllte Leistungsanforderungen führen zu Unzufriedenheit, wohingegen die Zufriedenheit bei Übererfüllung nur noch degressiv positiv wächst.
- Begeisterungsanforderungen stiften Nutzen, weil der Kunde sie nicht erwartet, da sie im Markt unüblich sind. Mit einer kreativen Gestaltung von schwer imitierbaren Leistungen können sich Unternehmen positiv positionieren und Kunden durch außerordentliche Zufriedenheit an sich binden.

In der Literatur werden verschiedene Zufriedenheitsarten, die sich auf unterschiedliche Bezugsobjekte beziehen, mit einer variierenden Zahl von Dimensionen unterschieden. So überprüft Burmann (1991, S. 254) in seiner Studie über die Automobilindustrie den Einfluss der Kaufzufriedenheit, der Produktzufriedenheit und der Kundendienstzufriedenheit auf die Loyalität eines Kunden gegenüber einer Marke. Ilzarbe (2005, S. 85) konzeptionalisiert die Gesamtzufriedenheit der Kunden mit einem Automobil anhand unterschiedlicher Dimensionen wie das Fahrverhalten, das Design oder der Motor.

Die Zufriedenheit kann sich auch explizit auf den Kaufprozess beziehen. Diese Kaufprozesszufriedenheit beschreibt die Zufriedenheit der Konsumenten mit einem Kaufvorgang, die durch die konsumentenseitigen Erfahrungen aus bisherigen Entscheidungen und Käufen und der aktuellen Kauftransaktion gebildet wird (Fitzsimons et al., 1997, S. 1). Auch andere Autoren wählen für den jeweiligen Untersuchungskontext sinnvolle und praktikable, unterschiedliche Arten von Zufriedenheit aus. So finden sich u.a. Ansätze zur Messung der Händlerzufriedenheit (Herrmann, Huber, 1997), der Produkt- bzw. Markenzufriedenheit (Herrmann, Huber, 1997, Fitzsimons et al., 1997; Tsiros, Mittal, 2000; Riemenschneider, 2006) oder der Beschwerdezufriedenheit (Herrmann, Huber, 1997; Borth, 2004). Grundsätzlich zeigt sich, dass eine mehrfaktorielle bzw. mehrdimensionale Struktur des Kundenzufriedenheitskonstruktes zu bevorzugen ist (Homburg, Stock-Homburg, 2006, S. 31).

Da im Internet überwiegend standardisierte Produkte (Bücher, CDs, Konzertkarten) angeboten werden, tritt die Produktzufriedenheit oftmals im Vergleich zur Transaktionszufriedenheit in den Hintergrund (Wölfer, 2002, S. 111). Die Abwicklung der Zahlung, Lieferung, Retouren oder auch Gutschriften und Kundendienstleistungen haben großen Einfluss auf die Kundenzufriedenheit und können Wettbewerbsvorteile gegenüber anderen Anbietern im Internet generieren (Wölfer, 2002, S. 111).

In dieser Arbeit wird die **Kaufzufriedenheit** der Konsumenten mit dem letzten Kauf eines Mobiltelefons betrachtet. Es wird der Ansicht von Czepiel und Rosenberg (1977, S. 407) gefolgt, die die Kaufzufriedenheit u.a. in die beeinflussenden Facetten Kaufentscheidungszufriedenheit und Kaufprozesszufriedenheit aufteilen. Ähnlich verfährt auch Betz (2003) im Rahmen seiner Dissertation durch die gleichzeitige Berücksichtigung der Kaufzufriedenheit und der Produktzufriedenheit. Auch Bauer, Sauer und Fleig (2004) unterscheiden in ihrer empirischen Arbeit zwischen der Kaufentscheidungszufriedenheit und der Kaufprozesszufriedenheit.

Die Zufriedenheit mit der Kaufentscheidung drückt dabei die Zufriedenheit mit dem eigenen Vorgehen der Konsumenten aus (bspw. gewähltes Telefon, gewählter Provider), wohingegen die Kaufprozesszufriedenheit die Zufriedenheit mit der Abwicklung des Kaufs beschreibt (bspw. Informationssuche, Abwicklung der Kaufphase). Eine ähnliche Sichtweise wählt auch Gerpott (2006, S. 509), indem er explizit zwei Einflussfaktoren auf die Kundenzufriedenheit von Konsumenten mit Mobilfunk-Carriern herausstellt: (1) Zufriedenheit mit dem Kauf und Netzanschluss sowie (2) Zufriedenheit mit der Dienstenutzung (Kernleistungsaspekte wie SMS oder Telefonie sowie Ergänzungsleistungsaspekte).

Das Schaffen einer hohen Kundenzufriedenheit ist insbesondere bei Kontraktgeschäften wie dem Abschluss eines Mobilfunkvertrages wichtig, weil der individuelle Deckungsbeitrag des Konsumenten erst in der Vertragslaufzeit bei fortwährender Nutzung der Angebote positiv wird (Gerpott, 2006, S. 502).

4.5.2.2 Auswirkungen der Zufriedenheit und Unzufriedenheit auf das Konsumentenverhalten

Bei einem Versuch, die Konsequenzen von Zufriedenheit oder Unzufriedenheit zu systematisieren, fasst die folgende Abbildung die möglichen Kundenreaktionen zusammen.

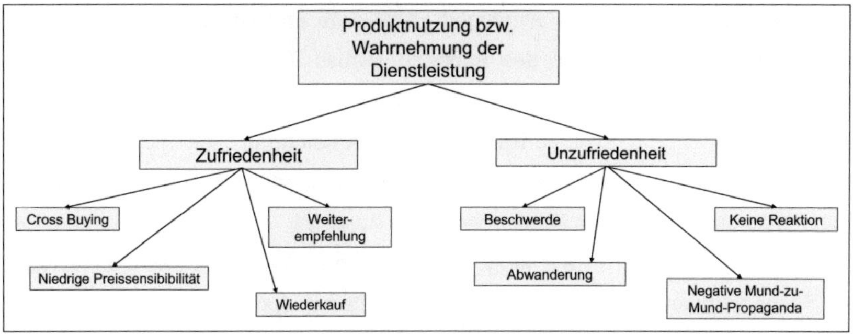

Abb. 25 Konsequenzen von Kundenzufriedenheit und Kundenunzufriedenheit
Quelle: Mentzel, 2003, S. 77

Die Abbildung zeigt jedoch nur eine idealtypische Betrachtungsweise. So können auch zufriedene Kunden abwandern oder unzufriedene Kunden sich loyal verhalten, da die möglichen Alternativen ebenso nicht zufriedenstellend oder gar schlechter erscheinen oder die Wechselkosten zu hoch sind (Matzler, 1997, S. 15). Nur ein sehr geringer Teil der unzufriedenen Konsumenten beschwert sich öffentlich, stattdessen wird die Unzufriedenheit oftmals als „stille/verdeckte Beschwerde" („*unvoiced complaint*") zurückgehalten und ein Anbieterwechsel findet nicht zwingend statt (Günter, 2006, S. 375). Nach Erkenntnissen von Goodman und seinen Kollegen verzichten branchenübergreifend zwischen 50% bis 80% der unzufriedenen Kunden darauf, sich zu beschweren (Goodman et al., 2000, zitiert aus: Stauss, Seidel, 2007, S. 65). Diese Kundengruppe ist besonders kritisch für das Unternehmen, da sie nicht zu identifizieren ist und somit keine Maßnahmen ergriffen werden können, die latente Abwanderungsgefahr durch Steigerung der Zufriedenheit zu bannen (Balderjahn, Scholderer, 2007, S. 136). Gründe dafür, dass auch zufriedene Kunden den Anbieter wechseln, sind situative Faktoren wie Zeitdruck, attraktive Alternativen und insbesondere das „variety-seeking-Motiv", bei dem Konsumenten aus Neugier, Langeweile oder dem Wunsch nach Abwechslung trotz Zufriedenheit einen Markenwechsel anstreben (Matzler, 1997, S. 18).

Die positiven Folgen der Zufriedenheit (Cross Buying, niedrige Preissensibilität, Weiterempfehlung und Wiederkauf) werden in der Literatur zumeist unter den Begriffen der Kundenbindung und Kundenloyalität zusammengefasst (bspw. Homburg, Rudolph, 1998, S. 51; vgl. Kapitel 3.4.4). Die Beziehung zwischen Zufriedenheit und Loyalität ist in der Forschung weit untersucht und ein positiver Zusammenhang bestätigt worden (bspw. Homburg et al., 1999, Giering, 2000; Herrmann, Huber 1997; Olsen, 2002;

Peter, 1999). Zufriedene Kunden tätigen Folgekäufe und kaufen bei Bedarf weitere Produkte und Dienstleistungen des Anbieters (Cross Selling), sprechen positiv über das Unternehmen und sind resistenter gegenüber Aktivitäten der Konkurrenz. Burmann (1991, S. 256) stellt im Rahmen seiner Arbeit für die Automobilindustrie heraus, dass 80% der Markenloyalität durch Zufriedenheit erklärt werden. Auch das Weiterempfehlungsverhalten der Konsumenten ist Ausdruck von Loyalität und somit eine Folge von Zufriedenheit. In der jüngeren Forschung existieren zudem wissenschaftliche Studien, in denen belegt wird, dass zufriedene Kunden eine niedrige Preissensitivität aufweisen (vgl. ausführlich: Koschate, 2006).

Unzufriedene Kunden hingegen sind ein kritischer und zumeist auch unberechenbarer Faktor für Unternehmen. Insbesondere im digitalen Zeitalter und der problemlosen Kommunikation von Meinungen über das Internet ist negatives WOM problematisch für Unternehmen (vgl. Kapitel 3.4.3). Eine Vielzahl von Studien hat nachgewiesen, dass unzufriedene Kunden insbesondere ihre negativen Erfahrungen mit einem Produkt oder einem Kaufvorgang in Form der negativen Mund-zu-Mund-Propaganda kommunizieren. Es gibt jedoch auch Studien, die nur die grundsätzliche Tendenz abgeschwächt bestätigen (Hoffmann, 1991, S. 198) oder ein nahezu ausgeglichenes Verhältnis zwischen den Zahlen der mit der eigenen positiven bzw. negativen Meinung konfrontierten Kontakte nachweisen (Anderson, 1994, S. 8).

Eine weitere Form, mit einer möglichen Unzufriedenheit umzugehen, sind Beschwerden. Beschwerden können für Unternehmen sehr hilfreich sein, da sie Ansatzpunkte liefern, Produkte oder Dienstleistungen zu verbessern, um so nachhaltig die Kundenzufriedenheit zu stärken. Wenn Unternehmen Kundenbeschwerden ernst nehmen und sich kulant bei Reklamationen oder Reparaturen verhalten, können unzufriedene Kunden zu sehr zufriedenen Kunden werden und die Bindung ans Unternehmen wird gefestigt (Homburg et al., 1999, S. 177). Kunden, die sie sich beschwert haben, weisen anschließend eine höhere Zufriedenheit auf als Konsumenten, die nur negatives WOM getätigt oder keine Reaktion gezeigt haben (Nyer, Gopinath, 2005, S. 945). Die Bedeutung des richtigen Umgangs mit Beschwerden aus Unternehmenssicht wiesen Hansen und Jeschke (2000, S. 447) nach, indem sie aufzeigen, dass über eine Beschwerdeabwicklung enttäuschte Konsumenten ihre negative Meinung durchschnittlich an 19 Personen weitergaben, eine Zahl, die mehr als doppelt so hoch ist als der Vergleichswert von zufrieden gestellten Beschwerdeführern (Kunden) und deren positiven

Artikulationen. Zudem wird das negative WOM bei den nach einer Beschwerde zufrieden gestellten Kunden im Idealfall sogar in positives WOM gewandelt und die Kundenloyalität in Form von Wiederkäufen gesteigert werden (Hoffmann, 1991, S. 184 und S. 194; Stauss, Seidel, 2007, S. 74 ff.). Ein aktives Beschwerdemanagement des Anbieters kann somit negatives WOM vermeiden.

Die für Unternehmen ungünstigste Konsequenz von Unzufriedenheit ist die Abwanderung ihrer Kunden. Sie gehört zu den häufigsten Folgen, wie empirisch belegt wurde (Homburg, Rudolph, 1998, S. 53). Insbesondere auf Märkten mit einer hohen Wettbewerbsintensität, vergleichbaren Produkten und geringen Wechselbarrieren ist es für den Konsumenten einfach, einen neuen Anbieter zu identifizieren und dort eine zufriedenstellende Leistung zu erhalten.

Abschließend soll angemerkt werden, dass einige Autoren an der Linearität der Folgen der Zufriedenheit und Unzufriedenheit zweifeln. So sei der Zusammenhang zwischen Zufriedenheit und Kundenbindung sowie Unzufriedenheit und Abwanderung nicht immer so linear bzw. eindeutig, wie es postuliert wird, da auch andere Faktoren, z.B. Emotionen, das Verhalten beeinflussen (Stauss, 2004, S. 65). Auch andere Autoren führen eine Vielzahl von Moderatoren in Bereichen des Marktumfelds, des Anbieters, des Produktes, des Kunden oder der Geschäftsbeziehung auf, die den Einfluss der Kundenzufriedenheit auf die Loyalität bestimmen (Giering, 2000, S. 103; Homburg, Bucerius, 2006, S. 62).

4.5.2.3 Forschungsergebnisse zur Zufriedenheit

Die folgenden Ausführungen fassen Ergebnisse existierender empirischer Studien, die sich mit den Auswirkungen der Zufriedenheit auf das Konsumentenverhalten im Kaufprozess befassen, zusammen. Zuerst werden wiederum einige Studien im traditionellen Handelsumfeld erörtert, anschließend Studien mit konkretem Bezug zum Internet vorgestellt. Dabei liegt zunächst der Fokus auf den Studien, die explizit die Kauf(-prozess)zufriedenheit betrachten. Grundlegende Konsequenzen der Zufriedenheit sind bereits im Kapitel 4.5.2.2 aufgearbeitet worden, und es sei auf die dort genannte Literatur verwiesen. Weitere umfangreiche Forschungsüberblicke liefern die Werke von Homburg, Giering und Hentschel (1999) oder Giering (2000).

Die Kaufprozesszufriedenheit hat positiven Einfluss auf die Loyalität gegenüber dem Geschäft, da diese Form von Zufriedenheit sich eher auf den Distributor als auf den

Hersteller richtet (Fitzsimons et al., 1997, S. 7). Auch Riemenschneider (2006, S. 329) kommt zu dem Ergebnis, dass die Kaufprozesszufriedenheit positiv auf die Loyalität gegenüber dem Geschäft und die Produktzufriedenheit positiv auf die Loyalität gegenüber der Marke wirkt. Es zeigt sich, dass unzufriedene Kunden des stationären Einzelhandels eine höhere Nutzungsabsicht von Betriebstypen des Distanzhandels haben (Shim, Drake, 1990; Shim, Mahoney, 1991). Jedoch nimmt mit steigender Zufriedenheit der Konsumenten mit dem stationären Handel deren Bereitschaft ab, über den Katalogversand einzukaufen (Lingenfelder, 2001, S. 170).

Eine umfangreiche Studie zu den Folgen von Zufriedenheit und Unzufriedenheit mit einem Automobilkauf und deren Auswirkungen in Form von positivem wie negativem WOM und Artikulationen gegenüber dem Händler bzw. dem Verkäufer liefern Swan und Oliver (1989). Je zufriedener Kunden mit ihrem letzten Kauf sind, desto wahrscheinlicher ist es, dass sie den Händler, das Verkaufspersonal und das Produkt an andere Konsumenten in Form positiver WOM-Artikulation weiter empfehlen (Swan, Oliver, 1989, S. 523 f.). Die Studie untersucht zudem, wie viele Kunden sich jeweils positiv bzw. negativ gegenüber dem Anbieter äußern. Es zeigt sich, dass ein hoher Anteil an zufriedenen Kunden den Händler nicht lobt und auf der anderen Seite auch unzufriedene Kunden sich im beachtlichen Maße nicht beschweren (nur zwischen 11-32% der unzufriedenen Kunden) (Swan, Oliver, 1989, S. 527).

Eine weitere Studie aus dem Automobilbereich ist die Dissertation von Betz (2003), nach der sowohl die Produktzufriedenheit als auch die Kaufzufriedenheit positiv mit der Kundenbindung in Form von Markenbindung und Händlerbindung korrelieren (Betz, 2003, S. 196). Durch die Unterscheidung in Produkt- und Kaufzufriedenheit berücksichtigt Betz sowohl den Kaufprozess als auch die Produktwahl. Auch Bauer, Sauer und Fleig (2004) untersuchen die Automobilbranche und zeigen eine positive Korrelation der Kaufprozesszufriedenheit und der Kaufentscheidungszufriedenheit mit der Markenloyalität auf, aber auch eine positive Korrelation der Kaufprozesszufriedenheit mit der Händlerloyalität.

Rams (2001) zeigt in einer in Deutschland durchgeführten Untersuchung in der Mobilfunkbranche, dass die Gesamtzufriedenheit der Kunden sich positiv auf die Kundenloyalität in Form von einer erhöhten Wiederkaufs- und die Weiterempfehlungsabsicht des Netzbetreibers auswirkt und negativ auf die Vertragsbeendigungsabsicht. Auch andere Studien über die Mobilfunkbranche zeigen den positiven Zusammenhang zwischen einer hohen Zufriedenheit und der Loyalität und der ökonomischen Rentabilität in Form von Umsatz oder Telefonieaufkommen (vgl. ausführlich: Gerpott, 2006, S. 519).

Bei einer Analyse der Studien, die sich dem Online-Handel widmen, wird offensichtlich, dass mit dem E-Commerce zufriedene Konsumenten auch ein **loyales Verhalten** aufweisen. Dabei existieren unterschiedliche Möglichkeiten der Operationalisierung der exogenen Variablen. So werden die Zufriedenheit mit einem konkreten Internethändler / -anbieter (Anderson, Srinivasan, 2003; Balabanis et al., 2004; Bauer, Hammerschmidt, 2004; Gwee, Hui, 2003), die Zufriedenheit gegenüber dem Internet als Einkaufskanal (Devaraj et al., 2002; Cho et al., 2002) oder die Zufriedenheit mit dem Internet allgemein (Luarn, Lin, 2003; Yoon 2002) untersucht. Dem Autor ist keine Studie bekannt, die explizit die Kaufzufriedenheit in der im Rahmen dieser Arbeit verwendeten Form als exogene Variable nutzt.

Zufriedene Kunden weisen eine hohe Loyalität zu dem Internethändler auf und planen, erneut bei diesem einzukaufen. Nahezu alle Studien wählen dabei als abhängige Variable die Loyalität und operationalisieren diese zumeist in einstellungsorientierter Weise durch Wiederkaufs- bzw. Wiedernutzungsabsichten des Internets als Einkaufsstätte (Anderson, Srinivasan, 2003; Balabanis et al., 2004; Gwee, Hui, 2003; Hansen, 2006; Luarn, Lin, 2003). Konsumenten, die zufrieden mit dem Offline-Absatzkanal wie dem stationären Handel sind, weisen hingegen eine geringe Bereitschaft auf, das Internet sowohl für die Informationsphase (Ratchford et al., 2003) als auch generell zum Abschluss von Transaktionen zu nutzen (Lingenfelder, Schulze, 2007).

Bei der Analyse des Artikulationsverhaltens nach dem Kauf zeigt sich, dass mit dem Online-Kauf unzufriedene Kunden sich im Internet beschweren (Cho et al., 2002). Bauer und Hammerschmidt (2004) und Devaraj et al. (2002) kommen in ihren empirischen Arbeiten zu dem Schluss, dass mit dem E-Commerce zufriedene Kunden dazu neigen, das Internet an andere Konsumenten in Form positiver WOM-Kommunikation weiter zu empfehlen und wieder zu nutzen. Im Rahmen dieser Studien wird die Weiterempfehlungsabsicht jedoch allgemein und nicht medienspezifisch gemessen. Eine Übersicht zu ausgewählten Studien liefert Abb. 26.

Studie	Ausgangskonstrukt	Zielkonstrukt	Ergebnis
Anderson & Srinivasan (2003)	e-satisfaction with purchasing from a website	e-loyalty to a web vendor	(+)
Balabanis et al. (2004)	e-store satisfaction	e-store loyalty	(+)
Bauer & Hammerschmidt (2004)	Kundenzufriedenheit mit dem Leistungsangebot des Portals	Kundenbindung (Verweildauer, Weiterempfehlungsabsicht und Wiederbesuchsabsicht von Portal-Seiten)	(+)
Cho et al. (2002)	degree of dissatisfaction with online shopping	propensity to complain online	(+)
Devaraj et al. (2002)	Electronic Commerce Satisfaction	channel preference for Electronic Commerce (Wiederkauf im Internet, Weiterempfehlung des Internet, Erhöhung Anteil von Internetkäufen, Internet als bevorzugter Kanal)	(+)
Dholakia & Uusitalo (2002)	satisfaction with in-store shopping	computer shopping	(n.s.)
Gwee & Hui (2003)	satisfaction with an online service provider	e-loyalty to an online service provider	(+)
Hansen (2006)	post purchase attributive satisfaction	repeat online grocery buying intention	(n.s.)
Harris & Goode (2004)	satisfaction with purchasing from an internet vendor	e-loyalty to a vendor (conative, affective, action, cognitive)	(+)
Kuan et al. (2003)	user satisfaction with an internet vendor	intention of planned purchase via the internet	(+)
Lingenfelder & Schulze (2007)	Zufriedenheit mit dem stationären Reisebüro	Diskriminanzanalyse zwischen Internet- und Reisebüro-Kunden	(-) Internet-kunden
Loevenich (2002)	Zufriedenheit mit dem stationären Einzelhandel ((1) Bekleidung, (2) Unterhaltungselektronik)	Einstellung zum Online-Shopping	(1) (-) (2) (n.s.)
Luarn & Lin (2003)	consumer satisfaction with the web	e-loyalty (intention of a consumer to repurchase products/services through a particular e-service vendor)	(+)
Ratchford et al. (2003)	satisfaction with traditional dealer	use the internet for information search	(-)
Yoon (2002)	website satisfaction	online purchase intention	(+)

Abb. 26 Ausgewählte Studien zur Kundenzufriedenheit
Quelle: Eigene Darstellung

Bei einer näheren Analyse der vorgestellten Studien hinsichtlich der Operationalisierung der Zielkonstrukte werden einige Schwachstellen deutlich. So beschränken sich viele Autoren bei der Operationalisierung der Loyalität auf die Messung der Wiedernutzungsabsicht bestimmter Internetangebote bzw. Internethändler. Nur wenige Autoren (Bauer, Hammerschmidt, 2004; Devaraj et al., 2002) wählen eine differenzierte Betrachtung, indem sie unterschiedliche Facetten (Weiterempfehlung, Wiedernutzung, Up-Selling) der Loyalität gleichzeitig berücksichtigen.

Insbesondere das Artikulationsverhalten über das Internet, das Weiterempfehlungsverhalten des Internets als Distributionskanal durch die Konsumenten sowie die Nutzung des Internets zur Informationsbeschaffung nach dem Kauf werden bisher empirisch unzureichend berücksichtigt. Des Weiteren fehlt zumeist eine ganzheitliche Betrachtung der unterschiedlichen Teilaktivitäten der After-Sales-Phase, da oftmals nur einzelne Komponenten untersucht werden.

4.5.2.4 Formulierung der Hypothesen

Auf der Basis der theoretischen Aufbereitung des Konstruktes und der Forschungsergebnisse werden die folgenden Hypothesen für die empirische Überprüfung formuliert:

H_{6a}: *Eine hohe Kaufzufriedenheit der Online-Käufer hat positiven Einfluss auf die Nutzungsintensität von Online-Informationsquellen nach dem Kauf.*

H_{6b}: *Eine hohe Kaufzufriedenheit der Offline-Käufer hat negativen Einfluss auf die Nutzungsintensität von Online-Informationsquellen nach dem Kauf.*

H_{6c}: *Eine hohe Kaufzufriedenheit hat positiven Einfluss auf die Nutzungsintensität des Internets zur Artikulation von positiven Meinungen/Erfahrungen.*

H_{6d}: *Eine hohe Kaufzufriedenheit hat negativen Einfluss auf die Nutzungsintensität des Internets zur Artikulation von negativen Meinungen/Erfahrungen.*

H_{6e}: *Eine hohe Kaufzufriedenheit der Online-Käufer hat positiven Einfluss auf die Internet-Loyalität.*

H_{6f}: *Eine hohe Kaufzufriedenheit der Offline-Käufer hat negativen Einfluss auf die Internet-Loyalität.*

4.5.3 Charakteristika und Attribute des Internets bzw. der Händler

Die in diesem Kapitel skizzierten Forschungsrichtungen werden im Rahmen der späteren empirischen Analyse nicht weiter verfolgt, da diese keine konsumentenspezifischen psychografischen Determinanten darstellen, sondern es sich um vom Konsumenten wahrgenommene Eigenschaften des Internets bzw. der Händler handelt.

In dieser Kategorie existieren insbesondere zwei Forschungsansätze. Zum einen untersucht eine Vielzahl von Studien das **Technology Acceptance Model (TAM)** mit den beiden Komponenten *„perceived usefulness“* (Nützlichkeit) und *„perceived easy of use“* (Bedienungsfreundlichkeit), welches maßgeblich von Davis (1989) entwickelt wurde. Das Forschungsmodell wird vornehmlich eingesetzt, um die Nutzungsabsicht des Internets in einem Kaufprozess zu erklären. In der Regel kommen die Studien zu dem Ergebnis, dass die beiden Determinanten positiv mit der Nutzungsabsicht korrelieren (Bei et al., 2004; Chen, Tan, 2004; Gefen et al., 2003; O´Cass, Fenech, 2003).

Zum anderen werden die vom Konsumenten **wahrgenommenen Vor- und Nachteile**, die das **Internet als Einkaufsmedium** bzw. der **Internethändler als Distributor** für die Konsumenten aufweisen, untersucht. Diese können ganz allgemein operationalisiert werden oder auch konkret spezifische Vor- und Nachteile wie Preis- und Leistungsvorteile (Betz, 2003; Eastin, 2002), Servicevorteile (Boyer, Hult, 2005) oder zeitliche und finanzielle Nachteile (Broekhuizen, 2006) berücksichtigen. Grundsätzlich führen wahrgenommene Vorteile des Internets oder des E-Commerce zu einer zunehmenden Integration des Internets in den jeweiligen Kaufprozess, wahrgenommene Nachteile führen vice versa zu einer abnehmenden Nutzung bzw. Nutzungsabsicht. Eine Zusammenfassung der Studien liefert Abb. 27.

Perceived Usefulness of the Internet
Bei et al. (2004); Chen & Tan (2004); Childers et al. (2001); Devaraj et al. (2002); Feathermann & Pavlou (2003); Frambach et al. (2007); Gefen et al. (2003); Kuan et al. (2003); Leelayouthayotin (2004); Lim & Ferguson (2003); Liu & Wei (o. J.); Lu et al. (2005); O´Cass & Fenech (2003); Perlusz et al. (2003); Pikkarainen et al. (2004); Rha (2002); Shang et al. (2005); Swaminathan et al. (2001); van der Heijden et al. (2003); van der Heijden & Verhagen (2002); Yi et al. (2006)
Perceived Easy of Use of the Internet
Bei et al. (2004); Boyer & Hult (2005); Chen & Tan (2004); Childers et al. (2001); Devaraj et al. (2002); Feathermann & Pavlou (2003); Frambach et al. (2007); Gefen et al. (2003); Leelayouthayotin (2004); Lim & Ferguson (2003); Liu & Wei (o. J.); Lu et al. (2005); O´Cass & Fenech (2003); Perlusz et al. (2003); Pikkarainen et al. (2004); Rha (2002); Shang et al. (2005); van der Heijden et al. (2003); van der Heijden & Verhagen (2002); Yi et al. (2006)
Perceived positive qualitative Characteristics / Advantages (e.g. design, service, fulfilment, price, security)
Bauer et al. (2002); Betz (2003); Boyer & Hult (2005); Broekhuizen (2006); Carlos & Guinaliu (2006); Childers et al. (2001); Conner (2002); Eastin (2002); Forsythe et al. (2003); Forsythe et al. (2006); Gan et al. (2006); Gupta et al. (2004); Hansen (2005); Hernandez & Mazzon (2007); Kim & Kim (2004); Kim et al. (2007); Lee (2006); McKnight et al. (2002a); Montoya-Weiss et al. (2003); Park et al. (o.J.); Pikkarainen et al. (2004); Richards & Shen (2006); Shergill & Chen (2005); Sin & Tse (2002); Spiekermann (2001); Swaminathan et al. (2001); Teo & Yeong (2003); van der Heijden & Verhagen (2002); Verhoef & Langerak (2001)
Perceived negative qualitative Characteristics / Disadvantages (e.g. complexity, costs, time effort)
Betz (2003); Broekhuizen (2006); Gupta et al. (2004); Hansen (2006); Kim & Kim (2003); Spiekermann (2001); Verhoef & Langerak (2001)
Perceived Control
Hernandez & Mazzon (2007); Koufaris (2002); Limayem et al. (2000); Shim et al. (2000); Shim et al. (2001)
Perceived Value
Anderson & Srinivasan (2003); Broekhuizen (2006); Chen & Dubinsky (2003); Chen & Tan (2004); Harris & Goode (2004); Luarn & Lin (2003)
Other vendor/internet related Characteristics
Dai & Cude (2004); Jepsen (2007); Kim et al. (2007); Li et al. (1999); Lueg et al. (2006); Pikkarainen et al. (2004); Yoon (2002)

Abb. 27 Ausgewählte Studien zu (wahrgenommenen) Charakteristika und Attributen des Internets bzw. der Händler

Quelle: Eigene Darstellung

4.5.4 Generelle Produkteigenschaften

Vergleichsweise selten sind bisher generelle Produkteigenschaften und deren Wirkung auf die Integration des Internets in Kaufprozessen untersucht worden. Dies ist auch in der Untersuchungsmethodik vieler Arbeiten begründet, die keinen konkreten Untersuchungsgegenstand, sondern oftmals generell die Nutzung bzw. Nutzungsabsicht des Internets durch den Konsumenten als Zielkonstrukt betrachten. Produkteigenschaften als Determinanten der Internetnutzung werden hier nicht weiter verfolgt, da dies keine konsumentenspezifischen psychografischen Determinanten sind. Es ist jedoch anzunehmen, dass das jeweilige Produkt einen erheblichen Einfluss auf das Verhalten der Konsumenten hat. So eignen sich digitalisierbare Produkte eher für ihren Einsatz im E-Commerce, und auch der monetäre Wert des Produktes sowie die Kaufhäufigkeit determinieren den Kaufprozess und somit auch die Wahl des Distributionskanals. Vijayasarathy (2002) zeigt auf, dass die Tangibilität eines Produktes Einfluss auf die Kaufabsicht im Internet hat.

Product type
Brown et al. (2001); Chiang & Dholakia (2003); Gan et al. (2006); Vijayasarathy (2002)
Other product characteristics
Lee & Tan (2003); Leelayouthayotin (2004)

Abb. 28 Ausgewählte Studien zu Produkteigenschaften
Quelle: Eigene Darstellung

4.6 Kritische Würdigung der vorgestellten Studien und daraus abgeleitete Konsequenzen für diese Arbeit

Im Folgenden erfolgt eine kritische Würdigung der untersuchten und teilweise bereits vorgestellten Studien aus inhaltlicher und methodischer Sicht. Ziel ist es, evtl. Schwächen bisheriger Arbeiten zu identifizieren, um darauf aufbauend konkrete Anforderungen an die spätere empirische Arbeit zu formulieren. Schwächen bisheriger Untersuchungen werden im Rahmen dieser Arbeit vermieden und Stärken anderer Studien genutzt und darauf basierend das theoriegestützte Forschungsmodell aufgestellt. Dieses soll aus einer ganzheitlichen Perspektive die Integration des Internets in den einzelnen Phasen des Kaufprozesses von Konsumenten erklären. Wichtige diskussionswürdige Punkte sind die Untersuchungsmethodik (Kapitel 4.6.1), die Auswahl der Kaufprozessphasen (Kapitel 4.6.2) und insbesondere die Auswahl des Zielkonstruktes und dessen Operationalisierung (Kapitel 4.6.3).

4.6.1 Untersuchungsmethodik

Bei Analyse der Untersuchungsmethodik in empirischen Arbeiten sind insbesondere die folgenden Fragestellungen zu beachten:[33]

- Erhebungstechnik und Rekrutierung der Teilnehmer
- Auswahl und Zusammensetzung der Stichprobe (Umfang, Teilnehmer)
- Untersuchungsgegenstand

Die **Erhebungstechnik** beschreibt, wie die empirischen Daten gewonnen werden. Hier existieren unterschiedlichste Verfahren wie die schriftliche Befragung mittels eines

[33] Zur Vertiefung der skizzierten Aspekte der Untersuchungsmethodik sei auf Standardwerke der empirischen Forschung verwiesen: Hartung et al. (2005); Schnell et al. (2005); Berekoven et al. (2004); Pepels (1999); Diekmann (2007).

Fragebogens für eine postalische Befragung, internetgestützte Befragungen durch einen Online-Fragebogen, Telefoninterviews oder auch Experimente.

Das Für und Wider einzelner Erhebungstechniken wird in der Literatur ausgiebig diskutiert. Bei den untersuchten Studien zeigt sich, dass fast ausschließlich entweder die Online-Umfrage oder die schriftliche Befragung gewählt wurde, wobei die Online-Umfrage leicht dominiert. Die Metastudie von Cho und Khang (2006, S. 155) zeigt auf, dass bei 41% der Untersuchungen eine Online-Umfrage und bei knapp 59% eine Offline-Umfrage gewählt wird. Nur drei Umfragen (Ahlert et al., 2006; Broekhuizen, 2006; Shang et al., 2005) sind dem Autor bekannt, die Konsumenten über beide Wege (Online-Umfrage und postalische Befragung) für die jeweiligen Studien rekrutieren. Gegen die reine Online-Befragung sprechen immer noch erhebliche Gründe, insbesondere in Bezug auf die Repräsentativität der schließlich gewonnenen Stichprobe. Befürworter einer reinen Online-Umfrage argumentieren jenseits von Repräsentativitätsaspekten, dass die bei einer solchen Umfrage angesprochenen Internetnutzer generell eher der Zielgruppe von Internetunternehmen entsprächen, auf die Marketing-Aktivitäten auszurichten seien, und diese eher repräsentativ für mögliche Käufergruppen im Internet seien (Cao, Mokhtarian, 2005, S. 13).

Die **Rekrutierung der Teilnehmer** erfolgt bei Online-Umfragen auf unterschiedlichste Weise. Am häufigsten werden Konsumenten per E-Mail auf einen Internetlink hingewiesen, wo der Fragebogen hinterlegt ist. Die E-Mail-Adressen können aus bestehenden Kundenlisten extrahiert (Chen, He, 2003; Shang et al., 2005), aus Newsgroups generiert (Eastin, 2002) oder auch über bestehende Online-Panels (Li et al., 1999) gewonnen werden. Andere Umfragen rekrutieren ihre Teilnehmer durch eine Selbstselektion, in dem über Banner oder Newsgroups (Teo, Young, 2003) auf diese aufmerksam gemacht wird.

Auch die **Auswahl der Stichprobe** und daraus folgernd deren **Zusammensetzung** bei der Auswertung ist bedeutend. Diese soll streng genommen repräsentativ für die Grundgesamtheit sein. Es zeigt sich jedoch, dass bei deutlich über 40 Studien Studenten die Stichprobe bilden und oftmals auch bei anderen Studien eine Selbstselektion der Teilnehmer bzw. das Schneeballverfahren zur Generierung einer ausreichenden Stichprobe angewandt wird. Diese Ergebnisse werden in der bereits erwähnten Meta-Studie bestätigt. So werden in den über 500 untersuchten Studien bei mehr als drei Viertel die Teilnehmer nicht repräsentativ ausgewählt (stattdessen über

Convenience-Sample, Schneeballverfahren), und bei 46% der Studien bilden Studenten die Stichprobe (Cho, Khang, 2006, S. 155). Diese Verfahren ermöglichen zwar eine einfache Generierung einer ausreichenden Menge an Teilnehmern, die Aussagekraft der Ergebnisse ist auf Grund der Homogenität der Stichproben jedoch kritisch zu hinterfragen. Insbesondere Teilnehmer von Samples, die ausschließlich aus Studenten bestehen, sind überdurchschnittlich jung, haben ein höheres Bildungsniveau und besitzen ein geringes Einkommen. Zudem sind die Ergebnisse nicht auf die gesamte studentische Population übertragbar, da Studenten freiwillig an den jeweiligen Umfragen teilnehmen. Darüber hinaus weisen viele der untersuchten Studien eine geringe Stichprobengröße aus.

Bei einem Großteil der Studien ist es nicht ersichtlich, ob den Teilnehmern überhaupt ein konkretes Produkt oder eine greifbare Dienstleistung als **Untersuchungsgegenstand** vorgegeben worden ist. Da sich die Kaufprozesse jeweils im Hinblick auf das zu kaufende Objekt erheblich unterscheiden (so dürfte bei einem Automobil die Informationssuche deutlich ausgeprägter sein als bei einem Buch und auch der Kaufakt an sich erhebliche Unterschiede offenbaren), ist es aus Sicht des Autors zwingend notwendig, den Konsumenten einen konkreten Untersuchungsgegenstand vorzugeben und nicht allgemein die Nutzung oder Nutzungsabsicht des Internets in den einzelnen Phasen eines Kaufprozesses zu erfragen.

Konsequenzen für diese Arbeit

Um den Konsumenten einen konkreten Verhaltensbezug zu liefern, wird der Kauf eines Mobiltelefons als Untersuchungsgegenstand ausgewählt. Da die Auswahl und Generierung der Stichprobe ein großes Problem bisheriger Studien ist, ergibt sich daraus ein entscheidender Differenzierungspunkt zu existierenden Arbeiten. Für diese Arbeit sind alle Konsumenten, die bereits ein Mobiltelefon über das Internet oder einen Offline-Kanal gekauft haben, geeignete Teilnehmer an der Umfrage (vgl. zur konkreten Vorgehensweise dieser Arbeit Kapitel 5.1).

Um die Aktualität und Vergleichbarkeit der Ergebnisse sicherzustellen, sollen nur Konsumenten ausgewählt werden, deren letzter Mobiltelefonkauf innerhalb der vergangenen sechs Monate vollzogen wurde. Da die Arbeit in Kooperation mit einem großen Mobilfunknetzbetreiber durchgeführt wird, können diese Konsumenten über die Kundendatenbank identifiziert werden. Um das Konsumentenverhalten sowohl der Kunden, die das letzte Mobiltelefon im Internet gekauft haben, als auch der Kunden, die den Kauf über den traditionellen Offline-Kanal abgewickelt haben, zu untersuchen, werden die Online-Käufer per E-Mail auf den Onlinefragebogen aufmerksam gemacht und die Offline-Käufer postalisch kontaktiert. Um eine ausreichend große Stichprobe zu generieren, werden ausreichend Kunden des Netzbetreibers auf beiden Wegen über einen Zufallsgenerator ausgewählt. Die beiden Gruppen (Online-Käufer und Offline-Käufer) werden anschließend getrennt voneinander anhand der aufgestellten Strukturmodelle untersucht, um intragruppenspezifische Unterschiede aufzudecken. Des Weiteren deckt eine Diskriminanzanalyse im Gesamtsample intergruppenspezifische Unterschiede auf.

4.6.2 Auswahl der Kaufprozessphasen

Es zeigt sich, dass die wenigsten Studien eine mehrphasige Betrachtung wählen, sondern zumeist den Schwerpunkt der Untersuchung auf eine Phase setzen und diese ist häufig die Kaufphase. Die Informationsphase und besonders die After-Sales-Phase werden deutlich seltener untersucht. Oftmals wird allgemein die Nutzung des Internets zum Kauf eines Produktes oder einer Dienstleistung betrachtet und eine Unterteilung in bzw. Zuordnung zu einer bestimmten Phase gar nicht erst vorgenommen.

Ein Grund für diese einseitige und eingeschränkte Betrachtung des Kaufprozesses und somit für die vereinfachte Konzeptionalisierung des Zielkonstruktes mag zum einen in forschungsökonomischen Bereichen begründet sein, zum anderen aber auch mit der Auswahl des jeweiligen Untersuchungsobjektes, falls eines gewählt wird, zusammenhängen. Viele Studien betrachten impulsive oder habitualisierte Kaufvorgänge wie den Kauf von Büchern oder CDs. Bei diesen Käufen ist der Kaufakt an sich der wichtigste Aspekt. Die Informationsbeschaffung und insbesondere Aktivitäten der After-Sales-Phase sind von geringem Interesse. Im Rahmen eines extensiven Kaufprozesses wie beim Kauf eines Mobiltelefons und der Auswahl des dazugehörigen Vertrages ist aus Sicht des Autors eine ganzheitliche Betrachtung des Kaufprozesses möglich und sinnvoll, um umfangreiche Erkenntnisse zu gewinnen.

Bei einer Analyse der empirischen Arbeiten, die zumindest zwei Phasen des Kaufprozesses explizit betrachten, zeigt sich, dass diese sich fast ausschließlich auf die beiden Phasen der Informationsbeschaffung vor dem Kauf und des eigentlichen Kaufakts beschränken. Nur zwei Studien sind dem Autor bekannt, die alle drei Phasen des

Kaufprozesses im Rahmen ihrer Untersuchung betrachten (Betz, 2003; Frambach et al., 2007). Durch diese künstliche Vereinfachung des Kaufprozesses gehen jedoch wertvolle Informationen verloren. Isolierte Phasenbetrachtungen führen zur Gewinnung von „Insel-Informationen“. Wünschenswerte Erkenntnisse über den gesamten Kaufprozess werden dabei nicht generiert.

Konsequenzen für diese Arbeit

Ziel ist es, den Kaufprozess der Konsumenten phasenübergreifend und somit ganzheitlich zu untersuchen. Hierdurch werden Erkenntnisse gewonnen, wie die Konsumenten Online- und Offline-Kanäle im gesamten Kaufprozess integrieren. Dabei lassen sich Wechselwirkungen und Besonderheiten in den einzelnen Phasen aufdecken. Eine gleichzeitige Berücksichtigung aller drei Phasen des Kaufprozesses von der Informationssuche, über die Kaufphase bis hin zur After-Sales-Phase erscheint dem Autor dieser Arbeit daher notwendig, da Konsumenten insbesondere bei komplexen Produkten und Dienstleistungen ein intensives Multi-Channel-Hopping-Verhalten aufweisen. Dies ist insbesondere sinnvoll, da das Medium Internet die Konsumenten in allen Phasen des Kaufprozesses zu unterstützen vermag bzw. als Transaktionsmedium in Betracht kommt. Aus praxisorientierter Unternehmenssicht ist es notwendig, die psychografischen Determinanten des Konsumentenverhaltens sowie die Präferenzen der Konsumenten in den jeweiligen Kaufprozessphasen zu verstehen, um hierdurch die Angebote eines Multi-Channel-Retailers kaufprozessphasenspezifisch für die jeweilige Käufergruppe optimal gestalten und die Nutzungswahrscheinlichkeit dieser Angebote in den jeweiligen Phasen erhöhen zu können. Zudem lassen sich bei einer Mehrphasenbetrachtung weitere Erkenntnisse zu den kaufprozessphasenspezifischen Wirkeinflüssen der exogenen Determinanten gewinnen: Differieren die einzelnen Determinanten zwischen den Stufen? Besitzen die Determinanten hinsichtlich ihrer Stärke und Richtung unterschiedliche Wirkungen auf die Zielkonstrukte der jeweiligen Kaufprozessphasen?

4.6.3 Auswahl des Zielkonstruktes und dessen Operationalisierung

Die im Rahmen der Aufbereitung des aktuellen Forschungsstandes zitierten Studien analysieren alle die tatsächliche (verhaltensorientierter Ansatz) oder zumindest beabsichtigte (einstellungsorientierter Ansatz) Integration des Internets in Kaufprozesse von Konsumenten. Die letztendliche Operationalisierung dieses Zielkonstruktes muss somit die individuelle Forschungsfrage korrekt widerspiegeln. Daher ist die sorgfältige Konzeptionalisierung und anschließende Operationalisierung des Zielkonstruktes besonders wichtig. Die folgende Tabelle 2 fasst die unterschiedlichen definitorischen Kennzeichnungen und Operationalisierungen des Zielkonstruktes in den untersuchten Studien anschaulich zusammen.

Konsequenterweise zeigt die Tabelle die Dominanz der Kaufphase noch einmal auf. Insbesondere die After-Sales-Phase ist nur von wenigen Autoren bisher untersucht worden. Es zeigt sich, dass die Mehrheit der Studien bei der Untersuchung der Informationsphase und der Kaufphase als Zielkonstrukt die Absicht (Intention) bzw. Einstellung messen, das Internet im Rahmen eines zukünftigen Kaufprozesses nutzen zu wollen. Dabei werden Konsumenten zumeist nach der Wahrscheinlichkeit oder der Erwartung einer zukünftigen Nutzung gefragt.

Die Operationalisierung des Zielkonstruktes durch Einstellungen oder Verhaltensintentionen ist aus Sicht des Autors jedoch kritisch zu sehen. Einstellungen gelten als verhaltensbeeinflussend und sind vergleichsweise einfach über bereits erprobte Skalen messbar. Die Messung der Kaufabsicht geht dabei über die reine Messung der Einstellung hinaus. So wird postuliert, dass die Kaufabsicht des Konsumenten zum einen seine Einstellung gegenüber dem jeweiligen Produkt, zum anderen aber auch seine subjektive Einschätzung der erwarteten Kaufsituation und daraus folgernd die genauen späteren Kaufbedingungen widerspiegelt (Kroeber-Riel, Weinberg, 2003, S. 176). Die Kaufabsicht liegt zwar näher an der realen Kaufhandlung als nur die positive Einstellung, trotzdem misst sie nicht den Kaufakt an sich, sondern nur die Kaufwahrscheinlichkeit (Bänsch, 2002, S. 42). Die Verhaltensintention korreliert somit nicht perfekt mit dem aktuellen Verhalten. Wicker (1969, S. 65) zeigte in einer Meta-Studie von mehr als 40 empirischen Arbeiten auf, dass die durchschnittliche Einstellungs-Verhaltens-Korrelation zumeist unter 0,30 und oftmals gar nahe bei Null lag. Der Zusammenhang zwischen Einstellung und letztendlichem Verhalten ist in der Forschung somit strittig. Situative Umstände wie ein sehr plötzlich entstehender Bedarf, Zeitdruck oder auch Geldmangel können die Konsumenten von ihrer ursprünglichen Verhaltensintention abbringen. So kommen Kroeber-Riel und Weinberg zu dem Ergebnis „*... dass die Rolle von „Einstellung“ und „Image“ für die Erklärung des Verhaltens früher erheblich* *überschätzt wurde*“ (Kroeber-Riel, Weinberg, 2003, S. 173.).[34] Theoretische Ansätze wie die „*Theory of Reasoned Action*“, die „*Theory of Planned Action*“ oder das „*Technology Acceptance Model*“ versuchen durch die Berücksichtigung weiterer Variablen neben der Einstellung das letztendliche Verhalten der Konsumenten genauer vorherzusagen und werden in einigen empirischen Forschungsarbeiten auch explizit berücksichtigt (vgl. dazu die in Kapitel 1.1 erwähnten Meta-Studien oder auch Kapitel 4.5). Die grundlegende Kritik an dem Zusammenhang zwischen Einstellung und letztendlichem Verhalten ist jedoch trotz der Berücksichtigung weiterer Determinanten in den Modellen durchaus, wenn auch abgeschwächt, gültig.

Untersucht man die Studien nach der Anzahl der zur Operationalisierung des Zielkonstruktes genutzten Indikatoren, zeigt sich, dass eine Operationalisierung durch mehrere Indikatoren knapp überwiegt. In vielen Studien wird jedoch das Zielkonstrukt nur durch einen einzigen Indikator gemessen. Insbesondere das aktuelle Informations- und Kaufverhalten der Konsumenten wird zumeist auf diese Weise operationalisiert. Grundsätzlich kann nicht eindeutig bestimmt werden, wie viele Indikatoren zur optimalen Messung eines Sachverhalts verwendet werden sollen. Operationalisierungen eines Konstruktes mittels mehreren Indikatoren sind aber gemäß der Literatur zu bevorzugen (Schnell et al., 2005, S. 78; Esch et al., 2006, S. 101).

Fast alle der vorgestellten Studien, bei denen die abhängige Variable mit mehreren Indikatoren durch ein theoretisches Konstrukt operationalisiert wird, nutzen reflektive Messkonstrukte.[35] In der Literatur wird die unkritische Verwendung von fast ausschließlich reflektiven Konstrukten kritisch gesehen (Diamantopoulos, Winklhofer, 2001, S. 269 ff.). Auch Fassott und Eggert demonstrieren in einer Metastudie die Dominanz des reflektiven Konstruktes und zeigen auf, dass viele Messmodelle als reflektive Messmodelle fehlspezifiziert werden, da eine formative Operationalisierung angebracht gewesen wäre (Fassott, Eggert 2005, S. 44). Jarvis et al. (2003, S. 206 f.) kommen in einer weiteren Metastudie zu ähnlichen Ergebnissen. Nach ihren Erkenntnissen sind ein Drittel aller reflektiv formulierten latenten Variablen fehlspezifiziert und eigentlich formativer Art.

---

[34] Vertiefend zum Einstellungskonstrukt: Kroeber-Riel, Weinberg (2003, S. 168 ff.); Trommsdorff (2004, S. 158 ff.).

[35] Zur Vertiefung reflektiver und formativer Messkonstrukte sei auf das Kapitel 5.2 verwiesen.

	Zielkonstrukt	Operationalisierung	Studien
Informationsphase	intention to use the internet for information search	Ein Indikator	Frambach et al. (2007); Seock (2003); Shim et al. (2000); Shim et al. (2001)
		Mehrere Indikatoren	Gefen (2000); Watchravesringkan & Shim (2003)
	extent of usage of information sources on the internet	Ein Indikator	Blake et al. (2003)
		Mehrere Indikatoren	Bei et al. (2004); Chen & He (2003); Jepsen (2007); Klein & Ford (2003); Lee (2006); Letho et al. (2006); Rha (2002); Roßmanith (2001); Teo & Yeong (2003)
	use the internet for information search	Ein Indikator	Cai et al. (2004); Forsythe & Shi (2003); Ratchford et al. (2003)
	others	Mehrere Indikatoren	Betz (2003)
Kaufphase	future online shopping / purchasing / buying intention	Ein Indikator	Bauer et al. (2002); Bauer, Sauer, Becker (2004); Blake et al. (2003); Blake et al. (2007); Bosnjak et al. (2007); Chen et al. (2005); Choi & Geistfeld (2004); Frambach et al. (2007); George (2002); Goldsmith (2002); Kim & Kim (2004); Kuan et al. (2003); Kwak et al. (2002); Lee & Tan (2003); Park & Jong-Kun (2003); Park et al. (o.J.); Seock (2003); Shim et al. (2000); Shim et al. (2001); Verhoef & Langerak (2001)
		Mehrere Indikatoren	Ahlert et al. (2007); Bauer, Neumann, Haber, Huber (2004) / Bauer et al. (2003); Boyle & Ruppel (2004); Broekhuizen (2006a); Broekhuizen (2006b); Brown et al. (2001); Chen & Dubinsky (2003); Chen & He (2003); Chiang & Dholakia (2003); Einwiller (2003); Gefen & Straub (2004); Gefen (2000); Grazioli & Jarvenpaa (2000); Gupta et al. (2004); Hansen (2005); Leelayouthayotin (2004); Liang et al. (2005); Limayem et al. (2000); Liu & Wei (2002); Lueg et al. (2006); McKnight et al. (2002a); Park et al. (2005); Pedersen & Nysveen (2005); Schlosser et al. (2006); Teo & Yeong (2003); Vijayasarathy (2002); Watchravesringkan & Shim (2003); Yi et al. (2006)
	actual online shopping / purchasing / buying behaviour	Ein Indikator	Bauer, Sauer, Becker (2004); Citrin et al. (2000); Dai & Cude (2004); Donthu & Garcia (1999); Eastin (2002); Forsythe & Shi (2003); George (2002); Grazioli & Jarvenpaa (2000); Kaufmann-Scarborough & Lindquist (2002); Li et al. (1999); Lingenfelder & Schulze (2007); Lueg et al. (2006); Parikh (2006); Park & Jong-Kun (2003); Richards & Shen (2006); Shergill & Chen (2005); Sin & Tse (2002); Swaminathan et al. (1999); Tan (1999); Zaharia (2006)
		Mehrere Indikatoren	Goldsmith & Goldsmith (2002); Goldsmith (2002); Kim & LaRose (2004); Shang et al. (2005); Venkatesh & Agarwal (2006)
	actual adoption of internet for specific use (banking; etc.)	Ein Indikator	Gan et al. (2006); Lassar (2005); Martinez Guerrero et al. (2007); Montoya-Weiss et al. (2003)
		Mehrere Indikatoren	Pikkarainen et al. (2004)
	adoption intention of internet for specific use (banking; etc.)	Mehrere Indikatoren	Bhattacherjee (2002); Feathermann & Pavlou (2003); Hernandez & Mazzon (2007); Jih et al. (2005); Lu et al. (2005); Pavlou & Gefen (2004)
	others	Mehrere Indikatoren	Betz (2003)
After-Sales-Phase	intention to use the internet for repurchase	Ein Indikator	Cho et al. (2002); Frambach et al. (2007); Koufaris (2002); Supphellen & Nysveen (2001)
		Mehrere Indikatoren	Hansen (2006); Kim et al. (2007)
	participating in E-WOM	Mehrere Indikatoren	Shang et al. (2006)
	E-Loyalty	Mehrere Indikatoren	Anderson & Srinivasan (2003); Balabanis et al. (2004); Bauer & Hammerschmidt (2004); Carlos & Guinaliu (2006); Devaraj et al. (2002); Gwee & Hui (2003); Harris & Goode (2004); Luarn & Lin (2003); Shang et al. (2006); Wang et al. (2006)
	actual online complaining behaviour	Mehrere Indikatoren	Cho et al. (2002)
	others	Mehrere Indikatoren	Betz (2003); Suh & Han (2003)
Sonstige	attitude towards online purchasing/buying/shopping	Mehrere Indikatoren	Chen & Tan (2004); Childers et al. (2001); Conner (2002); Kim & Kim (2005); Loevenich (2002); O´Cass & Fenech (2003); van der Heijden & Verhagen (2002); van der Heijden et al. (2003)
	others	Mehrere Indikatoren	Gefen et al. (2003); Pedersen & Nysveen (2005); Roy & Ghose (2006); Spiekermann (2001)

Tab. 2 Operationalisierung der Zielkonstrukte in ausgewählten empirischen Studien

Quelle: Eigene Darstellung

Des Weiteren ergibt sich bei einer Vielzahl der Studien durch eine unzureichend konkrete Operationalisierung des Zielkonstruktes ein gewisser Auslegungsspielraum bei der Beantwortung für die Konsumenten. Vage Formulierungen wie „*Beabsichtigen Sie das Internet zum Kauf von Produkten zu nutzen?*“ oder „*Haben Sie das Internet zum Kauf eines Produktes genutzt?*“ umfassen in einer engen Begriffsauslegung nur den Kauf an sich. Im Zuge einer weiten Interpretation können auch Konsumenten, die das Internet zur Informationsbeschaffung, nicht aber zum Kauf genutzt haben oder zukünftig beabsichtigen zu nutzen, diese Fragen positiv beantworten. Dieser Interpretationsspielraum für die Konsumenten bedingt mögliche unscharfe Ergebnisse.

Nur wenige Arbeiten untersuchen detailliert, welche Medien bzw. Informationsquellen des Internets wie Suchmaschinen oder Communities in den einzelnen Kaufprozessphasen genutzt werden. Dem Autor sind nur fünf Studien bekannt, die sich zudem allesamt auf die Informationsphase vor dem Kauf beziehen, in denen die generelle Nutzung und die Nutzungsintensität unterschiedlicher Informationsquellen sowohl im traditionellen Offline-Kontext als auch im Internet untersucht werden (Bei et al.; 2004; Jepsen, 2007; Klein, Ford, 2003; Lee, 2006; Rha, 2002).

Konsequenzen für diese Arbeit

In einer sorgfältigen Konzeptionalisierung und Operationalisierung der Zielkonstrukte liegen neben der mehrphasigen Betrachtung die bedeutsamsten Innovationspotenziale dieser Arbeit. Im Kapitel 3 wurden hierzu die einzelnen für die empirische Untersuchung relevanten Zielkonstrukte in Form der spezifischen Teilprozesse eines Kaufprozesses ausführlich konzeptionalisiert. Die empirische Arbeit soll nunmehr untersuchen, inwieweit Konsumenten das Internet in diesen Teilprozessen beim Kauf eines Mobiltelefons nutzen.

Dabei werden zumeist keine Verhaltensabsichten (einzig beim Konstrukt der Internet-Loyalität) betrachtet, sondern durch eine behavioristische Operationalisierung die reale Nutzung des Internets untersucht. Von Fragestellungen mit einem einzelnen Indikator wird Abstand genommen. Durch die inhaltliche Trennung der einzelnen Phasen des Kaufprozesses in eigene Messkonstrukte werden mögliche Interpretationsspielräume bei der Beantwortung der Fragen vermieden. Die Zielkonstrukte der „Informationsbeschaffung vor dem Kauf“, „Informationsbeschaffung nach dem Kauf“ sowie „Artikulationsverhalten nach dem Kauf“ werden durch formative Messkonstrukte operationalisiert. Dabei wird die Nutzungsintensität einzelner Medien und Kanäle im Rahmen dieser Teilprozesse untersucht.[36] Wie die vorigen Ausführungen belegen, wird eine nutzungsintensitätsorientierte Betrachtung bisher nur von sehr wenigen Autoren aufgegriffen. Vor allem für die After-Sales-Phase liegen noch keine Ergebnisse vor. Abb. 29 fasst die zuvor identifizierten Schwachstellen bisheriger Arbeiten sowie die daraus abgeleiteten Konsequenzen für diese Arbeit zusammen.

	Identifizierte Schwachstellen	**Konsequenzen für die vorliegende Arbeit**
Betrachtung des Kaufprozesses	• Dominanz der Betrachtung einer einzelnen Phase des Kaufprozesses (Schwerpunkt auf Kaufphase) • unzureichende Berücksichtigung der After-Sales-Phase	• Mehrphasige Betrachtung: Informationsphase, Kaufphase, After-Sales-Phase
Untersuchungsmethodik	• unzureichende Berücksichtigung eines adäquaten Untersuchungsgegenstandes • fehlende Repräsentativität bei Zusammensetzung und zweifelhafte Rekrutierung der Stichprobe (Convenience-Sample, Selbstgenerierung der Teilnehmer, homogene Zusammensetzung (Studenten)) • zumeist Beschränkung auf Online-Umfrage	• Mobiltelefon als langlebiges Produkt und Auslöser eines extensiven Kaufprozesses als Untersuchungsgegenstand • Zufallsstichprobe aus Kundendatenbank des beteiligten Partnerunternehmens • Durchführung zweier paralleler Umfragen: Online-Käufer über Online-Fragebogen, Offline-Käufer über postalischen Fragebogen • separate Auswertung der gewonnenen Samples
Auswahl und Operationalisierung des Zielkonstruktes	• oftmalige Operationalisierung durch Messung von Einstellungen und Verhaltensabsichten • Dominanz des reflektiven Messkonstruktes • unzureichend konkrete Operationalisierung des Zielkonstruktes schafft Interpretationsspielraum für Konsumenten • häufig Operationalisierung durch nur einen Indikator	• Messung der realen Nutzungsintensität unterschiedlicher Offline- und Online-Medien/ -Kanäle im Kaufprozess durch formative Messkonstrukte • Messung der Verhaltensabsicht beim Konstrukt der Internet-Loyalität durch reflektives Messkonstrukt • Mehrphasige Betrachtung und eindeutig operationalisierte Messkonstrukte verhindern konsumentenseitigen Interpretationsspielraum

Abb. 29 Schwachstellen bisheriger Studien und Konsequenzen für die vorliegende Forschungsarbeit
Quelle: Eigene Darstellung

4.7 Zusammenfassung der Forschungsfragen und Darstellung der Strukturmodelle

Nach der Auswahl der kaufprozessbeeinflussenden Determinanten in den vorigen Kapiteln sowie der Skizzierung der methodischen Vorgehensweise, werden im Folgenden

[36] Dabei werden im Fragebogen sowohl Online- als auch Offline-Kanäle berücksichtigt. Für die deskripitive Analyse und die Diskriminanzanalyse werden beide Formen berücksichtigt. Für die Überprüfung der Strukturmodelle wird sich untersuchungskontextkonform auf die Betrachtung der Online-Kanäle beschränkt.

die relevanten Forschungsmodelle aufgestellt sowie die Forschungsfragen zusammengefasst.

Die beiden Forschungsmodelle für die Informationsphase und für die After-Sales-Phase beinhalten die vermuteten Wirkungszusammenhänge der kaufprozessbeeinflussenden Determinanten als exogene Variablen auf die jeweiligen Zielkonstrukte. Für die Kaufphase werden die formulierten Hypothesen mittels einer Diskriminanzanalyse überprüft, so dass auf die grafische Darstellung der Wirkungszusammenhänge verzichtet werden kann. Die Forschungsmodelle werden getrennt voneinander sowohl für die Gruppe der Online-Käufer als auch der Offline-Käufer untersucht, um darauf aufbauend Gruppenunterschiede aufdecken zu können.

Abb. 30 zeigt das konzeptionalisierte Forschungsmodell zur Informationsphase. Es wird offensichtlich, dass in beiden Käufergruppen zumeist ein positiver Zusammenhang zwischen den jeweiligen exogenen Konstrukten und der Nutzungsintensität des Internets zur Informationssuche vor dem Kauf angenommen wird. Einzig bei Offline-Käufern wird erwartet, dass sie mit zunehmendem Risikoempfinden gegenüber dem Internet als Distributionskanal das Medium mit geringerer Intensität zur externen Informationssuche nutzen.

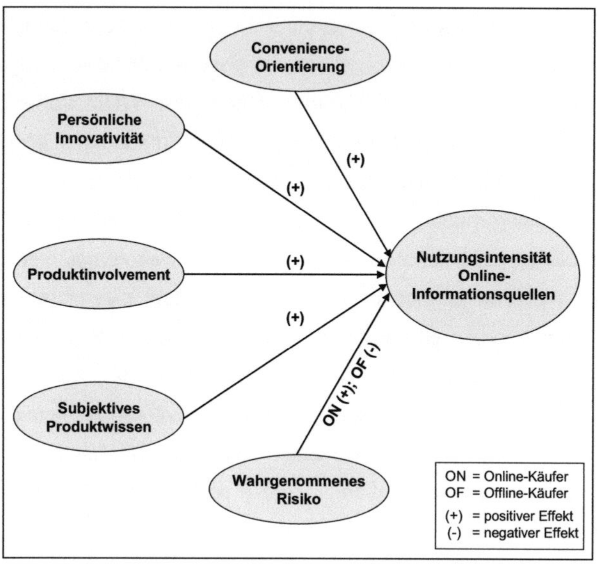

Abb. 30 Konzeptionalisiertes Forschungsmodell zur Informationsphase
Quelle: Eigene Darstellung

Das konzeptionalisierte Forschungsmodell der After-Sales-Phase ist komplexer als das Modell der Informationsphase. Insgesamt existieren vier abhängige Zielkonstrukte:

- Nutzungsintensität von Online-Informationsquellen nach dem Kauf
- Nutzungsintensität des Internets zur positiven Artikulation von Meinungen/Erfahrungen
- Nutzungsintensität des Internets zur negativen Artikulation von Meinungen/Erfahrungen
- Internet-Loyalität der Konsumenten in Form der Weiterempfehlungsabsicht des Internets als Einkaufsstätte sowie der Nutzungsabsicht beim nächsten Kauf

Zusätzlich zu den fünf kaufprozessbeeinflussenden Determinanten der Informationsphase vor dem Kauf wird die Kaufzufriedenheit als wichtige Einflussgröße auf das Nachkaufverhalten der Konsumenten aufgenommen. Zudem zeigt sich, dass die jeweiligen exogenen Variablen nicht auf jedes Zielkonstrukt eine vermutete Wirkung ausüben, welches bereits bei der konzeptionellen Aufbereitung der kaufprozessbeeinflussenden Determinanten und der Hypothesenformulierung deutlich geworden ist.

Des Weiteren wird eine zusätzliche Korrelation unter den Zielkonstrukten erwartet, die zu Formulierung der Hypothese 7 führt. So wird eine positive Korrelation zwischen den Konstrukten der positiven und negativen Artikulation vermutet. Im Rahmen der Konzeptionalisierung des Artikulationsverhaltens in Kapitel 3 und der Zufriedenheit in Kapitel 4.5.2 wurde aufgezeigt, dass negatives und positives WOM sich gegenseitig nicht ausschließen. Konsumenten können zunächst negatives WOM äußern, durch eine Behebung der Ursache der negativen Artikulation kann Zufriedenheit entstehen, die zu einem positiven WOM führt. Eine empirische Studie von Hoffmann (1991, S. 194) verdeutlicht branchenübergreifend, dass zufrieden gestellte Beschwerdeführer die Leistungen der jeweiligen Unternehmen deutlich intensiver weiterempfehlen als die unzufriedenen. Des Weiteren können im Kundenlebenszyklus divergierende Situationen eintreten, die Konsumenten zu positivem als auch negativem WOM veranlassen. Da die Konzeptionalisierung zudem gezeigt hat, dass Konsumenten auf Grund personenspezifischer Charakteristika grundsätzlich als Kommunikatoren zu bezeichnen sind, ist anzunehmen, dass diese Konsumenten das Internet grundsätzlich zur Artikulation von Meinungen nutzen, unabhängig davon, ob diese positiver oder negativer Natur sind. Daher gilt es, die folgende Hypothese zu überprüfen:

H_7: Die Konstrukte „positives Artikulationsverhalten unter Nutzung des Mediums Internet“ und „negatives Artikulationsverhalten unter Nutzung des Mediums Internet“ weisen in beiden Käufergruppen eine positive Korrelation auf.

Abb. 31 enthält das konzeptionalisierte Forschungsmodell zur After-Sales-Phase.

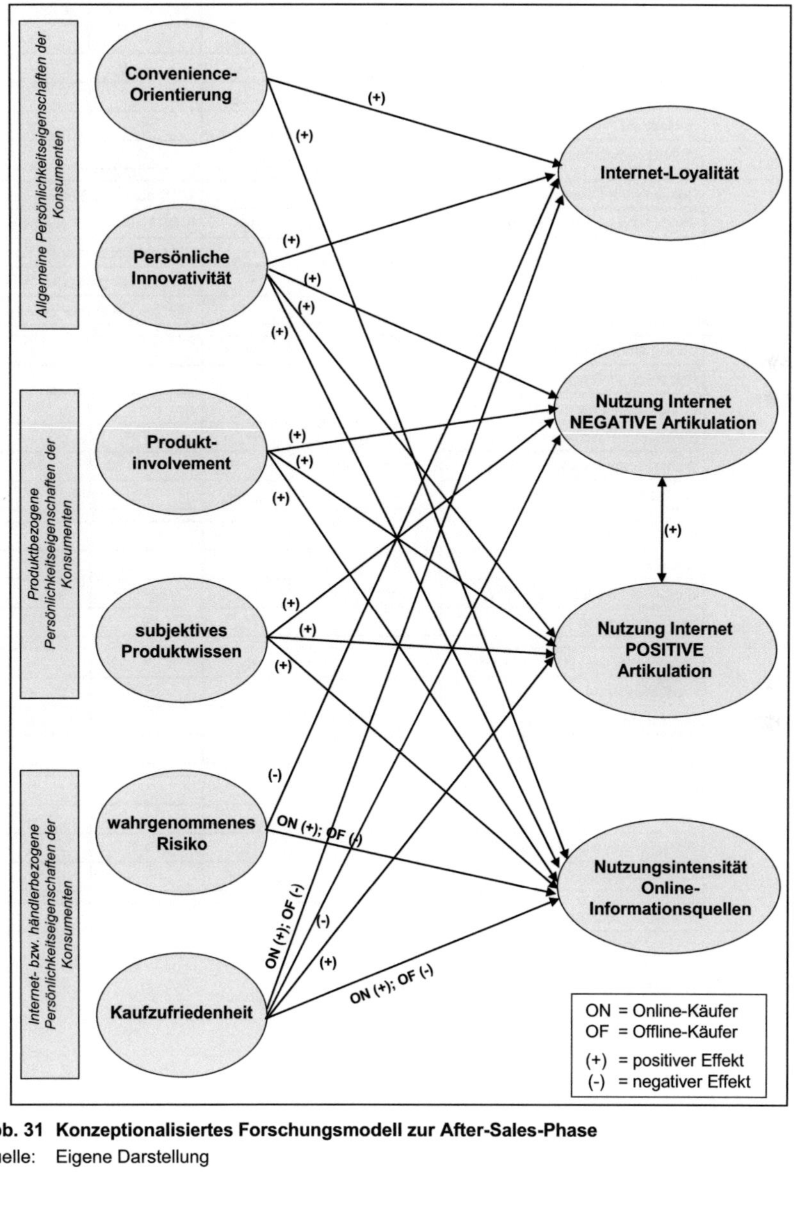

Abb. 31 Konzeptionalisiertes Forschungsmodell zur After-Sales-Phase

Quelle: Eigene Darstellung

Abschließend fasst die Tab. 3 die in diesem Kapitel aufgestellten Hypothesen für die sich anschließende empirische Untersuchung zusammen.

Phase des Kaufprozesses	Exogenes Konstrukt	Zielkonstrukt	Hypothese	vermuteter Wirkungszusammenhang	
				Online-Käufer (ON)	Offline-Käufer (OF)
Informationsphase	Convenience-Orientierung (CON)	Nutzungsintensität Online-Informationsquellen	H_{1a}	+	+
	Persönliche Innovativität (INNO)		H_{2a}	+	+
	Produktinvolvement (INV)		H_{3a}	+	+
	Subjektives Produktwissen (PW)		H_{4a}	+	+
	Wahrgenommenes Risiko (WR)		H_{5a} / H_{5b}	+	-
Kaufphase	Convenience-Orientierung (CON)	Wahl der Einkaufsstätte	H_{1d}	CON bei ON größer als bei OF	
	Persönliche Innovativität (INNO)		H_{2f}	INNO bei ON größer als bei OF	
	Produktinvolvement (INV)		H_{3e}	INV bei ON größer als bei OF	
	Subjektives Produktwissen (PW)		H_{4e}	PW bei ON größer als bei OF	
	Wahrgenommenes Risiko (WR)		H_{5f}	WR bei ON kleiner als bei OF	
After-Sales-Phase	Convenience-Orientierung (CON)	Nutzungsintensität Online-Informationsquellen	H_{1b}	+	+
	Persönliche Innovativität (INNO)		H_{2b}	+	+
	Produktinvolvement (INV)		H_{3b}	+	+
	Subjektives Produktwissen (PW)		H_{4b}	+	+
	Wahrgenommenes Risiko (WR)		H_{5c} / H_{5d}	+	-
	Kaufzufriedenheit (ZUF)		H_{6a} / H_{6b}	+	-
	Persönliche Innovativität (INNO)	Nutzungsintensität Internet zur positiven Artikulation	H_{2c}	+	+
	Produktinvolvement (INV)		H_{3c}	+	+
	Subjektives Produktwissen (PW)		H_{4c}	+	+
	Kaufzufriedenheit (ZUF)		H_{6c}	+	+
	Persönliche Innovativität (INNO)	Nutzungsintensität Internet zur negativen Artikulation	H_{2d}	+	+
	Produktinvolvement (INV)		H_{3d}	+	+
	Subjektives Produktwissen (PW)		H_{4d}	+	+
	Kaufzufriedenheit (ZUF)		H_{6d}	-	-
	Convenience-Orientierung (CON)	Internet-Loyalität	H_{1c}	+	+
	Persönliche Innovativität (INNO)		H_{2e}	+	+
	Wahrgenommenes Risiko (WR)		H_{5e}	-	-
	Kaufzufriedenheit (ZUF)		H_{6e} / H_{6f}	+	-
	Korrelation Artikulation positiv und Artikulation negativ		H_7	+	+

Tab. 3 Aufgestellte Forschungshypothesen dieser Arbeit

Quelle: Eigene Darstellung

5 Empirische Untersuchung

In diesem Kapitel erfolgt die empirische Überprüfung der aufgestellten Forschungsmodelle und der dazugehörigen Hypothesen. Neben Informationen zum Design und der Durchführung der Umfrage, wobei insbesondere auf die Auswahl und Zusammensetzung der Stichprobe sowie die Datenerhebung eingegangen wird (Kapitel 5.1), erfolgt die Beschreibung der methodischen Grundlagen der Arbeit und die Darstellung geeigneter Mess- und Analyseverfahren sowie der verwendeten Gütekriterien zur Überprüfung der Mess- und Strukturmodelle (Kapitel 5.2). Ausführlich wird die Konstruktion des Messmodells in Form der Operationalisierung der endogenen und exogenen Messkonstrukte dokumentiert (Kapitel 5.3). Nach der Aufbereitung wichtiger deskriptiver Ergebnisse (Kapitel 5.4) erfolgt die Gütebeurteilung des Messmodells (Kapitel 5.5). Anschließend werden die aufgestellten Hypothesen für die Informationsphase und After-Sales-Phase anhand der Strukturmodelle überprüft (Kapitel 5.6). Eine diskriminatorische Analyse der Online- und Offline-Käufer für die einzelnen Phasen des Kaufprozesses deckt abschließend käufergruppenspezifische Unterschiede auf (Kapitel 5.7).

5.1 Design und Durchführung der Umfrage

Das folgende Kapitel liefert grundlegende Informationen zum Design und zur Durchführung der Umfrage. Zunächst erfolgt die Darstellung des Entwicklungsprozesses des Fragebogens und sein finaler Aufbau (Kapitel 5.1.1), um anschließend die Auswahl der für diese Arbeit relevanten Stichprobe und die konkrete Datenerhebung vorzustellen (Kapitel 5.1.2).

5.1.1 Fragebogenentwicklung und Aufbau des finalen Fragebogens

Die Entwicklung des Fragebogens erfolgte theoriegeleitet. Empirisch bereits erfolgreich eingesetzte Konstrukte wurden, soweit verfügbar, verwendet. Dies war vor allem bei den exogenen Variablen in Form der kaufprozessbeeinflussenden Determinanten möglich, bei denen auf reine Eigenentwicklungen zumeist verzichtet werden konnte und bestenfalls Ergänzungen bzw. Modifikationen an bereits bewährten Konstrukten vorgenommen wurden.

Bis zur endgültigen Fertigstellung des finalen Fragebogens wurden zwei Pretests durchgeführt. Der erste Pretest überprüfte die für diese Arbeit neu entwickelten Messkonzepte für die abhängigen endogenen Variablen (Zielkonstrukte) der Nutzungsintensität von Informationsquellen vor und nach dem Kauf sowie der Nutzungsintensität des Internets zur Artikulation von Meinungen und Erfahrungen. Dazu wurden die Messkonzepte von knapp 30, für die Grundgesamtheit repräsentative, Konsumenten auf Anwendbarkeit, Verständlichkeit, Relevanz und Vollständigkeit überprüft.[37] Da diese Variablen durch formative Messmodelle gemessen werden, war insbesondere die Sicherstellung der inhaltlichen Vollständigkeit und Relevanz wichtig. Kritische Anmerkungen aus dem ersten Pretest wurden aufgenommen und eingearbeitet. Im Rahmen des zweiten Pretests wurde eine vollständige Vorabversion des Fragebogens wiederum durch knapp 30 Personen, die strukturell der endgültigen Stichprobe entsprachen, bearbeitet. Auch diese Erkenntnisse führten zu geringfügigen Modifikationen bzw. Erweiterungen bezüglich der Messung einzelner Konstrukte. Zusätzlich wurden bei der Erstellung des Fragebogens permanent Experten des beteiligten Mobilfunknetzbetreibers eingebunden und deren Anmerkungen berücksichtigt.

Der finale Fragebogen umfasst sechs Seiten und besteht aus insgesamt 16 Frageblöcken. Im Anhang dieser Arbeit ist der für den Postversand verwendete Fragebogen abgebildet. Die einzelnen Konstrukte werden ausführlich im Rahmen der Operationalisierung und Gütebeurteilung der jeweiligen Konstrukte erläutert (vgl. Kapitel 5.3). Die durchgeführte Umfrage beinhaltete eine Incentivierung, um die Teilnehmer zur Beantwortung der Fragen zu bewegen. So konnten die Konsumenten an einer Verlosung von fünf Mobiltelefonen teilnehmen und die Kernergebnisse der empirischen Untersuchung per E-Mail anfordern.[38]

5.1.2 Auswahl der Stichprobe und Datenerhebung

Die Datenerhebung erfolgte mittels einer Befragung, welche als Standardinstrumentarium in der Forschung eine bedeutende Rolle einnimmt (Schnell et al., 2005, S. 321).

---

[37] Unterschiedliche Autoren nennen divergierende Mindeststichprobengrößen für Pretests. In der Regel werden hierbei Größenordnungen von 20 bis 50, bzw. eine einprozentige Stichprobe genannt (Raithel, 2006, S. 62).

[38] Zu den Vor- und Nachteilen von Incentives wie eine Erhöhung der Responsequote, aber auch die Gefahr der Selbstselektion und von wiederholten Teilnahmen sei auf die weiterführende Literatur verwiesen (bspw. Theobald, 2003, S. 395 ff.).

In dieser Arbeit wurden die Instrumente der standardisierten schriftlichen Befragung mittels postalischem Versand und der internetgestützten Befragung über einen Online-Fragebogen eingesetzt. [39]

Die empirische Untersuchung wurde mit der Unterstützung eines großen deutschen Mobilfunknetzbetreibers mit einem Kundenstamm von über zehn Millionen Mobilfunkverträgen durchgeführt. Das Unternehmen bietet seine Produkte erfolgreich sowohl über Online- als auch über Offline-Kanäle an, ein mehrgleisiger Vertrieb im Sinne der Multi-Channel-Distribution liegt somit vor. Für die Umfrage waren private Endkunden relevant, die ein Mobiltelefon inkl. des dazugehörigen Mobilfunkvertrages über einen der unterschiedlichen Absatzkanäle des Netzbetreibers gekauft hatten. Dem Unternehmen war bekannt, über welchen Absatzkanal (Online/Offline) der letzte Kauf eines Kunden stattgefunden hatte. Daher waren die Käufer der unterschiedlichen Kanäle bekannt, identifizierbar und konnten angesprochen werden. Da im Rahmen der Arbeit eine getrennte Untersuchung nach Offline- und Online-Käufern durchgeführt wird, existieren zwei verschiedene Grundgesamtheiten. Erstere besteht aus allen Kunden, die ein Mobiltelefon mit einem Laufzeitvertrag über einen Online-Kanal gekauft haben. Die zweite umfasst alle Kunden, die ein Mobiltelefon mit einem Laufzeitvertrag über einen Offline-Kanal gekauft haben. Durch die Größe der Grundgesamtheit und aus forschungsökonomischen Gründen wurde bei der letztendlichen Auswahl der Stichproben auf ein mehrstufiges Auswahlverfahren zurückgegriffen. Auf Grund der Dynamik in den Distributionskanälen, insbesondere in den einzelnen Online-Kanälen, und wegen der nachlassenden Erinnerungsfähigkeit der Konsumenten an den letzten Kaufprozess wurden für die empirische Untersuchung die Konsumenten ausgewählt, die im letzten halben Jahr den Kauf getätigt hatten.

Mit diesem Kriterium versehen, wurden aus den jeweiligen Grundgesamtheiten über einen Zufallsgenerator insgesamt 8.000 Kunden für den Postversand und 15.000 Kunden für die Online-Umfrage ausgewählt. Die über den Postversand angesprochenen Konsumenten hatten das Mobiltelefon über einen traditionellen Offline-Kanal gekauft, wohingegen die Adressaten der Online-Umfrage das Mobiltelefon über einen Online-

---

[39] In der Literatur werden die Besonderheiten und Vor- und Nachteile einzelner Datenerhebungstechniken intensiv diskutiert. Es sei auf die umfangreiche weiterführende Literatur verwiesen: Schnell et al. (2005, S. 358 ff.); Theobald et al. (2003); Berekoven et al. (2004, S. 118 ff.); Diekmann (2007, S. 434 ff.).

Distributionskanal beschafft hatten. Den postalischen Versand führte ein beauftragter Lettershop Ende Juni 2007 durch. Dem Fragebogen lag ein persönliches Anschreiben bei, welches dem Empfänger die Motivation für die Umfrage skizzierte und um Teilnahme bat. Ferner wurde ein portofreier Rückumschlag beigelegt, so dass bei einer Teilnahme keine Kosten entstanden. Die Online-Umfrage begann mit geringer zeitlicher Verzögerung in der ersten Juli-Hälfte und lief bis Anfang August 2007. Für den Online-Versand war eine Stückelung der Adressmenge notwendig, um den Umfrageserver nicht unnötig zu belasten. Dabei wurden die Kunden per E-Mail mit einem leicht modifizierten Text des Anschreibens zur Teilnahme an der Umfrage eingeladen. Der Fragebogen war über einen in der E-Mail angegebenen Link erreichbar und bequem über das Internet auszufüllen. Den Teilnehmern wurde in beiden Verfahren Anonymität zugesichert.

Im Rahmen des postalischen Versands wurden insgesamt 1.033 Fragebögen (12,9% Rücklaufquote) zurück geschickt. Insgesamt 1.370 komplett ausgefüllte Online-Fragebögen (9,1% Rücklaufquote) wurden über die zweite Befragungsmethodik generiert. Insbesondere bei der Online-Umfrage kam es bei einigen E-Mail-Providern zu Problemen, da die E-Mail als Spam identifiziert wurde und somit die Empfänger teilweise nicht erreicht haben dürfte. Ein weiterer Grund für die nicht besonders hohe Rücklaufquote beider Methoden kann auch darin liegen, dass das Anschreiben und die E-Mail neben dem Universitätslogo auch das Logo des beteiligten Netzbetreibers zeigte und es für einige Konsumenten eher den Anschein einer Kundenumfrage wie einer wissenschaftlichen Umfrage gehabt haben könnte.

Konsumenten können bewusst oder unbewusst einige Fragen nicht beantworten. Fehlende Antworten traten im Rahmen dieser Umfrage jedoch nur im Offline-Sample auf. Im Online-Sample waren diese so genannten Missing Values nicht existent, da dies durch Filterfragen und Pflichtantworten verhindert worden ist. Für die Auswertung wurden letztlich nur die Fragebögen berücksichtigt, bei denen die relevanten Konstrukte des Messmodells vollständig ausgefüllt worden sind. Folglich wurden einige unvollständigen Fragebögen aus der Offline-Umfrage von der weiteren Analyse ausgeschlossen. Ziel einer weiteren Datenbereinigung, die auf Grund der hohen absoluten Zahl an Rückläufern durchgeführt werden konnte, war die Erhöhung der Datenqualität und das Schaffen zweier eindeutig voneinander trennbarer Samples.

Das erste Sample beinhaltet alle Konsumenten, die das letzte Mobiltelefon über einen traditionellen Offline-Kanal gekauft haben (im Folgenden Offline-Käufer bzw. Offline-Sample genannt), wohingegen das zweite Sample die Konsumenten abbildet, die den Kauf über das Internet getätigt haben (Online-Käufer bzw. Online-Sample). Dazu wurden zunächst aus den jeweiligen Samples die Konsumenten ausgeschlossen, die den Kaufakt über einen nicht sample-konformen Beschaffungskanal abgewickelt haben. Da einige Konsumenten der Online-Umfrage eine Offline-Einkaufsstätte auswählten und zudem bei der am Ende des Fragebogens platzierten Verifizierungsfrage angaben, noch kein Mobiltelefon über das Internet gekauft zu haben, wurden diese Konsumenten dem Sample der Offline-Käufer übertragen.

Im Online-Sample wurden weiterhin die Teilnehmer ausgeschlossen, die zwar eine Online-Einkaufsstätte ausgewählt haben, die erwähnte Verifizierungsfrage (Mobiltelefonkauf im Internet? Ja/Nein) jedoch mit „Nein“ beantwortet haben. Ferner wies insbesondere die Offline-Umfrage einige inkonsistente Antworten auf. Knapp 100 Personen haben hier die Frage zur Wahl der Einkaufsstätte fehlerhaft beantwortet, da diese nach eigenen Aussagen das letzte Mobiltelefon sowohl über einen Offline- als auch einen Online-Kanal gekauft haben. Diese offensichtlich falsch ausgefüllten Fragebögen wurden von einer weiteren Analyse ausgeschlossen. Des Weiteren wurden die Konsumenten nicht in der Analyse berücksichtigt, die nur ein Prepaid-Mobiltelefon gekauft haben, da bei diesen Käufen keine extensive Entscheidungsfindung und intensive kognitive Auseinandersetzung mit dem Produkt zu erwarten ist.

Durch diese vorgestellten Maßnahmen kann nahezu sicher gestellt werden, dass das Sample der Online-Käufer nur Konsumenten umfasst, deren letzter Mobiltelefonkauf im Internet vollzogen worden ist und vice versa das Sample der Offline-Käufer nur Konsumenten repräsentiert, deren letzter Mobiltelefonkauf über einen Offline-Kanal getätigt worden ist. Von der ursprünglich geplanten Beschränkung auf Käufer, deren letzter Kauf maximal sechs Monate zurückliegt, wird Abstand genommen, da eine weitere, erhebliche Reduzierung der Samples die Konsequenz wäre. Daher wird das Kriterium auf einen Zeitraum von zwölf Monaten erweitert.

Insgesamt umfasst das Sample der Online-Käufer somit 854 Fragebögen und das Sample der Offline-Käufer 748 Fragebögen.

5.2 Methodische Grundlagen der empirischen Arbeit

Die später zu untersuchenden empirischen Modelle bilden mehrstufige Zusammenhänge zwischen unterschiedlichen latenten Variablen ab, die durch multiple Indikatoren gemessen werden. Aus diesem Grund empfiehlt es sich, zur Überprüfung der postulierten Hypothesen Strukturgleichungsmodelle mit latenten Variablen einzusetzen. Im Rahmen dieses Kapitels werden einige methodische Grundlagen für die spätere empirische Untersuchung erörtert. Zunächst werden unterschiedliche Messinstrumente und deren mögliche Anwendung in unterschiedlichen Analyseverfahren skizziert und darauf basierend das konkrete Analyseverfahren ausgewählt (Kapitel 5.2.1). Anschließend erfolgt die Darstellung unterschiedlicher Gütekriterien, nach denen die Messmodelle sowie das Strukturmodell im Rahmen der Auswertung überprüft werden (Kapitel 5.2.2).

5.2.1 Auswahl der geeigneten Messinstrumente und Analyseverfahren

Theoretische Konstrukte bzw. latente Variablen sind nicht direkt messbare Größen, so dass eine Operationalisierung mittels eines Messmodells notwendig ist. Grundsätzlich können latente Variablen durch ein formatives oder ein reflektives Messmodell operationalisiert werden.[40]

Bei **reflektiven Messmodellen** geht man von der Annahme aus, dass die latente Variable die dazugehörigen manifesten Variablen/Indikatoren verursacht. Bei einer Veränderung der Ausprägung der latenten Variablen ändern sich automatisch auch die Werte der zugeordneten Indikatoren (Fassott, Eggert, 2005, S. 37). Durch die Verwendung mehrerer Indikatoren können messfehlerbedingte Verzerrungen in den einzelnen Indikatoren korrigiert werden (Homburg, Dobratz, 1998, S. 450). Grundsätzlich sollten die einzelnen Indikatoren aus Konsistenzgründen stark miteinander korrelieren, da sie austauschbare Messungen der latenten Variablen symbolisieren (Bollen, Lennox, 1991, S. 307 f.). Bei perfekter Korrelation der Indikatoren untereinander mit einem Korrelationskoeffizienten von eins würde es sich bei den Indikatoren um fehlerfreie Messungen der latenten Variablen handeln (Fassott, Eggert, 2005, S. 37).

---

[40] Zur ausführlichen Diskussion in der deutschsprachigen Literatur: Eberl (2004); Bliemel (2005).

Formative Messmodelle gehen von einem umgekehrten Wirkungszusammenhang aus. Die Werte der manifesten Variablen/Indikatoren sind für die Werte der zugeordneten latenten Variablen ursächlich (Fassott, Eggert, 2005, S. 38). Bei einer Änderung der Ausprägung eines Indikators verändert sich somit auch der Wert der latenten Variablen, wohingegen andere Indikatoren unverändert bleiben. Dabei sind im Gegensatz zu reflektiven Messmodellen die Indikatoren nicht austauschbar oder entfernbar, da jeder Indikator eine Facette des Konstruktes abbildet und somit seine Existenzberechtigung besitzt (Bollen, Lennox, 1991, S. 308). Im Gegensatz zu reflektiven Messmodellen können die Indikatoren miteinander korrelieren, müssen es jedoch nicht zwingend, eine hohe Multikollinearität ist dabei unerwünscht.

Insbesondere in der jüngeren Forschung existieren kontroverse Diskussionen zur richtigen Operationalisierung der Messkonstrukte (Fassott, Eggert, 2005; Jarvis et al., 2003). Die Verwendung reflektiver Konstrukte dominiert, welches auch in den Auswertungsprogrammen wie LISREL oder AMOS begründet ist, die standardmäßig von reflektiven Messmodellen ausgehen (Fassott, Eggert, 2005, S. 32). Verschiedene Metastudien zeigen häufige Fehlspezifikationen von per se formativen Messmodellen als reflektive Konstrukte auf (vgl. Kapitel 4.6.3). Durch Fehlspezifikationen werden unnötige Indikatoreliminationen durchgeführt und so der konzeptionelle Gehalt des Konstruktes stark eingeschränkt (Fassott, Eggert, 2005, S. 44). In ihrer Studie stellen Fassott und Eggert (2005, S. 43) einen Fragenkatalog auf, der die richtige Operationalisierungsentscheidung begründet (Tab. 4).

Frage	Messmodell	
	reflektiv	formativ
Sind die Indikatoren definierende Charakteristika oder Manifestationen der latenten Variablen?	Manifestationen	Definierende Charakteristika
Würden Änderungen in der Ausprägung der Indikatoren eine Veränderung der latenten Variablen verursachen?	Nein	Ja
Würden Änderungen in der Ausprägung der latenten Variablen eine Veränderung der Indikatoren verursachen?	Ja	Nein
Haben die Indikatoren den gleichen bzw. ähnlichen Inhalt oder beziehen sich auf ein gemeinsames Thema?	Ja	Nicht erforderlich
Würde die Elimination eines Indikators den konzeptionellen Inhalt der latenten Variablen verändern?	Nein	Möglich
Sind Veränderungen in der Ausprägung eines Indikators verbunden mit gleichgerichteten Veränderungen der übrigen Indikatoren?	Ja	Nicht erforderlich
Haben die Indikatoren dieselben Antezedenzien und Konsequenzen?	Ja	Nicht erforderlich

Tab. 4 Fragenkatalog zur Spezifikation eines Messmodells
Quelle: Fassott, Eggert, 2005, S. 43

Die Spezifikationsentscheidung hängt insbesondere auch von der Zielsetzung der jeweiligen Untersuchung ab. Soll ein Messmodell aufgestellt werden, welches konkrete Ansatzpunkte aufzeigt, wie die latente Variable beeinflusst wird und dabei auch die relative Bedeutung der einzelnen Dimensionen des Konstruktes untereinander schätzt, so ist die Verwendung eines formativen Messmodells zweckmäßiger (Fassott, Eggert, 2005, S. 47).

Bei der Analyse von Strukturgleichungsmodellen mit latenten Variablen konkurrieren insbesondere zwei Verfahren miteinander: Zum einen die **Kovarianzstrukturanalyse** oder auch Kausalanalyse genannt, die insbesondere von Jöreskog und Sörbom entwickelt wurde und als LISREL bezeichnet wird und zum anderen die von Wold etablierte **Partial-Least-Squares-Pfadmodellierung (PLS)** (Henseler, 2005, S. 70). Lange Zeit dominierte die Kovarianzstrukturanalyse, es zeigt sich jedoch, dass auch die PLS-Pfadmodellierung zunehmend eingesetzt wird (Hulland, 1999). Zu den Vorteilen von PLS-Modellen gehören, dass sie ohne strikte Verteilungsannahmen auskommen und geringere Stichprobengrößen erfordern.[41] Zum anderen können sie im Gegensatz zu Kovarianzstrukturmodellen formative Messmodelle in geeigneter Form abbilden.[42] Des Weiteren werden PLS-Modelle bevorzugt, wenn das Modell vergleichsweise komplex ist und viele Indikatoren beinhaltet oder auch das Phänomen relativ neu ist und theoretische Messansätze kaum vorliegen (Helm, 2007, S. 257).

Im Rahmen dieser Arbeit werden die abhängigen latenten Variablen zur Messung der Nutzungsintensität einzelner Kanäle zur Informationsbeschaffung und Artikulation gemäß des oben aufgestellten Fragenkatalogs als formative Messkonstrukte angesehen. Jedoch finden auch reflektive Konstrukte, insbesondere zur Operationalisierung der unabhängigen latenten Variablen sowie der abhängigen Variablen der „Internet-Loyalität“ Anwendung. Daher wird im Rahmen dieser Arbeit die PLS-Pfadmodellierung gegenüber der Kovarianzstrukturanalyse bevorzugt und als Analyseverfahren eingesetzt.

Im Folgenden wird auf die **Struktur eines PLS-Pfadmodells** eingegangen, wobei diese Ausführungen bewusst kurz gehalten werden und auf die weiterführende Literatur verwiesen wird (Bliemel et al., 2005; Henseler, 2005; Ringle, 2004a). Strukturglei-

---

[41] Barclay et al. (1995, S. 292) fordern als Minimum der Stichprobengröße zehn Datensätze mal die Anzahl der Regressoren der komplexesten Regression.

[42] Zur Kritik zur Verwendung formativer Messmodelle in Kovarianzstrukturmodellen: Fassot (2005, S. 24 f.).

chungsmodelle und somit PLS-Modelle bestehen aus einem Messmodell, in dem die Beziehungen zwischen latenten Variablen und den dazugehörigen Indikatoren abgebildet sind und einem Strukturmodell, welches die Beziehungen der latenten Variablen untereinander beschreibt. Latente Variablen können als exogen bezeichnet werden, wenn diese von keinen weiteren latenten Variablen abhängen, endogen bei einer Abhängigkeit von anderen latenten Variablen (Henseler, 2005, S. 71). Abb. 32 verdeutlicht dies anhand eines Modells mit einem formativen und einem reflektiven Messmodell, wobei diese Einteilung nur beispielhaft ist. So können PLS-Modelle auch ausschließlich reflektive oder formative Messmodelle beinhalten.

Im Rahmen des formativen exogenen Messmodells wird die latente Variable ξ mit den manifesten Variablen x_n verbunden, und ξ ist eine Linearkombination der manifesten Variablen x_n. Die Koeffizienten π_{xn} spiegeln die Gewichtung der Indikatoren x_n für die linearkombinatorische Verrechnung zu der latenten Variablen ξ wider (Henseler, 2005, S. 71). Das endogene reflektive Messmodell funktioniert analog mit dem Unterschied, dass die latente Variable η die manifesten Variablen y_n verursacht. Das Strukturmodell/innere Modell beschreibt die Beziehungen zwischen den einzelnen latenten Variablen.

Durch den PLS-Algorithmus werden Schätzwerte zu den Gewichten bzw. Ladungen der manifesten Variablen, den Werten der latenten Variablen und den Pfadkoeffizienten zwischen den latenten Variablen gewonnen (Henseler, 2005, S. 74). Die Gewichte der manifesten Variablen drücken bei formativen Messmodellen aus, wie stark der Einfluss der manifesten Variable auf die dazugehörige latente Variable ist, wohingegen bei reflektiven Messmodellen die Ladungen der manifesten Variablen die gemeinsame Varianz mit der latenten Variable erklärt (Henseler, 2005, S. 74). Die latenten Variablen sind bzgl. des Vorzeichens nicht bestimmt. Wenn die Vorzeichen der Gewichte bzw. Ladungen der manifesten Variablen negativ sind, wo eigentlich eine positive Korrelation vorliegen sollte, muss die latente Variable in das logische Gegenteil uminterpretiert werden (Henseler, 2005, S. 74).

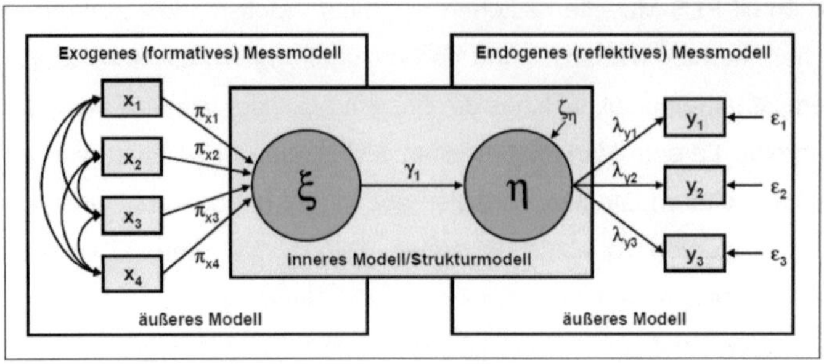

Abb. 32 Beispiel für ein PLS-Pfadmodell
Quelle: Herrmann et al. 2004, S. 6

Zur Analyse von PLS-Pfadmodellen standen lange Zeit kaum adäquate Softwarelösungen zur Verfügung. In den letzten Jahren sind jedoch einige Programme weiter entwickelt worden, so dass sich der Forscher für eine Softwarelösung entscheiden muss. In dieser Arbeit wird *SmartPLS 2.0.M.3* eingesetzt. Es ist eine leistungsfähige deutsche Software, die die meisten erforderlichen Berechnungen beinhaltet und in der Forschung anerkannt ist.[43]

5.2.2 Gütekriterien zur Beurteilung von Mess- und Strukturmodellen

Mit Hilfe von Gütekriterien können die empirischen Daten sowie die aufgestellten theoretischen Mess- und Strukturmodelle hinsichtlich ihrer Konsistenz geprüft werden. Dabei existiert eine ganze Reihe von Verfahren, die abhängig von dem jeweiligen Untersuchungsgegenstand (bspw. Strukturmodell/Messmodell, reflektives Messmodell/formatives Messmodell) eingesetzt werden. Oftmals werden diese Gütekriterien in Gütekriterien der ersten und zweiten Generation eingeteilt, wobei beide geeignet sind, Aussagen zur Reliabilität und Validität zu treffen und der Unterschied eher in der Leistungsstärke und den zugrunde liegenden Analysemethoden zu sehen ist (Homburg, Baumgartner, 1995, S. 162 ff.; Homburg, Giering, 1996, S. 8). Im Folgenden werden die Gütekriterien skizziert, die in dieser Arbeit Verwendung finden, und insbesondere auf die kritischen Werte eingegangen.[44]

---

[43] Einen Überblick zu unterschiedlichen Softwarelösungen liefern Temme und Kreis (2005, S. 193 ff.).

[44] Als weiterführende Literatur, die die einzelnen Verfahren auch vertiefender betrachtet, sei bspw. auf Krafft et al. (2005); Homburg, Giering (1996) und Chin (1998) verwiesen.

5.2.2.1 Gütekriterien reflektiver Messmodelle

Erste Erkenntnisse zur Gütebeurteilung werden mit Hilfe der explorativen Faktorenanalyse gewonnen, indem die jeweiligen Indikatoren im Hinblick auf die zugrunde liegende Faktorenstruktur untersucht werden (Krafft et al., 2005, S. 73). Sie dient der Verdichtung der Indikatoren zu Faktoren. Dazu soll der Wert der errechneten **Faktorladung** eines Indikators zu einem Faktor ausreichend hoch (>0,4) und für die weiteren Faktoren deutlich geringer (Differenz >0,3) sein (Homburg, Giering, 1996, S. 8). Zudem sollen die Faktorladungen entsprechend hohe t-Werte aufweisen, so dass eine signifikante Faktorladung vorliegt.[45] Grundsätzlich sind die Indikatoren aus dem Modell zu entfernen, deren Ladungen geringer als 0,4 sind (Hulland, 1999, S. 198). Bei der Extraktion von Faktoren wird verlangt, dass durch einen Faktor mindestens 50% der Varianz der ihm zugeordneten Indikatoren erklärt wird (Homburg, Giering, 1996, S. 12). Es wird in dieser Arbeit das Kaiser-Kriterium angewandt, nach dem die Zahl der zu extrahierenden Faktoren gleich der Zahl der Faktoren mit Eigenwerten größer eins ist.

Die **Indikatorreliabilität** liefert eine Schätzung für die Reliabilität eines einzelnen Indikators. Sie gibt *„für einzelne beobachtbare Variablen den Anteil der durch den zugehörigen Faktor erklärten Varianz an der Gesamtvarianz dieser Variablen an.*“ (Homburg, Giering, 1996, S. 10). Die Indikatorreliabilität kann Werte zwischen 0 und 1 annehmen. Die Autoren fordern dabei einen Mindestwert für die Indikatorreliabilität von 0,4 (Homburg, Giering, 1996, S. 10; Bagozzi, Baumgartner, 1994, S. 402). **Cronbach´s α** misst als Reliabilitätskoeffizient die interne Konsistenz der zu einem Faktor gehörenden Indikatoren. Cronbach´s α ist ein Durchschnittswert, resultierend aus der Korrelation aller summierten möglichen Variablenhälften, die aus den Indikatoren gebildet werden können (Homburg, Giering, 1996, S. 8; Nunnally, Bernstein, 1994, S. 254). Der Wertebereich erstreckt sich von 0 bis 1, wobei hohe Werte auf eine hohe Reliabilität der zugeordneten Indikatoren hinweisen (Homburg, Giering, 1996, S. 8). In der Regel werden in der Literatur Mindestwerte von 0,7 gefordert, die jedoch abhängig vom jeweiligen For-

---

[45] Im Zuge dieser Dissertation wird der allgemein gültigen Kovention gefolgt, dass bei Durchführung eines Signifikanz-Tests standardmäßig ein Testniveau / Signifikanzniveau von „0,05“ (d.h. von „5%“) festzulegen ist (Kähler, 2008, S. 252). Falls möglich, wird an den entsprechenden Stellen dieser empirischen Arbeit das Signifikanzniveau auf 0,01 gesenkt, so dass sich die Irrtumswahrscheinlichkeit auf 1% (statt 5%) reduziert und von einem „hochsignifikanten“ Zusammenhang auszugehen ist.

schungsziel auch deutlich höher angesetzt werden können (Nunnally, Bernstein, 1994, S. 265; Giering, 2000, S. 77). Mit Hilfe der **Item-to-Total-Korrelation** kann die Zugehörigkeit eines einzelnen Indikators zu dem vermuteten Faktor gemessen werden. Sie wird als Korrelation zwischen einem einzelnen Indikator und der Summe aller anderen dem Konstrukt zugeordneten Indikatoren berechnet (Homburg, Giering 1996, S. 8). Eine geringe Item-to-Total-Korrelation ist ein Hinweis zur Elimination des Indikators mit dem geringsten Wert. Ein Mindestwert von 0,3 wird hierbei oftmals gefordert (Kumar et al., 1993, S. 12). Die **Composite Reliability** (Konstruktreliabilität) ist ein Maß für die Konvergenzvalidität, also der Grad, in dem mehrere Messungen des identischen Konstruktes übereinstimmen (Helm, 2007, S. 304). Je höher dieser Wert ist, desto höher ist die Reliabilität der Indikatoren, die dem jeweiligen Konstrukt zugeordnet sind. Dabei wird oftmals ein Mindestwert für jedes Konstrukt von 0,7 angesetzt.

Neben der Untersuchung der Reliabilität der Indikatoren und der Konstrukte wird abschließend zur Sicherstellung der **Diskriminanzvalidität** das **Fornell-Larcker-Kriterium** angewandt. Unter Diskriminanzvalidität kann allgemein die Unterschiedlichkeit der Messungen verschiedener Konstrukte durch ein Messinstrument verstanden werden (Krafft et al., 2005, S. 74). Ausgangspunkt dazu ist die durchschnittlich erfasste Varianz (DEV). Nach Fornell und Larcker (1981, S. 46) liegt Diskriminanzvalidität vor, wenn die DEV einer latenten Variablen größer ist als sämtliche quadrierten Korrelationen dieser latenten Variablen mit allen anderen latenten Variablen des Messmodells. Dabei wird ein Mindestmaß der DEV von 0,5 gefordert. Falls dieser Wert unterschritten wird, entfällt der größere Teil der Varianz auf den Fehlerterm (Homburg, Giering, 1996, S. 12). Die folgende Tabelle fasst die im Rahmen dieser Arbeit verwendeten Gütekriterien zur Überprüfung reflektiver Modelle zusammen.

Güteart	Gütemaß	Notwendiger Erfüllungsgrad
Inhaltsvalidität	Faktorladungsstruktur	Faktorladung > 0,4, deutlich niedrigere Querladungen ($\Delta > 0,3$) (zusätzlich ausreichend hohe t-Werte der Faktorladung)
Inhaltsvalidität	Einfaktorielle Faktorstruktur (falls theoriegestützt gewollt)	Eigenwert-Kriterium: 1.EW > 1, 2. EW < 1; erklärte Varianz des extrahierten Faktors > 50%
Indikatorreliabilität	Indikatorreliabilität (IR)	IR > 0,4
Interne-Konsistenz-Reliabilität	Cronbachs Alpha (α)	α > 0,7 (Bei erstmaliger Skala-Anwendung α > 0,5 akzeptabel)
Konvergenzvalidität	Composite Reliability (CR)	CR > 0,7
Reliabilität	Item-to-Total-Korrelation	Korrelationen > 0,3, ansonsten fallweise Elimination
Diskriminanzvalidität	Fornell-Larcker-Kriterium	DEV > quadrierte Korrelation der latenten Variablen mit anderen latenten Variablen

Tab. 5 Verwendete Gütemaße zur Überprüfung reflektiver Messmodelle
Quelle: Eigene Darstellung

5.2.2.2 Gütekriterien formativer Messmodelle

Durch die Umkehr der Kausalität der Indikatoren bei formativen Messkonstrukten können die Gütekriterien der reflektiven Messmodelle nicht auf formative Messmodelle übertragen werden (Diamantopoulos, 1999, S. 453 f.). Die Indikatoren eines formativen Messmodells werden auf der Basis konzeptioneller Überlegungen ausgewählt und bilden die unterschiedlichen inhaltlichen Dimensionen der latenten Variablen ab und sind somit nicht austauschbar. Die jeweiligen Indikatoren können miteinander korrelieren, müssen es jedoch nicht zwingend, so dass die Eliminierung einzelner Indikatoren trotz geringen Gewichts im Messmodell kritisch zu sehen ist, da sich hierdurch der konzeptionelle Inhalt des Konstruktes ändern kann (Bollen, Lennox, 1991, S. 308; Diamantopoulos, 1999, S. 453 f.). Stattdessen müssen bei formativen Messmodellen ex ante die Indikatoren sorgfältig generiert werden, um eine inhaltliche Übereinstimmung zwischen der theoretischen Aufbereitung des Konstruktes und der Operationalisierung zu erreichen (Bollen, Lennox, 1991, S. 308; Fassott, Eggert, 2005, S. 40 ff.)

Formative Messkonstrukte werden hinsichtlich einer potenziellen **Multikollinearität** überprüft, welche den Grad der linearen Abhängigkeit der Indikatoren misst. Mit zunehmender Multikollinearität werden die Standardfehler der Koeffizienten π_{xn} größer und die Schätzungen der Regressionsparameter unzuverlässiger, im Extremfall ist bei perfekter Multikollinearität die Regressionsanalyse nicht mehr durchführbar (Backhaus et al., 2003, S. 88). Falls bei formativen Messmodellen Multikollinearität vorliegt, sind die Indikatoren nicht zu eliminieren. Stattdessen werden die betroffenen Indikatoren über eine Mittelwertbildung zu einer Variablen zusammengefasst, die dann im Index vertreten ist (Panten, 2005, S. 239).

Zur Überprüfung können zunächst über eine Korrelationsmatrix die **Spearman´schen Rangkorrelationskoeffizienten** der relevanten Indikatoren verglichen werden. Der Wertebereich beträgt zwischen -1 und +1. Korrelationskoeffizienten nahe den Extremwerten ±1 zeugen von einem kritischen Maß an Multikollinearität (Backhaus et al., 2003, S. 90). Hair et al. (2006, S. 227) nennen 0,9 als kritischen Wert. Der Spearman´sche Koeffizient kann jedoch nur paarweise Abhängigkeiten messen, so dass auch bei niedrigen Werten eine hohe Multikollinearität im Messmodell vorliegen kann (Backhaus, 2003, S. 90). Dieses Manko beheben andere Methoden wie die Toleranz, der Variance Inflation Factor sowie der Konditionsindex.

Ein Verfahren zur Messung der Multikollinearität ist die so genannte **Toleranz der Indikatoren**. Die Toleranz wird durch Subtraktion des Bestimmtheitsmaß R^2 (vgl. Kapitel 5.2.2.3 zur Erklärung von R^2) von 1 berechnet. Die Toleranz nimmt Werte zwischen 0 und 1 an. Erst wenn die kleinste Toleranz den Wert von 0,1 unterschreitet, gibt es Anzeichen von kritischer Multikollinearität (Hair et al., 2006, S. 230). Der **Variance Inflation Index (VIF)** ist ein weit verbreitetes und anerkanntes Prüfmaß. Er berechnet sich aus dem Kehrwert der Toleranz (Eckey et al., 2001, S. 93). Der minimale Wert, den der VIF annehmen kann, ist eins und ergibt sich bei vollkommener linearer Unabhängigkeit der betrachteten Indikatoren. Um welchen Faktor sich Varianzen der jeweiligen Indikatoren durch Multikollinearität vergrößern, wird durch VIF-Werte größer 1 ausgedrückt, wobei kein exakter Grenzwert für noch hinnehmbare Multikollinearität existiert, Nach einer Faustregel soll der Wert jedoch 10 nicht überschreiten (Krafft et al., 2005, S. 79). Der **Konditionsindex** analysiert die Eigenwerte der Varianz-Kovarianz-Matrix der unstandardisierten Regressionskoeffizienten zwischen der latenten Variablen und den Indikatoren. Werte zwischen 10 und 30 offenbaren mäßige, Werte über 30 starke Multikollinearität (Belsley et al., 1980, S. 105). Tab. 6 zeigt zusammenfassend die verwendeten Gütekriterien.

Gütemaß	Bezug	Notwendiger Erfüllungsgrad
Spearman´scher Rangkorrelationskoeffizient	Indikator	Multikollinearität bei Werten nahe 1, unkritisch bei 0,1 bis 0,3
Toleranz	Indikator	Multikollinearität vermutet bei < 0,1
Variance Inflation Index (VIF)	Indikator	Multikollinearität vermutet bei > 10
Konditionsindex	Index	Mäßige Multikollinearität bei 10-30, starke Multikollinearität bei > 30

Tab. 6 Verwendete Gütemaße zur Überprüfung formativer Messmodelle
Quelle: Eigene Darstellung

5.2.2.3 Gütekriterien des Strukturmodells

Im Gegensatz zu kovarianzbasierten Modellen lässt sich beim PLS-Ansatz kein globales Gütemaß wie der Goodness-of-Fit-Index der Kovarianzstrukturanalyse bestimmen. Aus diesem Grund müssen verschiedene Gütemaße eingesetzt werden, um die Messergebnisse im Strukturmodell beurteilen zu können.

Durch das **Bestimmtheitsmaß R^2** wird die Höhe bzw. der Anteil der erklärten Varianz des latenten endogenen Konstruktes angegeben. Es skizziert somit die Güte der Anpassung der Regressionsfunktion an die empirischen Daten (Backhaus et al., 2003, S. 63). R^2 kann Werte von 0 bis 1 annehmen, wobei es mit zunehmender erklärter

Streuung an der Gesamtstreuung zunimmt. Die Aussagekraft von R^2 ist nach Homburg und Baumgartner (1995) von den Zielen des Modells her zu interpretieren. So kann zwischen den Zielen *„Prüfung bestimmter vermuteter Beziehungen zwischen den latenten Variablen“*, bei der die R^2-Werte bei der Ergebnisinterpretation nur „zur Kenntnis“ genommen werden sollen und dem Ziel, *„die jeweiligen endogenen latenten Variablen möglichst vollständig zu erklären“*, unterschieden werden, wobei die Autoren bei letzterem eine hohe Erklärungskraft des Gütemaßes (R^2>0,4) empfehlen (Homburg, Baumgartner, 1995, S. 172). Chin (1998, S. 323) bezeichnet anhand seiner empirischen Studie Werte für R^2 von 0,67 als *„substanziell“*, von 0,33 als *„durchschnittlich“* und Werte von 0,19 als *„schwach“*, wobei kleinere Werte als *„nicht relevant“* eingestuft werden. Grundsätzlich lassen sich in der Literatur selten Empfehlungen zu konkreten Richtwerten und Bandbreiten von R^2 finden, so dass zumeist auf die empirischen Ergebnisse von Chin verwiesen wird. Der Autor dieser Arbeit schließt sich der Meinung von Ringle (2004b, S. 19) an, und sieht in den Ergebnissen von Chin (1998, S. 323) sehr gute Orientierungswerte zur Interpretation der in der empirischen Studie gewonnenen R^2-Werte. Durch eine Analyse der R^2-Änderung zeigt sich, ob eine exogene latente Variable einen relevanten Einfluss auf die abhängige Variable hat. Cohen (1988, S. 410 ff.) führt hierzu die **Effektstärke f^2** ein, die sich aus dem jeweiligen R^2 berechnet, ob die exogene Variable in die abhängige Variable einfließt (R^2_{inkl}) oder nicht (R^2_{exkl}). Bei Werten für f^2 von 0,02 / 0,15 bzw. 0,35 hat die jeweilige exogene Variable einen kleinen / mittleren bzw. großen Einfluss auf die abhängige Variable (Cohen, 1988, S. 413 f.). Die folgende Formel zeigt die Berechnung von f^2:

$$f^2 := \frac{R^2_{inkl} - R^2_{exkl}}{1 - R^2_{inkl}}$$

Die **Pfadkoeffizienten** des Strukturmodells zwischen den latenten Variablen können wie standardisierte β-Koeffizienten betrachtet werden, resultierend aus der Anwendung der Kleinstquadratemethode bzw. –schätzung (Krafft et al., 2005, S. 83). In der Literatur wird ein absoluter Betrag der Pfadkoeffizienten von mindestens 0,1 gefordert (Hulland, 1999, S. 198). Um die Schätzwerte des Strukturmodells zu validieren, werden Resamplingtechniken eingesetzt, durch die die Stabilität der ermittelten Modellparameter bewertet wird. Dazu gehören das Bootstrapping-Verfahren oder das Jackknifing, welche in der Softwarelösung SmartPLS eingebunden sind. Anhand von t-Statistiken und den daraus ermittelten Signifikanzniveaus wird die Güte der Parameterschätzungen überprüft. Im Rahmen dieser Arbeit wird dabei das in der Literatur als überlegen angesehene Verfahren des Bootstrapping benutzt. Die Prognoserelevanz des Modells kann mit Hilfe des **Stone-Geisser-Tests** überprüft werden. Das Stone-Geisser-Kriterium Q^2 zeigt auf, wie gut die durch die Empirie gewonnenen Daten mit Hilfe des Modells und der PLS-Parameter rekonstruiert werden können (Fornell, Cha, 1994, S. 72). Der Test erfolgt anhand der so genannten Blindfolding-Prozedur. Q^2 kann sowohl auf Konstruktebene bezüglich der Kommunalitäten als auch auf Strukturebene bezüglich der Redundanzen berechnet werden (Fornell, Cha, 1994, S. 73). Zur Prüfung des Strukturmodells gilt es, das Q^2 bzgl. der Redundanzen anzuwenden. Wenn Q^2 größer Null ist, besitzt das Modell eine ausreichende Prognosefähigkeit, ansonsten muss die Prognoserelevanz negiert werden (Chin, 1998, S. 318; Fornell, Cha, 1994, S. 73). Bei einem Q^2 von 1 werden die beobachteten Werte der endogenen Variablen perfekt rekonstruiert (Helm, 2007, S. 311). Tab. 7 fasst die Gütekriterien zur Beurteilung des Strukturmodells zusammen.

Gütemaß	Notwendiger Erfüllungsgrad
Bestimmtheitsmaß R^2	$R^2 \geq$ 0,67 (substanziell), $\geq$ 0,33 (durchschnittlich), $\geq$ 0,19 (schwach), $\leq$ 0,19 (nicht relevant)
Effektstärke f^2	f^2 = 0,02 (gering), f^2 = 0,15 (mittel), f^2 = 0,35 (hoch)
Höhe und Signifikanz der Pfadkoeffizienten	Pfadkoeffizienten > I 0,1 I ➔ Reliabilitätsbeurteilung anhand t-Statistik (Bootstrapping-Verfahren)
Stone-Geisser-Test	$Q^2 > 0$

Tab. 7 Verwendete Gütemaße zur Überprüfung der Strukturmodelle
Quelle: Eigene Darstellung

5.3 Konstruktion des Messmodells

Ziel dieses Kapitels ist es zu diskutieren, wie das Messmodell, welches Grundlage der Überprüfung der Strukturmodelle ist, zu konstruieren ist. Dabei werden zunächst die exogenen Messkonstrukte (Kapitel 5.3.1) und anschließend die endogenen Messkonstrukte (Kapitel 5.3.2) operationalisiert.

5.3.1 Operationalisierung der exogenen Messkonstrukte

Im Folgenden wird die Operationalisierung der exogenen Messkonstrukte dargestellt, die als kaufprozessbeeinflussende Determinanten die Integration des Internets in den Kaufprozess eines Konsumenten erklären. Die Auswahl der Konstrukte und deren konzeptionelle Aufarbeitung ist bereits im Kapitel 4 erfolgt, so dass nicht weiter auf inhaltliche Aspekte eingegangen wird. Im Zuge der Operationalisierung gilt es, in der empirischen Forschung bewährte Messkonstrukte erneut zu verwenden und bei Bedarf zu modifizieren. Reine Eigenentwicklungen werden nicht angestrebt. Alle verwendeten exogenen Messkonstrukte sind reflektiver Natur.

5.3.1.1 Convenience-Orientierung

Die Messung der individuellen Convenience-Orientierung der Konsumenten geschieht zumeist durch Messkonstrukte, die insbesondere den Zeit- und Annehmlichkeitsaspekt bzw. den subjektiv empfundenen Aufwand für die Konsumenten als Facetten berücksichtigen. Dabei wird das Konstrukt oftmals eindimensional gemessen (Li et al., 1999; Zaharia, 2006). Andere Autoren halten eine mehrdimensionale Operationalisierung für sinnvoll, indem sie zwei Dimensionen (Einstellung zum Convenience-Shopping, Einstellung zu Convenience-Produkten) hinter dem Konstrukt vermuten (Scholderer, Grunert, 2005, S. 109).

Li et al. (1999) operationalisieren die individuelle Convenience-Orientierung durch drei Fragen, die hauptsächlich den zeitlichen Aspekt berücksichtigen und nur marginal den Aufwandsaspekt widerspiegeln und gehen von einem eindimensionalen Ansatz aus, der empirisch bestätigt wird. Donthu und Garcia (1999) messen die Wichtigkeit der Convenience für die Konsumenten und verwenden dabei ein Konstrukt bestehend aus drei Fragen, die den Zeitfaktor (Abneigung gegen zeitaufwendiges Suchen), den Gebrauch / die Nutzung (Abneigung gegenüber komplizierten Gegenständen) sowie die generelle Neigung zum Distanzkauf berücksichtigen. Weitere Autoren messen die wahrgenommene Convenience des Internets als Einkaufskanal (bspw. Forsythe et al., 2003), welches aber kein Motiv der Konsumenten ist und somit nicht weiter Anwendung findet.

In dieser Arbeit wird die individuelle Convenience-Orientierung durch ein Konstrukt gemessen (Abb. 33), welches in der jüngeren Vergangenheit in der deutschsprachigen Forschung durch Zaharia eingesetzt worden ist und zufriedenstellende statistische Ergebnisse erzielt hat (Zaharia, 2006, S. 248 ff.). Sie konzeptionalisiert und operationalisiert es analog zum hier verfolgten Ansatz als persönliches Einkaufsmotiv der Konsumenten. Das Konstrukt besteht aus sechs Indikatoren, die auf einer fünfstufigen Likert-Skala mit den Extremen „Stimme voll zu“ und „Stimme gar nicht zu“ gemessen werden. Neben dem erfolgreichen Einsatz im deutschsprachigen Raum liegt der weitere Vorteil des Messmodells in der gleichzeitigen Berücksichtigung des zeitlichen Aspekts

(CONV_4; CONV_5; CONV_6) und des Aufwandsaspekts (CONV_1; CONV_2; CONV_3).

Konstrukt: Convenience-Orientierung		
Nr.	Indikator	Herkunft
CONV_1	Ich gehe nur dann in ein Geschäft, wenn ich etwas Bestimmtes kaufen möchte.	Zaharia (2006)
CONV_2	Ich habe genaue Vorstellungen von den Sachen, die ich kaufen will.	Zaharia (2006)
CONV_3	Einkaufen bedeutet für mich Stress.	Zaharia (2006)
CONV_4	Ich möchte so wenig Zeit wie möglich mit Einkaufen verbringen.	Zaharia (2006)
CONV_5	Ich mag beim Einkaufen keine langen Wege.	Zaharia (2006)
CONV_6	Ich erledige gerne mehrere Einkäufe auf einem Einkaufsweg.	Zaharia (2006)

Abb. 33 Operationalisierung der Convenience-Orientierung
Quelle: Eigene Darstellung

5.3.1.2 Persönliche Innovativität

Die konzeptionelle Aufarbeitung des Konstruktes hat gezeigt, dass bislang keine eindeutige Definition der Innovativität existiert. Daher sind die bisherigen Konzeptionalisierungen und Operationalisierungen sehr unterschiedlich (Hauser et al., 2006, S. 689).

Ein Konstrukt zur Messung der domainspezifischen Innovativität der Konsumenten, welches schon im deutschsprachigen Raum eingesetzt wurde, ist die *Domain Specific Innovativeness Scale (DSI)*. Die DSI-Skala von Goldsmith und Hofacker ist ein zuverlässiges und valides Messinstrument, dass durch eine Selbstauskunft von Konsumenten deren Innovativität und deren Absicht, zu den ersten Nutzern eines Produktes in einer bestimmten Produktklasse zu gehören, misst (Goldsmith et al., 1998, S. 340).

Für die anstehende Untersuchung wird jedoch nicht die domainspezifische Innovativität, sondern die immanente bzw. globale Innovativität als grundlegende Charaktereigenschaft eines Konsumenten als kaufprozessbeeinflussende Determinante betrachtet. Das *Kirton Adoption-Innovation Inventory (KAI) (Kirton, 1976)* ist ein mögliches Messkonstrukt, welches die generelle Innovativität von Konsumenten (innate innovativeness) misst und in einer Vielzahl von Studien bereits eingesetzt worden ist, und das hinsichtlich der Reliabilität, der Inhaltsvalidität, der Generalisierbarkeit und der zugrunde liegenden Faktorstrukturen gute Werte aufweist (Im et al., 2003, S.65). Das KAI umfasst 32 Items. Diese Vielzahl von Items ist jedoch ein maßgeblicher Grund dafür, ein anderes, ebenso bewährtes Verfahren auszuwählen:

Erstmalig erstellt wurde das Konstrukt zur Messung der persönlichen immanenten Innovativität von Hurt et al. (1977). Für diese Arbeit wird das Konstrukt aus der Studie von Limayem et al. (2000) aufgegriffen. Das Verfahren weist in beiden Studien seine messtheoretische Robustheit auf und erscheint somit geeignet für eine Anwendung in dieser Arbeit. Die Konsumenten bewerten auf einer fünfstufigen Likert-Skala mit den Extremen „Stimme gar nicht zu“ und „Stimme voll zu“ vier Aussagen zu ihrer generellen Innovativitätsneigung (Abb. 34). Dabei sind die Indikatoren INNO_1 und INNO_4 entgegengesetzt codiert.

Konstrukt: Persönliche Innovativität		
Nr.	**Indikator**	**Herkunft**
INNO_1	Grundsätzlich bin ich zögerlich, neue Ideen zu akzeptieren.	Hurt et al. (1977) / Limayem et al. (2000)
INNO_2	Ich finde es anregend, innovativ und originell zu denken und zu handeln.	Hurt et al. (1977) / Limayem et al. (2000)
INNO_3	Ich fühle mich durch komplexe und ungelöste Probleme herausgefordert.	Hurt et al. (1977) / Limayem et al. (2000)
INNO_4	Ich muss erst andere Leute sehen, wie sie Innovationen (bspw. neue Produkte) benutzen, bevor ich diese Innovationen für mich selbst in Erwägung ziehe.	Hurt et al. (1977) / Limayem et al. (2000)

Abb. 34 Operationalisierung der persönlichen Innovativität
Quelle: Eigene Darstellung

5.3.1.3 Produktinvolvement

In der Literatur existieren unterschiedlichste Verfahren zur Messung des Involvement-Konstruktes und seiner Facetten wie das Produktinvolvement, das Kaufinvolvement oder das situative Involvement. Zu den bekanntesten Messverfahren, die den Fokus auf das Produktinvolvement legen, gehören die Ansätze von Zaichkowsky sowie Laurent und Kapferer. Diese werden kurz vorgestellt, um anschließend das in dieser Arbeit verwendete Konstrukt von McQuarrie und Munson zu skizzieren, welches auf dem Konstrukt von Zaichkowsky aufbaut.

Das „Personal Involvement Inventory (PII)“ von Zaichkowsky

Eine der bekanntesten Operationalisierungen geht auf Zaichkowsky aus dem Jahr 1985 zurück. Das Konstrukt besteht aus 20 bipolaren Items, die auf einer siebenstufigen Likert-Skala gemessen werden. Somit ergeben sich Höchstwerte von 140 (High-Involvement) und eine Untergrenze von 20 (Low-Involvement). Durch Überprüfung des Konstruktes über 13 Produktkategorien wurden die Grenzen zwischen hohem und niedrigem Involvement definiert. Als Grenzwert erhielt Zaichkowsky den Wert von 89,55. Personen, die unter (über) diesem Wert liegen, besitzen ein niedriges (hohes) Involvement (Zaichkowsky, 1985, S. 350 f.). Einige Jahre später überarbeitete Zaichkowsky ihr ursprüngliches Konstrukt zum *„Revised Personal Involvement Inventory (RPII)“*. Das überarbeitete Konstrukt enthält weniger Items und soll sowohl die kognitive als auch affektive Komponente des Involvements abdecken (Zaichkowsky, 1994,

S. 59 f.). Das neue Konstrukt wird in der aktuelleren Forschung u.a. zur Messung des Involvements gegenüber dem Internet eingesetzt (Goldsmith, 2002; Wu, 2005). Eine deutschsprachige Version findet sich bei Solomon et al. (2001, S. 131).

Das „Consumer Involvement Profile“ von Laurent und Kapferer

Weit in der Literatur verbreitet ist auch das Messkonstrukt des *„Consumer Involvement Profile (CIP)“* von Laurent und Kapferer (1985). Anders als Zaichkowsky sehen die Autoren Involvement als mehrdimensionales Konstrukt. Das Konstrukt soll produktübergreifend Anwendung finden und nicht durch größere Modifizierungen anzupassen sein (Laurent, Kapferer 1985, S. 41). Es werden fünf Involvementdeterminanten (Antezedenzien) identifiziert. Diese werden im Messinstrument *Consumer Involvement Profile (CIP)* durch mehrere Indikatoren auf einer fünfstufigen Likert-Skala gemessen. Im Einzelnen sind es die folgenden fünf Antezedenzien bzw. Einflussfaktoren (Laurent, Kapferer, 1985, S. 43):

- Wahrgenommene Wichtigkeit des Produktes (persönliche Interesse).
- Wahrgenommene Wichtigkeit der negativen Konsequenzen bei einem Fehlkauf.
- Wahrgenommene Wahrscheinlichkeit eines Fehlkaufs.
- Die soziale Wirkung des Produktes auf den Konsumenten beim Kauf oder Gebrauch.
- Hedonistischer Wert des Produktes

Bei der Anwendung des CIP ist zu beachten, dass die einzelnen Faktoren zwar gewisse Informationen liefern, es aber nicht möglich ist, das Involvement der Konsumenten durch einen einzelnen Involvement-Indikator zu messen. Stattdessen sollen alle abgefragten Facetten des Involvements simultan in Betracht gezogen werden (Laurent, Kapferer, 1985, S. 52).

Revised Personal Involvement Inventory (RPII) von McQuarrie und Munson

Diese Arbeit untersucht das Produktinvolvement von Konsumenten im Bereich Mobiltelefone. Aus der Vielzahl der unterschiedlichen Messverfahren hat sich der Autor für die Verwendung des *„Revised Personal Involvement Inventory (RPII)“* von McQuarrie und Munson (1992) entschieden. McQuarrie und Munson gehören zu den Autoren, die das ursprüngliche Zaichkowsky-Konstrukt PII überarbeitet haben. Sie bescheinigen dem ursprünglichen PII eine recht gute Anwendbarkeit, nennen aber explizit einige

Kritikpunkte, die sie durch das neue RPII beheben wollen (McQuarrie, Munson, 1992, S. 108 f.):

- Ungeeignetes, kompliziertes Vokabular sowie zu langes Konstrukt.
- Unsichere Diskriminanzvalidität und geringe Validität der Kriterien.
- Ursprüngliches Konstrukt misst teilweise Einstellungen und kein Involvement.
- Zaichkowsky sieht Involvement als eindimensionales Konstrukt an, obwohl es bei einigen Produkten, empirisch belegt, bis zu fünf Faktoren beinhaltet

Insgesamt wird im modifizierten RPII die Anzahl der Items auf zehn reduziert. Es ergeben sich neue erreichbare Extremwerte von 10 (minimales Involvement) bis 70 (sehr hohes Involvement). Zusätzlich wird die Wortwahl vereinfacht und die Ausdrucksweise verständlicher gemacht. Um der Mehrdimensionalität Rechnung zu tragen, bauen die beiden Autoren die Dimensionen der Wichtigkeit („*importance*") und des Interesses („*interest*") in das Konstrukt ein. Die Items 1, 2, 3, 6 und 10 repräsentieren den Faktor Wichtigkeit, während die Items 4, 5, 7, 8 und 9 den Faktor Interesse symbolisieren. Diese von McQuarrie und Munson angenommene Einteilung ist allerdings nicht empirisch hergeleitet worden. Im Rahmen der späteren Überprüfung des Messmodells wird diese postulierte Faktorenstruktur geprüft.

Das RPII-Konstrukt wurde unter anderem von Koufaris (2002) und Koufaris et al. (2002) empirisch eingesetzt und zeigte ebenso wie bei McQuarie und Munson zufriedenstellende statistische Werte. Da dieses Konstrukt eine Weiterentwicklung des bereits als praktikabel befundenen Zaichkowsky-Konstruktes ist, geht der Autor davon aus, dass es auch geeignet für die Anwendung in dieser Arbeit ist. Das Konstrukt ist dem Autor bei der Erstellung des Fragebogens nur in seiner englischsprachigen Version bekannt (McQuarrie, Munson, 1992, S. 110). Daher ist es notwendig, es in die deutsche Sprache zu übersetzen. Dies geschieht durch die Unterstützung eines englischen Muttersprachlers sowie durch die Übernahme der Übersetzungen einiger Wortpaare anderer Autoren beim ursprünglichen Zaichkowsky-Modell (bspw. Solomon et al., 2001, S. 131).

Das letztendlich verwendete Messkonstrukt ist der Abb. 35 zu entnehmen. Die Items INV_1, INV_3, INV_6, INV_7 und INV_8 sind entgegengesetzt codiert.

Nr.	Konstrukt: Produktinvolvement im Bereich Mobiltelefone									Herkunft
	Wir möchten gerne etwas über Ihr Verhältnis bzw. Ihre Einstellung zum Produkt Mobiltelefon erfahren. Bitte bewerten Sie das Produkt Mobiltelefon an Hand der unten stehenden Charakteristika: "Mobiltelefone ... "									
INV_1	... sind wichtig	❐	❐	❐	❐	❐	❐	❐	... sind unwichtig	McQuarrie & Munson (1992)
INV_2	... sind irrelevant	❐	❐	❐	❐	❐	❐	❐	... sind relevant	McQuarrie & Munson (1992)
INV_3	... bedeuten mir viel	❐	❐	❐	❐	❐	❐	❐	... bedeuten mir nichts	McQuarrie & Munson (1992)
INV_4	... sind nicht aufregend	❐	❐	❐	❐	❐	❐	❐	... sind aufregend	McQuarrie & Munson (1992)
INV_5	... sind nicht spektakulär	❐	❐	❐	❐	❐	❐	❐	... sind spektakulär	McQuarrie & Munson (1992)
INV_6	... sagen mir viel	❐	❐	❐	❐	❐	❐	❐	... sagen mir nichts	McQuarrie & Munson (1992)
INV_7	... machen Spaß	❐	❐	❐	❐	❐	❐	❐	... machen keinen Spaß	McQuarrie & Munson (1992)
INV_8	... sind ansprechend	❐	❐	❐	❐	❐	❐	❐	... sind nicht ansprechend	McQuarrie & Munson (1992)
INV_9	... sind langweilig	❐	❐	❐	❐	❐	❐	❐	... sind nicht langweilig	McQuarrie & Munson (1992)
INV_10	... sind nicht von Belang für mich	❐	❐	❐	❐	❐	❐	❐	... sind von Belang für mich	McQuarrie & Munson (1992)

Abb. 35 Operationalisierung des Produktinvolvements
Quelle: Eigene Darstellung

5.3.1.4 Subjektives Produktwissen

Brucks (1985, S. 1) oder Alba und Hutchinson (1987, S. 411) führen bereits in älteren Publikationen verschiedenste Möglichkeiten der Messung des Produkt(klassen)wissens auf. So können sowohl das subjektive als auch das objektive Produktwissen gemessen werden. Weiterhin lassen vollzogene Käufe und der bisherige Gebrauch des Produktes als Anhaltspunkte auf das Produktwissen schließen, welches jedoch als alleinige Operationalisierung des Konstruktes von mehreren Autoren abgelehnt wird (Cordell, 1997, S. 242, f.; Lürssen, 1989, S. 93).

In der Fachliteratur gibt es keine Einigkeit, ob das objektive oder das subjektive Produktwissen präferiert wird. Beide Alternativen sind in der Literatur ausreichend beachtet und für praktikabel befunden worden. Während das objektive Wissen den wahren Kenntnisstand der Konsumenten untersucht, können mit dem subjektiven Wissen besser die Strategien und Heuristiken der Konsumenten betrachtet werden, da durch das Erfragen subjektiver Einschätzungen der Konsumenten neben der Wissenskomponente auch indirekt auf das Selbstvertrauen der Konsumenten geschlossen werden kann (Cordell 1997, S. 243). Das Produktwissen wird in der quantitativen Forschung zumeist als ein eindimensionales Konstrukt angesehen. Einige Autoren wie Alba und Hutchinson (1987, S. 411) operationalisieren das Produktwissen mehrdimensional durch die beiden Dimensionen der Vertrautheit („familiarity" - Summe der vom Konsumenten gemachten Erfahrungen mit dem Produkt) und der Expertise (Fähigkeit, produktbezogene Aufgaben zu lösen).

Diese Arbeit untersucht das subjektive Wissen der Konsumenten in der Produktkategorie Mobiltelefone. Gemäß den obigen Ausführungen hält der Autor die Fokussierung auf das subjektive Produktwissen für sinnvoll und verfolgt andere Operationalisierungsmöglichkeiten nicht weiter (vgl. Kapitel 4.4.2). Dabei wird ein bereits erprobtes Messkonstrukt ausgewählt, welches unter anderem von Smith und Park (1992) oder in modifizierter Form von Pedersen und Nysveen (2005) empirisch eingesetzt worden ist. In beiden Studien hat das Konstrukt seine Reliabilität und Validität unter Beweis gestellt. Der Autor ergänzt das ursprüngliche Konstrukt um einen Indikator, welcher die subjektive Kenntniseinschätzung zu den technischen Funktionalitäten eines Mobiltelefons misst (PW_5). Dieser Indikator erscheint bei einem technischen und komplexen Produkt wie einem Mobiltelefon sinnvoll und angebracht. Das finale Messkonstrukt ist eindimensional ausgelegt. Das Konstrukt besteht aus fünf Indikatoren, die auf einer siebenstufigen Likert-Skala mit den Extremwerten „Stimme gar nicht zu“ und „Stimme voll zu“ gemessen werden. Abb. 36 zeigt das verwendete Konstrukt.

Konstrukt: Subjektives Produktwissen		
Nr.	**Indikator**	**Herkunft**
PW_1	Ich empfinde mich als sehr kompetent in Bezug auf Mobiltelefone.	Smith & Park (1992)
PW_2	Wenn mich Freunde nach Mobiltelefonen fragen, bin ich in der Lage Ratschläge über verschiedene Produkte zu geben.	Smith & Park (1992)
PW_3	Wenn ich heute ein Mobiltelefon kaufen müsste, bräuchte ich nur sehr wenig Informationen einholen, um eine kluge Entscheidung zu treffen.	Smith & Park (1992)
PW_4	Ich bin sehr überzeugt zu wissen, was die relevanten Unterschiede zwischen den einzelnen Marken beim Kauf eines Mobiltelefons sind.	Smith & Park (1992)
PW_5	Ich glaube, alle techischen Funktionalitäten eines Mobiltelefons zu kennen.	Eigenentwicklung

Abb. 36 Operationalisierung des subjektiven Produktwissens
Quelle: Eigene Darstellung

5.3.1.5 Wahrgenommenes Risiko gegenüber dem Internet

Das wahrgenommene Risiko gegenüber Käufen im Internet wird in dieser Arbeit durch ein mehrdimensionales Konstrukt gemessen, welches bereits erfolgreich in der deutschsprachigen Forschung empirisch eingesetzt worden ist (Bauer et al. 2003, S. 30; Bauer, Sauer, Becker, 2004). Von einer eindimensionalen Messung wird aus den in Kapitel 4.5.1.1 skizzierten Gründen Abstand genommen. Eine mehrdimensionale Operationalisierung erfasst unterschiedliche Risikoarten und kann das empfundene Gesamtrisiko zufriedenstellend wiedergeben.

Die Messung des wahrgenommenen Risikos gegenüber dem Internet als Einkaufsstätte oder einem Internethändler ist ein in der Literatur gängiges und oftmals angewandtes Verfahren (vgl. Kapitel 4.5.1.3). Dabei wird das ursprünglich produktbezogene

Konzept des wahrgenommenen Risikos auf die Einkaufsstätte Internet übertragen. Das wahrgenommene Risiko gegenüber dem Internet als Einkaufsstätte wird zumeist als mehrdimensionales Konstrukt konzeptionalisiert und operationalisiert und in die unterschiedlichen Dimensionen des Risikos (finanzielles Risiko, funktionales Risiko, Sicherheitsrisiko) unterteilt (bspw. Cases, 2002; Bauer et al., 2003; Conner, 2002). Der Autor folgt zudem der Ansicht anderer Autoren, die in dem wahrgenommenen Risiko die subjektive Erwartung der Konsumenten, eine Einbuße bzw. einen Verlust zu erleiden, sehen (Sweeney et al., 1999; Stone, Gronhaug, 1993).

Das verwendete Messkonstrukt (Abb. 37) beinhaltet insgesamt vier Dimensionen des wahrgenommenen Risikos, die anhand von sechs Indikatoren gemessen werden. Das finanzielle Risiko wird durch die Items WR_Finanz_1 (finanzielle Kosten für Reparatur bzw. Rücksendung nicht zufrieden stellender Produkte) und WR_Finanz_2 (finanzieller Verlust durch Zahlungsabwicklung über das Internet), das funktionale Risiko durch das Item WR_Funkt (fehlende Möglichkeit zur physischen Produktbeurteilung), das Sicherheitsrisiko durch das Item WR_Sicherheit (möglicher Missbrauch persönlicher Daten) sowie das Zeit- und Bequemlichkeitsrisiko durch die Items WR_Zeit_1 (Zeitverlust bei verzögerter Lieferung) und WR_Zeit_2 (Zeitverlust bei Rücksendung und Ersatz des Produktes) operationalisiert. Ferner misst das Item WR_Gesamt das wahrgenommene Gesamtrisiko, ein Produkt über das Internet einzukaufen. Die Messung erfolgt auf einer siebenstufigen Likert-Skala mit den Extremen „sehr hoch“ bzw. „sehr niedrig“.

Die vorgenommene Auswahl dieser Risikodimensionen erscheint dem Autor dieser Arbeit gerechtfertigt, da andere Risikoarten nicht die Bedeutung der zuvor geschilderten Dimensionen besitzen. So dürfte das soziale Risiko, welches sich in der fehlenden Akzeptanz des eigenen Kaufverhaltens im Internet durch Bezugspersonen des Konsumenten ausdrückt, mit zunehmender Verbreitung des Internets vernachlässigbar sein und auch das physische Risiko in Form von gesundheitsschädlichen Auswirkungen des Kaufs betrachtet der Autor als irrelevant. Die mangelnde Relevanz des sozialen Risikos bei einem Internetkauf wird auch in einer Arbeit von Cases (2002, S. 386) empirisch belegt.

Konstrukt: wahrgenommenes Risiko gegenüber Internetkäufen		
Nr.	Indikator	Herkunft
	„Wie hoch ist Ihrer Ansicht nach die Wahrscheinlichkeit, dass..."	
WR_Funkt	... ein im Internet bestelltes Produkt nicht Ihren Erwartungen entspricht, weil Sie dieses nicht vor dem Kauf persönlich untersuchen konnten?	Bauer et al. (2003) / Hess (1995)
WR_Finanz_1	... Sie beim Internetkauf einen finanziellen Verlust im Hinblick auf mögliche Kosten für die Reparatur oder Rücksendung nicht zufrieden stellender Produkte erleiden?	Bauer et al. (2003) / Hess (1995)
WR_Finanz_2	... Sie beim Kauf eines Produktes im Internet einen finanziellen Verlust erleiden, wenn Sie „online" zahlen (z.B. durch Missbrauch Ihrer Kreditkartennummer)?	Bauer et al. (2003) / Hess (1995)
WR_Sicherheit	... Ihre persönlichen Daten (z.B. Adresse, Telefon, E-Mail-Adresse) beim Internetkauf, bspw. für Werbezwecke, missbraucht werden?	Bauer et al. (2003) / Hess (1995)
WR_Zeit_1	... Sie beim Internetkauf einen Zeitverlust aufgrund von Verzögerungen bei der Lieferung der bestellten Produkte erleiden?	Bauer et al. (2003) / Hess (1995)
WR_Zeit_2	... Sie beim Internetkauf einen Zeitverlust durch die Rücksendung nicht zufrieden stellender Produkte erleiden?	Bauer et al. (2003) / Hess (1995)
WR_Gesamt	In Anbetracht aller Faktoren, wie hoch ist Ihrer Ansicht nach das Risiko Produkte im Internet zu kaufen?	Bauer et al. (2003) / Hess (1995)

Abb. 37 Operationalisierung des wahrgenommenen Risikos gegenüber Internetkäufen
Quelle: Bauer et al., 2003, S. 30.

5.3.1.6 Kaufzufriedenheit der Konsumenten

In der Literatur existieren unzählige Ansätze zur Messung der Kundenzufriedenheit. Daher erscheint es zunächst sinnvoll, die unterschiedlichen Verfahren zu skizzieren.

Eine grundlegende Unterteilung ist die Unterscheidung zwischen objektiven und subjektiven Verfahren[46]. Bei objektiven Verfahren wird anhand gut messbarer Indikatoren wie Umsatz, Marktanteil oder Wiederkaufrate bzw. Abwanderungsrate auf die Zufriedenheit der Konsumenten geschlossen. Diese Verfahren haben sich in vielen Fällen als recht probate Mittel herausgestellt, mit der Einschränkung, dass auch andere Faktoren als die Zufriedenheit (bspw. Konjunktur, Wechselkurse, Subventionen, Wettbewerbsaktivitäten) die gewählten Indikatoren beeinflussen (Beutin, 2006, S. 124 f.). Des Weiteren ist insbesondere die zeitliche Verzögerung der Indikatoren ein Kritikpunkt (Matzler, Bailom, 2006, S. 243).

Subjektive Verfahren ermitteln subjektiv wahrgenommene Zufriedenheitswerte und können entweder ereignisorientiert mit Hilfe der Critical Incident Technologie oder merkmalsgestützt durchgeführt werden. Merkmalsgestützte Verfahren können dabei noch in implizite und explizite Methoden unterteilt werden. Implizite Methoden messen die Zufriedenheit auf indirektem Weg anhand von Indikatoren wie der Analyse des Beschwerdeverhaltens oder der Ermittlung des wahrgenommenen Leistungsdefizits. Der Rückschluss vom Beschwerdeverhalten auf die Zufriedenheit wird oftmals kritisch be-

[46] Ausführlich widmen sich dem Thema u.a. die Werke von Beutin (2006); Homburg, Rudolph (1998).

trachtet, da ein aktives Beschwerdeverhalten der Kunden vorausgesetzt wird. Nicht alle unzufriedenen Kunden beschweren sich, sondern oftmals nur ein sehr geringer Anteil (Günter, 2006, S. 375; Beutin, 2006, S. 127). Weiter ist eine Beschwerde nicht zwingend mit einem unzufriedenen Kunden gleichzusetzen, da sich auch zufriedene Kunden in einem gewissen Maße beschweren können (Beutin, 2003, S. 121).

Bei expliziten Methoden unterscheidet man zwischen der Messung der Kundenzufriedenheit mittels Messung des Erfüllungsgrades der Erwartungen und der Messung durch Zufriedenheitsskalen. Im erst genannten Verfahren wird zwischen einer ex-ante-/ex-post-Messung, bei der ein Vergleich der Erwartungen und der Erfüllung der Erwartungen durchgeführt wird und einer reinen ex-post-Messung unterschieden (Beutin, 2006, S. 129).

Im Rahmen der Messung der Zufriedenheit durch Zufriedenheitsskalen, also der zweiten expliziten Methode, kann zwischen Verfahren, die die generelle Zufriedenheit der Konsumenten mittels einer Frage messen und Verfahren, die einzelne Komponenten bzw. Dimensionen erfassen (bspw. Zufriedenheit mit Produkt, Zufriedenheit mit Service, Zufriedenheit mit Hotline) und daraus die Gesamtzufriedenheit ermitteln, unterschieden werden (Schütze, 1992, S. 187). Insbesondere Verfahren, die neben der Gesamtzufriedenheit auch Teilzufriedenheiten erfassen, werden in der einschlägigen Literatur bevorzugt. Durch sie können die Ursachen der Zufriedenheit bzw. Unzufriedenheit aufgedeckt und die Erkenntnisse zur Verbesserung der Leistungen und zur Steuerung der unternehmerischen Aktivitäten genutzt werden. Einen Überblick über die unterschiedlichen Messansätze liefert Abb. 38.

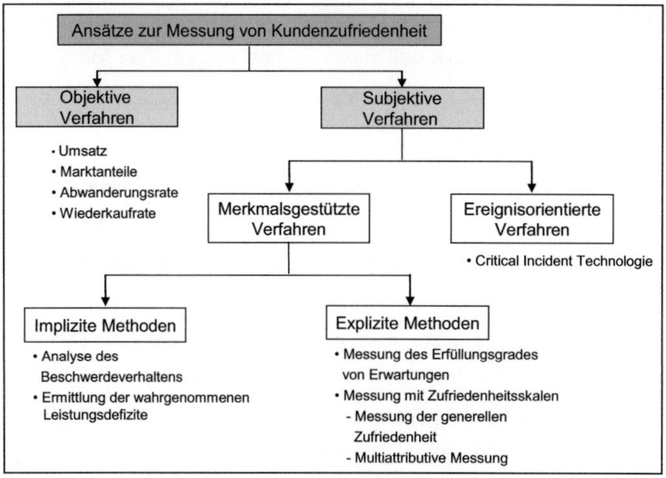

Abb. 38 Unterschiedliche Ansätze zur Messung der Kundenzufriedenheit
Quelle: Foscht, Swoboda, 2005, S. 225; Homburg, Rudolph, 1998, S.48

Beutin (2006, S. 131) zeigt auf, dass heutige Zufriedenheitsmessungen fast ausschließlich eine ex-post-Betrachtung wählen und dabei die Kundenzufriedenheit über ein direktes Zufriedenheitsurteil messen. Dies sei die verlässlichste und gebräuchlichste Methode.

In dieser Arbeit wird die Kaufzufriedenheit der Konsumenten mit dem letzten Kauf eines Mobiltelefons mittels einer merkmalsorientierten, ex-post-orientierten Kundenzufriedenheitsskala erhoben. Dabei wird, wie im Kapitel 4.5.2.1 skizziert, der Ansicht von Czepiel und Rosenberg (1977) sowie Bauer, Sauer und Fleig (2004) gefolgt und die Kaufzufriedenheit zweifaktoriell mit den Faktoren Kaufentscheidungszufriedenheit und Kaufprozesszufriedenheit operationalisiert. Ähnlich verfährt auch Betz (2003) durch die gleichzeitige Berücksichtigung der Kauf- und der Produktzufriedenheit.

Die Konsumenten werden gebeten, auf einer fünfstufigen Likert-Skala mit den Extremen „sehr zufrieden“ und „sehr unzufrieden“ ihren letzten Mobiltelefonkauf hinsichtlich vorgegebener Kriterien über ein direktes Zufriedenheitsurteil zu bewerten (Abb. 39). Von der Messung der Zufriedenheit anhand einer expliziten Berücksichtigung der Soll- und Ist-Komponenten gemäß des C/D-Paradigmas wird Abstand genommen (Betz, 2003, S. 168 f.; vgl. Kapitel 4.5.2.1). Auch von dem bei einer expliziten Messung oftmals verwendeten Ansatz, die Kundenzufriedenheit durch Messung der subjektiven Wichtigkeit einzelner Attribute und deren Erfüllungsgrad zu bestimmen, wird abgesehen. Konsumenten neigen dazu, die Wichtigkeit einzelner Merkmale durchgängig als hoch einzustufen oder geben als selbstverständlich eingestuften Merkmalen nur eine geringe Wichtigkeit, wohingegen sozial erwünschten Aspekten eine hohe Bedeutung zugewiesen wird (Mentzel, 2003, S. 159).

Neben der globalen Gesamtzufriedenheit mit dem Kauf- und Entscheidungsprozess (ZUF_Gesamt) werden vier Teilzufriedenheiten abgefragt. Zwei dieser Teilzufriedenheiten ermitteln die Kaufprozesszufriedenheit, indem die Zufriedenheit mit dem Erlangen von Informationen vor dem Kauf (ZUF_Info_1) sowie die Zufriedenheit mit der Wahl der Einkaufsstätte zum letztendlichen Kauf des Mobiltelefons (ZUF_Eink_2) gemessen werden. Die beiden Indikatoren zur Messung der Kaufentscheidungszufriedenheit spiegeln die beiden maßgeblichen Facetten der Zufriedenheit wider, die mit der Kaufentscheidung einhergehen: Die Zufriedenheit mit der Funktionalität des Mobiltelefons (ZUF_Funk_3) sowie die Zufriedenheit mit dem Provider (ZUF_Prov_4). Die Operationalisierung zeigt, dass hinter der Kaufzufriedenheit die zwei Faktoren der Kaufentscheidungszufriedenheit (ZUF_Funk_3 und ZUF_Prov_4) sowie der Kaufprozesszufriedenheit (ZUF_Info_1 und ZUF_Eink_2) vermutet werden. Ob diese beiden Faktoren diskriminante Faktoren der Gesamtzufriedenheit sind, wird empirisch überprüft.

Konstrukt: Zufriedenheit mit dem letzten Mobiltelefonkauf		
Nr.	**Indikator**	**Herkunft**
	Bewerten Sie bitte Ihren letzten Mobiltelefonkauf an Hand der folgenden Fragen: *„Wie zufrieden sind Sie...“*	
ZUF_Info_1	... mit dem Erlangen benötigter Informationen vor dem Kauf?	Eigenentwicklung
ZUF_Eink_2	... mit der Wahl der Einkaufsstätte zum letztendlichen Kauf des Mobiltelefons?	Eigenentwicklung
ZUF_Funk_3	... mit der Funktionalität des gekauften Mobiltelefons?	Eigenentwicklung
ZUF_Prov_4	... mit Ihrem Provider (Vertrag/Tarif/Netz)?	Eigenentwicklung
ZUF_Gesamt	... insgesamt mit dem Einkaufs- und Entscheidungsprozess des Mobiltelefonkaufs?	Riemenschneider (2006)

Abb. 39 Operationalisierung der Kaufzufriedenheit
Quelle: Eigene Darstellung

5.3.2 Operationalisierung der endogenen Messkonstrukte

Der Operationalisierung der abhängigen endogenen Messkonstrukte erfolgt mit besonderer Sorgfalt, da die Konstrukte[47] der „Informationsaufnahme vor dem Kauf“, der „Informationsaufnahme nach dem Kauf“ und des „Artikulationsverhaltens nach dem

[47] Formative Messkonstrukte werden auch als Index bezeichnet (Diamantopoulos, Winklhofer 2001, S. 269).

Kauf" formativ gemessen werden und in bisherigen empirischen Arbeiten noch nicht in der Weise untersucht worden sind. Eine Eigenentwicklung des Messinstruments auf der Basis ähnlicher Messverfahren war notwendig.

Dabei wird zunächst die konzeptionelle Breite des jeweiligen Konstruktes sorgfältig festgelegt, da die latente Variable durch all ihre Indikatoren definiert wird (Fassott, Eggert, 2005, S. 40). Anschließend werden die formativen Indikatoren erstellt. Dabei müssen alle Facetten des Konstruktes durch Indikatoren erfasst werden, damit der Inhalt der Konzeptionalisierung und die Operationalisierung übereinstimmen (Bollen, Lennox, 1991, S. 308; Fassott, Eggert, 2005, S. 40 ff.). Um die vom Forscher vorgenommene Operationalisierung zu verifizieren und Inhaltsvalidität sicher zu stellen, wird oftmals eine „Indikatoren-Zuordnungsaufgabe" in Form eines Pretests bei einem kleinen Sample von 12 bis 30 Personen (Experten oder für die Grundgesamtheit repräsentative Konsumenten) vorgenommen, in der die Teilnehmer zufällig angeordnete Indikatoren den subjektiv richtigen Konstrukten zuordnen (Hunt et al., 1982, S. 269 f.; Fassott, Eggert, 2005, S. 41 f.).

Obiges Vorgehen wurde in ähnlicher Form auch zur Operationalisierung der formativen Konstrukte in dieser Arbeit angewandt. Um alle Facetten des Konstruktes abzudecken, wurden umfangreiche Literaturrecherchen, Experteninterviews mit Vertretern des beteiligten Unternehmens sowie Endkundeninterviews durchgeführt und die Erkenntnisse in der Skalenentwicklung berücksichtigt. Anschließend überprüfte ein erster Pretest mit rund 30 repräsentativen Endkonsumenten die Skalen auf Vollständigkeit, Relevanz und Verständlichkeit. Die Erkenntnisse führten zu leichter Modifikation der Items und wurden in einem zweiten Pretest erneut überprüft, so dass sich eine mehrstufige Skalenentwicklung ergab. Die Verwendung der in der Literatur vorgeschlagenen „Indikatoren-Zuordnungsaufgabe" hätte bei der Validierung der hier verwendeten Konstrukte keine weiteren Erkenntnisse geliefert, da die Zuordnung der Indikatoren zu den jeweiligen Konstrukten eindeutig ist.

Der Schwerpunkt der empirischen Überprüfung liegt in der Untersuchung der Nutzung des Internets in Kaufprozessen. Um einen ganzheitlichen Ansatz zu gewährleisten, werden auch die klassischen Offline-Kanäle in den Konstrukten aufgenommen, die im Zuge der deskriptiven Auswertungen und der Diskriminanzanalyse untersucht werden.

5.3.2.1 Externe Informationsaufnahme der Konsumenten vor dem Kauf

Die Informationsaufnahme kann auf unterschiedliche Weise gemessen werden. Als Verfahren stehen u.a. die Befragung oder auch die unmittelbare Beobachtung der Konsumenten zur Verfügung.[48] In dieser Arbeit wird, trotz der Kritik einiger Autoren, die Methode der Befragung gewählt. Diese Autoren kritisieren, dass durch eine Befragung nicht die Informationsaufnahme selbst, sondern durch die zeitliche Verzögerung die Erinnerung der Konsumenten an die Informationsaufnahme gemessen wird (Kroeber-Riel, Weinberg, 2003, S. 262). Ferner lässt sich nur der Teil der Informationsaufnahme ermitteln, an den sich die Konsumenten erinnern und der bewusst kontrolliert aufgenommen worden ist (Kroeber-Riel, Weinberg, 2003, S. 248). Trotz der Kritik erscheint es dem Autor aus praktischen Erwägungen nicht vermeidbar, den Weg der Befragung zu wählen. Das Problem der zeitlichen Verzögerung wird im Rahmen der empirischen Untersuchung begrenzt, indem letztlich nur Konsumenten berücksichtigt werden, deren Kauf maximal zwölf Monate zurückliegt. Duncan und Olshavsky (1982, S. 38) empfehlen einen geringeren Zeitraum von zwei bis drei Monaten vor der Befragung, dieser ist wegen einer nicht ausreichenden Adressbasis in den Samples jedoch nicht realisierbar.

Das externe Informationsverhalten vor dem Kauf ist Gegenstand zahlreicher empirischer Arbeiten. Dabei existieren unterschiedliche Operationalisierungsansätze. Der Aufwand der Informationssuche wird oftmals durch die Zahl der benutzten Informationsquellen, durch die aufgewendete Zeit je Informationsquelle, durch eine Selbsteinschätzung der Konsumenten hinsichtlich des gesamten Suchaufwandes oder durch eine Kombination aller drei Ansätze gemessen (Bauer, Sauer, Fleig, 2004, S. 415). Bauer und seine Kollegen kommen nach Analyse bestehender empirischer Arbeiten zu dem Schluss, dass die Messung des Informationsverhaltens durch die Anzahl der genutzten Informationsquellen sowie durch die pro Quellentyp aufgewendete Zeit sinnvoll erfolgen kann (Bauer, Sauer, Fleig, 2004, S. 415). Die Messung der aufgewendeten Zeit erfolgt dabei über eine Selbstauskunft der Konsumenten, wie viele Stunden sie die einzelnen Informationsquellen genutzt haben (Chao, Gupta, 1995; Klein, Ford, 2003). Einen ähnlichen Ansatz verfolgt die Messung der subjektiven Nutzungsintensität (bspw. „gar nicht", „selten", „häufig") der einzelnen Informationsquellen (Rha, 2002; Bei

---

[48] Zur Vertiefung unterschiedlicher Messmethoden: bspw. Kroeber-Riel, Weinberg (2003, S. 262 ff.).

et al., 2004; Jepsen, 2007). Andere Autoren wählen eine weniger differenzierte Betrachtung, indem über ein dichotomes Item (Ja/Nein) die Nutzung des Internets zur Informationssuche allgemein bzw. einzelner Informationsquellen erfragt wird (Cai et al., 2004; Ratchford et al., 2003; Shim et al., 2000, Shim et al., 2001). Die alleinige Abfrage mittels eines dichotomen Items führt zu erheblichem Informationsverlust, so dass dieser Ansatz nicht weiter verfolgt wird (vgl. Kapitel 4.6).

Diese Arbeit führt eine differenzierte Betrachtung durch, bei der die Konsumenten nach der Nutzungsintensität einzelner Online- und Offline-Informationsquellen zur Informationsbeschaffung vor dem letzten Kauf eines Mobiltelefons befragt werden. Da eine kaufprozessphasenübergreifende Analyse erfolgt, werden auch das externe Informationsverhalten sowie das Artikulationsverhalten nach dem Kauf konsequenterweise auf identische Art gemessen.

Die Konsumenten werden gebeten, zu insgesamt zwanzig externen Informationsquellen anzugeben, mit welcher Nutzungsintensität sie diese bei dem letzten Kauf eines Mobiltelefons zur Informationssuche vor dem Kauf genutzt haben. Die Nutzungsintensität wird auf einer sechsstufigen Skala mit den Ausprägungen 1 (Kenne ich nicht), 2 (Gar nicht), 3 (Selten), 4 (Ab und zu), 5 (Häufiger) und 6 (Oft) gemessen. Die einzelnen Informationsquellen sind nach der im Kapitel 3.2.2.3 vorgenommenen Kategorisierung nach Informationen von (1) anderen Konsumenten, (2) Herstellern und Händlern sowie (3) neutralen Quellen eingruppiert worden. Ferner erfolgt eine Differenzierung nach Online- oder Offline-Informationsquellen. Insgesamt ergeben sich elf Online- und neun Offline-Informationsquellen.

Die im Konstrukt verwendeten externen Informationsquellen sind gemäß der eingangs beschriebenen Vorgehensweise zur Erstellung formativer Messkonstrukte ausgewählt worden.[49] Ein Großteil der Items wird auch von Rha in ihrer Dissertation verwendet (Rha, 2002, S. 35). Klassische traditionelle Informationsquellen ohne Einbezug des Internets sind demnach u.a. Einzelhändler, Massenwerbung, Fachzeitschriften und Testmagazine sowie persönliche Informationsquellen wie Freunde, Familie oder Nachbarn (Rha, 2002, S. 17). Bauer, Sauer und Fleig (2004, S. 416) nennen in ihrer empirischen Arbeit insgesamt fünfzehn unterschiedliche Offline- und Online-Infor-

---

[49] Externe Informationsquellen werden in den Standardwerken der Marketingliteratur oftmals skizziert und benannt (bspw. Kotler et al. (2007, S. 336); Assael (2004, S. 188)).

mationsquellen bei der externen Informationssuche nach Automobilen, von denen einige hier verwendet werden. Assael (2004, S. 188) unterscheidet zwischen siebzehn unterschiedlichen Online- und Offline-Informationsquellen. Im Folgenden werden die im Messkonstrukt verwendeten Indikatoren näher skizziert.

Die Online-Informationsquellen ON_IN_V_K1 bis ON_IN_V_K3, die von anderen Konsumenten über das Internet zur Verfügung gestellt werden, berücksichtigen aktuelle Entwicklungen rund um die Begriffe des Web 2.0 und des Electronic-WOM. Die Indikatoren überprüfen, inwieweit diese interaktiven Dienste für Konsumenten bereits Bedeutung erlangt haben. Zu diesen gehören Konsumentenbeurteilungen auf Community-Internetseiten (ON_IN_V_K1), Konsumentendiskussionen über Dienste wie Chats, Foren oder Newsgroups (ON_IN_V_K2) sowie das Lesen von Konsumentenrezensionen in Online-Shops (ON_IN_V_K3).

Die Informationsquellen ON_IN_V_H1 bis ON_IN_V_H5 symbolisieren Informationsquellen, die von Herstellern und Händlern von Mobiltelefonen über das Internet zur Verfügung gestellt werden. Dies sind Internetseiten von Händlern (ON_IN_V_H1), Internetseiten von Herstellern von Mobiltelefonen (ON_IN_V_H2) sowie Internetseiten von Netzbetreibern oder Mobilfunkserviceprovidern (ON_IN_V_H3). Die letztgenannte Informationsquelle kann bei exakter Begriffsauslegung noch in Internetseiten von Netzbetreibern und in solche von Serviceprovidern getrennt werden. Im Pretest stellte sich jedoch heraus, dass diese Unterteilung nicht von den Konsumenten wahrgenommen wird, so dass nur ein Indikator erstellt wird. Die Kontaktaufnahme per E-Mail mit Herstellern, Händlern und Netzbetreibern (ON_IN_V_H4) drückt ein konsumenteninitiiertes Kontaktieren der Unternehmen aus, zumeist an zentrale Kontaktadressen. E-Mail-Newsletter (ON_IN_V_H5) werden von Unternehmen periodisch an Konsumenten verschickt. Durch seine Zustimmung ist der Konsument Initiator der Informationsübermittlung.

Die Online-Informationsquellen ON_IN_V_N1 bis ON_IN_V_N3 werden von neutralen Anbietern bzw. Quellen über das Internet zur Verfügung gestellt. Dazu gehören Artikel oder Testberichte von Fachzeitschriften (ON_IN_V_N1) sowie die Angebote der in Kapitel 2.1.3 betrachteten Intermediäre wie Internetsuchmaschinen (ON_IN_V_N2) oder Vergleichsinternetseiten (ON_IN_V_N3).

Um einen ganzheitlichen Ansatz zu gewährleisten, werden auch die entsprechenden Pendants in Form von Offline-Informationsquellen berücksichtigt. Diese werden jedoch nur im Zuge der deskriptiven Analyse und der Diskriminanzanalyse aufgegriffen, zur Überprüfung der Strukturmodelle und der Hypothesen werden sie nicht genutzt. Die Diskussion mit Freunden, Arbeitskollegen und der Familie (OF_IN_V_K1) gehört zu der klassischen Form der Mund-zu-Mund-Propaganda (WOM) ohne Einbezug des Internets. Die Bedeutung des WOM im traditionellen Offline-Kontext ist oftmals empirisch bestätigt worden (vgl. Kapitel 3.4.4).

Die Indikatoren OF_IN_V_H1 bis OF_IN_V_H5 repräsentieren Informationsquellen, die von Herstellern und Händlern ohne Einbezug des Internets zur Verfügung gestellt werden. Der stationäre Handel und die Diskussion mit dem Verkaufspersonal (OF_IN_V_H1) gehören zu den wichtigsten Informationsmöglichkeiten für Konsumenten. Unter dem stationären Handel sind die eigenen Shops der Netzbetreiber und Serviceprovider, aber auch Abteilungen in Kaufhäusern und Elektrofachmärkten zu subsumieren. Informationen können von den Konsumenten weiterhin über die telefonische Hotline (OF_IN_V_H2) der Hersteller, Händler oder Netzbetreiber eingeholt werden. Printwerbung in Zeitschriften, Zeitungen oder Magazinen (OF_IN_V_H3) und die damit eng verknüpfte TV-Präsenz in Form von klassischer Werbung oder auch im Rahmen von Verkaufssendungen (OF_IN_V_H4) gehören zu den traditionellen, meist push-orientierten Marketinginstrumenten. Mobile Verkaufsteams (OF_IN_V_H5) werden zudem im Rahmen von Events oder Messen als innovatives Marketinginstrumentarium eingesetzt.

Zu den neutralen Offline-Informationsquellen gehören Informationen von Verbraucherorganisationen wie der Stiftung Warentest (OF_IN_V_N1) (vgl. ausführlich: Tölle, 1983) und neutrale Artikel und Tests in Publikums- und Fachzeitschriften (OF_IN_V_N1). Auch objektive Informationen über das TV-Programm in Form von Berichten oder Verbrauchertipps gehören in diese Kategorie (OF_IN_V_N1). Abb. 40 zeigt das neu entwickelte, formative Messkonstrukt.

Konstrukt: externe Informationssuche vor dem Kauf	
Nr.	**Indikator**
Online-Informationsquellen beim Kauf eines Mobiltelefons	
Informationen von anderen Konsumenten, über das Internet zur Verfügung gestellt:	
ON_IN_V_K1	Konsumentenbeurteilungen auf Community-Internetseiten (bspw. Ciao.com, Dooyoo.de)
ON_IN_V_K2	Konsumentendiskussionen (bspw. Chat-Räume, Newsgroups, Internet-Foren, Weblogs (Blogs) zum Thema Mobiltelefone)
ON_IN_V_K3	Kundenrezensionen in Online-Shops (bspw. amazon.de)
Informationen von Herstellern und Händlern, über das Internet zur Verfügung gestellt:	
ON_IN_V_H1	Internetseiten Händler (bspw. Saturn, Karstadt, Media Markt)
ON_IN_V_H2	Internetseiten Hersteller (bspw. Nokia, Sony Ericsson)
ON_IN_V_H3	Internetseiten Netzbetreiber / Provider (bspw. Vodafone, T-Mobile, e-plus)
ON_IN_V_H4	Kontaktaufnahme per E-Mail mit Herstellern, Händlern oder Netzbetreibern
ON_IN_V_H5	E-Mail-Newsletter von Herstellern, Händlern oder Netzbetreibern
Informationen von neutralen Quellen, über das Internet zur Verfügung gestellt:	
ON_IN_V_N1	Neutrale Artikel/Tests im Internet (bspw. von Fachzeitschriften)
ON_IN_V_N2	Internetsuchmaschinen (bspw. google.de, yahoo.de), um geeignete weitere Internetseiten zu finden
ON_IN_V_N3	Vergleichsinternetseiten, u.a. mit Vergleichstests/ Konfiguratoren (bspw. areamobile.de oder guenstiger.de)
Offline-Informationsquellen beim Kauf eines Mobiltelefons	
Informationen von anderen Konsumenten, nicht über das Internet zur Verfügung gestellt:	
OF_IN_V_K1	Diskussionen mit Freunden, Arbeitskollegen, Familie
Informationen von Herstellern und Händlern, nicht über das Internet zur Verfügung gestellt:	
OF_IN_V_H1	stationärer Handel / Diskussion mit Verkaufspersonal
OF_IN_V_H2	Telefonhotline von Herstellern/Händlern/Netzbetreibern
OF_IN_V_H3	Printwerbung in Zeitschriften, Zeitungen, Magazinen
OF_IN_V_H4	TV (Werbung, Shopping Kanäle (wie QVC), reguläres Programm)
OF_IN_V_H5	Mobile Verkaufsteams (bspw. In Baumärkten, bei Sport-Events, auf Messen)
Informationen von neutralen Quellen, nicht über das Internet zur Verfügung gestellt:	
OF_IN_V_N1	Verbraucherorganisationen (bspw. Stiftung Warentest)
OF_IN_V_N2	Artikel/Tests in Publikums- ("Stern") oder Fachzeitschriften ("Connect")
OF_IN_V_N3	Neutrale, objektive Berichte im Radio / TV

Abb. 40 Operationalisierung der externen Informationssuche vor dem Kauf
Quelle: Eigene Darstellung

5.3.2.2 Wahl der Einkaufsstätte

Die Konsumenten werden im Zuge der Frage „Wahl der Einkaufsstätte" gebeten, den beim letzten Mobiltelefonkauf gewählten Einzelhandelsbetriebstypen auszuwählen. Da hierbei nur eine Antwortalternative ausgewählt wird, handelt es sich nicht um ein Messkonstrukt im Sinne der anderen exogenen und endogenen Konstrukte dieser Arbeit, die durch formative oder reflektive Indikatoren operationalisiert werden. Es wird eine möglichst vollständige Auflistung alternativer Einkaufsstätten sowohl im Offline- als auch im Online-Kontext vorgegeben. Zusätzlich kann bei Bedarf eine weitere Einkaufsstätte ergänzt werden.

Insgesamt existieren zwölf verschiedene Auswahlmöglichkeiten, wovon fünf Online- und sieben traditionelle Offline-Bezugsquellen darstellen. Die im Rahmen der empirischen Untersuchung verwendeten Bezugsquellen sind nicht deckungsgleich mit den im Kapitel 2.4.4 vorgestellten Absatzkanälen eines Mobiltelefonnetzbetreibers. Dies ist darin begründet, dass Kunden auch außerhalb des Distributionssystems der Netzbetreiber das Mobiltelefon beschafft haben können (bspw. direkt über den Hersteller).[50] Des Weiteren wird analog zu der externen Informationssuche nicht zwischen Netzbetreibern und Serviceprovidern unterschieden.

Oftmals wird in der Handelsliteratur der „Internetshop“ als einziger Betriebstyp im Internet genannt und nicht weiter zwischen den einzelnen konkreten Online-Verkaufsorganen unterschieden, die für die Distribution von Produkten über das Internet genutzt werden können (Ahlert, Kenning, 2007, S. 113). In dieser Untersuchung erfolgt nicht nur die Unterscheidung zwischen Online- und Offline-Kanälen, sondern es erfolgt eine differenzierte Betrachtung der Kanäle.

Grundsätzlich repräsentieren die **Online-Beschaffungskanäle** Formen des Distanzhandels. Der Absatz über Internetseiten der Hersteller liegt, wie bereits skizziert, außerhalb der Distributionskette des Netzbetreibers, ist aber dennoch ein möglicher Bezugskanal für Konsumenten bei einem Kauf eines Mobiltelefons ohne Vertragsbindung. Des Weiteren können Konsumenten das Mobiltelefon inkl./exkl. des dazugehörigen Vertrages über die Internetseite des Netzbetreibers bestellen. Dies ist für die Netzbetreiber die rentabelste Form des Absatzes, da dies ein Direktvertriebskanal ist. Im Rahmen des indirekten Vertriebs werden die Mobiltelefone inkl./exkl. des Vertrages über den eingeschalteten Einzelhandel distribuiert. So kann das Mobiltelefon über Auktionsplattformen von gewerblichen Anbietern verkauft bzw. versteigert, aber auch über weitere Internethändler in deren Internetshops verkauft werden. Dabei wird unterschieden zwischen Anbietern mit hoher Reputation und einem bekannten Markennamen und preisgünstigen, wenig bekannten Internethändlern, die u.a. über Shopping-Agenten wie Preissuchmaschinen gefunden werden.

Die **Offline-Beschaffungskanäle** werden unterteilt in den stationären Einzelhandel und den Distanzhandel. Zu dem stationären Einzelhandel gehören in erster Linie die Shops der Netzbetreiber, die den direkten Vertriebskanal repräsentieren. Neben diesen existieren weitere stationäre Handelsgeschäfte. Hier werden analog zum Internet

---

50 Auf Grund der Stichprobenauswahl ist zu erwarten, dass diese außerhalb des Distributionssystems liegenden Beschaffungskanäle keinen nennenswerten Anteil in der Stichprobe repräsentieren werden. Da jedoch auch ein mehrfacher Mobiltelefonbesitz der Konsumenten (vgl. Kapitel 2.3) nicht außergewöhnlich ist, werden diese Bezugsquellen mit aufgenommen.

wiederum zwei für den Konsumenten subjektiv unterschiedlich wahrgenommene Betriebstypen aufgeführt. Zum einen die Gruppe der Kauf-/Warenhäuser und Fachdiscounter, die auf Grund langjähriger Existenz und Marketingaufwendungen zumeist sehr bekannt sind und Reputation besitzen und zum anderen die Gruppe der sonstigen, wenig bekannten stationären Händler, die keine besondere Reputation haben, preislich jedoch überzeugen. Zusätzlich existieren vier Distanzkanäle. Zu diesen gehört der direkte Vertrieb über die Telefonhotline von Herstellern, Händlern und Netzbetreibern. Im Rahmen des indirekten Vertriebs nimmt der klassische Katalog- und Versandhandel eine bedeutende Stellung ein. Als weitere damit eng verwandte Bezugsquelle ist die Bestellung nach Direktmarketing-Aktionen bzw. Werbebriefen zu nennen. Direktmarketing-Aktionen können jedoch von unterschiedlichsten Unternehmen initiiert sein, so dass dieser Beschaffungsweg nicht absolut eindeutig von den anderen separiert werden kann. Auch die Distribution über Shopping-Formate im TV gehört zu den Formen des Distanzhandels.

Einkaufsstättenwahl beim Mobiltelefonkauf	
Beim Kauf eines Mobiltelefons gibt es viele unterschiedliche Bezugsquellen/Absatzkanäle. Über welche Bezugsquelle haben Sie das letzte Mobiltelefon gekauft? (In den Klammern sind stets nur beispielhafte Ausprägungen genannt)	
Online Absatzkanäle/Bezugsquellen:	
❐ Internetseiten der Hersteller (bspw. Nokia, Sony Ericsson)	❐ renommierte Internethändler (bspw. Karstadt.de, amazon.de)
❐ Internetseiten Netzbetreiber (bspw. Vodafone, T-Mobile, e-Plus)	❐ Gewerbliche Auktionen auf Auktionsplattformen (bspw. ebay.de)
❐ Preisgünstige, unbekannte Internethändler, die bspw. über Preissuchmaschinen (bspw. guenstiger.de) im Internet gefunden wurden	
❐ Sonstige Online-Bezugsquelle: ________________________	
Offline Absatzkanäle/Bezugsquellen:	
❐ Katalog-/Versandhandel (bspw. OTTO, Neckermann)	❐ Bestellung nach Direktmarketing-Aktionen, Werbebriefen
❐ TV (Werbung, Shopping Kanäle (bspw. QVC))	❐ Kauf-/Warenhaus (bspw. Karstadt), Fachdiscounter (bspw. Saturn)
❐ Telefonhotline von Herstellern/Händlern/Netzbetreibern	❐ Shops der Netzbetreiber (bspw. Vodafone, T-Mobile, e-Plus)
❐ Sonstiger, eher unbekannter stationärer Handel (ohne besondere Reputation und bekannten Namen, preislich jedoch überzeugend)	
❐ Sonstige Offline-Bezugsquelle: ________________________	

Abb. 41 Operationalisierung der Einkaufsstättenwahl
Quelle: Eigene Darstellung

5.3.2.3 Artikulations- und Beschwerdeverhalten im Internet

Das Konstrukt zur Messung des Artikulations- und Beschwerdeverhaltens im Internet ist wiederum ein neu entwickeltes formatives Messkonstrukt, welches in identischer Weise wie das Messmodell zum Informationsverhalten vor dem Kauf entwickelt worden ist. Mit Hilfe des Konstruktes wird eruiert, inwieweit Konsumenten das Internet zur Weitergabe von positiven und negativen Erfahrungen und Meinungen nutzen. Dabei wird nicht das WOM zum Medium Internet betrachtet, sondern es wird analysiert, inwieweit Konsumenten einzelne Kanäle zur Artikulation ihrer Meinung nutzen. Das

WOM im Sinne von „*Ich spreche positiv über das Internet als Einkaufsstätte*" wird im Zuge des Konstruktes der Internet-Loyalität aufgegriffen.

Das Konstrukt misst die Nutzungsintensität einzelner Medien zur Artikulation von (1) positiven Erfahrungen/Meinungen und (2) negativen Erfahrungen/Meinungen durch den Konsumenten seit dem letzten Mobiltelefonkauf. Die Trennung in zwei Frageblöcke mit jeweils sieben identischen Kanälen erscheint dem Autor insbesondere darin begründet, dass negative Äußerungen gemäß der Literatur häufiger erfolgen als positive Artikulationen und dass exogene Variablen wie die Kaufzufriedenheit Einfluss auf die Art der Kommunikation haben (vgl. Kapitel 4.5.2.2). Leisen und Prosser (2004) wählen eine ähnliche, aus Sicht des Autors dieser Arbeit jedoch unzureichende Vorgehensweise. Sie operationalisieren das Konstrukt durch Messung der Wahrscheinlichkeit, dass Konsumenten sich in einem möglichen Problemfall bei unterschiedlichen Adressaten (anderen Konsumenten, Verbraucherorganisationen, Mitarbeitern des Unternehmens) beschweren. Hierbei nehmen sie zum einen nur eine potenzielle, fiktive Problemsituation an und messen zudem nur die Wahrscheinlichkeit einer Beschwerde. Folglich kann das über das Messkonstrukt ermittelte Beschwerdeverhalten nicht realitätskonform sein.

Einige der in dem Konstrukt der „*Informationsaufnahme vor dem Kauf*" genannten Medien sind im Umkehrschluss auch mögliche Kanäle zur Artikulation von Meinungen und Erfahrungen. Dabei ist der Konsument nicht mehr Rezipient der Botschaft, sondern kommuniziert seine Meinungen und Erfahrungen über die jeweiligen Kanäle. Im Einzelnen sind es die bereits in Kapitel 5.3.2.1 erwähnten Kanäle:

- Abgabe Erfahrungen auf Community-Internetseiten (bspw. Ciao.com, Dooyoo.de) (ART_POS_1 (positive Artikulation) bzw. ART_NEG_1 (negative Artikulation))
- Teilnahme an Konsumentendiskussionen (bspw. Chat-Räume, Newsgroups, Internet-Foren, Weblogs (Blogs) (ART_POS_2 bzw. ART_NEG_2)
- Abgabe von Rezensionen in Online-Shops (bspw. amazon.de) (ART_POS_3 bzw. ART_NEG_3)
- Verfassen von E-Mails und Versand an Hersteller, Händler, Netzbetreiber (ART_POS_4 bzw. ART_NEG_4)
- Diskussionen mit Freunden, Arbeitskollegen, Familie (ART_POS_5 bzw. ART_NEG_5)
- Telefonische Hotline von Herstellern, Händlern, Netzbetreibern (ART_POS_7 bzw. ART_NEG_7)

Das Verfassen von Leserbriefen (ART_POS_6 bzw. ART_NEG_6) ist ein noch nicht erwähntes Medium. Durch Leserbriefe können Konsumenten ihre Meinungen auf dem postalischen Weg an unterschiedlichste Rezipienten senden. Dazu gehören Leserbriefe an Verbraucherzentralen, an die Hersteller, an die Netzbetreiber oder auch an Zeitschriften. Eine Unterscheidung nach Art des Rezipienten erfolgt nicht, da hier das gewählte Medium untersucht wird.

Gemäß der konzeptionellen Aufarbeitung in Kapitel 3.4.3 lassen sich die Nutzung von Community-Internetseiten, die Teilnahme an Konsumentendiskussionen, die Abgabe von Rezensionen in Online-Shops als Electronic Word-of-Mouth (E-WOM) sowie die Diskussion mit Freunden, Arbeitskollegen und Familie als klassisches, persönliches WOM bezeichnen, wohingegen das Verfassen von E-Mails und Leserbriefen sowie die Nutzung der telefonischen Hotline als unternehmensgerichtete Beschwerde (im positiven Fall Lob) interpretiert wird. Die Nutzungsintensität der einzelnen Kanäle zur Artikulation wird wiederum auf einer sechsstufigen Skala mit den Ausprägungen 1 (Kenne ich nicht), 2 (Gar nicht), 3 (Selten), 4 (Ab und zu), 5 (Häufiger) und 6 (Oft) gemessen. Abb. 42 zeigt das verwendete Messkonstrukt.

Konstrukt: Artikulationsverhalten nach dem Kauf	
Nr.	**Indikator**
Weitergabe von positiven Erfahrungen / Meinungen	
ART_POS_1	Abgabe positiver Erfahrungen auf Community-Internetseiten (bspw. Ciao.com, Dooyoo.de)
ART_POS_2	Teilnahme an Konsumentendiskussionen (bspw. Chat-Räume, Newsgroups, Internet-Foren, Weblogs (Blogs)
ART_POS_3	Abgabe positiver Rezensionen in Online-Shops (bspw. amazon.de)
ART_POS_4	Verfassen von E-Mails und Versand an Hersteller, Händler, Netzbetreiber
ART_POS_5	Diskussionen mit Freunden, Arbeitskollegen, Familie
ART_POS_6	Verfassen von Briefen (Leserbriefe)
ART_POS_7	Telefonische Hotline von Herstellern, Händlern, Netzbetreibern
Weitergabe von negativen Erfahrungen / Meinungen	
ART_NEG_1	Abgabe negativer Erfahrungen auf Community-Internetseiten (bspw. Ciao.com, Dooyoo.de)
ART_NEG_2	Teilnahme an Konsumentendiskussionen (bspw. Chat-Räume, Newsgroups, Internet-Foren, Weblogs (Blogs)
ART_NEG_3	Abgabe negativer Rezensionen in Online-Shops (bspw. amazon.de)
ART_NEG_4	Verfassen von E-Mails und Versand an Hersteller, Händler, Netzbetreiber
ART_NEG_5	Diskussionen mit Freunden, Arbeitskollegen, Familie
ART_NEG_6	Verfassen von Briefen (Leserbriefe/Beschwerdebriefe)
ART_NEG_7	Telefonische Hotline von Herstellern, Händlern, Netzbetreibern

Abb. 42 Operationalisierung des Artikulationsverhaltens nach dem Kauf
Quelle: Eigene Darstellung

5.3.2.4 Informationsaufnahme der Konsumenten nach dem Kauf

Das Messkonstrukt zur Informationsaufnahme nach dem Kauf ist dem Messmodell zur Informationsaufnahme vor dem Kauf sehr ähnlich. Daher wird die Erstellung des Konstruktes nicht weiter erörtert, sondern nur auf wesentliche Unterschiede eingegangen.

Grundsätzlich sind nahezu die gleichen Informationsquellen zur Befriedigung des Informationsbedürfnisses nach dem Kauf wie in der Vorkaufphase relevant. Insgesamt sind jedoch fünf Indikatoren des Messkonstruktes der Vorkauf-Informationsphase eliminiert worden, da diese sowohl aus theoretischer Sicht, auf Grund der Expertengespräche sowie nach den Erkenntnissen des Pretests keine besondere Relevanz für das Informationsverhalten nach dem Kauf haben. Im Einzelnen sind dies:

- Online: E-Mail-Newsletter und Vergleichsinternetseiten
- Offline: Printwerbung, TV-Werbung und Shopping-Kanäle, mobile Verkaufsteams

Stattdessen wird ein Indikator neu aufgenommen. Bedienungsanleitungen (OF_IN_N_H1) zum Endgerät Mobiltelefon bieten Informationen zu den Leistungen des Netzbetreibers/Providers in Form einer Broschüre und werden bei einem Kauf den Kunden übergeben und gelten als klassisches Informationsmedium nach dem Kauf. Die Messung der Nutzungsintensität erfolgt wiederum auf der bereits erwähnten sechsstufigen Skala. Abb. 43 zeigt das Messkonstrukt.

Konstrukt: Externe Informationssuche nach dem Kauf	
Nr.	**Indikator**
Online-Informationsquellen nach dem Kauf eines Mobiltelefons	
Informationen von anderen Konsumenten, über das Internet zur Verfügung gestellt:	
ON_IN_N_K1	Konsumentenbeurteilungen auf Community-Internetseiten (bspw. Ciao.com, Dooyoo.de)
ON_IN_N_K2	Konsumentendiskussionen (bspw. Chat-Räume, Newsgroups, Internet-Foren, Weblogs (Blogs) zum Thema Mobiltelefone)
ON_IN_N_K3	Kundenrezensionen in Online-Shops (bspw. amazon.de)
Informationen von Herstellern und Händlern, über das Internet zur Verfügung gestellt:	
ON_IN_N_H1	Internetseiten Händler (bspw. Saturn, Karstadt, Media Markt)
ON_IN_N_H2	Internetseiten Hersteller (bspw. Nokia, Sony Ericsson)
ON_IN_N_H3	Internetseiten Netzbetreiber / Provider (bspw. Vodafone, T-Mobile, e-plus)
ON_IN_N_H4	Kontaktaufnahme per E-Mail mit Herstellern, Händlern oder Netzbetreibern
Informationen von neutralen Quellen, über das Internet zur Verfügung gestellt:	
ON_IN_N_N1	Neutrale Artikel/Tests im Internet (bspw. von Fachzeitschriften)
ON_IN_N_N2	Internetsuchmaschinen (bspw. google.de, yahoo.de), um geeignete weitere Internetseiten zu finden
Offline-Informationsquellen nach dem Kauf eines Mobiltelefons	
Informationen von anderen Konsumenten, nicht über das Internet zur Verfügung gestellt:	
OF_IN_N_K1	Diskussionen mit Freunden, Arbeitskollegen, Familie
Informationen von Herstellern und Händlern, nicht über das Internet zur Verfügung gestellt:	
OF_IN_N_H1	Bedienungsanleitungen
OF_IN_N_H2	stationärer Handel / Diskussion mit Verkaufspersonal
OF_IN_N_H3	Telefonhotline von Herstellern/Händlern/Netzbetreibern
Informationen von neutralen Quellen, nicht über das Internet zur Verfügung gestellt:	
OF_IN_N_N1	Verbraucherorganisationen (bspw. Stiftung Warentest)
OF_IN_N_N2	Artikel/Tests in Publikums- ("Stern") oder Fachzeitschriften ("Connect")
OF_IN_N_N3	Neutrale, objektive Berichte im Radio / TV

Abb. 43 Operationalisierung der externen Informationssuche nach dem Kauf
Quelle: Eigene Darstellung

5.3.2.5 Internet-Loyalität

In der empirischen Forschung wird die Loyalität zumeist gegenüber einem bestimmten Unternehmen bzw. gegenüber einer bestimmten Marke (Suh, Han, 2003; Fitzsimons et al., 1997; Riemenschneider, 2006; van Riel et al. 2004) und nicht allgemein gegenüber einem Einkaufsmedium wie dem Internet gemessen. In dieser Arbeit wird jedoch die Loyalität gegenüber dem Medium Internet als Einkaufsstätte untersucht. Auf Grund der schnellen Entwicklungszyklen der Mobiltelefonendgeräte sowie der langen vertraglichen Bindung würde eine Beschränkung auf ein bestimmtes Produkt nicht zielführend sein, da das Produkt beim Wiederkauf auf Grund von Neuentwicklungen in der selben Form nicht mehr verfügbar wäre. Auch die Beschränkung auf einen Hersteller ist mit ähnlichen Problemen behaftet, wenn auch in abgeschwächter Form (bspw. Fusionen, strategische Marktausstiege). Ferner würde die Produkt- oder Marken-Loyalität bzw. Hersteller-Loyalität nicht themenkonform mit dieser Arbeit sein, da die Integration des Internets in Kaufprozessen untersucht wird und nicht die Loyalität von Internetkäufern gegenüber dem Anbieter bzw. dem Produkt.

In der Konsequenz der obigen Ausführungen wird das Konstrukt der Internet-Loyalität mittels eines einstellungsorientierten Ansatzes durch die beiden folgenden Facetten repräsentiert:

- Nutzungsabsicht des Internets beim nächsten Kauf zur Informationssuche und zum Kauf
- Weitermpfehlungsabsicht des Internets als Distributionskanal an weitere Konsumenten

Das Wort Loyalität impliziert, dass Konsumenten das Internet bereits beim Kauf entweder als Medium zur Informationssuche oder zum letztendlichen Kauf genutzt haben. Dies ist für das Sample der Online-Käufer uneingeschränkt gegeben. Für das Sample der Offline-Käufer kann dies nicht gewährleistet werden. Der Offline-Käufer kann das Internet in seinen letzten Kaufprozess integriert haben, dies ist jedoch nicht zwingend. Aus diesem Grund erfasst das Konstrukt der Internet-Loyalität eher seine zukünftigen Nutzungsabsichten und kann tendenziell als negative Loyalität gegenüber dem von ihm gewählten Offline-Distributionskanal gedeutet werden, da eine hohe Nutzungs- und Weiterempfehlungsabsicht des Internets oftmals zu Lasten seiner bisherigen Einkaufsstätte gehen kann.

Dass die Nutzungsabsicht und die Weiterempfehlungsabsicht eigenständige Dimensionen des Konstruktes sind, wie es u.a. Homburg und Bucerius (2006, S. 56) skizzieren, und das Konstrukt somit zweidimensional konzeptionalisiert werden müsste, wird vom Autor dieser Arbeit kritisch gesehen. Hier wird eher der Ansicht von Aschmoneit (2004, S. 26) gefolgt. Seiner Meinung nach ist die Kundenloyalität eindimensional konzeptionalisiert, wenn nur die Absichtsdimension wie die Wiederkaufsabsicht oder Weiterempfehlungsabsicht betrachtet wird. Wenn zusätzlich zur Absichtsdimension die Verhaltensdimension wie das reale Wiederkaufverhalten und das reale Weiterempfehlungsverhalten in die Konzeptionalisierung des Konstruktes eingeht, liegt ein zweidimensionales Konstrukt vor, welches er jedoch letztlich als Kundenbindung und nicht als Kundenloyalität bezeichnet (Aschmoneit, 2004, S. 26). Daraus folgernd wird das Konstrukt der Internet-Loyalität in dieser Arbeit eindimensional konzeptionalisiert.

Das entwickelte Messmodell beruht maßgeblich auf den Arbeiten von Parasuraman et al. (1994), Fitzsimons et al. (1997) sowie Riemenschneider (2006) und besteht aus insgesamt fünf Indikatoren, die auf einer fünfstufigen Likert-Skala gemessen werden.

Die Weiterempfehlungsabsicht wird durch drei Indikatoren operationalisiert, die auch in den Werken von Parasuraman et al. (1994), Fitzsimons et al. (1997) und Riemenschneider (2006) Anwendung gefunden haben. Der Indikator WEmpf_1 misst das positive WOM der Konsumenten gegenüber dem Internet als Einkaufsstätte. WEmpf_2 und WEmpf_3 sind eng miteinander verbunden. Während ersterer die reaktive Weiterempfehlungsabsicht erfasst, wird durch den zweiten Indikator die aktive Weiterempfehlungsabsicht abgefragt. Zur Operationalisierung der zukünftigen Nutzungsabsicht werden in der Literatur zumeist sehr ähnliche Indikatoren ausgewählt, an die sich auch die hier verwendeten Indikatoren anlehnen. Devaraj et al. (2002) messen die zukünftige Nutzungsabsicht durch drei Fragen zur erneuten Nutzungsabsicht, zum Kanalwechselverhalten und zur Erhöhung des Anteils von Internetkäufen an den Gesamtkäufen. Andere Autoren verwenden oftmals nur einen Indikator zur Abfrage der Wahrscheinlichkeit der erneuten Nutzung (Suh, Han, 2003; van Riel et al. 2004; Supphellen, Nysveen, 2001). Die hier verwendeten Indikatoren messen die Wahrscheinlichkeit der vornehmlichen Nutzung des Internets im Rahmen der externen Informationssuche beim nächsten Kauf (Info_IN_NK) sowie die Wahrscheinlichkeit, dass der nächste Kauf letztendlich über das Internet abgewickelt wird (Kauf_IN_NK). Abb. 44 gibt das letztlich verwendete Konstrukt noch einmal wieder.

Konstrukt: Internet-Loyalität		
Nr.	**Indikator**	**Herkunft**
WEmpf_1	Über das Internet als Einkaufsstätte werde ich positiv sprechen.	Parasuraman et al. (1994) / Fitzsimons et al. (1997) / Riemenschneider (2006)
WEmpf_2	Ich werde das Intenet als Einkaufsstätte für Mobiltelefone weiterermpfehlen, wenn mich jemand um Rat fragt.	
WEmpf_3	Ich werde Freunden und Verwandten raten, im Internet Mobiltelefone einzukaufen.	
Info_IN_NK	Wie wahrscheinlich ist es, dass Sie beim nächsten Mobiltelefonkauf die benötigten Informationen hauptsächlich über das Internet beziehen werden?	Eigenentwicklung
Kauf_IN_NK	Wie wahrscheinlich ist es, dass Sie das nächste Mobiltelefon im Internet kaufen werden?	Eigenentwicklung

Abb. 44 Operationalisierung der Internet-Loyalität
Quelle: Eigene Darstellung

5.4 Deskriptive Ergebnisse

In diesem Kapitel erfolgt eine deskriptive Auswertung der Ergebnisse. Dabei wird eingangs die soziodemographische Zusammensetzung der beiden Samples miteinander verglichen (Kapitel 5.4.1), um anschließend einige Charakteristika der Online- und Offline-Käufer hinsichtlich des Untersuchungsgegenstandes des Mobiltelefons aufzuzeigen (Kapitel 5.4.2). Des Weiteren wird die Durchführung und Abwicklung des letzten Mobiltelefonkaufprozesses in den einzelnen Kaufphasen betrachtet, um erste Erkenntnisse zur Nutzung einzelner Medien und Kanäle zu gewinnen (Kapitel 5.4.3). Dem schließt sich eine kanalübergreifende Analyse des Nutzungsverhaltens an. Dabei werden Aspekte zum Multi-Channel-Shopping-Verhalten der Konsumenten analysiert (Kapitel 5.4.4). Abschließend erfolgt eine letzte qualitative Bereinigung der Stichproben für die spätere Überprüfung der Messmodelle (Kapitel 5.4.5).

5.4.1 Soziodemographische Zusammensetzung

Es zeigt sich, dass die Konsumenten beider Samples vergleichsweise jung sind. Hauptsächlich bestehen beide Samples aus 18-29 Jährigen, die mit gut 45% (Offline-Käufer) und knapp 52% (Online-Käufer) die jeweiligen Stichproben dominieren. Insgesamt sind 87% (Offline-Käufer) bzw. fast 93% (Online-Käufer) der Konsumenten unter 50 Jahre. Die Gruppe der Offline-Käufer weist eine geringfügig ältere Struktur als die Online-Käufer auf, welches mit der jüngeren Struktur der Nutzer des Mediums Internet übereinstimmt. Es liegen dem Autor keine Statistiken zur Altersstruktur von Mobiltelefonkäufern vor. Eine in Kapitel zwei erwähnte Statistik zu den Penetrationsraten von Mobiltelefonen zeigt, dass Mobiltelefonbesitzer im Vergleich zur Gesamtbevölkerung jünger sind, da insbesondere bei jüngeren Konsumenten Penetrationsraten nahe 100% vorliegen und diese mit steigendem Alter auf bis zu 27% zurückgehen (TNS Infratest, 2007, S. 135). Dennoch ist davon auszugehen, dass die Mobiltelefonkäufer in den vorliegenden Stichproben im Vergleich zu der Gesamtstruktur der Bevölkerung und zu der von Mobiltelefonnutzern überdurchschnittlich jung sind.

Bezogen auf das Geschlecht lässt sich ein nahezu ausgeglichenes Verhältnis feststellen, wobei Männer mit 53% (Offline-Käufer) bzw. 55% (Online-Käufer) leicht überwiegen. Das Verhältnis in der Stichprobe der Online-Käufer deckt sich vollständig mit der in Kapitel 2.2.1 dargestellten Struktur der Internetnutzer.

Das Bildungsniveau der Online-Käufer ist leicht höher als das der Offline-Käufer. Während 65% der Online-Käufer Abitur oder einen Hochschulabschluss aufweisen, können 57% der Offline-Käufer ein vergleichbares Bildungsniveau vorweisen. Ferner gibt es mit 11% doppelt so viele Konsumenten mit einem Hauptschulabschluss unter den Offline-Käufern. Diese Erkenntnis deckt sich tendenziell mit der in Kapitel 2.2.1 skizzierten Internetnutzungsstruktur, die besagt, dass Online-Nutzer ein höheres Bildungsniveau als Nichtnutzer besitzen. Da in der Gesamtbevölkerung nach Angaben des Statistischen Bundesamtes (Statistisches Bundesamt, 2007) nur 23% der Bürger die Fachhochschul-/Hochschulreife besitzen, zeigt sich, dass die untersuchten Käufergruppen ein deutlich höheres Bildungsniveau aufweisen als der Durchschnitt der Gesamtbevölkerung und somit nicht repräsentativ für die Gesamtbevölkerung sind.

Offline-Käufer					Online-Käufer				
Alter	**Häufigkeit**	**in %**	**gültige %**	**kum. %**	**Alter**	**Häufigkeit**	**in %**	**gültige %**	**kum. %**
unter 18	5	0,67	0,67	0,67	unter 18	11	1,29	1,29	1,29
18-29	340	45,45	45,58	46,25	18-29	442	51,76	51,76	53,04
30-39	145	19,39	19,44	65,68	30-39	189	22,13	22,13	75,18
40-49	159	21,26	21,31	87,00	40-49	149	17,45	17,45	92,62
50-59	65	8,69	8,71	95,71	50-59	53	6,21	6,21	98,83
60-69	27	3,61	3,62	99,33	60-69	7	0,82	0,82	99,65
über 69	5	0,67	0,67	100,00	über 69	3	0,35	0,35	100,00
Gesamt	746	99,70	100,00		Gesamt	854	100,00	100,00	
fehlend	2	0,30			fehlend	0			
Gesamt	748	100			Gesamt	854			
Geschlecht	**Häufigkeit**	**in %**	**gültige %**	**kum. %**	**Geschlecht**	**Häufigkeit**	**in %**	**gültige %**	**kum. %**
männlich	396	52,94	53,08	53,08	männlich	469	54,92	54,92	54,92
weiblich	350	46,79	46,92	100,00	weiblich	385	45,08	45,08	100,00
Gesamt	746	99,73	100,00		Gesamt	854	100,00	100,00	
fehlend	2	0,27			fehlend	0			
Gesamt	748	100,00			Gesamt	854			
Bildung	**Häufigkeit**	**in %**	**gültige %**	**kum. %**	**Bildung**	**Häufigkeit**	**in %**	**gültige %**	**kum. %**
Kein Schulabschluss	5	0,67	0,67	0,67	Kein Schulabschluss	6	0,70	0,70	0,70
Hauptschule (Volksschule)	89	11,90	11,95	12,62	Hauptschule (Volksschule)	50	5,85	5,85	6,56
Mittlere Reife	214	28,61	28,72	41,34	Mittlere Reife	233	27,28	27,28	33,84
(Fach-) Abitur	234	31,28	31,41	72,75	(Fach-) Abitur	327	38,29	38,29	72,13
Hochschule	193	25,80	25,91	98,66	Hochschule	230	26,93	26,93	99,06
Anderer Abschluss	10	1,34	1,34	100,00	Anderer Abschluss	8	0,94	0,94	100,00
Gesamt	745	99,60	100,00		Gesamt	854	100,00	100,00	
Fehlend	3	0,40							
Gesamt	748	100,00							

Tab. 8 Soziodemographische Zusammensetzung der Stichproben

Quelle: Eigene Darstellung

Betrachtet man das aktuelle Beschäftigungsverhältnis und das monatlich zur Verfügung stehende Haushaltsnettoeinkommen zeigen sich keine generellen Unterschiede zwischen den Offline- und den Online-Käufern (vgl. Tab. A1 im Anhang). Die größten Gruppen in beiden Stichproben sind mit weit über 50% Vollzeitbeschäftigte sowie Studenten, die mit 20% (Offline-Käufer) und 24% (Online-Käufer) vertreten sind. Im Offline-Sample sind mehr als doppelt so viele Rentner/innen (4,5% zu 1,9%). Der vergleichsweise hohe Rentneranteil der Offline-Käufer resultiert aus der bereits erwähnten leicht unterschiedlichen Altersstruktur in beiden Samples. Auf Grund der überdurchschnittlich jungen Teilnehmer der Stichprobe, die zudem einen hohen Bildungsstand aufweist, spiegeln diese Daten nicht die Verteilung in der Bevölkerung wider. Das monatliche Haushaltsnettoeinkommen der Konsumenten ist gering. 32% (Offline-Käufer) bzw. 36% (Online-Käufer) der Konsumenten verfügen über ein Einkommen von unter 1.000 € und insgesamt 82% der Personen aus beiden Stichproben verfügen über ein monatliches Nettoeinkommen von bis zu 3.000 €. Es kann nicht bestätigt werden, dass Online-Käufer über ein höheres Einkommen verfügen, wie es von anderen Statistiken propagiert wird (TNS Infratest, 2007, S. 215).

Die Erfahrungen mit dem Internet als Medium im Allgemeinen sowie speziell als Kaufmedium variieren erwartungsgemäß zwischen den jeweiligen Gruppen (vgl. Tab. A2 im Anhang). Fast drei Viertel der Online-Käufer schätzen sich selbst als erfahren oder sehr erfahren ein, wohingegen dieser Anteil bei den Offline-Käufern nur 50% beträgt und sich der Großteil der Konsumenten mit 42% nur als durchschnittlich erfahren einschätzt. Des Weiteren weisen die Konsumenten, die das Mobiltelefon im Internet gekauft haben, eine deutlich höhere Kauferfahrung auf. Knapp 50% von ihnen haben im letzten Jahr mehr als zwölf Mal im Internet eingekauft und sind somit als regelmäßige Intensivkäufer zu bezeichnen. Der Anteil der „Probierkäufer", die weniger als vier Käufe in den letzten zwölf Monaten im Internet getätigt haben, beträgt in dieser Käufergruppe nur 14%. Die Gruppe der Offline-Käufer scheint im Gegensatz zu der im Kapitel 2.2.2 skizzierten Akzeptanz von E-Commerce-Aktivitäten in der Gesamtbevölkerung deutlich affiner in Bezug auf Internetkäufe zu sein. 15% der Offline-Käufer hat im letzten Jahr gar nicht im Internet eingekauft und weitere 30% lassen sich als „Probierkäufer" mit bis zu vier getätigten Online-Käufen bezeichnen. Insgesamt 22% der Offline-Käufer gehören zu der Gruppe der Intensivkäufer mit mehr als zwölf Online-Käufen in den letzten zwölf Monaten. Folglich kann festgehalten werden, dass die vorliegenden Stichproben eine, verglichen mit der Gesamtbevölkerung, hohe Internetaffinität und Internetkauferfahrung aufweisen.

Es zeigt sich, dass sich das Internet als Medium zum Kauf eines Mobiltelefons insbesondere bei den Online-Käufern etabliert hat. Als Informationsmedium planen 80% der Online-Käufer, es wahrscheinlich oder gar sehr wahrscheinlich zu nutzen, und 76% dieser Gruppe beabsichtigen es wahrscheinlich bzw. sehr wahrscheinlich erneut als Einkaufsstätte zur letztendlichen Transaktion zu nutzen. Diese Werte drücken die hohe Loyalität der Online-Käufer zu dem Medium aus. Erwartungsgemäß sind diese Werte bei den Offline-Käufern niedriger. Gut 60% der Konsumenten wissen noch nicht bzw. gehen nicht davon aus, das Internet beim nächsten Kauf als Informationsmedium zu nutzen, wohingegen im Umkehrschluss 40% es (sehr) wahrscheinlich nutzen möchten. Nur knapp 10% der Offline-Käufer halten es für wahrscheinlich bzw. sehr wahrscheinlich, im Internet den Kaufakt zu vollziehen, und gar 70% halten dies für (sehr) unwahrscheinlich. Bisherige Offline-Käufer scheinen somit das Internet bestenfalls als Informationsmedium nutzen zu wollen, planen aber nicht einen Wechsel des Distributionskanals zur letztendlichen Beschaffung.

Offline-Käufer					Online-Käufer				
Nächster Kauf: vornehmlich Internet zur Informationssuche	**Häufigkeit**	**in %**	**gültige %**	**kum. %**	**Nächster Kauf: vornehmlich Internet zur Informationssuche**	**Häufigkeit**	**in %**	**gültige %**	**kum. %**
sehr unwahrscheinlich	140	18,72	18,72	18,72	sehr unwahrscheinlich	32	3,75	3,75	3,75
unwahrscheinlich	132	17,65	17,65	36,36	unwahrscheinlich	27	3,16	3,16	6,91
weiß nicht	186	24,87	24,87	61,23	weiß nicht	114	13,35	13,35	20,26
wahrscheinlich	178	23,80	23,80	85,03	wahrscheinlich	158	18,50	18,50	38,76
sehr wahrscheinlich	112	14,97	14,97	100,00	sehr wahrscheinlich	523	61,24	61,24	100,00
Gesamt	748	100,00	100,00		Gesamt	854	100,00	100,00	
Nächster Kauf: Wahrscheinlichkeit Kauf über das Internet	**Häufigkeit**	**in %**	**gültige %**	**kum. %**	**Nächster Kauf: Wahrscheinlichkeit Kauf über das Internet**	**Häufigkeit**	**in %**	**gültige %**	**kum. %**
sehr unwahrscheinlich	271	36,23	36,23	36,23	sehr unwahrscheinlich	42	4,92	4,92	4,92
unwahrscheinlich	248	33,16	33,16	69,39	unwahrscheinlich	38	4,45	4,45	9,37
weiß nicht	145	19,39	19,39	88,77	weiß nicht	123	14,40	14,40	23,77
wahrscheinlich	65	8,69	8,69	97,46	wahrscheinlich	232	27,17	27,17	50,94
sehr wahrscheinlich	19	2,54	2,54	100,00	sehr wahrscheinlich	419	49,06	49,06	100,00
Gesamt	748	100,00	100,00		Gesamt	854	100,00	100,00	

Tab. 9 Nutzungsabsicht des Internets zum Wiederkauf
Quelle: Eigene Darstellung

5.4.2 Informationen zum Mobiltelefon als Untersuchungsgegenstand

Die in der Umfrage zur Verfügung stehenden Samples scheinen für weitere Analysen sehr geeignet zu sein, was die folgenden Ausführungen zu Merkmalen der Samples bezogen auf den Untersuchungsgegenstand Mobiltelefon belegen (vgl. Tab. A3 im Anhang).

In beiden Stichproben dominieren Konsumenten, die ein privates Mobiltelefon besitzen. Ein von der Firma gestelltes Mobiltelefon, bei dem erwartungsgemäß kein mehrphasiger Kaufprozess seitens des Konsumenten durchlaufen wird, spielt keine nennenswerte Rolle. Bereits 18% der Offline-Käufer haben ein Mobiltelefon über das Internet gekauft. Durch die vorgenommene Bereinigung der Samples und den Ausschluss von Konsumenten mit einem Prepaid-Handy bestehen beide Stichproben vollständig aus Konsumenten mit einem Laufzeitvertrag. Ferner hat in den die jeweiligen Samples der größte Teil der Konsumenten beim letzten Mobiltelefonkauf einen Neuvertrag abgeschlossen. Dies ist bedeutsam, da insbesondere bei gleichzeitigem Abschluss eines Vertrages und Kauf eines Endgeräts angenommen werden kann, dass der Kaufprozess intensiv durchlaufen wird und Informationen zu den Vertragsmodalitäten als auch zum Endgerät in den einzelnen Phasen des Kaufprozesses nachgefragt werden.

Der Zeitpunkt des letzten Mobiltelefonkaufs der Konsumenten liegt zu 81% (Offline-Käufer) bzw. 88% (Online-Käufer) weniger als sechs Monate zurück, wobei die restlichen Konsumenten vor maximal zwölf Monaten den Kauf getätigt haben. Hierdurch werden zwei wichtige Bedingungen für die Relevanz der Konsumentenaussagen erfüllt. Zum einen ist der Kauf in der Regel noch gut im Gedächtnis verankert, so dass sich die Aussagen tendenziell real auf die vollzogene Kaufhandlung beziehen. Zum anderen sind die im Fragebogen berücksichtigten Kanäle und Medien allesamt im letzten Jahr bereits etabliert gewesen. Bei zeitlich weiter zurückliegenden Käufen bestünde die Gefahr, dass einige Kanäle wie Web 2.0-Angebote von den jeweiligen Konsumenten noch nicht als Alternative in Betracht gezogen werden konnten.

5.4.3 Durchführung und Abwicklung des letzten Kaufprozesses

Im Folgenden werden einige deskriptive Analysen zur Nutzung einzelner Kanäle in den jeweiligen Phasen des Kaufprozesses vorgenommen. Hierbei werden die Ergebnisse in der Regel nur skizziert. Weitere Tabellen, auf die verwiesen wird, sind im Anhang aufgeführt. Die Auswertungen werden getrennt für die einzelnen Phasen des Kaufprozesses durchgeführt.

Für dieses Kapitel erfolgt eine Umcodierung der Variablen, so dass die Ergebnisse besser interpretiert werden können. Im Fragebogen wird die Nutzungsintensität der einzelnen Kanäle und Medien mittels einer sechsstufigen Skala (1 = Kenne ich nicht; 2

= Gar nicht; 3 = Selten; 4 = Ab und zu; 5 = Häufiger und 6 = Oft) gemessen. Für die deskriptiven Auswertungen wird die Skala auf fünf Stufen reduziert, indem die beiden Stufen 1 und 2 zu „Gar nicht“ zusammengefasst werden und die anderen Stufen vorrücken (2 = Selten; 3 = Ab und zu; 4 = Häufiger und 5 = Oft). Der mit einer Reduzierung einer Skala grundsätzlich einhergehende Informationsverlust wird in diesem Fall unkritisch gesehen, da es bei der deskriptiven Analyse der Nutzungsintensität keinen Unterschied macht, ob ein Konsument eine Quelle nicht kennt oder nicht nutzt.

5.4.3.1 Informationsphase

Zunächst wird die Nutzung der unterschiedlichen Online- und Offline-Informationsquellen vor dem Kauf eines Mobiltelefons näher betrachtet. Dazu wird der Mittelwert der nunmehr fünfstufigen Nutzungsintensitäts-Skala für die jeweiligen Informationsquellen der Offline- und Online-Käufer grafisch in Abb. 45 abgetragen. Da die vorliegenden Daten nominal skaliert sind, ist eine Darstellung in einem Balkendiagramm notwendig. Es zeigt sich, dass die Mittelwerte der Online-Käufer und Offline-Käufer sehr ähnlich sind. Die Online-Medien werden intensiver von den Online-Käufern genutzt, wohingegen sich bei den Offline-Medien die Unterschiede nahezu nivellieren.[51]

Die unter dem Stichwort Web 2.0 zusammenzufassenden **Online-Informationsdienste** (Konsumentenbeurteilungen, Konsumentendiskussionen und Kundenrezensionen) werden von Offline-Käufern nur mit geringer Intensität genutzt. Online-Käufer weisen durchweg eine höhere Nutzungsintensität auf, wobei vor allem Kundenrezensionen in Online-Shops mit einem Mittelwert (MW) von 2,7 bereits ab und zu genutzt werden. Insgesamt sind die Werte in beiden Samples jedoch vergleichsweise gering, so dass diese Angebote noch keinen hohen Stellenwert erlangt haben.

Von Herstellern und Händlern im Internet zur Verfügung gestellte Informationen werden sehr unterschiedlich von den Konsumenten in den Kaufprozess integriert. Insbesondere Internetseiten von Herstellern, und vor allem die der Netzbetreiber gelten als bevorzugte Online-Informationsquellen, welche mit Mittelwerten von 3,6 und 4,2 häufiger bis oft (Online-Kunden) bzw. mit Mittelwerten von 2,9 und 3,1 zumindest ab und zu

[51] Die Diskriminanzanalyse im Kapitel 5.7 überprüft die Unterschiede explizit auf Signifikanz.

(Offline-Käufer) genutzt werden. Dabei wird offensichtlich, dass der größte Unterschied hinsichtlich der Nutzungsintensität zwischen den beiden Samples über alle Informationsquellen hinweg bei der Informationsquelle „Internetseiten der Netzbetreiber" festzustellen ist. Diese scheint die beiden Gruppen deutlich voneinander zu trennen, welches über die Diskriminanzanalyse in Kapitel 5.7 noch weiter untersucht wird. E-Mail-Newsletter oder auch die aktive Kontaktaufnahme der Anbieter per E-Mail seitens der Konsumenten werden von beiden Gruppen kaum genutzt und sind praktisch vernachlässigbar (MW um 1,5). Auch Internetseiten von Händlern gehören für beide Käufergruppen nicht zu den präferierten Informationsquellen (MW um 2,1).

Vor allem Online-Käufer nutzen neutrale Informationsquellen im Internet. Sowohl neutrale Artikel im Internet (MW 3,0), Internetsuchmaschinen (MW 3,6) als auch Vergleichsinternetseiten (MW 3,1) werden relativ intensiv zur externen Suche vor dem Kauf genutzt. Offline-Käufer suchen diese Quellen hingegen nur selten auf.

Hinsichtlich der **Offline-Informationsquellen** zeigt sich, dass die Unterschiede bzgl. der Nutzungsintensität der einzelnen Informationsquellen zwischen beiden Gruppen abnehmen, da die Mittelwerte nun sehr ähnlich, fast deckungsgleich sind. Die Diskussion mit Freunden, Arbeitskollegen und Familien als WOM-Kommunikation (MW 3,6) sowie der stationäre Handel (MW 3,1) sind für Offline-Käufer die mit Abstand wichtigsten Informationsquellen. Die Nutzung des stationären Handels offenbart den deutlichsten Unterschied zwischen den beiden Käufergruppen. Online-Käufer nutzen diesen Kanal weniger intensiv (MW 2,3). Sie scheinen den stationären Handel durch die Online-Angebote der Netzbetreiber und Provider zu substituieren. Die verkaufsunterstützende Funktion der Telefonhotline vor dem Kauf (MW 1,5) sowie mobile Verkaufsteams (MW 1,2) sind für beide Käufergruppen bei einer nutzungsintensitätsorientierten Analyse nahezu nicht relevant. Neutrale Quellen wie Verbraucherorganisationen (MW 2,2), Publikums- und Fachzeitschriften (MW 2,3) sowie neutrale Berichte im TV (MW 2) werden zwar genutzt, aber eher selten. Abb. 45 veranschaulicht die Äußerungen der Befragten.

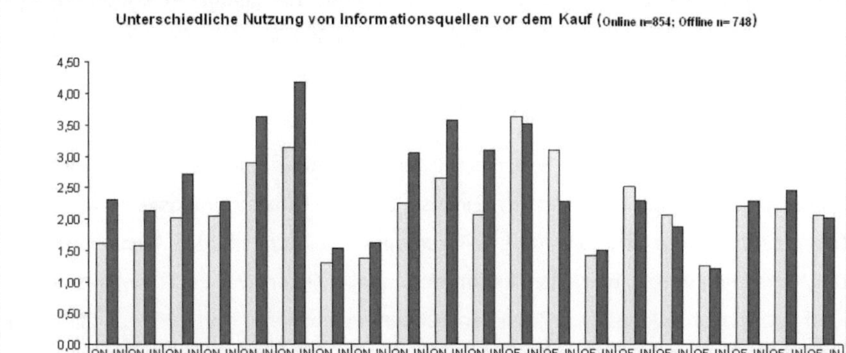

	ON_IN_V_K1	ON_IN_V_K2	ON_IN_V_K3	ON_IN_V_H1	ON_IN_V_H2	ON_IN_V_H3	ON_IN_V_H4	ON_IN_V_H5	ON_IN_V_N1	ON_IN_V_N2	ON_IN_V_N3	OF_IN_V_K1	OF_IN_V_H1	OF_IN_V_H2	OF_IN_V_H3	OF_IN_V_H4	OF_IN_V_H5	OF_IN_V_N1	OF_IN_V_N2	OF_IN_V_N3
□ Offline-Käufer	1,61	1,57	2,01	2,04	2,90	3,14	1,29	1,37	2,24	2,64	2,06	3,63	3,09	1,41	2,51	2,06	1,25	2,20	2,15	2,05
■ Online-Käufer	2,30	2,14	2,72	2,27	3,63	4,17	1,53	1,61	3,04	3,57	3,09	3,51	2,27	1,50	2,28	1,86	1,21	2,29	2,46	2,00

Abb. 45 Deskriptive Analyse der Nutzungsintensität von Informationsquellen vor dem Kauf
Quelle: Eigene Darstellung

Im Folgenden erfolgt eine Analyse der Nutzungsintensität der Online-Informationsquellen in Abhängigkeit der zuvor skizzierten Zusammensetzung der Stichprobe. Für diese Analyse werden die Gruppen der Online- und Offline-Käufer zu einem Gesamtdatensatz zusammengefügt (vgl. Tabellen A4 bis A6 im Anhang).[52]

Bei einer **geschlechtsspezifischen Analyse** zeigt sich, dass Männer über alle Online-Informationsquellen hinweg das Internet intensiver zur Informationssuche nutzen als Frauen. Die Zwischengruppenunterschiede sind jedoch nur bei fünf von elf Informationsquellen signifikant auf dem 0,01-Niveau (ANOVA-Tabelle). Die weiteren soziodemographischen Charakteristika decken keine eindeutigen Unterschiede auf. Die von anderen Konsumenten über das Internet zur Verfügung gestellten Informationen werden zumeist von jüngeren Konsumenten genutzt, wobei die Unterschiede zumeist nicht signifikant sind. Durch den überdurchschnittlich hohen Anteil junger Teilnehmer ist die Stichprobe für eine altersbezogene Analyse nur eingeschränkt brauchbar. Ferner zeigen sich keine bedeutenden Unterschiede bei der Nutzungsintensität der Online-Informationsquellen hinsichtlich der Bildung. Zwischen einer tendenziell hö-

[52] Eine getrennte Analyse der beiden Gruppen (Online-Käufer und Offline-Käufer) wäre auch möglich gewesen. Dies wird nicht weiter verfolgt, da es das Ziel der hier vorgenommenen Analysen ist, die Stichprobe hinsichtlich der speziellen Charakteristika (Soziodemographische Merkmale, Internetkenntnis und Kauferfahrung) und der jeweiligen Nutzungsintensität der Online-Quellen zu untersuchen. Der Ort des Kaufaktes spielt hierbei nur eine untergeordnete Rolle.

heren Bildung (Abitur oder Hochschulabschluss) und einer geringeren Bildung (Hauptschulabschluss oder Mittlere Reife) lassen sich wenig signifikante und bedeutende Unterschiede feststellen. Gleiches gilt für eine Analyse des Beschäftigungsverhältnisses und des Einkommens.

Erwartungsgemäß haben die subjektive **Internetkenntnis** und die **bisherige Kauferfahrung** im Internet bedeutenden Einfluss auf die Nutzungsintensität von Online-Informationsquellen vor dem Kauf. Mit zunehmender Kenntnis des Mediums nutzen die Konsumenten die einzelnen Informationsquellen intensiver im Rahmen der Vorkauf-Informationssuche. Die Zwischengruppenunterschiede sind für fast alle Informationsquellen (Ausnahme: aktiver E-Mail-Kontakt und E-Mail-Newsletter) signifikant auf dem 0,01-Niveau (ANOVA-Tabelle). Die bisherige Kauferfahrung im Internet hat ebenso wichtigen Einfluss auf die Nutzung der Online-Informationsquellen vor dem Kauf. Die Nutzungsintensität der Informationsquellen nimmt mit zunehmender Kauferfahrung durchweg zu. Die Zwischengruppenunterschiede sind hierbei für alle Informationsquellen signifikant auf dem 0,01-Niveau (ANOVA-Tabelle).

5.4.3.2 Wahl der Einkaufsstätte

Die Analyse der Einkaufsstätte zeigt die klare Dominanz des direkten Vertriebskanals des Netzbetreibers. 85% der Offline-Käufer haben das Mobiltelefon über den stationären Shop des Netzbetreibers gekauft, wohingegen 88% der Online-Käufer den letztendlichen Kaufakt über den Online-Shop des Netzbetreibers abgewickelt haben (vgl. Tab. A7 und A8 im Anhang). Weitere nennenswerte Distributionsorgane in der Stichprobe der Offline-Käufer sind bestenfalls das Kauf- und Warenhaus bzw. der wenig bekannte stationäre Handel ohne besondere Reputation sowie die Bestellung über eine Telefonhotline, welche jeweils zwischen 2-4% der Nennungen vereinen. Weitere Einkaufsstätten der Online-Käufer sind gewerbliche Auktionen sowie wenig bekannte, über Suchmaschinen und Portale gefundene Internethändler mit 3% respektive knapp 5%.

Es sei angemerkt, dass die hier vorgefundene Verteilung nicht repräsentativ für die reale Distribution von Mobiltelefonen ist, sondern durch die Generierung der Stichprobe aus der Kundendatenbank des Netzbetreibers resultiert. Eine intensivere Analyse der Einkaufsstättenwahl wird auf Grund der Dominanz der herstellergebundenen Vertriebsorgane nicht weiter verfolgt.

5.4.3.3 After-Sales-Phase

Analog zur Informationsphase vor dem Kauf werden die beiden Teilprozesse der After-Sales-Phase in Form der Informationssuche nach dem Kauf sowie des Artikulationsverhaltens unter Nutzung des Mediums Internet analysiert.

Zunächst wird deutlich, dass die einzelnen **Informationsquellen** deutlich weniger intensiv genutzt werden als vor dem Kauf. Dabei nutzen die Online-Käufer die Online-Informationsquellen nahezu durchweg intensiver als die Gruppe der Offline-Käufer. Die Gruppenunterschiede verlieren bei den Offline-Informationsquellen wie in der Vorkaufphase an Bedeutung, da die einzelnen Mittelwerte nun wieder sehr ähnlich sind.

Die von anderen Konsumenten zur Verfügung gestellten **Online-Informationsquellen** werden von den Online-Käufern zumindest noch selten genutzt (MW 1,7 bis 1,9), wohingegen diese für Offline-Käufer aus einer intensitätsorientierten Betrachtung nahezu keine Bedeutung mehr haben (MW um 1,3). Die Internetseiten der Netzbetreiber und Provider sind für beide Gruppen im Vergleich zu den anderen Online-Informationsquellen die wichtigsten Kanäle zur Informationsgewinnung. Neutrale Quellen werden bestenfalls in Form von Internetsuchmaschinen von den Online-Käufern als bedeutsam angesehen (MW 2,4).

Auch nach dem Kauf sind Diskussionen mit Freunden, Arbeitskollegen oder der Familie (MW 3,15), wie in der Informationsphase vor dem Kauf, neben den Bedienungsanleitungen (MW: 3,17) die wichtigsten **Offline-Informationsquellen**. Beide Käufergruppen zeigen dabei kaum Unterschiede hinsichtlich der Nutzungsintensität. Während Offline-Käufer den stationären Handel noch als wichtiges Informationsmedium ansehen (MW 2,5), hat dieser wiederum für die Online-Käufer nahezu keine Bedeutung (MW 1,5). Analog zur Vorkaufphase scheinen Online-Käufer den stationären Handel durch Online-Medien zu substituieren. Auch die Telefonhotline, die durch ihre komfortable und einfache Kontaktmöglichkeit grundsätzlich als wichtiges Informationsmedium interpretiert werden kann, wird zur Befriedigung eines Nachkaufinformationsbedürfnisses von beiden Gruppen kaum genutzt (MW 1,8). Weitere neutrale Offline-Informationsquellen wie Verbraucherorganisationen, Publikums- und Fachzeitschriften oder Berichte im TV/Radio haben für beide Gruppen von der Nutzungsintensität her nahezu keine Bedeutung (MW um 1,6).

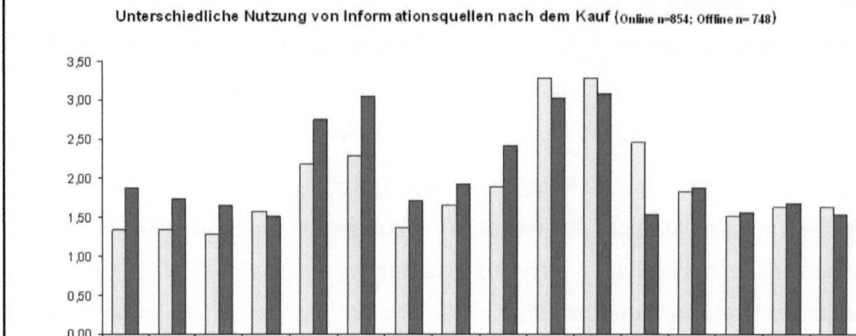

	ON_IN_N_K1	ON_IN_N_K2	ON_IN_N_K3	ON_IN_N_H1	ON_IN_N_H2	ON_IN_N_H3	ON_IN_N_H4	ON_IN_N_N1	ON_IN_N_N2	OF_IN_N_K1	OF_IN_N_H1	OF_IN_N_H2	OF_IN_N_H3	OF_IN_N_N1	OF_IN_N_N2	OF_IN_N_N3
□ Offline-Käufer	1,33	1,34	1,28	1,58	2,18	2,28	1,36	1,66	1,88	3,28	3,28	2,45	1,82	1,51	1,63	1,63
■ Online-Käufer	1,88	1,74	1,65	1,51	2,75	3,05	1,72	1,93	2,42	3,03	3,07	1,54	1,87	1,56	1,68	1,54

Abb. 46 Deskriptive Analyse der Nutzungsintensität von Informationsquellen nach dem Kauf
Quelle: Eigene Darstellung

Anschließend wird wiederum die Nutzungsintensität der Online-Informationsquellen nach dem Kauf hinsichtlich einiger soziodemographischer Merkmale sowie der Internetkenntnis kurz aufgegriffen (vgl. Tabellen A9 bis A11 im Anhang).

Die im Rahmen der Informationsphase vor dem Kauf aufgezeigten Unterschiede hinsichtlich des **Geschlechts** bestätigen sich auch bei der Informationsbeschaffung nach dem Kauf. Männer nutzen intensiver Online-Informationsquellen, wobei die Zwischengruppenunterschiede erneut nicht immer signifikant sind. Insbesondere von anderen Konsumenten zur Verfügung gestellte Informationen sowie neutrale Online-Informationsquellen werden jedoch signifikant auf dem 0,05-Niveau (ANOVA-Tabelle) intensiver von Männern genutzt. Eine Analyse der Wirkung von Alter, Beruf, Bildung und Einkommen führt zu keiner eindeutigen Aussage zur Erklärung der Nutzungsintensität der Online-Informationsquellen nach dem Kauf.

Analog zur Informationsphase vor dem Kauf erklären die subjektive **Internetkenntnis** und die bisherige **Kauferfahrung** im Internet die Nutzungsintensität der Online-Informationsquellen nach dem Kauf. Mit zunehmenden Kenntnissen und Kauferfahrungen nutzen Konsumenten das Internet intensiver zur Befriedigung ihres Informationsbedarfs. Die Zwischengruppenunterschiede sind für beide Charakteristika für fast alle Online-Informationsquellen (Ausnahme: Internetseiten Händler) signifikant auf dem 0,01-Niveau (ANOVA-Tabelle). Sehr unerfahrene bzw. unerfahrene Konsumenten nutzen die jeweiligen Online-Informationsquellen gar nicht oder selten. Insbesondere

Internetseiten von Herstellern bzw. Netzbetreibern sowie Internetsuchmaschinen gelten für internetkundige Konsumenten (Kenntnis und Kauferfahrung) als bevorzugte Informationsquellen. Auch die E-WOM-Angebote werden nur von erfahrenen oder sehr erfahrenen Konsumenten intensiv genutzt.

Bei einem Gruppenvergleich zwischen Online- und Offline-Käufern hinsichtlich des **Artikulationserhaltens** wird deutlich, dass sich beide Käufergruppen sehr ähneln. Abb. 47 offenbart die auch in der Literatur postulierte Bedeutung des persönlichen WOM, da die wichtigsten Rezipienten sowohl von positiver Artikulation (ART_POS_5) als auch von negativer Artikulation (ART_NEG_5) für beide Gruppen Freunde, Arbeitskollegen oder Familienmitglieder sind. Es überrascht, dass dabei der Mittelwert der Nutzungsintensität für die positive Artikulation größer (MW 3,5) ist als derjenige für die negative Artikulation (MW 3,0). Weiterhin fällt im Zuge eines Gruppenvergleichs auf, dass die Werte in den jeweiligen Gruppen nahezu identisch sind.

Die Online-Kanäle (ART_POS_1-4 sowie ART_NEG_1-4) werden von Online-Käufern intensiver genutzt als von Offline-Käufern. Des Weiteren sind die Absolutwerte der Nutzungsintensität der Kanäle für eine positive Artikulation größer als für eine negative Artikulation, wobei die Mittelwerte sehr gering sind. Sowohl für Online- als auch für Offline-Käufer ist die Telefonhotline (ART_POS_7 bzw. ART_NEG_7) ein Medium, welches vornehmlich zur Äußerung von negativen Artikulationen, wenn auch auf moderatem Niveau, genutzt wird (MW 1,9).

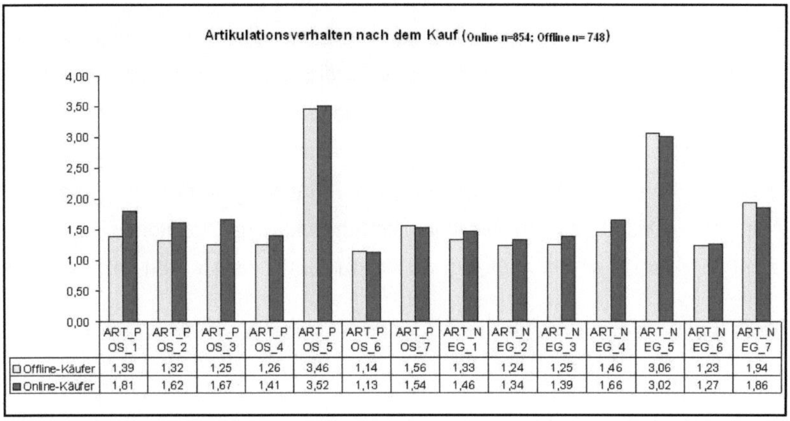

	ART_POS_1	ART_POS_2	ART_POS_3	ART_POS_4	ART_POS_5	ART_POS_6	ART_POS_7	ART_NEG_1	ART_NEG_2	ART_NEG_3	ART_NEG_4	ART_NEG_5	ART_NEG_6	ART_NEG_7
Offline-Käufer	1,39	1,32	1,25	1,26	3,46	1,14	1,56	1,33	1,24	1,25	1,46	3,06	1,23	1,94
Online-Käufer	1,81	1,62	1,67	1,41	3,52	1,13	1,54	1,46	1,34	1,39	1,66	3,02	1,27	1,86

Abb. 47 Deskriptive Analyse der Nutzungsintensität von Online- und Offline-Kanälen zur Artikulation von Meinungen und Erfahrungen

Quelle: Eigene Darstellung

Hinsichtlich des **Geschlechts** (vgl. Tabelle A12 im Anhang) zeigt sich, dass männliche Konsumenten das Internet sowohl für die Weitergabe von positiven als auch von negativen Erfahrungen und Meinungen intensiver nutzen als Frauen. Die Gruppenunterschiede sind jedoch nur bei vier von acht Online-Kanälen (ART_POS_1-3 und ART_NEG_2) signifikant auf dem 0,05-Niveau (ANOVA-Tabelle). Es existiert kein nennenswerter Unterschied bei der Nutzungsintensität der einzelnen Online-Kanäle zur Artikulation von Meinungen und Erfahrungen hinsichtlich Alter, Beschäftigungsverhältnis, Einkommen und Bildungsniveau.

Wie bei den anderen Teilprozessen des Kaufprozesses trennen die subjektiven **Internetkenntnisse** sowie die **Kauferfahrung im Internet** (vgl. Tabellen A13 und A14 im Anhang) die Konsumenten auch hinsichtlich des Artikulationsverhaltens in der After-Sales-Phase, allerdings nicht so deutlich wie in den anderen Kaufphasen. Bestenfalls sehr erfahrene Internetnutzer und Konsumenten, die bereits mehrmals einen Kauf von Produkten im Internet getätigt haben, nutzen die einzelnen Kanäle im Internet intensiver zur Weitergabe von Meinungen und Erfahrungen. Dabei liegen die Mittelwerte jedoch auf einem sehr niedrigen Niveau. Bis auf den Kanal ART_POS_4 sind die Zwischengruppenunterschiede signifikant auf dem 0,05-Niveau (ANOVA-Tabelle) hinsichtlich der Internetkenntnisse sowie bei allen Kanälen hinsichtlich der Kauferfahrung im Internet.

5.4.4 Kanalübergreifende Analyse des Nutzungsverhaltens

Im Zuge einer kanalübergreifenden Analyse des Kaufprozesses wird im Folgenden die Nutzung unterschiedlicher Offline- und Online-Kanäle durch die Käufergruppen im Sinne eines Multi-Channel-Shopping-Verhaltens analysiert. Dabei wird nicht mehr die Nutzungsintensität betrachtet, sondern nur unterschieden, ob Konsumenten den jeweiligen Kanal nicht nutzen (Antwort: Kenne ich nicht / Gar nicht) oder nutzen (Antwort: Selten / Ab und zu / Häufiger / Oft). Diese künstlich geschaffene Dichotomie ermöglicht es, dass bei der Analyse von der subjektiven, konsumentenindividuellen Einschätzung der Nutzungsintensität Abstand genommen und stattdessen die grundsätzliche Nutzung einzelner Kanäle betrachtet wird.[53]

Aus der Analyse ergeben sich interessante Anhaltspunkte zum Multi-Channel-Shopping-Verhalten der Konsumenten. Die angegebenen prozentualen Werte skizzieren stets den Anteil der Konsumenten in einer Käufergruppe, die den jeweiligen Kanal genutzt haben, unabhängig davon, mit welcher Intensität. Dabei werden in diesem Kapitel vergleichsweise hohe prozentuale Werte für einige Kanäle genannt, für die im Zuge der bisherigen Untersuchungen nur eine geringe Nutzungsintensität herausgestellt worden ist. Daher kann die Nutzungsintensität nicht mit der hier skizzierten generellen Nutzung gleichgesetzt werden. Mit anderen Worten: Die hohe prozentuale Nutzung eines Kanals zeugt nicht von einer hohen Nutzungsintensität (Detaillierte Informationen zur Nutzungsintensität liefern die Tabellen A15 bis A20 im Anhang).

Zunächst wird wiederum die **Informationsphase vor dem Kauf** betrachtet. Insbesondere bei den Web 2.0 Angeboten (E-WOM-Angeboten) zeigt sich, dass zwischen 49% und 67% der Offline-Käufer (respektive 26%-46% der Online-Käufer) diese Quellen entweder nicht kennen oder gar nicht nutzen. Weitere Medien wie die Kontaktaufnahme per E-Mail oder E-Mail-Newsletter weisen zwar eine höhere Bekanntheit auf, werden aber von 82% bzw. 77% der Offline-Käufer (respektive 69% bzw. 68% der Online-Käufer) nicht im Rahmen der externen Informationssuche genutzt. Konträr dazu ziehen sowohl Online- als auch Offline-Käufer die Internetseiten der Hersteller sowie die der Netzbetreiber und Provider für die Suche heran. Drei Viertel aller Offline-Käufer und 91% aller Online-Käufer nutzen die Internetseiten der Hersteller und 80% der Offline-Käufer und nahezu alle Online-Käufer (98%) die Internetseiten der Netzbetreiber bzw. Provider. Insbesondere Online-Käufer nutzen die Angebote neutraler Quellen zur Informationssuche, da zwischen 81% und 88% der Online-Käufer Internetsuchmaschinen, Vergleichsinternetseiten oder auch neutrale Artikel und Tests im Internet in Anspruch nehmen, wohingegen der Anteil nur 50%-65% bei den Offline-Käufern beträgt.

[53] Es sei jedoch angemerkt, dass durch diese Vorgehensweise wertvolle Informationen verloren gehen. Daher wird bei der späteren empirischen Überprüfung der Strukturgleichungsmodelle wiederum die gesamte Skalenbreite genutzt, um diesen Informationsverlust zu vermeiden.

Diskussionen mit Freunden und Familie sind mit 95% (Offline-Käufer) und 93% (Online-Käufer) ein besonders wichtiges Informationsmedium. Weiterhin nutzen fast zwei Drittel der Online-Käufer und 85% der Offline-Käufer den stationären Handel, um sich vor dem Kauf zu informieren. Erstaunlich ist, dass Online-Käufer eine höhere Nutzungsrate der neutralen Offline-Informationsquellen aufweisen als Offline-Käufer. Zwischen 57% und 68% der Online-Käufer nutzen Informationen von Verbraucherorganisationen, von Publikums- und Fachzeitschriften sowie neutrale Berichte im Radio/TV, wohingegen der Anteil bei den Offline-Käufern nur 55%-58% beträgt.

Insgesamt zeigt sich, dass Online-Käufer die einzelnen zur Verfügung stehenden Informationsquellen besser kennen als die Offline-Käufer. Einzig die E-WOM-Angebote sind nicht allen Onlinekäufern bekannt. Da jedoch maximal 11% aller befragten Online-Käufer bzw. 18% der Offline-Käufer diese Angebote nicht kennen und die weiteren Online-Informationsquellen in beiden Samples nahezu vollständig bekannt sind, kann insgesamt von einem sehr hohen Bekanntheitsgrad der bei einem Mobiltelefonkauf potenziell zur Verfügung stehenden Online-Informationsquellen ausgegangen werden.

Auch bei der **Informationsphase nach dem Kauf** lässt sich ein ähnliches Verhalten der Konsumenten aufzeigen. Konsequenterweise kennen ähnlich viele Konsumenten die E-WOM-Angebote nicht. Die Kenntnis der anderen Online-Informationsquellen ist durch die erneute Verwendung derselben Online-Informationsquellen im Fragebogen sehr hoch. Während viele Offline-Käufer vor dem Kauf noch Online-Informationsquellen genutzt haben, scheint deren Informationsbedürfnis nach dem Kauf geringer zu sein. Fast alle Online-Informationsquellen werden deutlich weniger genutzt. Einzig die aktive Kontaktaufnahme per E-Mail wird nun von 22% statt von 18% der Konsumenten häufiger genutzt, allerdings nur marginal. Wichtige Informationsquellen für Offline-Käufer sind die Internetseiten der Hersteller (55% der Offline-Käufer nutzen diese), Internetseiten der Netzbetreiber / Provider (60%) sowie Internetsuchmaschinen (43%). Auch Online-Käufer nutzen die aktive Kontaktaufnahme per E-Mail nunmehr intensiver (42% im Vergleich zu 31%). Die weiteren Informationsquellen werden analog zur Gruppe der Offline-Käufer auch von den Online-Käufern weniger in Anspruch genommen, wobei die Internetseiten der Hersteller (74%), die Internetseiten der Netzbetreiber/ Provider (82%) sowie die Internetsuchmaschinen (66%) die am häufigsten genutzten Informationsquellen sind.

Auch Offline-Informationsquellen werden fast durchgehend seltener genutzt. Bei den Offline-Käufern kann das WOM mit 91% Nutzungsanteil seine Vorrangstellung ohne größere Einbußen halten. Die Telefonhotline wird in der After-Sales-Phase von mehr als doppelt so vielen Konsumenten des Offline-Samples wie in der Vorkaufsphase genutzt (55% der Offline-Käufer). Weitere wichtige Informationsquellen sind Bedienungsanleitungen (91%) sowie mit einem erstaunlich hohen Wert der stationäre Handel (68%). Online-Käufer nutzen zumeist die Diskussionen mit Freunden und Familie (85%) und Bedienungsanleitungen (86%). Die Telefonhotline gewinnt auch bei den Online-Käufern an Bedeutung, so dass nach knapp 30% in der Vorkaufphase nun 43% diese als Medium zur Informationsbefriedigung nutzen. Der Anteil der Online-Käufer, die den stationären Handel nach dem Kauf nutzen, hat sich halbiert. Hier bestätigt sich die bereits bei der Analyse der Nutzungsintensität aufgestellte Vermutung, dass Online-Käufer den stationären Handel durch das Internet substituieren. Die Tab. 10 verdeutlicht die Erkenntnisse zur Informationssuche vor und nach dem Kauf und zeigt weitere, noch nicht skizzierte Details auf.

		Informationsphase vor dem Kauf				Informationsphase nach dem Kauf			
		Offline-Käufer (n=748)		Online-Käufer (n=854)		Offline-Käufer (n=748)		Online-Käufer (n=854)	
		Kenne ich nicht/nicht genutzt	genutzt	Kenne ich nicht/nicht genutzt	genutzt	Kenne ich nicht/nicht genutzt	genutzt	Kenne ich nicht/nicht genutzt	genutzt
Konsumentenbeurteilungen Communities	**in % der Gruppe**	65,78	**34,22**	41,69	**58,31**	80,48	**19,52**	55,15	**44,85**
Konsumentendiskussionen im Internet	**in % der Gruppe**	67,25	**32,75**	45,67	**54,33**	79,28	**20,72**	59,02	**40,98**
Kundenrezessionen Online Shops	**in % der Gruppe**	49,47	**50,53**	26,35	**73,65**	80,21	**19,79**	65,57	**34,43**
Internetseiten Händler	**in % der Gruppe**	46,79	**53,21**	39,11	**60,89**	69,25	**30,75**	70,61	**29,39**
Internetseiten Hersteller	**in % der Gruppe**	25,80	**74,20**	9,13	**90,87**	44,65	**55,35**	25,88	**74,12**
Internetseiten Netzbetreiber/ Provider	**in % der Gruppe**	20,32	**79,68**	2,22	**97,78**	39,97	**60,03**	18,03	**81,97**
aktiver E-Mail-Kontakt	**in % der Gruppe**	82,49	**17,51**	69,09	**30,91**	77,94	**22,06**	58,08	**41,92**
E-Mail-Newsletter	**in % der Gruppe**	77,41	**22,59**	67,80	**32,20**				
Neutrale Artikel / Tests Internet	**in % der Gruppe**	41,58	**58,42**	18,74	**81,26**	62,17	**37,83**	50,82	**49,18**
Internetsuchmaschinen	**in % der Gruppe**	34,89	**65,11**	12,06	**87,94**	56,55	**43,45**	34,43	**65,57**
Vergleichsseiten im Internet	**in % der Gruppe**	49,60	**50,40**	18,38	**81,62**				
Diskussionen mit Freunden	**in % der Gruppe**	5,08	**94,92**	7,14	**92,86**	8,82	**91,18**	15,34	**84,66**
Bedienungsanleitungen	**in % der Gruppe**					9,22	**90,78**	14,29	**85,71**
stationärer Handel	**in % der Gruppe**	15,78	**84,22**	34,78	**65,22**	31,55	**68,45**	67,21	**32,79**
Telefonhotline	**in % der Gruppe**	74,73	**25,27**	70,26	**29,74**	55,35	**44,65**	57,38	**42,62**
Printwerbung	**in % der Gruppe**	24,73	**75,27**	29,39	**70,61**				
TV-Werbung, Shopping TV-Kanäle	**in % der Gruppe**	42,91	**57,09**	50,35	**49,65**				
Mobile Verkaufsteams	**in % der Gruppe**	83,42	**16,58**	85,71	**14,29**				
Verbraucherorganisationen	**in % der Gruppe**	45,05	**54,95**	37,70	**62,30**	70,72	**29,28**	70,49	**29,51**
Publikums- und Fachzeitschriften	**in % der Gruppe**	43,98	**56,02**	32,44	**67,56**	65,37	**34,63**	63,23	**36,77**
Neutrale Berichte im TV	**in % der Gruppe**	41,98	**58,02**	42,62	**57,38**	60,70	**39,30**	66,51	**33,49**

Tab. 10 Vergleichende Analyse der Nutzung von Informationsquellen vor und nach dem Kauf
Quelle: Eigene Darstellung

Kapitel 5.4.3.3 zeigte bei einer Analyse der Nutzungsintensität auf, dass Konsumenten wenige Kommunikationskanäle zur **Artikulation ihrer Meinungen und Erfahrungen** über ihr Mobiltelefon, den Provider/Netzbetreiber bzw. den letzten Kaufvorgang intensiv nutzen.

Offline-Käufer nutzen mit einem nennenswerten Anteil die Telefonhotline des Anbieters (positiv: 32%, negativ: 46%) sowie die Diskussion mit Freunden und Bekannten (positiv 92%, negativ 83%). Nur im geringen Maße verwenden Offline-Käufer Online-Kanäle zur Weitergabe ihrer Erfahrungen und Meinungen. Jeder fünfte Konsument kommuniziert via positives E-WOM, bei den negativen Artikulationen ist der Anteil geringer. Jeder vierte Offline-Käufer nutzt die von ihm initiierte E-Mail-Kommunikation an den Anbieter, um negative Meinungen und Erfahrungen im Sinne von Beschwerden zu adressieren, wobei dieses Medium knapp 20% der Konsumenten zur positiven Artikulation nutzen.

Online-Käufer weisen hinsichtlich der grundlegenden Nutzungsstruktur der Kanäle ein ähnliches Verhalten wie Offline-Käufer auf. Neben der Diskussion mit Freunden und Bekannten (positiv: 91%, negativ: 79%) nutzen sie ebenso die Telefonhotline (positiv: 32%, negativ 42%). Im Gegensatz zu den Offline-Käufern zeigen Online-Käufer jedoch eine erheblich größere Nutzung des E-WOM. Zur positiven Artikulation werden diese Kanäle von 35%-40% der Konsumenten genutzt, wohingegen jeder vierte Konsument diese zur Artikulation von negativen Meinungen nutzt. Der aktive E-Mail-Kontakt wird von einem Viertel der Online-Käufer zur positiven Artikulation und von knapp 38% zur negativen Artikulation genutzt.

Insgesamt überrascht, dass die einzelnen Kanäle oftmals eher zur positiven als zur negativen Artikulation genutzt werden. Im Zuge der theoretischen Aufbereitung des Artikulationsverhaltens in Kapitel 3.4.3 war ein umgekehrtes Verhältnis erwartet worden. Dies kann ein Indiz für eine hohe Kaufzufriedenheit der Konsumenten sein.

				Artikulationsverhalten nach dem Kauf			
				Offline-Käufer (n=748)		Online-Käufer (n=854)	
				Kenne ich nicht / nicht genutzt	genutzt	Kenne ich nicht / nicht genutzt	genutzt
Positiv	Online	über Community-Internetseiten (ART_POS_1)	in % der Gruppe	79,95	**20,05**	59,72	**40,28**
		Teilnah. Konsumentendiskussionen (ART_POS_2)	in % der Gruppe	80,48	**19,52**	64,64	**35,36**
		über Rezensionen in Online-Shops (ART_POS_3)	in % der Gruppe	81,95	**18,05**	64,05	**35,95**
		aktiver E-Mail-Kontakt (ART_POS_4)	in % der Gruppe	81,68	**18,32**	73,89	**26,11**
	Offline	Diskussionen mit Freunden (ART_POS_5)	in % der Gruppe	7,62	**92,38**	9,13	**90,87**
		Verfassen von Briefen (ART_POS_6)	in % der Gruppe	90,11	**9,89**	91,10	**8,90**
		Telefonhotline (ART_POS_7)	in % der Gruppe	68,18	**31,82**	68,50	**31,50**
Negativ	Online	über Community-Internetseiten (ART_NEG_1)	in % der Gruppe	82,62	**17,38**	74,00	**26,00**
		Teilnah. Konsumentendiskussionen (ART_NEG_2)	in % der Gruppe	85,29	**14,71**	77,28	**22,72**
		über Rezensionen in Online-Shops (ART_NEG_3)	in % der Gruppe	84,76	**15,24**	75,18	**24,82**
		aktiver E-Mail-Kontakt (ART_NEG_4)	in % der Gruppe	73,53	**26,47**	62,41	**37,59**
	Offline	Diskussionen mit Freunden (ART_NEG_5)	in % der Gruppe	16,84	**83,16**	21,31	**78,69**
		Verfassen von Briefen (ART_NEG_6)	in % der Gruppe	86,36	**13,64**	83,26	**16,74**
		Telefonhotline (ART_NEG_7)	in % der Gruppe	54,41	**45,59**	58,43	**41,57**

Tab. 11 Nutzung einzelner Kanäle zur Artikulation von Meinungen und Erfahrungen
Quelle: Eigene Darstellung

Tab. 12 verdeutlicht ein ausgeprägtes **Channel-Hopping-Verhalten** der Konsumenten. Die konsequente Nutzung eines Online- oder Offline-Kanals liegt selten vor. Beide Käufergruppen integrieren kaufprozessphasenübergreifend eine Vielzahl unterschiedlicher Medien in den jeweiligen Kanälen. Nur 11% der Offline-Käufer nutzen keine Online-Informationsquellen vor dem Kauf, 72% hingegen mindestens vier. Analog beschränkt sich nur ein marginaler Anteil von einem Prozent der Online-Käufer ausschließlich auf Online-Informationsquellen, wohingegen 77% mehr als drei Offline-Informationsquellen in die kaufvorbereitende externe Suche integrieren. Ein strukturell ähnliches, wenn auch abgeschwächtes Verhältnis offenbart die Analyse der genutzten externen Online-Informationsquellen nach dem Kauf. 21% der Offline-Käufer nutzen keine Online-Informationsquellen, wohingegen 44% mehr als drei bemühen. Über die Hälfte der Online-Käufer nutzt bis zu drei und 45 % mindestens vier Offline-Informationsquellen.

Die Online-Kanäle zur Artikulation von Meinungen weisen konform zu den bereits gewonnenen Erkenntnissen niedrigere Werte auf. Während 53% der Offline-Käufer ihre Erfahrungen nicht über Online-Medien kommunizieren, nutzen jedoch knapp 20% mehr als drei Online-Kanäle. Nur 20% der Online-Käufer haben bisher keinen Online-

Kanal zur Artikulation genutzt, wohingegen 30% der Konsumenten mehr als drei Online-Kanäle nach dem Kauf in Anspruch nimmt. Die Weitergabe der Erfahrungen und Meinungen über Offline-Kanäle wird weitestgehend von dem persönlichen WOM an Bekannte, Familie und Arbeitskollegen geprägt. Dies zeigt sich sowohl bei den Offline- als auch bei den Online-Käufern.

		Offline-Käufer (n=748)					Online-Käufer (n=854)				
		Zahl der benutzten Quellen					Zahl der benutzten Quellen				
		0	1-3	4-6	7-9	10-11	0	1-3	4-6	7-9	10-11
Online-Informationsquellen vor dem Kauf (max. 11)	**absolut**	84	126	230	258	50	0	55	222	399	178
	in % der jew. Gruppe	**11,23**	**16,84**	**30,75**	**34,49**	**6,68**	**0,00**	**6,44**	**26,00**	**46,72**	**20,84**
Offline-Informationsquellen vor dem Kauf (max. 9)	**absolut**	17	143	365	223	-	11	189	408	246	-
	in % der jew. Gruppe	**2,27**	**19,12**	**48,80**	**29,81**	**-**	**1,29**	**22,13**	**47,78**	**28,81**	**-**
Online-Informationsquellen nach dem Kauf (max. 9)	**absolut**	157	258	212	121	-	50	244	337	223	-
	in % der jew. Gruppe	**20,99**	**34,49**	**28,34**	**16,18**	**-**	**5,85**	**28,57**	**39,46**	**26,11**	**-**
Offline-Informationsquellen nach dem Kauf (max. 7)	**absolut**	8	317	334	89	-	32	443	300	79	-
	in % der jew. Gruppe	**1,07**	**42,38**	**44,65**	**11,90**	**-**	**3,75**	**51,87**	**35,13**	**9,25**	**-**
Online-Artikulationskanäle nach dem Kauf (max. 8)	**absolut**	396	207	120	25	-	173	429	211	41	-
	in % der jew. Gruppe	**52,94**	**27,67**	**16,04**	**3,34**	**-**	**20,26**	**50,23**	**24,71**	**4,80**	**-**
Offline-Artikulationskanäle nach dem Kauf (max. 6)	**absolut**	33	482	233	-	-	50	562	242	-	-
	in % der jew. Gruppe	**4,41**	**64,44**	**31,15**	**-**	**-**	**5,85**	**65,81**	**28,34**	**-**	**-**

Tab. 12 Anzahl der genutzten Kanäle und Quellen im Kaufprozess nach Käufergruppen
Quelle: Eigene Darstellung

Zusammenfassend verdeutlichen die Ausführungen in diesem Kapitel, dass Konsumenten beim Kauf eines Mobiltelefons ein **ausgeprägtes Multi-Channel-Shopping-Verhalten** aufweisen und versuchen, unterschiedlichste Kanäle, seien es Offline- oder Online-Kanäle, in ihren Kaufprozess zu integrieren. Bedarfs- und bedürfnisabhängig werden unterschiedliche Kanäle medienübergreifend eingebunden und eine auf ein Medium und ein Distributionsorgan beschränkte Kaufentscheidung lässt sich eher als Ausnahmefall beschreiben. Ein multiples, kanal- und medienübergreifendes Kauf- und Informationsverhalten in den einzelnen Phasen eines Kaufprozesses liegt somit vor.

5.4.5 Nachträgliche Bereinigung der Stichproben

Die deskriptive Datenauswertung hat gezeigt, dass einige Medien und Kanäle zur Gewinnung von Informationen vor und nach dem Kauf sowie zur Weitergabe von Meinungen und Erfahrungen einzelnen Konsumenten nicht bekannt sind (vgl. Tabellen

Tab. A15 bis Tab. A20 im Anhang). Insbesondere die unter dem Stichwort Web 2.0 zusammengefassten interaktiven Dienste wie Konsumentenbeurteilungen und Rezensionen auf Community-Internetseiten oder Internetshops sowie Konsumentendiskussionen sind vor allem den Offline-Käufern (18%) nicht bekannt, aber auch 12% der Online-Käufer besitzen kein Wissen über die Existenz dieser Kanäle. Auch weitere Medien und Kanäle sind beiden Käufergruppen, wenn auch mit weit geringerer absoluter Häufigkeitsnennung, unbekannt.

Für die folgenden Untersuchungen der Messkonstrukte und der aufgestellten Strukturgleichungsmodelle sowie für die Diskriminanzanalyse findet eine nachträgliche Bereinigung der Stichprobe um diejenigen Elemente statt, die die einzelnen Kanäle und Quellen nicht kennen. Dies geschieht aus der Überlegung, dass Konsumenten, die keine Kenntnis der jeweiligen Kanäle haben, diese auch nicht nutzen können und somit eine inhaltliche Verzerrung der Ergebnisse die Folge wäre. Von einem Ausschluss auf Item-Ebene wird abgesehen, da sich die fehlende Kenntnis zumeist durchweg im Fragebogen widerspiegelt. Ebenso wird eine Umcodierung der entsprechenden Antworten von „Kenne ich nicht“ zu „Gar nicht“ als nicht zielführend und aus theoretischer Sicht sogar als falsch angesehen. Nach der Bereinigung umfassen die beiden Stichproben noch insgesamt 648 Online-Käufer bzw. 573 Offline-Käufer.

5.5 Gütebeurteilung des Messmodells

In diesem Kapitel erfolgt die Überprüfung der exogenen und endogenen latenten Messkonstrukte hinsichtlich der in Kapitel 5.2.2 skizzierten Gütekriterien. Da zwei getrennte Stichproben (Online-Käufer und Offline-Käufer) vorliegen, ist es notwendig, die Gütebeurteilung für beide Stichproben getrennt durchzuführen. Zunächst werden die reflektiven exogenen Messkonstrukte (Kapitel 5.5.1) und die endogenen Messkonstrukte (Kapitel 5.5.2) untersucht. Abschließend wird mit Hilfe des Fornell-Larcker-Kriteriums das Messmodell hinsichtlich der Diskriminanzvalidität überprüft (Kapitel 5.5.3).

5.5.1 Exogene Messkonstrukte

Im Folgenden erfolgt die Untersuchung der exogenen Messkonstrukte hinsichtlich der in Kapitel 5.2.2.1 beschriebenen Gütekriterien für reflektive Messkonstrukte.

Subjektives Produktwissen

Zunächst wird eine explorative Faktorenanalyse durchgeführt.[54] Wie erwartet extrahieren die fünf Indikatoren in beiden Samples nur einen Faktor mit einem Eigenwert größer eins, der 74,3% der Varianz der Indikatoren im Online-Sample und 72,4% im Offline-Sample erklärt. Die Faktorladungen der Indikatoren liegen in beiden Samples über 0,7 und somit deutlich über dem Grenzwert von 0,4. Folglich überschreiten auch alle Indikatoren deutlich den Grenzwert der Indikatorreliabilität in Höhe von 0,4 mit Werten von größer 0,6. Die t-Werte der Faktorladungen sind in beiden Samples hochsignifikant auf dem 0,01-Niveau.

Cronbach´s α nimmt im Online-Sample einen Wert von 0,912 an, während im Offline-Sample ein geringfügig kleinerer Wert von 0,903 vorliegt. Beide Werte sind als sehr gut zu interpretieren und durch Elimination eines Indikators nicht weiter zu verbessern. Daher lassen sich auch durchweg sehr hohe Werte bei den Item-to-Total-Korrelationen der Indikatoren feststellen. Die Composite Reliability zeigt bei beiden Samples mit Werten von 0,935 (Online-Sample) und 0,929 (Offline-Sample) sehr gute Werte über dem geforderten Mindestwert von 0,6 an. Das Messmodell zum subjektiven Produktwissen erfüllt alle Gütekriterien in beiden Samples eindeutig und kann daher unverändert in der empirischen Analyse verwendet werden.

---

54 Im Rahmen der explorativen Faktorenanalyse werden die Daten mit Hilfe der Hauptkomponentenanalyse mit einer orthogonalen Rotation nach der Varimax-Methode mit Kaiser-Normalisierung extrahiert. Dieses Verfahren wird bei allen weiteren in dieser Arbeit durchgeführten explorativen Faktorenanalysen angewendet.

Online-Käufer (n=648)									
Indikator		s_x	**Item-to-Total-Korrelation**	**Faktorladung**	**t-Wert der Faktorladung**	**Indikatorreliabilität**	**Composite Reliability**	**Cronbach´s α**	**DEV**
PW_1	4,88	1,45	0,794	0,874	71,360**	0,764	0,935	0,912	0,742
PW_2	4,62	1,58	0,803	0,883	84,770**	0,779			
PW_3	4,57	1,58	0,715	0,813	34,530**	0,661			
PW_4	4,24	1,61	0,824	0,892	92,377**	0,795			
PW_5	4,25	1,76	0,758	0,847	73,720**	0,717			
Bewertung:			**alle > 0,3**	**alle > 0,4**	**hoch signifikant auf 0,01-Level**	**alle > 0,4**	**> 0,6**	**> 0,7**	**> 0,5**

Offline-Käufer (n=573)									
Indikator		s_x	**Item-to-Total-Korrelation**	**Faktorladung**	**t-Wert der Faktorladung**	**Indikatorreliabilität**	**Composite Reliability**	**Cronbach´s α**	**DEV**
PW_1	4,48	1,54	0,783	0,869	75,014**	0,755	0,929	0,903	0,722
PW_2	4,24	1,67	0,800	0,881	91,600**	0,776			
PW_3	4,26	1,62	0,667	0,777	29,580**	0,603			
PW_4	4,07	1,70	0,793	0,874	58,482**	0,764			
PW_5	3,82	1,69	0,751	0,845	61,444**	0,713			
Bewertung:			**alle > 0,3**	**alle > 0,4**	**hochsignifikant auf 0,01-Level**	**alle > 0,4**	**> 0,6**	**> 0,7**	**> 0,5**

** signifikant zu α = 0,01 Irrtumswahrscheinlichkeit für den zweiseitigen t-Test

Tab. 13 Gütebeurteilung des Konstruktes „Subjektives Produktwissen"
Quelle: Eigene Darstellung

Persönliche Innovativität

Über eine explorative Faktorenanalyse wird die Unidimensionalität des Konstruktes für beide Samples nachgewiesen, da jeweils nur ein Faktor mit einem Eigenwert größer eins extrahiert wird. Dieser Faktor erklärt 57,6% der Varianz der Indikatoren im Online-Sample und 56,5% im Offline Sample, welches über den geforderten Mindestwert von 50% liegt. Die Faktorladungen liegen in beiden Samples stets über 0,7, so dass sie deutlich über dem geforderten Mindestwert von 0,4 liegen. Auch das Kriterium der Indikatorreliabilität wird von allen Indikatoren mit einem Mindestwert von 0,5 überschritten. Die t-Werte der Faktorladungen sind in beiden Samples hochsignifikant auf dem 0,01-Niveau.

Cronbach´s α liegt mit 0,754 im Online-Sample und 0,740 im Offline-Sample knapp über der geforderten Grenze von 0,7. Die Werte sind zwar nur als akzeptabel zu bezeichnen, lassen sich aber auch durch eine Indikatorelimination nicht weiter erhöhen. Die Werte der Item-to-Total-Korrelationen liegen mindestens bei 0,49, so dass sie noch deutlich über dem Grenzwert von 0,3 liegen. Die Composite Reliability liegt in beiden Samples mit 0,843 (Online-Sample) und 0,837 (Offline-Sample) deutlich über dem geforderten Mindestwert von 0,6.

Zusammenfassend erfüllt das Messmodell zur persönlichen Innovativität alle Gütekriterien in beiden Samples und kann daher unverändert in der empirischen Analyse verwendet werden.

Online-Käufer (n=648)									
Indikator		s_X	Item-to-Total-Korrelation	Faktorladung	t-Wert der Faktorladung	Indikatorreliabilität	Composite Reliability	Cronbach´s α	DEV
INNO_1	3,95	0,98	0,551	0,756	32,513**	0,572	0,843	0,754	0,574
INNO_2	3,78	1,04	0,600	0,801	33,272**	0,642			
INNO_3	3,71	0,99	0,548	0,759	16,938**	0,576			
INNO_4	3,78	1,04	0,503	0,717	25,904**	0,514			
Bewertung:			**alle > 0,3**	**alle > 0,4**	**hochsignifikant auf 0,01-Level**	**alle > 0,4**	**> 0,6**	**> 0,7**	**> 0,5**

Offline-Käufer (n=573)									
Indikator		s_X	Item-to-Total-Korrelation	Faktorladung	t-Wert der Faktorladung	Indikatorreliabilität	Composite Reliability	Cronbach´s α	DEV
INNO_1	3,67	1,03	0,545	0,751	36,056**	0,564	0,837	0,740	0,563
INNO_2	3,69	0,96	0,590	0,799	33,387**	0,638			
INNO_3	3,57	1,03	0,511	0,746	20,151**	0,556			
INNO_4	3,55	1,11	0,491	0,708	28,540**	0,502			
Bewertung:			**alle > 0,3**	**alle > 0,4**	**hochsignifikant auf 0,01-Level**	**alle > 0,4**	**> 0,6**	**> 0,7**	**> 0,5**

** signifikant zu α = 0,01 Irrtumswahrscheinlichkeit für den zweiseitigen t-Test

Tab. 14 Gütebeurteilung des Konstruktes „Persönliche Innovativität“
Quelle: Eigene Darstellung

Kaufzufriedenheit

Gemäß der Operationalisierung des Konstruktes der Kaufzufriedenheit wird eine zweifaktorielle Faktorenstruktur mit den Faktoren der Kaufentscheidungszufriedenheit und der Kaufprozesszufriedenheit vermutet. Diese gilt es zunächst durch eine explorative Faktorenanalyse zu überprüfen. Durch die Faktorenanalyse wird jedoch mittels des Eigenwertkriteriums nur ein Faktor extrahiert. Der Eigenwert des extrahierten Faktors beträgt in beiden Samples mindestens 2,85, wohingegen der Eigenwert des nicht extrahierten Faktors in beiden Samples jeweils nur 0,47 ist.

Bei der durch die Faktorenanalyse vorgeschlagenen einfaktoriellen Lösung erklärt der extrahierte Faktor 71,4% der Varianz der Indikatoren im Online-Sample und 71,6% im Offline-Sample. Auf Grund dieser für eine einfaktorielle Lösung sprechenden Werte wird das Konstrukt im Folgenden auch als einfaktoriell gedeutet. Die Faktorladungen der Indikatoren liegen in beiden Samples mindestens bei 0,8, so dass der Mindestwert von 0,4 deutlich überschritten wird. Das Kriterium der Indikatorreliabilität wird mit

Werten von mindestens 0,7 von allen Indikatoren deutlich erfüllt und die t-Werte der Faktorladungen sind in beiden Samples hochsignifikant auf dem 0,01-Niveau.

Cronbach´s α kann mit 0,866 im Offline-Sample und 0,865 im Online-Sample als sehr gut bezeichnet werden und ist durch eine Indikatorelimination nicht mehr steigerungsfähig. Die Item-to-Total-Korrelationen liegen in beiden Samples mindestens bei 0,68, so dass auch hier der erforderliche Wert von 0,3 deutlich überschritten wird. Beide Samples weisen mit einer Composite Reliability von 0,909 sehr gute Werte aus.

Zusammenfassend erfüllt das Messmodell zur Kaufzufriedenheit alle Gütekriterien in beiden Samples und kann daher unverändert mit einer einfaktoriellen Struktur in der empirischen Analyse verwendet werden.

Online-Käufer (n=648)									
Indikator		s_x	**Item-to-Total-Korrelation**	**Faktorladung**	**t-Wert der Faktorladung**	**Indikatorreliabilität**	**Composite Reliability**	**Cronbach´s α**	**DEV**
ZUF_Info_1	3,97	0,98	0,738	0,861	63,121**	0,742	0,909	0,865	0,7132
ZUF_Eink_2	4,15	1,04	0,759	0,876	80,568**	0,768			
ZUF_Funk_3	4,15	1,07	0,685	0,822	31,858**	0,675			
ZUF_Prov_4	4,07	1,04	0,680	0,818	34,765**	0,669			
Bewertung:			**alle > 0,3**	**alle > 0,4**	**hochsignifikant auf 0,01-Level**	**alle > 0,4**	**> 0,6**	**> 0,7**	**> 0,5**

Offline-Käufer (n=573)									
Indikator		s_x	**Item-to-Total-Korrelation**	**Faktorladung**	**t-Wert der Faktorladung**	**Indikatorreliabilität**	**Composite Reliability**	**Cronbach´s α**	**DEV**
ZUF_Info_1	3,67	0,99	0,708	0,842	53,140**	0,708	0,909	0,866	0,7160
ZUF_Eink_2	3,89	1,07	0,767	0,881	64,341**	0,777			
ZUF_Funk_3	3,88	1,16	0,691	0,826	44,226**	0,682			
ZUF_Prov_4	3,83	1,14	0,705	0,835	49,624**	0,698			
Bewertung:			**alle > 0,3**	**alle > 0,4**	**hochsignifikant auf 0,01-Level**	**alle > 0,4**	**> 0,6**	**> 0,7**	**> 0,5**

** signifikant zu α = 0,01 Irrtumswahrscheinlichkeit für den zweiseitigen t-Test

Tab. 15 Gütebeurteilung des Konstruktes „Kaufzufriedenheit"
Quelle: Eigene Darstellung

Convenience-Orientierung

Eine erste Beurteilung des Konstruktes wird wiederum anhand der explorativen Faktorenanalyse vorgenommen. Dabei extrahieren die sechs Indikatoren einen Faktor, der 52,9% der Varianz der Indikatoren im Online-Sample und 53,2% der Varianz der Indikatoren im Offline-Sample erklärt. Eine einfaktorielle Lösung liegt somit vor, wobei diese Werte nur knapp über der geforderten 50%-Grenze liegen. Bei Analyse der einzelnen Indikatoren wird in beiden Samples deutlich, dass durch eine Elimination des Indikators CONV_3 die Qualität der Konstrukte gesteigert werden kann. Insbesondere der Wert für die Indikatorreliabilität liegt vor der Elimination von CONV_3 mit 0,29 im Online-Sample sowie 0,38 im Offline-Sample unter dem geforderten Mindestwert von 0,4. Da auch die Faktorladung sowie die Item-to-Total-Korrelation unterdurchschnittliche Werte offenbaren, wird der Indikator CONV_3 aus der weiteren Analyse ausgeschlossen.

Bei einer erneuten explorativen Faktorenanalyse mit nunmehr fünf Indikatoren wird wiederum nur ein Faktor mit einem Eigenwert größer eins extrahiert. Dieser Faktor erklärt 59% der Varianz der Indikatoren im Online-Sample und 57,5% im Offline-Sample. Somit liegen beide Werte nun deutlich über der geforderten 50%-Grenze. Die Faktorladungen in beiden Samples betragen mindestens 0,7, so dass der Mindestwert von 0,4 deutlich übertroffen wird. Ferner sind die t-Werte aller Faktorladungen hochsignifikant. Auch das Kriterium der Indikatorreliabilität wird von allen fünf verbleibenden Indikatoren mit einem Mindestwert von 0,5 überschritten.

Cronbach´s α liegt mit 0,825 im Online-Sample und 0,806 im Offline-Sample deutlich über der geforderten Grenze von 0,7 und lässt sich durch eine weitere Indikatorelimination nicht weiter erhöhen. Die Werte der Item-to-Total-Korrelationen liegen in beiden Samples mindestens bei 0,54 und somit deutlich über dem Grenzwert von 0,3. Die Composite Reliability liegt mit 0,876 (Online-Sample) und 0,864 (Offline-Sample) über dem geforderten Mindestwert von 0,6.

Zusammenfassend erfüllt das Messmodell zur Convenience-Orientierung nach Elimination des Indikators CONV_3 alle Gütekriterien in beiden Samples, so dass das modifizierte Konstrukt in der weiteren empirischen Analyse verwendet werden kann.

Online-Käufer (n=648)									
Indikator		s_x	Item-to-Total-Korrelation	Faktorladung	t-Wert der Faktorladung	Indikatorreliabilität	Composite Reliability	Cronbach´s α	DEV
CONV_1	3,43	1,100	0,67	0,802	47,641**	0,644	0,876	0,825	0,586
CONV_2	3,88	0,999	0,54	0,698	32,274**	0,488			
CONV_4	3,36	1,160	0,65	0,790	32,736**	0,624			
CONV_5	3,74	1,035	0,67	0,807	33,394**	0,652			
CONV_6	4,00	0,931	0,58	0,736	20,792**	0,542			
Bewertung:			**alle > 0,3**	**alle > 0,4**	**hoch-signifikant auf 0,01-Level**	**alle > 0,4**	**> 0,6**	**> 0,7**	**> 0,5**

Offline-Käufer (n=573)									
Indikator		s_x	Item-to-Total-Korrelation	Faktorladung	t-Wert der Faktorladung	Indikatorreliabilität	Composite Reliability	Cronbach´s α	DEV
CONV_1	3,19	1,283	0,64	0,79	26,682**	0,621	0,864	0,806	0,561
CONV_2	3,74	1,020	0,58	0,74	24,973**	0,543			
CONV_4	2,90	1,311	0,60	0,75	25,854**	0,567			
CONV_5	3,35	1,183	0,56	0,73	18,566**	0,525			
CONV_6	3,87	1,037	0,61	0,76	27,518**	0,580			
Bewertung:			**alle > 0,3**	**alle > 0,4**	**hoch-signifikant auf 0,01-Level**	**alle > 0,4**	**> 0,6**	**> 0,7**	**> 0,5**

** signifikant zu α = 0,01 Irrtumswahrscheinlichkeit für den zweiseitigen t-Test

Tab. 16 Gütebeurteilung des Konstruktes „Convenience-Orientierung"
Quelle: Eigene Darstellung

Wahrgenommenes Risiko gegenüber Internetkäufen

Die Operationalisierung des Konstruktes des wahrgenommenen Risikos gegenüber Internetkäufen zeigt auf, dass eine vierfaktorielle Struktur des Konstruktes vermutet wird. Im Rahmen einer explorativen Faktorenanalyse gilt es daher, zunächst die Faktorenstruktur zu untersuchen. Mittels des Eigenwertkriteriums werden zwei Faktoren extrahiert, die insgesamt 65,9% (Online-Sample) bzw. 70,3% (Offline-Sample) der Varianz der Indikatoren erklären. Die sich daraus ergebende rotierte Faktorladungsmatrix und die dazugehörigen Eigenwerte in der rotierten Lösung zeigt Tab. 17.

	Online-Sample	
Indikator	Faktor 1	Faktor 2
WR_Funkt	0,647	0,230
WR_Finanz_1	0,788	0,307
WR_Finanz_2	0,830	0,151
WR_Sicherheit	0,554	0,056
WR_Zeit_1	0,155	0,922
WR_Zeit_2	0,265	0,894
Eigenwert	2,130	1,823

Indikator	Offline-Sample	
	Faktor 1	Faktor 2
WR_Funkt	0,785	0,098
WR_Finanz_1	0,788	0,292
WR_Finanz_2	0,826	0,091
WR_Sicherheit	0,655	0,272
WR_Zeit_1	0,128	0,915
WR_Zeit_2	0,269	0,875
Eigenwert	2,437	1,779

Tab. 17 Zwei-Faktor-Lösung der explorativen Faktorenanalyse für das wahrgenommene Risiko (Hauptkomponentenanalyse/Varimax-Rotation)
Quelle: Eigene Darstellung

Es zeigt sich, dass in beiden Samples die ersten vier Indikatoren auf den ersten Faktor laden und die restlichen beiden Indikatoren auf den zweiten Faktor. Die Faktorladungsstruktur genügt den messtheoretischen Ansprüchen, da alle Faktorladungen mit mindestens 0,5 größer als das Mindestkriterium von 0,4 sind und deutlich niedrigere Querladungen vorliegen (Δ > 0,4, somit über dem Kriterium von Δ > 0,3). Ferner sind die t-Werte aller Ladungen hochsignifikant.

Da jedoch die alleinige Anwendung des Eigenwertkriteriums zur Darstellung von Faktorstrukturen oftmals kritisch beurteilt wird und eine theoretisch fundierte Konzeptionalisierung von Konstrukten diesem vorzuziehen ist (bspw. Preacher, MacCallum, 2003), werden weitere künstliche Faktoren erzwungen, um die postulierte vierfaktorielle Struktur zu überprüfen. Die neuen Faktorladungsstrukturen ergeben jedoch sowohl in einer Drei-Faktor- als auch in der erwarteten Vier-Faktor-Lösung keine zufriedenstellende Lösung, da bei einzelnen Indikatoren hohe Querladungen auf andere Faktoren existieren und somit Indikatoreliminationen zu überlegen wären. Aus diesem Grund und wegen der zufriedenstellenden Werte der Zwei-Faktor-Lösung wird diese auch weiter verfolgt. Die beiden Indikatoren „WR_Zeit_1“ und „WR-Zeit_2“ repräsentieren, wie konzeptionalisiert, das Zeit- und Bequemlichkeitsrisiko, welches Konsumenten beim Internetkauf wahrnehmen. Die anderen Indikatoren werden zu einem übergeordneten Faktor „Kauf-inhärentes Internetrisiko“ zusammengefasst, der somit die Indikatoren zum Sicherheitsrisiko, dem finanziellen und dem funktionalen Risiko umfasst.

Bis auf den Indikator „WR_Sicherheit“ im Online-Sample erfüllen alle Indikatoren in beiden Samples das Kriterium der Indikatorreliabilität von mindestens 0,4. Die Faktorladungsstruktur genügt, wie bereits skizziert, den messtheoretischen Ansprüchen, und auch die t-Werte der Faktorladungen sind hochsignifikant. Cronbach´s α liegt in beiden Samples für die einzelnen Faktoren über dem geforderten Mindestwert von 0,7. Auch die Composite Reliabilty mit Werten von deutlich über 0,8 wird erfüllt. Die Item-to-Total Korrelationen liegen bei allen Indikatoren stets über dem geforderten Mindestwert von 0,3.

Da somit insgesamt nur ein Gütemaß durch den Indikator „WR_Sicherheit“ in einem der beiden Samples nicht erfüllt wird, wird von einer Elimination des Indikators abgesehen. Zusammenfassend erfüllt das Messmodell zum wahrgenommenen Risiko in seiner zweifaktoriellen Struktur die Gütekriterien in beiden Samples, so dass das Konstrukt in der weiteren empirischen Analyse verwendet werden kann.

Online-Käufer (n=648)											
Indikator		s_x	Item-to-Total-Korrelation	Ladung Faktor 1	Ladung Faktor 2	t-Wert der Faktorladung	Indikator-reliabilität	Composite Reliability	Cronbach´s α	DEV	Durch die Faktoren erklärte Varianz
Kauf-inhärentes Internetrisiko											
WR_Funkt	3,67	1,555	0,444	0,647	0,230	23,371**	0,419	0,824	0,707	0,547	48,6%
WR_Finanz_1	3,63	1,572	0,634	0,788	0,307	86,526**	0,622				
WR_Finanz_2	3,62	1,664	0,602	0,830	0,151	60,059**	0,689				
WR_Sicherheit	5,12	1,692	0,306	0,554	0,056	10,775**	0,307				
Zeit- und Bequemlichkeitsrisiko											
WR_Zeit_1	3,37	1,665	0,750	0,155	0,922	172,266**	0,850	0,933	0,857	0,875	17,3%
WR_Zeit_2	3,79	1,630	0,750	0,265	0,894	246,016**	0,799				
Bewertung:			alle > 0,3	alle > 0,4	alle > 0,4	hoch-signifikant auf 0,01-Level	WR_Sicher. < 0,4	> 0,6	> 0,7	> 0,5	

Offline-Käufer (n=573)											
Indikator		s_x	Item-to-Total-Korrelation	Ladung Faktor 1	Ladung Faktor 2	t-Wert der Faktorladung	Indikator-reliabilität	Composite Reliability	Cronbach´s α	DEV	Durch die Faktoren erklärte Varianz
Kauf-inhärentes Internetrisiko											
WR_Funkt	4,83	1,625	0,587	0,785	0,098	34,540**	0,616	0,868	0,796	0,622	51,3%
WR_Finanz_1	4,81	1,564	0,679	0,788	0,292	63,705**	0,622				
WR_Finanz_2	4,52	1,769	0,645	0,826	0,091	48,25**	0,682				
WR_Sicherheit	5,60	1,510	0,525	0,655	0,272	29,012**	0,429				
Zeit- und Bequemlichkeitsrisiko											
WR_Zeit_1	4,25	1,660	0,692	0,128	0,915	81,387**	0,837	0,916	0,818	0,845	18,9%
WR_Zeit_2	4,85	1, 601	0,692	0,269	0,875	167,328**	0,765				
Bewertung:			alle > 0,3	alle > 0,4	alle > 0,4	hoch-signifikant auf 0,01-Level	alle > 0,4	> 0,6	> 0,7	> 0,5	

** signifikant zu α = 0,01 Irrtumswahrscheinlichkeit für den zweiseitigen t-Test

Tab. 18 Gütebeurteilung des Konstruktes „Wahrgenommenes Risiko gegenüber dem Internet als Distributionskanal"

Quelle: Eigene Darstellung

Produktinvolvement

Im Rahmen der Operationalisierung des Konstruktes wurde das Produktinvolvement als ein zweifaktorielles Konstrukt mit den beiden Faktoren „Interesse" und „Wichtigkeit" gedeutet. Durch die explorativen Faktorenanalyse gilt es zunächst, diese zweifaktorielle Struktur zu überprüfen. Mittels des Eigenwertkriteriums sind zwei Faktoren extrahiert worden. Dabei erklären die beiden Faktoren insgesamt 56,4% (Online-Sample) bzw. 59,6% (Offline-Sample) der Varianz der Indikatoren, welches grundsätzlich ausreichend ist. Die sich daraus ergebende rotierte Faktorladungsmatrix und die dazugehörigen Eigenwerte in der rotierten Lösung sind in Tab. 19 ersichtlich.

	Online-Sample	
Indikator	Faktor 1	Faktor 2
INV_1*	0,261	0,730
INV_2*	0,076	0,753
INV_3*	0,403	0,695
INV_4	0,830	0,123
INV_5	0,822	0,142
INV_6*	0,522	0,410
INV_7	0,706	0,329
INV_8	0,663	0,396
INV_9	0,580	0,451
INV_10*	0,283	0,691
Eigenwert	3,147	2,498

	Offline-Sample	
Indikator	Faktor 1	Faktor 2
INV_1*	0,261	0,730
INV_2*	0,076	0,753
INV_3*	0,403	0,695
INV_4	0,830	0,123
INV_5	0,822	0,142
INV_6*	0,522	0,410
INV_7	0,706	0,329
INV_8	0,663	0,396
INV_9	0,580	0,451
INV_10*	0,283	0,691
Eigenwert	3,228	2,733

* = Indikatoren repräsentieren lt. Theorie Faktor "Wichtigkeit"

Tab. 19 Initiale Zwei-Faktor-Lösung der explorativen Faktorenanalyse für das Produktinvolvement (Hauptkomponentenanalyse/Varimax-Rotation)

Quelle: Eigene Darstellung

Bei Betrachtung der rotierten Zwei-Faktor-Lösung zeigt sich jedoch, dass die Faktorladungsstruktur nicht den messtheoretischen Ansprüchen genügt. Diese fordern, dass die jeweiligen Faktorladungen größer als 0,4 mit deutlich niedrigen Querladungen ($\Delta >$ 0,3) betragen sollen. Ferner wird das Kriterium der Indikatorreliabilität von einigen Indikatoren nicht erfüllt. Aus diesem Grund werden nun schrittweise die Indikatoren eliminiert, die den Ansprüchen nicht genügen. Im Rahmen einer ersten Iteration ist dies der Indikator INV_6.

In weiteren Iterationen sind in beiden Samples aus obigen Gründen insgesamt vier Indikatoren zu eliminieren: INV_6, INV_7, INV_8 und INV_9. Für das um diese Indikatoren bereinigte Messkonstrukt wird erneut eine explorative Faktorenanalyse durchgeführt, deren rotierte Faktorladungsstruktur und die dazugehörigen Eigenwerte der Tab. 20 zu entnehmen sind.

	Online-Sample	
Indikator	Faktor 1	Faktor 2
INV_1*	0,815	0,115
INV_2*	0,728	0,204
INV_3*	0,671	0,147
INV_4	0,227	0,913
INV_5	0,203	0,921
INV_10*	0,744	0,257
Eigenwert	2,291	1,825

	Offline-Sample	
Indikator	Faktor 1	Faktor 2
INV_1*	0,782	0,174
INV_2*	0,732	0,069
INV_3*	0,757	0,321
INV_4	0,212	0,903
INV_5	0,226	0,893
INV_10*	0,706	0,286
Eigenwert	2,317	1,832

* = Indikatoren repräsentieren lt. Theorie Faktor "Wichtigkeit"

Tab. 20 Finale Zwei-Faktor-Lösung der explorativen Faktorenanalyse für das Produktinvolvement (Hauptkomponentenanalyse/Varimax-Rotation)

Quelle: Eigene Darstellung

Die Indikatoren laden nun mit mindestens 0,67 auf den jeweiligen zugehörigen Faktor, und die Querladungen sind gering, so dass die Faktorladungsstruktur den messtheoretischen Ansprüchen genügt. Die t-Werte der Faktorladungen sind allesamt hochsignifikant. Inhaltlich repräsentieren die Indikatoren INV_4 und INV_5 den Faktor Interesse und die Indikatoren INV_1, INV_2, INV_3 und INV_10 den Faktor Wichtigkeit. Insgesamt erklärt die Zwei-Faktor-Lösung 68,6% (Online-Sample) bzw. 69,2% (Offline-Sample) der Varianz der Indikatoren, welches über dem geforderten Kriterium von 50% liegt. Zudem erfüllen alle Indikatoren das Kriterium der Indikatorreliabilität mit dem geforderten Mindestwert von 0,4.

Cronbach´s α übertrifft in beiden Samples für die jeweiligen Faktoren den geforderten Mindestwert von 0,7. Die Composite Reliability zur Messung der Konstruktreliabilität liegt stets über 0,847 und somit über dem geforderten Mindestwert. Auch die Item-to-Total-Korrelationen auf Indikatorebene erfüllen den geforderten Mindestwert von 0,3 deutlich. Zusammenfassend erfüllt das Messmodell zum Produktinvolvement nach Elimination der Indikatoren INV_6, INV_7, INV_8 und INV_9 alle Gütekriterien in beiden Samples. Das modifizierte Konstrukt kann daher in der weiteren empirischen Analyse verwendet werden.

Online-Käufer (n=648)											
Indikator		s_x	**Item-to-Total-Korrelation**	**Ladung Faktor 1**	**Ladung Faktor 2**	**t-Wert der Faktorladung**	**Indikator-reliabilität**	**Composite Reliability**	**Cronbach´s α**	**DEV**	**Durch die Faktoren erklärte Varianz**
Faktor Interesse											
INV_4	3,96	1,512	0,723	0,227	**0,913**	102,424**	0,816	0,942	0,876	0,889	18,38%
INV_5	3,94	1,479	0,723	0,203	**0,921**	97,320**	0,797				
Faktor Wichtigkeit											
INV_1	5,85	1,203	0,608	**0,815**	0,115	37,510**	0,612	0,847	0,717	0,58	50,22%
INV_2	5,17	1,358	0,498	**0,728**	0,204	25,416**	0,537				
INV_3	5,05	1,419	0,644	**0,671**	0,147	56,385**	0,574				
INV_10	5,20	1,415	0,579	**0,744**	0,257	34,049**	0,498				
Bewertung:			**alle > 0,3**	**alle > 0,4**	**alle > 0,4**	**hochsignifikant auf 0,01-Level**	**alle > 0,4**	**> 0,6**	**> 0,7**	**> 0,5**	**> 50%**

Offline-Käufer (n=573)											
Indikator		s_x	**Item-to-Total-Korrelation**	**Ladung Faktor 1**	**Ladung Faktor 2**	**t-Wert der Faktorladung**	**Indikator-reliabilität**	**Composite Reliability**	**Cronbach´s α**	**DEV**	**Durch die Faktoren erklärte Varianz**
Faktor Interesse											
INV_4	3,96	1,512	0,723	0,212	**0,903**	102,424**	0,816	0,926	0,839	0,861	17,03%
INV_5	3,94	1,479	0,723	0,226	**0,893**	97,320**	0,797				
Faktor Wichtigkeit											
INV_1	5,85	1,203	0,608	**0,782**	0,174	37,510**	0,612	0,857	0,776	0,602	52,12%
INV_2	5,17	1,357	0,498	**0,732**	0,069	25,416**	0,537				
INV_3	5,05	1,419	0,644	**0,757**	0,321	56,385**	0,574				
INV_10	5,20	1,415	0,579	**0,706**	0,286	34,049**	0,498				
Bewertung:			**alle > 0,3**	**alle > 0,4**	**alle > 0,4**	**hochsignifikant auf 0,01-Level**	**alle > 0,4**	**> 0,6**	**> 0,7**	**> 0,5**	**> 50%**

*** signifikant zu α = 0,01 Irrtumswahrscheinlichkeit für den zweiseitigen t-Test

Tab. 21 Gütebeurteilung des Konstruktes „Produktinvolvement"

Quelle: Eigene Darstellung

5.5.2 Endogene Messkonstrukte

Im Folgenden erfolgt die Untersuchung der endogenen Messkonstrukte hinsichtlich der in Kapitel 5.2.2 diskutierten Gütemaße. Bei den formativen Messkonstrukten „Informationsbeschaffung vor dem Kauf", „Informationsbeschaffung nach dem Kauf" und dem „Artikulationsverhalten nach dem Kauf" wird die Inhaltsvalidität als gegeben betrachtet und nicht weiter aufgegriffen. Durch die bereits im Zuge der Operationalisierung beschriebene sehr sorgfältige Entwicklung der Skalen in mehreren Iterationsschritten und umfangreichen Pretests kann davon ausgegangen werden, dass die Konstrukte geeignete und inhaltlich umfassende Messinstrumente sind, die den gewünschten Sachverhalt widerspiegeln.

Informationsbeschaffung vor dem Kauf

Die Gewichte (weights) einiger Indikatoren sind in beiden Samples sehr schwach, welches sich auch in nicht signifikanten t-Werten der Gewichte ausdrückt. Insbesondere die Indikatoren ON_IN_V_H1 (Internetseiten Händler) und ON_IN_V_H4 (Kontaktaufnahme per E-Mail) weisen in beiden Samples sehr niedrige Gewichte und keine signifikanten t-Werte auf. Im Online-Sample sind zudem die Gewichte der Indikatoren ON_IN_V_K3 (Kundenrezensionen) sowie ON_IN_V_N2 (Internetsuchmaschinen) und im Offline-Sample die Gewichte der Indikatoren ON_IN_V_H5 (E-Mail-Newsletter) und ON_IN_V_N3 (Vergleichsinternetseiten) vergleichsweise niedrig. Aus inhaltlich-konzeptionellen Gründen einer vollständigen Messung werden die Items jedoch nicht eliminiert (Bollen, Lennox, 1991, S. 308; Diamantopoulos, 1999, S. 453 f.).

Den stärksten Einfluss auf das Konstrukt besitzen im Online-Sample die Indikatoren ON_IN_V_K1 (Konsumentenbeurteilungen Communities) und ON_IN_V_K2 (Konsumentendiskussionen) sowie ON_IN_V_H2 (Internetseiten Hersteller) und ON_IN_V_N1 (Neutrale Artikel im Internet), deren t-Werte allesamt hochsignifikant sind und bei denen hohe Werte der Gewichte vorliegen. Im Offline-Sample sind insbesondere die Indikatoren ON_IN_V_H2 (Internetseiten Hersteller) und ON_IN_V_H3 (Internetseiten Netzbetreiber) konstruktbeeinflussend.

Zusätzlich zu der inhaltlichen Interpretation wird eine Prüfung auf Multikollinearität vorgenommen. Zunächst wird mittels einer Korrelationsmatrix ein paarweiser Vergleich der Indikatoren durchgeführt, um kritische Korrelationen zwischen den Indikatoren mit einem Korrelationskoeffizienten nahe dem Extremwert von eins zu identifizieren. In den vorliegenden beiden Samples sind keine kritischen Korrelationen zu identifizieren. Auch die Werte des Variance Inflation Factors (VIF) liegen im Online-Sample allesamt unter 1,8 sowie im Offline-Sample unter 2,2, so dass nicht von Multikollinearität auszugehen ist. Folglich sind auch die Werte der Toleranz in beiden Samples deutlich über dem kritischen Wert von 0,1. Der Konditionsindex ist im Online-Sample mit einem Wert von 27,4 zwar hoch, jedoch unter dem kritischen Wert von 30. Im Offline-Sample liegt er bei 18,7, welches unkritisch ist. Folglich kann davon ausgegangen werden, dass unter den Indikatoren keine Multikollinearität vorliegt.

Das Messmodell zur Informationsbeschaffung vor dem Kauf erfüllt in beiden Samples alle Gütekriterien und kann unverändert in der empirischen Analyse verwendet werden.

Online-Sample (n=648)							Offline-Sample (n=573)						
Indikator	weights	Std.Error	t-Wert	Toleranz	VIF	Konditions-index	Indikator	weights	Std.Error	t-Wert	Toleranz	VIF	Konditions-index
ON_IN_V_K1	0,301	0,037	5,392**	0,641	1,559		ON_IN_V_K1	0,106	0,053	5,733**	0,699	1,430	
ON_IN_V_K2	0,311	0,054	5,506**	0,648	1,542		ON_IN_V_K2	0,174	0,055	5,676**	0,669	1,495	
ON_IN_V_K3	0,047	0,055	0,811	0,692	1,445		ON_IN_V_K3	0,153	0,043	1,094	0,613	1,630	
ON_IN_V_H1	0,039	0,034	1,047	0,814	1,229		ON_IN_V_H1	0,036	0,038	1,019	0,736	1,358	
ON_IN_V_H2	0,208	0,054	4,005**	0,762	1,312		ON_IN_V_H2	0,254	0,057	3,639**	0,536	1,867	
ON_IN_V_H3	0,147	0,057	2,261*	0,886	1,129	27,440	ON_IN_V_H3	0,225	0,053	2,787**	0,566	1,767	18,691
ON_IN_V_H4	0,041	0,057	0,697	0,746	1,341		ON_IN_V_H4	0,050	0,039	1,065	0,781	1,280	
ON_IN_V_H5	0,138	0,041	2,927**	0,705	1,418		ON_IN_V_H5	0,035	0,052	2,647**	0,757	1,321	
ON_IN_V_N1	0,212	0,065	3,275**	0,650	1,538		ON_IN_V_N1	0,150	0,060	3,549**	0,604	1,656	
ON_IN_V_N2	0,059	0,043	1,120	0,622	1,607		ON_IN_V_N2	0,249	0,049	1,203	0,456	2,193	
ON_IN_V_N3	0,162	0,062	2,729**	0,576	1,736		ON_IN_V_N3	0,067	0,064	2,548**	0,514	1,945	

** signifikant zu $\alpha = 0{,}01$ Irrtumswahrscheinlichkeit für den einseitigen t-Test
* signifikant zu $\alpha = 0{,}05$ Irrtumswahrscheinlichkeit für den einseitigen t-Test

Tab. 22 Gütebeurteilung des Konstruktes „Informationsbeschaffung vor dem Kauf"
Quelle: Eigene Darstellung

Informationsbeschaffung nach dem Kauf

Auch bei diesem Messinstrument sind die Gewichte einiger Indikatoren in beiden Samples sehr schwach, so dass die dazugehörigen t-Werte nicht signifikant sind. Der Indikator ON_IN_N_K3 (Kundenrezensionen) weist entgegen des unterstellten Zusammenhangs in beiden Stichproben und der Indikator ON_IN_N_H4 (Kontaktaufnahme per E-Mail) im Offline-Sample ein negatives Vorzeichen auf. Die Gewichte dieser Indikatoren sind jedoch minimal und die t-Werte jeweils nicht signifikant. Aus inhaltlich-konzeptionellen Gründen einer vollständigen Messung werden die Items nicht eliminiert.

Die Indikatoren ON_IN_N_K1 (Konsumentenbeurteilungen Communities) und ON_IN_N_N2 (Internetsuchmaschinen) weisen in beiden Samples hohe Gewichte auf und sind hochsignifikant. Den stärksten Einfluss im Offline-Sample besitzt der Indikator ON_IN_N_H3 (Internetseiten Netzbetreiber).

Durch einen paarweisen Vergleich der Indikatoren lassen sich im Online-Sample keine auf Multikollinearität hindeutenden Korrelationen identifizieren, wohingegen im Offline-Sample die Korrelation zwischen ON_IN_N_K1 und ON_IN_N_K2 mit knapp 0,7 beachtenswert ist. Die Werte des VIF liegen im Online-Sample unter 1,7 und im Offline-Sample unter 2,4. Somit liegen auch die Werte der Toleranz deutlich über dem kritischen Wert von 0,1. Der Konditionsindex beträgt im Online-Sample 15,95 und im Offline-Sample 16,95 und ist somit unkritisch. Insgesamt liegen keine weiteren Anzeichen von Multikollinearität der Indikatoren vor, so dass auch die vergleichsweise hohe Korrelation zwischen ON_IN_N_K1 und ON_IN_N_K2 als nicht kritisch angesehen wird. Das Messmodell zur Informationsbeschaffung nach dem Kauf erfüllt in beiden Samples alle Gütekriterien und kann unverändert in der empirischen Analyse verwendet werden.

Online-Sample (n=648)						
Indikator	weights	Std. Error	t-Wert	Toleranz	VIF	Konditions-index
ON_IN_N_K1	0,355	0,070	5,064**	0,695	1,438	15,950
ON_IN_N_K2	0,254	0,073	3,501**	0,665	1,504	
ON_IN_N_K3	-0,084	0,069	1,219	0,598	1,673	
ON_IN_N_H1	0,129	0,070	1,853*	0,755	1,324	
ON_IN_N_H2	0,254	0,083	3,056**	0,635	1,575	
ON_IN_N_H3	0,033	0,052	0,640	0,716	1,396	
ON_IN_N_H4	0,015	0,044	0,341	0,870	1,149	
ON_IN_N_N1	0,236	0,088	2,667**	0,590	1,694	
ON_IN_N_N2	0,293	0,087	3,382**	0,626	1,598	

Offline-Sample (n=573)						
Indikator	weights	Std. Error	t-Wert	Toleranz	VIF	Konditions-index
ON_IN_N_K1	0,208	0,073	2,839**	0,491	2,037	16,961
ON_IN_N_K2	0,127	0,068	1,8567*	0,528	1,894	
ON_IN_N_K3	-0,056	0,053	1,055	0,729	1,372	
ON_IN_N_H1	0,012	0,042	0,287	0,588	1,702	
ON_IN_N_H2	0,150	0,084	1,794*	0,422	2,367	
ON_IN_N_H3	0,466	0,069	6,756**	0,546	1,833	
ON_IN_N_H4	-0,054	0,042	1,275	0,838	1,193	
ON_IN_N_N1	0,160	0,068	2,341**	0,576	1,735	
ON_IN_N_N2	0,305	0,064	4,746**	0,535	1,868	

Tab. 23 Gütebeurteilung des Konstruktes „Informationsbeschaffung nach dem Kauf"
Quelle: Eigene Darstellung

Artikulationsverhalten nach dem Kauf

Die ersten drei Indikatoren im Konstrukt zur **Nutzung des Internets zur positiven Artikulation** weisen hohe Gewichte (weights) auf und sind zudem hochsignifikant, wobei insbesondere die ersten beiden Indikatoren ART_POS_1 (Abgabe positiver Meinungen auf Community-Internetseiten) und ART_POS_2 (Teilnahme an Konsumentendiskussionen) den stärksten Einfluss ausüben. Der Indikator ART_POS_4 (Aktive E-Mail-Kontaktaufnahme) weist in beiden Samples sehr geringe Gewichte und keine signifikanten t-Werte auf, wird jedoch wiederum aus inhaltlich-konzeptionellen Gründen nicht eliminiert.

Durch einen paarweisen Vergleich der Indikatoren lassen sich im Online-Sample keine auf Multikollinearität hindeutenden Korrelationen identifizieren, wohingegen im Offline-Sample die Korrelation zwischen ART_POS_1 und ART_POS_2 mit einem Wert von 0,74 vergleichsweise hoch ist. Die Werte des VIF liegen im Online-Sample unter 1,4 und im Offline-Sample unter 2,1. Somit liegen auch die Werte der Toleranz deutlich über dem kritischen Wert von 0,1. Der Konditionsindex beträgt im Online-Sample 9,97 und im Offline-Sample 12,56 und ist somit unkritisch. Insgesamt liegen also keine weiteren Anzeichen von Multikollinearität der Indikatoren vor, so dass auch die hohe Korrelation zwischen ART_POS_1 und ART_POS_2 als nicht kritisch angesehen wird.

Online-Sample (n=648)						
Indikator	weights	Std. Error	t-Wert	Toleranz	VIF	Konditions-index
ART_POS_1	0,532	0,051	10,448**	0,780	1,282	9,972
ART_POS_2	0,385	0,055	6,978**	0,752	1,330	
ART_POS_3	0,363	0,055	6,601**	0,771	1,297	
ART_POS_4	0,047	0,046	1,017	0,886	1,128	

Offline-Sample (n=573)						
Indikator	weights	Std. Error	t-Wert	Toleranz	VIF	Konditions-index
ART_POS_1	0,549	0,129	4,269**	0,486	2,059	12,558
ART_POS_2	0,380	0,141	2,701**	0,498	2,007	
ART_POS_3	0,156	0,093	1,676*	0,713	1,403	
ART_POS_4	0,150	0,086	1,738*	0,879	1,138	

** signifikant zu $\alpha = 0{,}01$ Irrtumswahrscheinlichkeit für den einseitigen t-Test

* signifikant zu $\alpha = 0{,}05$ Irrtumswahrscheinlichkeit für den einseitigen t-Test

Tab. 24 Gütebeurteilung des Konstruktes „Nutzung des Internets zur positven Artikulation“
Quelle: Eigene Darstellung

Im Konstrukt zur **Nutzung des Internets zur negativen Artikulation** weisen insbesondere der erste Indikator (Abgabe negativer Meinungen auf Community-Internetseiten) aber auch etwas schwächer der Indikator ART_NEG_2 (Teilnahme an Konsumentendiskussionen) in beiden Samples hochsignifikante Gewichte auf.

Ein paarweiser Vergleich über die Korrelationsmatrix lässt in beiden Samples keine auf Multikollinearität hindeutenden Korrelationen erkennen. Die Werte des VIF liegen im Online-Sample unter 1,5 und im Offline-Sample unter 1,7, so dass auch die Werte der Toleranz deutlich über dem kritischen Wert von 0,1 liegen. Der Konditionsindex beträgt im Online-Sample 10,89 und im Offline-Sample 11,42, und ist somit unkritisch. Folglich kann davon ausgegangen werden, dass unter den Indikatoren keine Multikollinearität vorliegt.

Online-Sample (n=648)						
Indikator	weights	Std. Error	t-Wert	Toleranz	VIF	Konditions-index
ART_NEG_1	0,807	0,079	10,168**	0,763	1,310	10,891
ART_NEG_2	0,244	0,098	2,475**	0,708	1,413	
ART_NEG_3	0,041	0,064	0,642	0,804	1,244	
ART_NEG_4	0,142	0,081	1,750*	0,920	1,087	

Offline-Sample (n=573)						
Indikator	weights	Std. Error	t-Wert	Toleranz	VIF	Konditions-index
ART_NEG_1	0,628	0,077	8,126**	0,611	1,638	11,416
ART_NEG_2	0,324	0,084	3,871**	0,628	1,592	
ART_NEG_3	0,200	0,081	2,458**	0,670	1,491	
ART_NEG_4	0,065	0,057	1,154	0,852	1,174	

** signifikant zu $\alpha = 0{,}01$ Irrtumswahrscheinlichkeit für den einseitigen t-Test

* signifikant zu $\alpha = 0{,}05$ Irrtumswahrscheinlichkeit für den einseitigen t-Test

Tab. 25 Gütebeurteilung des Konstruktes „Nutzung des Internets zur negativen Artikulation“
Quelle: Eigene Darstellung

Die Messmodelle zum Artikulationsverhalten nach dem Kauf erfüllen in beiden Samples alle Gütekriterien und können unverändert in der empirischen Analyse verwendet werden.

Internet-Loyalität

Gemäß der Operationalisierung des Konstruktes der Internetloyalität ist eine zweifaktorielle Faktorenstruktur mit den Faktoren der Weiterempfehlungsabsicht und der Wiedernutzungsabsicht vermutet worden. Dies gilt es zunächst durch eine explorative Faktorenanalyse zu überprüfen. Mittels der explorativen Faktorenanalyse wird jedoch, wenn als Maßstab das Eigenwertkriterium genommen wird, nur ein Faktor extrahiert. Dieser Eigenwert des extrahierten Faktors beträgt in beiden Samples mindestens 3,4, der Eigenwert des nicht extrahierten Faktors beträgt in beiden Samples jeweils nur 0,7.

Bei der durch die Faktorenanalyse empfohlenen einfaktoriellen Lösung erklärt der extrahierte Faktor 75,5% der Varianz der Indikatoren im Online-Sample und 68,3% im Offline-Sample. Auf Grund dieser für eine einfaktorielle Lösung sprechenden Werte soll das Konstrukt im Folgenden auch als einfaktoriell interpretiert und von einer künstlich erzwungenen Zwei-Faktor-Lösung abgesehen werden. Die Faktorladungen liegen in beiden Samples deutlich über dem kritischen Wert von 0,4. Auch das Kriterium der Indikatorreliabilität wird von allen Indikatoren erfüllt. Die t-Werte der Faktorladungen sind in beiden Samples hochsignifikant auf dem 0,01-Niveau. Cronbach´s α liegt mit 0,907 im Online-Sample und 0,875 im Offline-Sample deutlich über der geforderten Grenze von 0,7 und lässt sich durch eine Indikatorelimination nicht weiter erhöhen. Die Werte der Item-to-Total-Korrelationen liegen mindestens bei 0,5, so dass sie über dem Grenzwert von 0,3 liegen. Die Composite Reliability liegt in beiden Samples mit 0,933 (Online-Sample) und 0,914 (Offline-Sample) über dem geforderten Mindestwert von 0,6.

Zusammenfassend erfüllt das Messmodell zur Internet-Loyalität alle Gütekriterien in beiden Samples und kann daher unverändert verwendet werden.

Online-Käufer (n=648)									
Indikator		s_X	Item-to-Total-Korrelation	Faktor-ladung	t-Wert der Faktorladung	Indikator-reliabilität	Composite Reliability	Cronbach´s α	DEV
WEmpf_1	4,29	0,992	0,833	0,906	94,788**	0,820	0,9326	0,907	0,735
WEmpf_2	4,24	1,005	0,848	0,916	89,043**	0,838			
WEmpf_3	3,94	1,095	0,739	0,842	53,819**	0,709			
Info_IN_NK	4,36	1,040	0,683	0,784	36,443**	0,615			
Kauf_IN_NK	4,13	1,115	0,744	0,832	47,486**	0,693			
Bewertung:			alle > 0,3	alle > 0,4	hoch-signifikant auf 0,01-Level	alle > 0,4	> 0,6	> 0,7	> 0,5

Offline-Käufer (n=573)									
Indikator		s_X	Item-to-Total-Korrelation	Faktorladung	t-Wert der Faktorladung	Indikator-reliabilität	Composite Reliability	Cronbach´s α	DEV
WEmpf_1	2,63	1,120	0,762	0,873	65,084**	0,763	0,9139	0,875	0,681
WEmpf_2	2,49	1,113	0,800	0,899	76,462**	0,809			
WEmpf_3	2,21	1,015	0,775	0,880	72,475**	0,775			
Info_IN_NK	3,13	1,307	0,566	0,690	29,038**	0,476			
Kauf_IN_NK	2,15	1,084	0,662	0,769	41,831**	0,591			
Bewertung:			alle > 0,3	alle > 0,4	hoch-signifikant auf 0,01-Level	alle > 0,4	> 0,6	> 0,7	> 0,5

** signifikant zu α = 0,01 Irrtumswahrscheinlichkeit für den zweiseitigen t-Test

Tab. 26 Gütebeurteilung des Konstruktes „Internet-Loyalität"
Quelle: Eigene Darstellung

5.5.3 Diskriminanzvalidität im Messmodell

Nach Überprüfung aller latenten Konstrukte mit Hilfe der unterschiedlichen Gütemaße zur Beurteilung formativer und reflektiver Messkonstrukte muss zusätzlich die Diskriminanzvalidität der reflektiven Konstrukte untereinander überprüft und sichergestellt werden.

Nach dem dabei zur Überprüfung verwendeten Fornell-Larcker-Kriterium liegt Diskriminanzvalidität vor, wenn die durchschnittlich erfasste Varianz (DEV) einer latenten Variablen größer ist, als alle quadrierten Korrelationen dieser Variablen mit sämtlichen anderen latenten Konstrukten im Messmodell (Fornell, Larcker, 1981, S. 46). Dazu wird in einem ersten Schritt eine Korrelationsmatrix aller im Untersuchungsmodell berücksichtigten reflektiven Messkonstrukte aufgestellt (vgl. Tab. A21 und A22 im Anhang). Dabei ist anzumerken, dass bei den 2nd-order-Konstrukten (Produktinvolvement und wahrgenommenes Risiko) nur die jeweiligen dazugehörigen Faktoren in die Matrix aufgenommen werden. Anschließend werden in einer neuen Matrix zur Überprüfung des Kriteriums die quadrierten Korrelationen den jeweiligen durchschnittlich erfassten Varianzen eines jeden Faktors gegenübergestellt und interpretiert.

Die beiden folgenden Tabellen liefern die Ergebnisse des Fornell-Larcker-Kriteriums für das Online-Sample (Tab. 27) und das Offline-Sample (Tab. 28). Es ist offensichtlich, dass alle Variablen (Faktoren) das Fornell-Larcker-Kriterium erfüllen. Folglich kann davon ausgegangen werden, dass Diskriminanzvalidität im Messmodell vorliegt.

		CONV	INNO	LOYAL	INV-INT	INV-WICH	ZUF	WR-INHÄ	PW	WR-ZEIT
	DEV	0,586	0,574	0,735	0,889	0,582	0,713	0,547	0,742	0,875
Convenience-Orientierung (CONV)	0,586	1								
Innovativität (INNO)	0,574	0,0407	1							
Internet-Loyalität (LOYAL)	0,735	0,0057	0,0126	1						
Involvement - Faktor: Interesse (INV-INT)	0,889	0,0020	0,0149	0,0017	1					
Involvement - Faktor: Wichtigkeit (INV-WICH)	0,582	0,0010	0,0348	0,0221	0,2041	1				
Kaufzufriedenheit (ZUF)	0,713	0,0072	0,0125	0,5792	0,0053	0,0025	1			
Kauf-inhärentes Internetrisiko (WR-INHÄ)	0,547	0,0001	0,0250	0,0563	0,0056	0,0278	0,0100	1		
Subjektives Produktwissen (PW)	0,742	0,0459	0,0709	0,0168	0,1082	0,0985	0,0118	0,0144	1	
Zeit- und Bequemlichkeitsrisiko (WR-ZEIT)	0,875	0,0015	0,0033	0,0491	0,0002	0,0018	0,0122	0,2225	0,0001	1

Tab. 27 Überprüfung des Messmodells auf Diskriminanzvalidität mittels des Fornell-Larcker-Kriteriums (Online-Sample)

Quelle: Eigene Darstellung

		CONV	INNO	LOYAL	INV-INT	INV-WICH	ZUF	WR-INHÄ	PW	WR-ZEIT
	DEV	0,561	0,563	0,681	0,861	0,602	0,716	0,622	0,722	0,845
Convenience-Orientierung (CONV)	0,561	1								
Innovativität (INNO)	0,563	0,0669	1							
Internet-Loyalität (LOYAL)	0,681	0,0708	0,1500	1						
Involvement - Faktor: Interesse (INV-INT)	0,861	0,0036	0,0397	0,0411	1					
Involvement - Faktor: Wichtigkeit (INV-WICH)	0,602	0,0005	0,0399	0,0093	0,2453	1				
Kaufzufriedenheit (ZUF)	0,716	0,0020	0,0084	0,0554	0,0017	0,0003	1			
Kauf-inhärentes Internetrisiko (WR-INHÄ)	0,622	0,0360	0,0601	0,2483	0,0032	0,0056	0,0064	1		
Subjektives Produktwissen (PW)	0,722	0,0172	0,0603	0,0255	0,1598	0,1018	0,0041	0,0122	1	
Zeit- und Bequemlichkeitsrisiko (WR-ZEIT)	0,845	0,0026	0,0268	0,1073	0,0028	0,0001	0,0015	0,1977	0,0032	1

Tab. 28 Überprüfung des Messmodells auf Diskriminanzvalidität mittels des Fornell-Larcker-Kriteriums (Offline-Sample)

Quelle: Eigene Darstellung

5.6 Untersuchung der Strukturmodelle

Nachdem im vorigen Kapitel alle im Rahmen der empirischen Arbeit verwendeten latenten Konstrukte hinsichtlich wichtiger Gütekriterien zur Beurteilung von formativen und reflektiven Messkonstrukten überprüft worden sind und auch Diskriminanzvalidität im Messmodell nachgewiesen werden konnte, werden nun die im Kapitel 4.7 aufgestellten Hypothesen in zwei Strukturgleichungsmodellen für die Informationsphase (Kapitel 5.6.1) und für die After-Sales-Phase (Kapitel 5.6.2) überprüft. Dabei erfolgt die Untersuchung der beiden Stichproben der Online-Käufer und Offline-Käufer wiederum getrennt voneinander. Zur Auswertung wird das Softwareprogramm SmartPLS 2.0.M3 (Ringle et al., 2005) eingesetzt.

Die Beurteilung der Strukturmodelle beinhaltet die Überprüfung der Modelle anhand des Bestimmtheitsmaßes R^2, des Stone-Geisser-Tests mit dem Kriterium Q^2 sowie die Prüfung der Hypothesen über die Höhe und Signifikanzen der Pfadkoeffizienten und deren Effektstärke f^2.

5.6.1 Informationsphase

Das R^2 für die endogene Variable „Nutzungsintensität Online-Informationsquellen vor dem Kauf" liegt im Online-Sample bei 0,444 und im Offline-Sample bei 0,429. Die Modelle erklären somit jeweils ungefähr 44% bzw. 43% der Varianz der Nutzungsintensität von Online-Informationsquellen. Gemäß Chin (1998, S. 323) sind diese Werte im Bereich zwischen durchschnittlich ($R^2 \geq 0,33$) und substanziell ($R^2 \geq 0,67$) anzusehen. Die eher moderaten Werte für R^2 sind erklärbar, da neben den hier untersuchten Einflussfaktoren noch weitere Faktoren existieren, die die Nutzungsintensität von Online-Informationsquellen beeinflussen.

Die prädikative Validität wird mittels des Stone-Geisser-Kriteriums Q^2 (bzgl. der Redundanz) gemessen. Mit Werten von 0,135 (Online-Sample) und 0,161 (Offline-Sample) für Q^2 erfüllen die Werte das geforderte Kriterium ($Q^2 > 0$). Das Modell kann somit für beide Stichproben empirisch nicht zurückgewiesen werden. Im Zuge der Hypothesenüberprüfung und inhaltlichen Interpretation werden die Pfadkoeffizienten näher untersucht.

Im **Online-Sample** wird offensichtlich, dass alle exogenen Konstrukte positive, über den geforderten Mindestwert für Pfadkoeffizienten von 0,1 liegende, hochsignifikante Pfadkoeffizienten und somit Einflüsse auf die abhängige Variable der Nutzungsintensität von Online-Informationsquellen aufweisen (Abb. 48; Tab. 29).[55] Die Convenience-Orientierung und die persönliche Innovativität haben dabei mit Pfadkoeffizienten von

[55] Zur Überprüfung, ob der Einfluss latenter exogener Variablen auf die latente endogene Variable signifikant ist, wird hier und im Folgenden das Bootstrapping-Verfahren verwendet, dass eine Beurteilung der Präzision der PLS-Ergebnisse ermöglicht (bspw. Chin, 1998, S. 320). Dabei werden für das Online-Sample 650 Fälle und für das Offline-Sample 575 Fälle erzeugt.

0,318 und 0,303 den stärksten positiven Einfluss. Die Convenience-Orientierung und die persönliche Innovativität weisen gemeinsam mit dem wahrgenommenen Risiko mittlere Werte für die Effektstärke f^2 (Cohen, 1988, S. 413) auf, wohingegen insbesondere das subjektive Produktwissen nur einen sehr geringen Wert mit 0,022 für f^2 besitzt. Somit scheinen die allgemeinen Charakteristika der Konsumenten (Innovativität und Convenience-Orientierung) bei den Online-Käufern einen erheblichen Einfluss auf die Nutzungsintensität von Online-Informationsquellen vor dem Kauf eines Mobiltelefons auszuüben. Auch das wahrgenommene Risiko gegenüber dem Internet als Distributionskanal führt zu einer intensiveren Nutzung des Internets vor dem Kauf. Online-Käufer verfügen somit über ein gewisses Risikoempfinden und versuchen dieses, im Gegensatz zu den Offline-Käufern, über eine intensivere Suche im Internet zu reduzieren.

Im **Offline-Sample** weisen alle Konstrukte hochsignifikante und über den geforderten Mindestwert von 0,1 liegende Pfadkoeffizienten auf. Dabei haben wiederum die persönliche Innovativität mit einem Pfadkoeffizienten von 0,316 und die Convenience-Orientierung mit einem Pfadkoeffizienten von 0,185 den stärksten positiven Einfluss. Im Gegensatz zum Online-Sample weist das wahrgenommene Risiko gegenüber dem Internet als Distributionskanal einen negativen Pfadkoeffizienten von -0,242 auf. Ein hohes wahrgenommenes Risiko gegenüber dem Internet wirkt somit bei den Offline-Käufern negativ auf die Nutzungsintensität von Online-Informationsquellen vor dem Kauf. Sie scheinen auf Grund ihrer Risikowahrnehmung im Gegensatz zu den Online-Käufern eher auf traditionelle Offline-Informationsquellen zurückzugreifen und meiden eine intensive Suche über das Internet. Die Effektstärke der latenten Variablen f^2 zeigt, dass diese Konstrukte wiederum einen geringen bis mittleren Einfluss ausüben. Ferner besitzt die persönliche Innovativität mit 0,139 einen mittleren Wert für f^2, wohingegen das subjektive Produktwissen (0,044) und das Produktinvolvement (0,033) sehr niedrige Werte für f^2 haben.

Die obigen Ausführungen werden in Abb. 48 und Tab. 29 zusammengefasst. Es zeigt sich, dass sämtliche aufgestellte Hypothesen zum Strukturmodell für die Informationsphase in beiden Samples beibehalten werden können. Kritisch sei angemerkt, dass insbesondere die Werte für die Effektstärke f^2 bei einigen exogenen Variablen nur sehr gering sind, so dass diese nach Cohen (1988, S. 413) einen wenig relevanten Einfluss auf das Zielkonstrukt aufweisen.

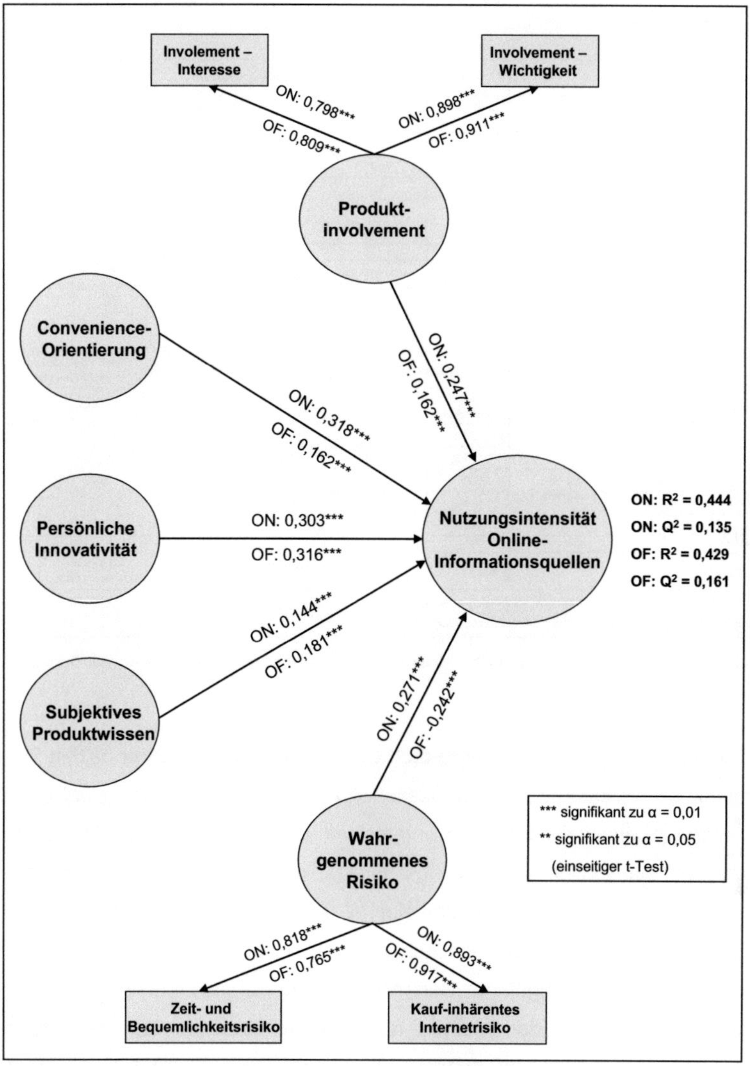

Abb. 48 Grafische Veranschaulichung der Ergebnisse zum Strukturmodell der Informationsphase (ON = Online-Käufer, OF = Offline-Käufer)
Quelle: Eigene Darstellung

Online-Käufer (n=648):

		Ebene des Ausgangskontruktes (exogene Variablen)				Ebene des Zielkonstruktes (endogene Variable)	
Exogenes Konstrukt	Zielkonstrukt	Pfad-koeffizient	t-Wert	f^2	Hypothese bestätigt?	R^2	$Q^2_{(redun)}$
Produktinvolvement	Nutzungsintensität Online-Informationsquellen	0,247	7,635***	0,090	√	0,444	0,135
Convenience-Orientierung		0,318	11,501***	0,160	√		
Persönliche Innovativität		0,303	9,582***	0,133	√		
Subjektives Produktwissen		0,144	4,154***	0,022	√		
Wahrgenommenes Risiko		0,271	9,052***	0,128	√		
Bewertung:		**alle > I 0,1 I**	**hochsignifikant auf 0,01-Level**	**f^2 gering bis mittel**	-	**> 0,33 ==> durchschnittlich**	**> 0, Kriterium erfüllt**

Offline-Käufe (n=573)r:

		Ebene des Ausgangskontruktes (exogene Variablen)				Ebene des Zielkonstruktes (endogene Variable)	
Exogenes Konstrukt	Zielkonstrukt	Pfad-koeffizient	t-Wert	f^2	Hypothese bestätigt?	R^2	$Q^2_{(redun)}$
Produktinvolvement	Nutzungsintensität Online-Informationsquellen	0,162	4,563***	0,033	√	0,429	0,161
Convenience-Orientierung		0,185	5,447***	0,054	√		
Persönliche Innovativität		0,316	8,572***	0,139	√		
Subjektives Produktwissen		0,181	5,361***	0,044	√		
Wahrgenommenes Risiko		-0,242	6,608***	0,093	√		
Bewertung:		**alle > I 0,1 I**	**hochsignifikant auf 0,01-Level**	**f^2 gering bis mittel**	-	**> 0,33 ==> durchschnittlich**	**> 0, Kriterium erfüllt**

*** signifikant zu α = 0,01 Irrtumswahrscheinlichkeit für den einseitigen t-Test

** signifikant zu α = 0,05 Irrtumswahrscheinlichkeit für den einseitigen t-Test

Tab. 29 Tabellarische Ergebnisse des Strukturmodells zur Informationsphase vor dem Kauf
Quelle: Eigene Darstelltung

Abschließend wird durch einen **Vergleich der Pfadkoeffizienten** der beiden Samples untersucht, ob die kaufprozessbeeinflussenden Determinanten in den jeweiligen Samples (intergruppenspezifisch) einen unterschiedlich hohen Wirkungseinfluss auf das Zielkonstrukt, namentlich die Nutzungsintensität der Online-Informationsquellen, haben. Die hier und im anschließenden Kapitel 5.6.2 für die After-Sales-Phase vorgenommenen Auswertungen weisen einen explorativen Charakter auf und werden nicht hypothesengestützt durchgeführt. Dennoch sind die vorgenommenen Auswertungen gerechtfertigt: Im Zuge der Analyse der Internetpenetration und Akzeptanz von E-Commerce-Angeboten (vgl. Kapitel 2.2) wurde dargelegt, dass trotz der hohen Verbreitung dieser Angebote in der Bevölkerung gewichtige demografische und verhaltensorientierte Unterschiede zwischen den Adoptoren und Nichtnutzern existieren. Dies lässt vermuten, dass auch die psychografischen Persönlichkeitsdeterminanten unterschiedlich hohe Wirkungseinflüsse auf die Integration des Internets in den jeweiligen Phasen des Kaufprozesses haben. Über eine vergleichende Analyse der Samples der Online- und Offline-Käufer sollen die sich in den Pfadkoeffizienten widerspiegelnden tatsächlichen Wirkungseinflüsse der Persönlichkeitseigenschaften als exogene Konstrukte auf die Nutzung von Internets in den einzelnen Phasen des Kaufprozesses überprüft werden. Hierdurch sollen spezifische Unterschiede in den einzelnen Käufergruppen aufgedeckt und die jeweilige Bedeutung dieser Determinanten für die Online- und Offline-Käufer aufgezeigt werden.

Dabei wird der Argumentation von Chin (2000) gefolgt und mittels der folgenden Formel t-Werte berechnet, mit denen geprüft werden kann, ob sich die Höhe der Pfadkoeffizienten zwischen zwei Gruppen signifikant unterscheidet. Die zur Berechnung der Formel benötigten Werte der Pfadkoeffizienten und der Standardfehler der beiden Samples entstammen dem SmartPLS-Export und sind der Tab. 30 zu entnehmen.

$$t = \frac{Pfadkoeffizient_{Sample1} - Pfadkoeffizient_{Sample2}}{\sqrt{Std.Error^2{}_{Sample1} + Std.Error^2{}_{Sample2}}}$$

Tab. 30 zeigt zudem die vom Autor berechneten t-Werte für den Vergleich der Pfadkoeffizienten der beiden Samples der Online- und der Offline-Käufer für die Informationsphase vor dem Kauf. Es wird deutlich, dass sich die Pfadkoeffizienten der beiden exogenen Konstrukte „Convenience-Orientierung“ und „wahrgenommenes Risiko“ in den jeweiligen Samples auf hochsignifikante Weise unterscheiden und somit in den jeweiligen Gruppen eine unterschiedlich hohe Bedeutung bzw. Wirkungseinfluss für die Erklärung des Zielkonstruktes (Nutzungsintensität von Online-Informationsquellen vor dem Kauf) besitzen.

So weist die Convenience-Orientierung im Online-Sample einen deutlich höheren Pfadkoeffizienten auf als im Offline-Sample und besitzt daher im Online-Sample eine höhere Erklärungskraft und einen höheren Wirkungseinfluss auf das Zielkonstrukt als im Offline-Sample. Die Convenience-Orientierung ist somit für die Online-Käufer ein deutlich wichtigerer Treiber der Nutzungsintensität von Online-Informationsquellen als für die Offline-Käufer.

Beim Konstrukt des wahrgenommenen Risikos liegen ebenso hochsignifikante Unterschiede bzgl. der Höhe der Pfadkoeffizienten der beiden Samples vor. Im Online-Sample ist der Pfadkoeffizient deutlich größer Null, so dass ein hohes wahrgenommenes Risiko zu einer intensiveren Nutzung der Online-Informationsquellen führt, wohingegen im Offline-Sample der Pfadkoeffizient deutlich unter Null ist und somit ein hohes wahrgenommenes Risiko zu einer deutlich weniger intensiven Nutzung der Online-

Informationsquellen führt. Bei einer betragsmäßigen Betrachtung der Pfadkoeffizienten des Risiko-Konstruktes sind die jeweiligen Unterschiede jedoch gering, so dass davon auszugehen ist, dass beide in ähnlicher Weise auf das Zielkonstrukt einwirken, jedoch mit anderer Wirkungsrichtung. Des Weiteren kann kein signifikanter Unterschied in der Höhe der Pfadkoeffizienten bei den Konstrukten zur Innovativität und zum Produktwissen festgestellt werden, so dass sie in beiden Samples eine ähnliche Wirkung bzw. Erklärungskraft für Zielkonstrukt haben.

Exogenes Konstrukt	Zielkonstrukt	Online-Sample		Offline-Sample		t-Wert
		Pfad-koeffizient	Std. Error	Pfad-koeffizient	Std. Error	
Produktinvolvement	Nutzungsintensität Online-Informationsquellen	0,247	0,033	0,162	0,036	1,754*
Convenience-Orientierung		0,318	0,028	0,185	0,034	3,017***
Persönliche Innovativität		0,303	0,032	0,316	0,037	-0,265
Subjektives Produktwissen		0,144	0,036	0,181	0,033	-0,762
Wahrgenommenes Risiko		0,271	0,033	-0,242	0,035	10,667***

*** signifikant zu α = 0,01 Irrtumswahrscheinlichkeit für den zweiseitigen t-Test

** signifikant zu α = 0,05 Irrtumswahrscheinlichkeit für den zweiseitigen t-Test

* signifikant zu α = 0,1 Irrtumswahrscheinlichkeit für den zweiseitigen t-Test

Tab. 30 Vergleich der Pfadkoeffizienten beider Samples in der Informationsphase vor dem Kauf
Quelle: Eigene Darstellung

5.6.2 After-Sales-Phase

Im Gegensatz zum Strukturmodell der Informationsphase existieren im Strukturmodell der After-Sales-Phase insgesamt vier abhängige endogene Variablen, für die das Bestimmtheitsmaß R^2 und das Stone-Geisser-Kriterium Q^2 analysiert werden müssen.

Das R^2 für die endogene Variable Nutzungsintensität der Online-Informationsquellen nach dem Kauf liegt im Online-Sample bei 0,324 und im Offline-Sample bei 0,373. Die Modelle erklären somit 33% bzw. 37% der Varianz der Nutzungsintensität der Online-Informationsquellen. Die Werte sind als durchschnittlich anzusehen (Chin, 1998, S. 323). Die prädikative Validität wird durch Werte von 0,111 (Online-Sample) und 0,144 (Offline-Sample) für Q^2 bestätigt.

Das R^2 für die endogene Variable Nutzungsintensität des Internets zur Artikulation von positiven Meinungen und Erfahrungen liegt im Online-Sample bei 0,353 und im Offline-Sample bei 0,159. Die Modelle erklären somit 35% bzw. 16% der Varianz des positiven Artikulationsverhaltens. Der Wert für das Online-Sample ist als durchschnittlich anzusehen, der Wert für das Offline-Sample liegt knapp unter dem Grenzwert zu

„schwach“. Folglich ist die Erklärungskraft des Modells im Offline-Sample als „nicht relevant“ einzustufen (Chin, 1998, S. 323). Die prädikative Validität wird durch Werte von 0,159 (Online-Sample) und 0,087 (Offline-Sample) für Q^2 bestätigt, wobei der Wert für Q^2 im Offline-Sample als sehr gering einzuschätzen ist.

Das R^2 für die endogene Variable Nutzungsintensität des Internets zur Artikulation von negativen Meinungen und Erfahrungen liegt im Online-Sample bei 0,264 und im Offline-Sample bei 0,253. Die Modelle erklären somit 26% bzw. 25% der Varianz der Nutzungsintensität der Online-Informationsquellen. Gemäß Chin (1998, S. 323) sind diese Werte im Bereich zwischen schwach ($R^2 \geq 0,19$) und durchschnittlich ($R^2 \geq 0,33$) anzusehen. Die prädikative Validität wird durch Werte von 0,103 (Online-Sample) und 0,130 (Offline-Sample) für Q^2 bestätigt.

Das R^2 für die endogene Variable Internet-Loyalität liegt im Online-Sample bei 0,638 und im Offline-Sample bei 0,391. Die Modelle erklären somit 64% bzw. 39% der Varianz der Nutzungsintensität der Online-Informationsquellen. Der Wert für das Online-Sample ist als substanziell einzuschätzen, wohingegen der Wert für das Offline-Sample als durchschnittlich eingestuft werden kann (Chin, 1998, S. 323). Die prädikative Validität wird durch Werte von 0,467 (Online-Sample) und 0,261 (Offline-Sample) für Q^2 bestätigt.

Fasst man obige Ausführungen zusammen, zeigt sich, dass die verschiedenen endogenen Variablen unterschiedlich gute Werte für R^2 und Q^2 aufweisen. Insbesondere das Konstrukt der Internet-Loyalität und, mit Abstrichen, das Konstrukt zum Informationsverhalten nach dem Kauf weisen zufriedenstellende Werte auf, wohingegen die Werte zu den Konstrukten des Artikulationsverhaltens als unterdurchschnittlich einzustufen sind. Insgesamt kann das aufgestellte Modell für die After-Sales-Phase jedoch für beide Stichproben nicht zurückgewiesen werden und soll in unveränderter Form in den weiteren Analysen überprüft werden.

Im Zuge der Hypothesenüberprüfung und inhaltlichen Interpretation werden die Pfadkoeffizienten des Strukturmodells näher untersucht. Dabei wird zunächst die Analyse für das **Online-Sample** vorgenommen, um anschließend die Ergebnisse des Offline-Samples vorzustellen. Insgesamt sind für die After-Sales-Phase 18 Hypothesen je Sample zu überprüfen. Detailliert sind die Ergebnisse der Tab. 31 zu entnehmen, so dass nicht auf alle Wirkungszusammenhänge eingegangen wird. Die Analyse erfolgt für jedes endogene Zielkonstrukt separat.

Bei Betrachtung der Wirkung der exogenen Variablen auf das Zielkonstrukt der Nutzungsintensität der Online-Informationsquellen nach dem Kauf zeigt sich, dass die Pfadkoeffizienten der Konstrukte Convenience-Orientierung, persönliche Innovativität und Produktinvolvement mit Werten zwischen 0,22 und 0,33 über dem geforderten Mindestwert von 0,1 liegen und eine hochsignifikante positive Wirkung auf das Zielkonstrukt besitzen. Die Convenience-Orientierung und das Produktinvolvement weisen dabei annähernd mittlere Werte für die Effektstärke f^2 auf, wobei der Einfluss der persönlichen Innovativität vergleichsweise gering ist (Cohen, 1988, S. 413). Die Pfadkoeffizienten der Konstrukte des subjektiven Produktwissens, des wahrgenommenen Risikos und der Kaufzufriedenheit sind unter 0,1, so dass entgegen der Annahme keine bedeutsame positive Wirkung auf das Zielkonstrukt vorzuliegen scheint.

Alle verwendeten exogenen Konstrukte weisen übereinstimmend mit der Hypothesenformulierung positive, hochsignifikante Pfadkoeffizienten auf die Nutzungsintensität des Internets zur positiven Artikulation auf. Die Höhe der Pfadkoeffizienten liegt zwischen 0,21 und 0,27, wobei das Produktinvolvement und die Kaufzufriedenheit gemäß der Pfadkoeffizienten den stärksten Einfluss haben. Die Effektstärke f^2 ist für alle Konstrukte vergleichsweise niedrig und liegt im geringen bis mittleren Bereich.

Die Nutzungsintensität des Internets zur negativen Artikulation wird maßgeblich durch die Kaufzufriedenheit beeinflusst. Die Kaufzufriedenheit weist mit Abstand den höchsten, wenn auch negativen, hochsignifikanten Pfadkoeffizienten auf. Die Effektstärke f^2 mit einem Wert von 0,284 ist hoch. Eine hohe Kaufzufriedenheit mit dem Kaufprozess über einen Online-Kanal wirkt sich somit negativ auf die Nutzungsintensität des Internets zur negativen Artikulation aus. Wider Erwarten weist der Pfadkoeffizient der persönlichen Innovativität nur einen Wert von 0,069 aus, so dass diese Hypothese nicht beibehalten werden kann. Die Pfadkoeffizienten der Konstrukte Produktinvolvement und subjektives Produktwissen liegen zwar marginal über 0,1, auf Grund der Effektstärke ist der Einfluss dieser Konstrukte aber als gering einzuschätzen.

Insbesondere die Kaufzufriedenheit sowie das wahrgenommene Risiko beeinflussen die Internet-Loyalität der Konsumenten. Die Kaufzufriedenheit weist mit einem Pfadkoeffizienten von 0,75 eine hochsignifikant positive Wirkung auf das Zielkonstrukt aus. Auch der Wert der Effektstärke f^2 von 1,49 zeigt die sehr hohe Bedeutung der Kaufzufriedenheit auf die Internet-Loyalität. Konsumenten mit einem hohen wahrgenommenen Risiko beabsichtigen nicht, das Internet im Rahmen eines erneuten Kaufs zu nutzen, was sich in dem negativen Pfadkoeffizienten von -0,19 zeigt. Die Höhe der Effektstärke f^2 verdeutlicht, dass das Konstrukt nur einen geringen bis mittleren Einfluss auf die Internet-Loyalität hat. Die Konstrukte der Convenience-Orientierung und der persönlichen Innovativität haben wider Erwarten fast keinen Einfluss auf die Internet-Loyalität der Konsumenten.

Die folgende Abbildung fasst die Ergebnisse des Online-Samples zusammen. Es zeigt sich, dass 12 der 18 aufgestellten Hypothesen beibehalten werden können. Ein t-Test auf 99%-Niveau zeigt die Signifikanz der Hypothesen selbst mit der geringeren Irrtumswahrscheinlichkeit von 0,01.

Online-Käufer (n=648)		**Ebene des Ausgangskonstruktes (exogene Variable)**				**Ebene des Zielkonstruktes (endogene Variable)**	
Exogenes Konstrukt	**Zielkonstrukt**	**Pfadkoeffizient**	**t-Wert**	**f^2**	**Hypothese bestätigt?**	**R^2**	**$Q^2_{(redun)}$**
Convenience-Orientierung	Nutzungsintensität Online-Informationsquellen	0,286	9,598***	0,102	√	0,324	0,111
Persönliche Innovativität		0,221	6,779***	0,061	√		
Produktinvolvement		0,333	9,840***	0,130	√		
Subjektives Produktwissen		0,030	0,922	0,000	X		
Wahrgenommenes Risiko		0,086	2,314**	0,012	X		
Kaufzufriedenheit		0,081	2,747***	0,010	X		
Persönliche Innovativität	Nutzungsintensität Internet zur positiven Artikulation	0,205	6,846***	0,057	√	0,353	0,159
Produktinvolvement		0,268	8,549***	0,093	√		
Subjektives Produktwissen		0,228	7,778***	0,060	√		
Kaufzufriedenheit		0,254	8,622***	0,096	√		
Persönliche Innovativität	Nutzungsintensität Internet zur negativen Artikulation	0,069	1,719*	0,004	X	0,264	0,103
Produktinvolvement		0,102	2,677***	0,011	√		
Subjektives Produktwissen		0,121	3,137***	0,015	√		
Kaufzufriedenheit		-0,492	12,364***	0,284	√		
Convenience-Orientierung	Internet-Loyalität	0,018	0,984	0,003	X	0,638	0,467
Persönliche Innovativität		0,005	0,324	0,000	X		
Wahrgenommenes Risiko		-0,185	6,981***	0,083	√		
Kaufzufriedenheit		0,751	33,801***	1,486	√		

*** signifikant zu α = 0,01 Irrtumswahrscheinlichkeit für den einseitigen t-Test;
** signifikant zu α = 0,05 Irrtumswahrscheinlichkeit für den einseitigen t-Test
* signifikant zu α = 0,1 Irrtumswahrscheinlichkeit für den einseitigen t-Test

Tab. 31 Tabellarische Ergebnisse des Strukturmodells zur After-Sales-Phase (Online-Sample)
Quelle: Eigene Darstellung

Im Folgenden werden die Ergebnisse für das **Offline-Sample** skizziert. Vollständig sind die Ergebnisse der Tab. 32 zu entnehmen. Nicht alle erwarteten Wirkungszusammenhänge der exogenen Variablen auf die Nutzungsintensität der Online-Informationsquellen nach dem Kauf werden bestätigt. Der Pfadkoeffizient des Konstruktes Kaufzufriedenheit ist sehr gering und auch die Effektstärke ist gerundet bei 0,000. Folglich ist die hierzu formulierte Hypothese abzulehnen. Alle anderen Wirkungszusammenhänge werden bestätigt. Bis auf das Konstrukt des wahrgenommenen Risikos weisen alle Pfadkoeffizienten der exogenen Variablen positive, über dem Mindestpfadkoeffizienten von 0,1 liegende hochsignifikante Pfadkoeffizienten auf. Der Pfadkoeffizient des Konstruktes des wahrgenommenen Risikos ist erwartungsgemäß negativ, liegt mit -0,143 betragsmäßig über 0,1 und ist zudem hochsignifikant. Die größte Wirkung hat die persönliche Innovativität mit einem f^2 von 0,12.

Die Nutzungsintensität des Internets zur positiven Artikulation wird maßgeblich vom subjektiven Produktwissen der Konsumenten mit einem Pfadkoeffizienten von 0,3 und einem f^2 von 0,09 beeinflusst. Der Wert der Effektstärke ist aber als gering einzuschätzen. Die Kaufzufriedenheit und die persönliche Innovativität haben wider Erwarten keinen bedeutsamen Einfluss auf das Zielkonstrukt.

Die zur Erklärung der Nutzungsintensität des Internets zur negativen Artikulation ausgewählten Konstrukte weisen ausreichend hohe und hochsignifikante Pfadkoeffizienten auf, so dass alle Hypothesen beibehalten werden können. Den stärksten Einfluss hat hierbei die Kaufzufriedenheit mit einem negativen Pfadkoeffizienten von -0,385 und einer Effektstärke f^2 von 0,13, die als „mittel“ klassifiziert werden kann. Auch wenn die Hypothesen der anderen Ausgangskonstrukte gemäß der Pfadkoeffizienten und deren Signifikanz bestätigt werden, zeigt sich, dass deren absoluter Einfluss mittels der Effektstärke als äußerst gering einzuschätzen ist.

Es werden alle aufgestellten Hypothesen auf das Zielkonstrukt der Internet-Loyalität bestätigt. Insbesondere das Konstrukt des wahrgenommenen Risikos weist einen hochsignifikanten negativen Pfadkoeffizienten und eine Effektstärke f^2 von 0,245 auf und erklärt somit maßgeblich das Zielkonstrukt. Auch die Kaufzufriedenheit besitzt einen negativen signifikanten, aber geringeren Pfadkoeffizienten, so dass eine hohe Kaufzufriedenheit der Offline-Käufer zu einer geringeren Internet-Loyalität führt. Offline-Käufer mit einer hohen Kaufzufriedenheit scheinen folglich den traditionellen Offline-Handel für einen erneuten Kauf zu bevorzugen und weisen zudem über eine geringe Weiterempfehlungsabsicht des Internets als Distributionskanal auf. Die Convenience-Orientierung sowie die persönliche Innovativität der Konsumenten haben hingegen eine hochsignifikante positive Wirkung auf die Internet-Loyalität der Offline-Käufer.

Die folgende Abbildung fasst die Ergebnisse zusammen. Es zeigt sich, dass 15 der 18 Hypothesen beibehalten werden können. Ein t-Test auf 99%-Niveau zeigt die Signifikanz der Hypothesen, selbst mit der geringeren Irrtumswahrscheinlichkeit von 0,01.

Sample: Offline-Käufer (n=578)		Ebene des Ausgangskonstruktes (exogene Variable)				Ebene des Zielkonstruktes (endogene Variable)	
Exogenes Konstrukt	**Zielkonstrukt**	**Pfadkoeffizient**	**t-Wert**	**f^2**	**Hypothese bestätigt?**	**R^2**	**$Q^2_{(redun)}$**
Convenience-Orientierung	Nutzungsintensität Online-Informations-quellen	0,133	3,847***	0,053	√	0,373	0,144
Persönliche Innovativität		0,273	7,705***	0,121	√		
Produktinvolvement		0,224	5,625***	0,091	√		
Subjektives Produktwissen		0,220	5,605***	0,088	√		
Wahrgenommenes Risiko		-0,143	3,839***	0,056	√		
Kaufzufriedenheit		-0,025	0,918	0,000	X		
Persönliche Innovativität	Nutzungsintensität Internet zur positiven Artikulation	0,084	1,979**	0,007	X	0,159	0,087
Produktinvolvement		0,101	2,454***	0,011	√		
Subjektives Produktwissen		0,301	8,597***	0,087	√		
Kaufzufriedenheit		0,090	2,602***	0,010	X		
Persönliche Innovativität	Nutzungsintensität Internet zur negativen Artikulation	0,158	4,486***	0,027	√	0,253	0,130
Produktinvolvement		0,104	2,388***	0,011	√		
Subjektives Produktwissen		0,171	3,943***	0,028	√		
Kaufzufriedenheit		-0,385	8,327***	0,126	√		
Convenience-Orientierung	Internet-Loyalität	0,125	3,806***	0,025	√	0,391	0,261
Persönliche Innovativität		0,224	6,888***	0,071	√		
Wahrgenommenes Risiko		-0,406	12,415***	0,246	√		
Kaufzufriedenheit		-0,220	6,295***	0,077	√		

*** signifikant zu α = 0,01 Irrtumswahrscheinlichkeit für den einseitigen t-Test
** signifikant zu α = 0,05 Irrtumswahrscheinlichkeit für den einseitigen t-Test

Tab. 32 Tabellarische Ergebnisse des Strukturmodells zur After-Sales-Phase (Offline-Sample)
Quelle: Eigene Darstellung

Abschließend wird analog zum Vorgehen in der Informationsphase vor dem Kauf (vgl. zur Vorgehensweise und Begründung Kapitel 5.6.1) durch einen explorativen **Vergleich der Pfadkoeffizienten** der beiden Samples untersucht, ob die einzelnen kaufprozessbeeinflussenden Determinanten in den Samples (intergruppenspezifisch) einen unterschiedlich hohen Wirkungseinfluss auf die jeweiligen Zielkonstrukte, nämlich „Nutzungsintensität Online Informationsquellen nach dem Kauf", Nutzung des Internets zur positiven/negativen Artikulation" und „Internet-Loyalität, haben. Es werden im Folgenden nur wesentliche Erkenntnisse skizziert, Details können der Tab. 33 entnommen werden.

In einer ersten Analyse wird überprüft, ob einzelne exogene Konstrukte zielkonstruktübergreifend entweder im Online- oder im Offline-Sample einen größeren Einfluss auf die jeweiligen Zielkonstrukte haben. Dabei zeigt sich, dass die Kaufzufriedenheit mit dem letzten Mobiltelefonkauf fast durchweg einen signifikant größeren Wirkungseinfluss in Form eines höheren Pfadkoeffizienten auf die Zielkonstrukte (namentlich: Nutzung Informationsquellen, Nutzung Internet zur positiven Artikulation und Internet-Loyalität) für die Online-Käufer hat. Sie besitzt somit tendenziell eine höhere Erklärungskraft auf die Zielkonstrukte im Online-Sample als im Offline-Sample.

Im Gegensatz dazu scheint das wahrgenommene Risiko gegenüber dem Internet als Distributionskanal einen signifikant größeren Einfluss auf die untersuchten Zielkonstrukte „Nutzungsintensität Online-Informationsquellen und „Internet-Loyalität" für die Offline-Käufer zu haben. Das individuelle Risikoempfinden besitzt somit eine höhere Erklärungskraft der Zielkonstrukte im Offline-Sample als im Online-Sample. Für die anderen exogenen Konstrukte in Form der psychografischen Persönlichkeitsdeterminanten lassen sich keine zielkonstruktübergreifenden Aussagen treffen.

Bei einem paarweisen Vergleich der Pfadkoeffizienten auf Ebene der einzelnen Zielkonstrukte zeigt sich, dass sich die Pfadkoeffizienten zumeist zwischen den Samples der Online- und Offline-Käufer unterscheiden. Einzig bezogen auf das Zielkonstrukt „Nutzung des Internets zur negativen Artikulation" liegen keine signifikanten Unterschiede beim Vergleich der Pfadkoeffizienten auf dem 0,05-Signifikanzniveau vor. Dabei weisen insbesondere das wahrgenommene Risiko (Zielkonstrukt: Nutzung Online-Informationsquellen – höhere Erklärungskraft im Offline-Sample), die Kaufzufriedenheit (Zielkonstrukt: Nutzung Internet zur positiven Artikulation – höhere Erklärungskraft im Online-Sample) sowie die persönliche Innovativität, das wahrgenommene Risiko und die Kaufzufriedenheit (alle Zielkonstrukt: Internet-Loyalität – höhere Erklärungskraft im Offline-Sample für Innovativität und Risiko; höhere Erklärungskraft im Online-Sample für Zufriedenheit) hochsignifikante Unterschiede der Pfadkoeffizienten auf.

Zusammenfassend zeigt sich, dass auch in der After-Sales-Phase relevante und signifikante Unterschiede in der Höhe der Pfadkoeffizienten der exogenen Konstrukte und somit in deren Wirkungseinfluss auf die jeweiligen Zielkonstrukte existieren, so dass einige psychografischen Persönlichkeitsdeterminanten eine höhere Erklärungskraft auf die endogenen Konstrukte im Online-Sample besitzen, wohingegen andere einen bedeutenderen Einfluss auf die Zielkonstrukte im Offline-Sample haben.

Exogenes Konstrukt	Zielkonstrukt	Online-Sample		Offline-Sample		t-Wert
		Pfadkoeffizient	Std. Error	Pfadkoeffizient	Std. Error	
Produktinvolvement	Nutzungs-intensität Online-Informations-quellen	0,333	0,034	0,224	0,040	**2,088****
Convenience-Orientierung		0,286	0,030	0,133	0,035	**3,346*****
Persönliche Innovativität		0,221	0,033	0,273	0,035	**-1,093**
Subjektives Produktwissen		0,030	0,032	0,220	0,039	**-3,742*****
Wahrgenommenes Risiko		0,086	0,037	-0,143	0,037	**4,348*****
Kaufzufriedenheit		0,081	0,030	-0,025	0,027	**2,639*****
Produktinvolvement	Nutzungsintensität Internet zur positiven Artikulation	0,268	0,031	0,101	0,041	**3,218*****
Persönliche Innovativität		0,205	0,030	0,084	0,042	**2,344****
Subjektives Produktwissen		0,228	0,029	0,301	0,035	**-1,601**
Kaufzufriedenheit		0,254	0,029	0,090	0,035	**3,594*****
Produktinvolvement	Nutzungsintensität Internet zur negativen Artikulation	0,102	0,038	0,104	0,044	**-0,042**
Persönliche Innovativität		0,069	0,040	0,158	0,035	**-1,663***
Subjektives Produktwissen		0,121	0,039	0,171	0,043	**-0,854**
Kaufzufriedenheit		-0,492	0,040	-0,385	0,046	**-1,755***
Convenience-Orientierung	Internet-Loyalität	0,018	0,018	0,125	0,033	**-2,845*****
Persönliche Innovativität		0,005	0,015	0,224	0,032	**-6,083*****
Wahrgenommenes Risiko		-0,185	0,026	-0,406	0,033	**5,260*****
Kaufzufriedenheit		0,751	0,022	-0,220	0,035	**23,455*****

*** signifikant zu α = 0,01 Irrtumswahrscheinlichkeit für den zweiseitigen t-Test
** signifikant zu α = 0,05 Irrtumswahrscheinlichkeit für den zweiseitigen t-Test
* signifikant zu α = 0,1 Irrtumswahrscheinlichkeit für den zweiseitigen t-Test

Tab. 33 Vergleich der Pfadkoeffizienten beider Samples in der After-Sales-Phase
Quelle: Eigene Darstellung

Ein weiteres Forschungsanliegen ist es, die **Korrelation der Konstrukte** zum Artikulationsverhalten untereinander zu überprüfen. Dazu werden die „Latent Variable Scores" der Konstrukte aus dem SmartPLS-Output nach SPSS überführt und für die einzelnen Variablenpaare der Pearson Korrelationskoeffizient berechnet und die Korrelationen mittels des einseitigen t-Tests auf Signifikanz überprüft.

In beiden Samples existiert eine positive signifikante Korrelation zwischen den Konstrukten „Nutzung des Internets zur positiven Artikulation" und „Nutzung des Internets zur negativen Artikulation", so dass die Hypothese H7 beibehalten werden kann. Es zeigt sich jedoch, dass im Online-Sample die Korrelation als sehr schwach zu interpretieren ist und nur im Offline-Sample der Betrag des Korrelationskoeffizienten auf eine mittlere Korrelation schließen lässt.[56] Grundsätzlich kann angenommen werden, dass generelle Prädispositionen der Konsumenten zu einer „Artikulationsneigung" führen, die sie zum Kommunizieren ihrer Meinungen und Erfahrungen über das Internet, un-

[56] Brosius (2006, S. 519) liefert Richtwerte zur Interpretation des Betrags des Korrelationskoeffizienten: Ein Korrelationskoeffizient von 0 zeigt keine Korrelation, von über 0 bis 0,2 eine sehr schwache Korrelation, von 0,2 bis 0,4 eine schwache Korrelation, von 0,4 bis 0,6 eine mittlere Korrelation, von 0,6 bis 0,8 eine starke Korrelation, von 0,8 bis unter 1 eine sehr starke Korrelation und bei 1 eine perfekte Korrelation.

abhängig ob positiver oder negativer Natur, veranlasst. Die folgende Tabelle fasst die Ergebnisse zusammen.

	Online-Sample (n=648)	
	Nutzung Internet zur positiven Artikulation	Nutzung Internet zur negativen Artikulation
Nutzung Internet zur positiven Artikulation	**1**	**H_7: √**
Nutzung Internet zur negativen Artikulation	**0,186*****	**1**

	Offline-Sample (n=573)	
	Nutzung Internet zur positiven Artikulation	Nutzung Internet zur negativen Artikulation
Nutzung Internet zur positiven Artikulation	**1**	**H_7: √**
Nutzung Internet zur negativen Artikulation	**0,430*****	**1**

*** signifikant zu α = 0,01 Irrtumswahrscheinlichkeit für den einseitigen t-Test

Tab. 34 Korrelationen der Zielkonstrukte zum Artikulationsverhalten
Quelle: Eigene Darstellung

5.7 Diskriminatorische Analyse der Gruppen der Online- und Offline-Käufer

In diesem Kapitel werden mittels mehrerer Diskriminanzanalysen die beiden Käufergruppen der Online- und Offline-Käufer über die bisherige rein deskriptive Analyse in Kapitel 5.4 hinaus verglichen. Eine Diskriminanzanalyse als Verfahren zur Erklärung von Gruppenunterschieden verfolgt das Ziel, eine möglichst optimale Trennung zwischen Zugehörigkeiten einer abhängigen Gruppierungsvariablen für mehrere unterschiedliche, unabhängige Einflussvariablen zu finden und interpretierbar zu machen. Sie gehört zu den multivariaten Analysemethoden. Da die Diskriminanzanalyse nicht Schwerpunkt dieser Arbeit ist, wird nur deren konkrete Anwendung auf die vorliegenden Daten beschrieben, für eine Vertiefung des Verfahrens sei auf die entsprechende Literatur verwiesen (Backhaus et al.; 2003, S. 156-227; Brosius, 2006, S. 719-762; Hair et al., 2006, S. 269-331). Die methodischen Anwendungsvoraussetzungen werden als gegeben angenommen.

Für jede Phase des Kaufprozesses werden Diskriminanzanalysen durchgeführt (Kapitel 5.7.1 bis 5.7.3). Im Rahmen der Diskriminanzanalyse für die Wahl der Einkaufsstätte erfolgt zudem die konfirmatorische Überprüfung der im Kapitel 4.7 aufgestellten Hypothesen. Als Datenbasis wird analog zur Überprüfung der Strukturmodelle das modifizierte, reduzierte Datensample genommen, wobei die abhängige Gruppierungsvariable im vorliegenden Fall der gewählte Kaufkanal beim letzten Mobiltelefonkauf ist. Konsumenten können das letzte Mobiltelefon entweder über einen Offline-Kanal (Gruppierungsvariable 1) oder über einen Online-Kanal (Gruppierungsvariable 2) gekauft haben.

5.7.1 Identifikation von Unterschieden hinsichtlich der kaufprozessbeeinflussenden Determinanten zwischen Online- und Offline-Käufern

Nachfolgend gilt es zu untersuchen, inwieweit sich Online-Käufer von den Offline-Käufern hinsichtlich der kaufprozessbeeinflussenden Determinanten unterscheiden. Deshalb werden als unabhängige Konstrukte die Determinanten ausgewählt, zu denen bereits im Kapitel 4 die zu überprüfenden Hypothesen aufgestellt wurden (Convenience-Orientierung, persönliche Innovativität, Produktinvolvement, subjektives Produktwissen und wahrgenommenes Risiko gegenüber dem Internet als Distributionskanal).

Da die unabhängigen Variablen nicht auf Indikatorebene, sondern auf Konstruktebene untersucht werden, wird zunächst der Summenscore der jeweiligen Konstrukte gebildet, welcher in der weiteren Analyse genutzt wird.[57] Des Weiteren wird bei den beiden Konstrukten „wahrgenommenes Risiko" sowie „Produktinvolvement" nicht der Summenscore des Gesamtkonstruktes untersucht, sondern die entsprechenden Werte der jeweiligen Faktoren der Konstrukte.

Zunächst wird ein Mittelwertvergleich der unabhängigen Variablen in den beiden Gruppen vorgenommen: Offline-Käufer besitzen durchschnittlich ein höheres wahrgenommenes Zeit- und Bequemlichkeitsrisiko und kauf-inhärentes Internetrisiko gegenüber dem Internet als Distributionskanal. Zusätzlich haben sie ein höheres Produktinvolvement, bezogen auf den Faktor Wichtigkeit des Mobiltelefons. Online-Käufer hingegen zeigen ein höheres Produktinvolvement hinsichtlich des Faktors Interesse. Des Weiteren weisen die Konstrukte der persönlichen Innovativität, des subjektiven Produktwissens und der Convenience-Orientierung einen höheren Mittelwert in der Gruppe der Online-Käufer auf. Mittels des Tests auf Gleichheit der Mittelwerte wird überprüft, ob die einzelnen unabhängigen Variablen (also die kaufprozessbeeinflussenden Determinanten) für sich isoliert zwischen den Gruppen der Offline- und Online-Käufer trennen. Dieser Test ist entscheidend für die Annahme oder das Ablehnen der in Kapitel 4 aufgestellten Hypothesen. Alle Variablen trennen die jeweiligen Gruppen hochsignifikant mit einer Irrtumswahrscheinlichkeit unter 0,1% (Tab. 35). Die Werte

---

[57] Alternativ hätte auch der Mittelwert der Indikatoren eines Konstruktes berechnet werden können. Da nur die nicht-standardisierten kanonischen Diskriminanzfunktionskoeffizienten unterschiedlich zu interpretieren sind, liegt die Auswahl eines Verfahren im Ermessen des Forschers.

des Wilks' Lambda sind dabei sehr hoch, am besten trennt die Variable „kaufinhärentes Internetrisiko" die beiden Gruppen bei isolierter Betrachtung voneinander.

	Mittelwertvergleich der Stichproben						Gleichheitstest der Gruppenmittelwerte		
	Offline-Käufer (n=573)		Online-Käufer (n=648)		Gesamt-Sample (n=1221)				
	Mittelwert	Standard-abweichung	Mittelwert	Standard-abweichung	Mittelwert	Standard-abweichung	Wilks' Lambda	F	Signifikanz
Involvement - Faktor: Interesse	7,90	2,78	8,64	2,58	8,29	2,70	0,982	22,954	0,000
Involvement - Faktor: Wichtigkeit	21,27	4,18	20,05	5,51	20,62	4,96	0,985	18,513	0,000
Zeit- und Bequemlichkeitsrisiko	9,10	3,00	7,16	3,08	8,07	3,19	0,908	123,610	0,000
Kauf-inhärentes Internetrisiko	19,76	5,10	16,04	4,74	17,79	5,25	0,875	174,503	0,000
Persönliche Innovativität	14,49	3,10	15,23	3,08	14,88	3,11	0,986	17,533	0,000
Subjektives Produktwissen	20,88	6,99	22,55	6,88	21,77	6,98	0,986	17,757	0,000
Convenience-Orientierung	17,05	4,40	18,41	4,02	17,77	4,26	0,975	31,765	0,000

Tab. 35 Mittelwertvergleich und Gleichheitstest „Kaufphase"
Quelle: Eigene Darstellung

Im Folgenden werden einige Informationen zum aufgestellten diskriminanzanalytischen Modell gegeben, um dessen Güte weiter interpretieren zu können (Tab. 36).

Der **Eigenwert** ist ein Maß für die Güte bzw. Trennkraft der Diskriminanzfunktion (Backhaus et al., 2003, S. 181). Er ergibt sich aus dem Quotienten der Quadratsumme zwischen den Gruppen und der Quadratsumme innerhalb der Gruppen (Brosius, 2006, S. 729). Je höher der Eigenwert ist, desto besser ist die Diskriminanzfunktion. Im Rahmen der hier durchgeführten Analyse beträgt der Wert 0,269, was vergleichsweise niedrig ist. Mit anderen Worten beträgt die Streuung zwischen den Gruppen nur das 0,269 fache der Streuung innerhalb der Gruppen. Jedoch hat auch ein kleiner Wert eine gewisse Erklärungskraft, wobei das zugrunde liegende Modell durch die Aufnahme weiterer Variablen optimiert werden kann.

Der **kanonische Korrelationskoeffizient** misst die Strenge des Zusammenhangs zwischen den Funktionswerten der Diskriminanzfunktion und der Gruppe der abhängigen Variablen (Brosius, 2006, S. 730). Er nimmt Werte zwischen 0 und 1 an. Höhere Werte sind positiv zu beurteilen, da sie auf eine größere Streuung zwischen den Gruppen im Verhältnis zur Streuung innerhalb der Gruppen schließen lassen und somit auch auf einen hohen Erklärungsgehalt des Modells hinweisen. Mit 0,461 liegt im untersuchten Fall ein eher unterdurchschnittlicher Wert vor.

Das **Wilks' Lambda** gehört zu den am häufigsten gebrauchten Kriterien zur Trennung von Gruppen. Seine Anwendung wird in der Literatur oftmals empfohlen. Wilks' Lambda errechnet den Anteil der Quadratsumme innerhalb der Gruppen an der gesamten Quadratsumme. Wilks' Lambda ist eng mit dem kanonischen Korrelationskoeffizienten verbunden. Die Summe von Wilks' Lambda und dem Quadrat des Korrelationskoeffizienten ergibt stets die Summe 1 (Brosius, 2006, S. 731). Es ist ein „inverses" Gütemaß, so dass kleinere Werte eine höhere Trennkraft symbolisieren und größere Werte eine kleinere Trennkraft ausdrücken (Backhaus et al., 2003, S. 182). Je näher der Wert an eins ist, desto schwieriger ist es, die Funktionswerte der jeweiligen Gruppen zu unterscheiden. Im vorliegenden Fall beträgt es 0,788.

Wilks' Lambda kann zudem in ein annähernd Chi-Quadrat-verteiltes Maß transformiert werden (Brosius, 2006, S. 731). Durch die Transformation kann ein Hypothesentest durchgeführt werden. ob die Gruppenmittelwerte der Funktionswerte der Diskriminanzfunktion in der Grundgesamtheit identisch sind. Aus dem vorliegenden Chi-Quadrat-Wert von 289,705 und den 7 Freiheitsgraden ergibt sich ein Signifikanzwert von 0,000 (gerundet!). Folglich kann die Hypothese, dass in der Grundgesamtheit kein Unterschied zwischen den durchschnittlichen Funktionswerten in den einzelnen Gruppen besteht, eindeutig zurückgewiesen werden. Hohe Signifikanzwerte sind jedoch mit Vorsicht zu interpretieren, da mit zunehmender Stichprobengröße, wie in diesem Fall, auch kleine Unterschiede bereits signifikant sind (Hair et al., 2006, S. 416).

Funktion	Eigenwert	Prozent der Varianz	Kanonische Korrelation	Wilks' Lambda	Chi-Quadrat	df	Signifikanzniveau
1	0,269	100	0,461	0,788	289,705	7	0,000

Tab. 36 Gütekriterien der Diskriminanzfunktion (Kaufphase)
Quelle: Eigene Darstellung

In einem zweiten Schritt ist die Diskriminanzfunktion zu interpretieren, um die relevanten Variablen zu identifizieren, die zur Trennung zwischen Online- und Offline-Käufern führen. Dazu werden die standardisierten Diskriminanzkoeffizienten sowie die Koeffizienten der Strukturmatrix untersucht (Tab. 37).

Die **standardisierten Koeffizienten** ergeben sich durch eine Standardisierung der Ausgangswerte der erklärenden Variablen vor Berechnung der Diskriminanzfunktion (Brosius, 2006, S. 732). Sie sind ein Maß für den Beitrag der erklärenden Variablen zur Diskrimination und zeigen den Zusammenhang zwischen der Diskriminanzfunktion und den Variablen auf. Aus der Standardisierung lassen sich unmittelbar Rückschlüsse auf den Erklärungsbeitrag der einzelnen Variablen ziehen.

Die **Korrelationskoeffizienten** der Strukturmatrix sind ein Maß für die Korrelation zwischen den einzelnen Variablen und der Diskriminanzfunktion. Ein hoher Absolutwert der Korrelation weist darauf hin, dass die jeweilige Variable für die Diskriminanzfunktion eine wichtige diskriminatorische Bedeutung hat. In der Literatur werden Korrelationen von mindestens +/- 0,4 als substanziell bezeichnet (Hair et al., 2006, S. 307). Bei hohen Korrelationen zwischen den Variablen sind die Werte sowohl der standardisierten Koeffizienten als auch die der Korrelationskoeffizienten nicht mehr uneingeschränkt interpretierbar. Im Rahmen der Überprüfung des Messmodells im Kapitel 5.5 ist jedoch offensichtlich geworden, dass nur in geringem Maße Korrelationen vorliegen.

Für die vorliegenden Daten haben die beiden Dimensionen des wahrgenommenen Risikos (Zeit- und Bequemlichkeitsrisiko sowie kauf-inhärentes Internetrisiko) den höchsten Korrelationskoeffizienten (KK) in Höhe von 0,729 und 0,614 (standardisierte Koeffizienten (SK): 0,390 und 0,546). Es liegt somit eine hohe Korrelation zwischen den Funktionswerten und den Variablenwerten vor, und das wahrgenommene Risiko scheint eine sehr bedeutende Variable zur Trennung von Online- und Offline-Käufern zu sein, wie in der Literatur auch oftmals nachgewiesen worden ist (bspw. Lingenfelder, Schulze, 2007; Eastin, 2002; Forsythe et al., 2006; vgl. Kapitel 4.5.1.3). Die Variablen Convenience-Orientierung (KK: -0,311, SK: -0,237), persönliche Innovativität (KK: -0,231; SK: -0,03) und subjektives Produktwissen (KK: -0,233; SK: -0,150) weisen deutlich niedrigere und zudem negative Korrelationskoeffizienten auf. Somit wirken diese entgegengesetzt zu den Dimensionen des wahrgenommenen Risikos. Eine hohe Convenience-Orientierung wirkt folglich hinsichtlich der Funktionswerte in die gleiche Richtung wie ein niedriges wahrgenommenes Risiko. Die beiden Involvement-Dimensionen weisen unterschiedliche Koeffizienten auf. Während die Dimension Wichtigkeit einen positiven Korrelationskoeffizienten von 0,238 (SK: 0,564) aufweist, besitzt die Dimension des Interesses einen negativen Koeffizienten von -0,265 (SK: -0,426).

Gemäß dieser Interpretation lassen sich Offline-Käufer im Gegensatz zu Online-Käufern daher idealtypisch durch ein hohes wahrgenommenes Risiko gegenüber dem Internet als Distributionskanal, eine niedrige Convenience-Orientierung, eine geringe persönliche Innovativität, ein geringes Produktwissen sowie eine hohe Ausprägung der Dimension Wichtigkeit und eine niedrige Ausprägung der Dimension Interesse beim Produktinvolvement charakterisieren.

Struktur-Matrix	Funktion
	1
kauf-inhärentes Internetrisiko	0,729
Zeit- und Bequemlichkeitsrisiko	0,614
Convenience-Orientierung	-0,311
Involvement - Faktor: Interesse	-0,265
Involvement - Faktor: Wichtigkeit	0,238
Subjektives Produktwissen	-0,233
Persönliche Innovativität	-0,231

Standardisierte kanonische Diskriminanzfunktions-koeffizienten	Funktion
	1
Involvement - Faktor: Interesse	-0,426
Involvement - Faktor: Wichtigkeit	0,564
Zeit- und Bequemlichkeitsrisiko	0,390
kauf-inhärentes Internetrisiko	0,546
Persönliche Innovativität	-0,030
Subjektives Produktwissen	-0,150
Convenience-Orientierung	-0,237

Tab. 37 Standardisierte Koeffizienten und Strukturmatrix (Kaufphase)
Quelle: Eigene Darstellung

Die Güte der ermittelten Diskriminanzfunktion spiegelt sich in der Klassifikationsmatrix wider. Dabei wird ein Vergleich durchgeführt, ob die durch die Diskriminanzanalyse vorgenommene Gruppenzuordnung mit der tatsächlichen Gruppenzuordnung übereinstimmt. Es zeigt sich, dass anhand der Diskriminanzfunktion 71,7% der Fälle korrekt klassifiziert worden sind. Dieser Wert übersteigt deutlich den Wert von 53,07%, der sich durch eine rein zufällige Zuordnung ergeben hätte.[58] Die folgende Tabelle fasst die im Rahmen der Diskriminanzanalyse überprüften Hypothesen zur Unterscheidung von Online- und Offline-Käufern hinsichtlich der kaufprozessbeeinflussenden Determinanten zusammen. Sie bezieht sich auf die Ergebnisse der Tab. 38. Bis auf die Hypothese H_{3e}, die besagt, dass das Produktinvolvement bei Online-Käufern größer als bei Offline-Käufern ist, können alle aufgestellten Hypothesen beibehalten werden.

Exogenes Konstrukt	Zielkonstrukt	Hypothese	vermuteter Wirkungszusammenhang	Hypothese bestätigt?
Convenience-Orientierung (CON)	Wahl der Einkaufsstätte	H_{1d}	CON bei Online-Käufern größer als bei Offline-Käufern	√
Persönliche Innovativität (INNO)		H_{2f}	INNO bei Online-Käufern größer als bei Offline-Käufern	√
Produktinvolvement (INV)		H_{3e}	INV bei Online-Käufern größer als bei Offline-Käufern	X
Subjektives Produktwissen (PW)		H_{4e}	PW bei Online-Käufern größer als bei Offline-Käufern	√
Wahrgenommenes Risiko (WR)		H_{5f}	WR bei Online-Käufern kleiner als bei Offline-Käufern	√

Tab. 38 Zusammenfassung der durch die Diskriminanzanalyse überprüften Hypothesen zur Kaufphase
Quelle: Eigene Darstellung

58 Die Berechnung der zufälligen Trefferquote ergibt sich aus dem Größenverhältnis der Stichprobe von 648 Online-Käufern und 573 Offline-Käufern zu der Gesamtstichprobe von 1221 Konsumenten.

5.7.2 Nutzung externer Informationsquellen vor dem Kauf.

Im Zuge der deskriptiven Analyse des Käuferverhaltens in Kapitel 5.4 ist bereits offensichtlich geworden, dass Online-Käufer und Offline-Käufer ein divergierendes Nutzungsverhalten von Informationsquellen vor dem Kauf, insbesondere hinsichtlich der Online-Informationsquellen, zeigen. Mittels einer Diskriminanzanalyse sollen diese Tendenzaussagen statistisch fundiert bewiesen werden. Ferner wird überprüft, ob durch das Nutzungsverhalten von unterschiedlichen Informationsquellen durch die Konsumenten eine Klassifizierung in Online-Käufer oder Offline-Käufer vorgenommen werden kann.

Hierfür wird eine **schrittweise multiple Diskriminanzanalyse** durchgeführt, bei der nach der Wilks' Lambda Methode (Aufnahmekriterium F-Wert: 3,84; Ausschlusskriterium F-Wert: 2,71) schrittweise diejenige Variable bzw. Informationsquelle in die Diskriminanzfunktion aufgenommen wird, die zusammen mit den schon in der Diskriminanzfunktion enthaltenen Variablen (Informationsquellen) die größte diskriminatorische Trennkraft der Gruppen bewirkt. Im Rahmen der Analyse werden sowohl die Online- als auch Offline-Informationsquellen berücksichtigt. Da es sich bei der unabhängigen Variablen um ein formatives Messkonstrukt handelt, wird davon abgesehen, die einzelnen Indikatoren durch Mittelwertbildung oder Summenscores zusammenzufassen. Stattdessen wird eine itembasierte Analyse durchgeführt.

Bei der deskriptiven Analyse in Kapitel 5.4 wurde bereits detailliert auf die Nutzung der unterschiedlichen Informationsquellen eingegangen. Über einen Test auf Gleichheit der Mittelwerte werden die Intergruppenunterschiede auf ihre Signifikanz überprüft. Für alle Online-Informationsquellen sind die Unterschiede hochsignifikant auf dem 1%-Niveau. Online-Käufer nutzen somit die Online-Informationsquellen signifikant intensiver als Offline-Käufer (Tabelle A23 im Anhang). Vier Offline-Informationsquellen (Diskussion mit Freunden und Familie; Mobile Verkaufsteams, Verbraucherorganisationen; neutrale Berichte im TV) vermögen keine signifikanten Unterschiede auf dem 5%-Niveau zwischen den Käufergruppen aufzudecken. Diese Offline-Informationsquellen trennen folglich nicht die beiden Käufergruppen bei isolierter Betrachtung der jeweiligen unabhängigen Variablen.

Insgesamt werden sieben Informationsquellen gefunden, die signifikant und maßgeblich zwischen den Käufergruppen separieren. Damit wird die Nullhypothese, dass hinsichtlich der unabhängigen Variablen keine Unterschiede zwischen den Käufergruppen bestehen, verworfen. Der Eigenwert als Maß für die Güte bzw. Trennkraft der Diskriminanzfunktion liegt bei 0,428 und der kanonische Korrelationskoeffizient bei 0,547. Bei weiterer Betrachtung des inversen Gütemaßes des Wilks' Lambda von 0,700 zeigt sich, dass die ermittelten Werte akzeptabel sind und somit eine gewisse Güte der Diskriminanzfunktion signalisieren.

Funktion	Eigenwert	Prozent der Varianz	Kanonische Korrelation	Wilks' Lambda	Chi-Quadrat	df	Signifikanzniveau
1	0,428	100	0,547	0,700	432,699	7	0,000

Tab. 39 Gütekriterien der Diskriminanzfunktion (Informationsphase vor dem Kauf)
Quelle: Eigene Darstellung

Tab. 40 zeigt die standardisierten Diskriminanzkoeffizienten der sieben Informationsquellen, die schrittweise in die Diskriminanzfunktion aufgenommen wurden und maßgeblich zwischen den Gruppen der Online- und Offline-Käufer trennen.

Dabei fällt auf, dass insbesondere die Nutzungsintensität des stationären Handels (OF_IN_V_H1) und die Nutzungsintensität der Internetseiten der Netzbetreiber (ON_IN_V_H3) maßgeblich zur Trennung der beiden Gruppen beitragen. Online-Käufer nutzen den stationären Handel weitaus weniger intensiv als Offline-Käufer, dafür jedoch umso intensiver die Internetseiten der Netzbetreiber. Dies ist wiederum ein Beleg für die scheinbare Substitution des stationären Handels durch die Internetangebote seitens der Online-Käufer, wie bereits mehrmals skizziert worden ist. Weitere, besonders diskriminierende Variablen sind Electronic-WOM-Angebote (ON_IN_V_K1 und ON_IN_V_K2), Vergleichsinternetseiten (ON_IN_V_H3) sowie die Telefonhotline (OF_IN_V_2), die allesamt intensiver durch die Online-Käufer genutzt werden. Printwerbung (OF_IN_V_H3) und der bereits erwähnte stationäre Handel sind hingegen Informationsquellen, die intensiver von Offline-Käufern genutzt werden.

Standardisierte kanonische Diskriminanzfunktionskoeffizienten	Funktion
	1
ON_IN_V_K1 (Konsumentenbeurteilungen auf Community-Internetseiten)	0,268
ON_IN_V_K2 (Konsumentendiskussionen (Chat-Räume, Newsgroups, Foren)	0,146
ON_IN_V_H3 (Internetseiten Netzbetreiber)	0,469
ON_IN_V_N3 (Vergleichsinternetseiten)	0,366
OF_IN_V_H1 (Stationärer Handel)	-0,503
OF_IN_V_H2 (Telefonhotline von Herstellern/Händlern/Netzbetreiber)	0,164
OF_IN_V_H3 (Printwerbung in Zeitschriften, Zeitungen, Magazinen)	-0,196

Tab. 40 Standardisierte Diskriminanzkoeffizienten (Informationsphase vor dem Kauf)
Quelle: Eigene Darstellung

Mittels der aufgestellten Diskriminanzfunktion können gemäß der von SPSS ausgegebenen Klassifikationsmatrix 74,8% der Fälle richtig klassifiziert werden. Dies übersteigt den Wert für eine zufällige Trefferquote, der 53,07% beträgt, deutlich.

5.7.3 After-Sales-Phase

Zur Analyse der After-Sales-Phase werden analog zu dem vorigen Kapitel zwei schrittweise durchgeführte multiple Diskriminanzanalysen betrachtet. Dabei werden als unabhängige Variablen zum einen die Informationsbeschaffung nach dem Kauf und zum anderen die Nutzung unterschiedlicher Medien und Kanäle zur Artikulation von Meinungen und Erfahrungen ausgewählt. Wiederum finden itembasierte Analysen Anwendung, da Mittelwertbildungen und Summenscores auf Grund der Messkonstrukteigenschaften nicht möglich und sinnvoll sind.

5.7.3.1 Informationsbeschaffung nach dem Kauf

Die sechzehn unterschiedlichen Offline- und Online-Informationsquellen nach dem Kauf eines Mobiltelefons sind die unabhängigen Variablen, die zunächst Beachtung finden. Über den Gleichheitstest der Gruppenmittelwerte werden die Unterschiede hinsichtlich der Nutzungsintensität dieser Informationsquellen durch die unterschiedlichen Käufergruppen zwischen den einzelnen Gruppen auf Signifikanz überprüft (siehe Tabelle A24 im Anhang). Es zeigt sich auf dem 1%-Niveau, dass die Gruppe der Online-Käufer alle Online-Informationsquellen bei isolierter Betrachtung intensiver nutzt als die Offline-Informationsquellen. Vier von sieben Offline-Informationsquellen sind hingegen nicht in der Lage, signifikante Unterschiede auf dem 5%-Niveau zwischen den Käufergruppen aufzudecken. Einzig die Items OF_IN_N_K1 (Diskussionen mit Freunden, Familie), OF_IN_N_H1 (Bedienungsanleitungen) sowie OF_IN_N_H2 (stationärer Handel) werden von Offline-Käufern signifikant intensiver genutzt als von Online-Käufern.

Bei der schrittweise durchgeführten multiplen Diskriminanzanalyse werden letztendlich acht unterschiedliche Informationsquellen in die Diskriminanzfunktion aufgenommen, die die einzelnen Käufergruppen signifikant voneinander trennen. Der Eigenwert dieser gefundenen Diskriminanzfunktion beträgt 0,495, und auch die Werte für den kanonischen Korrelationskoeffizienten von 0,575 und des Wilks' Lambda von 0,669 sind als akzeptabel zu bezeichnen, so dass die Diskriminanzfunktion als praktikabel für die Trennung angesehen wird (Tab. 41).

Funktion	Eigenwert	Prozent der Varianz	Kanonische Korrelation	Wilks' Lambda	Chi-Quadrat	df	Signifikanzniveau
1	0,495	100	0,575	0,669	488,433	8	0,000

Tab. 41 Gütekriterien der Diskriminanzfunktion („Informationsbeschaffung nach dem Kauf")
Quelle: Eigene Darstellung

Tab. 42 zeigt die standardisierten Diskriminanzkoeffizienten der sieben Informationsquellen, die letztlich in die Diskriminanzfunktion aufgenommen wurden und somit maßgeblich die beiden Käufergruppen voneinander trennen. Wiederum sind E-WOM-Angebote (ON_IN_N_K1 und ON_IN_N_K3) besonders diskriminierende Variablen, die intensiver von Online-Käufern auch zur Gewinnung von Informationen nach dem Kauf genutzt werden. Auffällig ist, dass Internetangebote von Händlern (ON_IN_N_H1) mit höherer Intensität durch Offline-Käufer als durch Online-Käufer in die Suche einbezogen werden. Erneut trennen die Indikatoren zur Nutzung von Internetangeboten von Netzbetreibern (ON_IN_N_H3) sowie die Nutzung der Telefonhotline (OF_IN_N_H3) die Gruppen, wobei diese Quellen intensiver von der Gruppe der Online-Käufer genutzt werden. Auffällig ist, dass trotz eines signifikanten Unterschiedes das Aufsuchen des stationären Handels, konträr zur Informationsphase vor dem Kauf, nicht als Variable in die Diskriminanzfunktion aufgenommen wird. Stattdessen sind nun die beiden Variablen der aktiven Kontaktaufnahme per E-Mail (ON_IN_N_H4) sowie die Diskussion mit Freunden und Familie (OF_IN_N_K1) Variablen, die deutlich zwischen den beiden Käufergruppen trennen.

Standardisierte kanonische Diskriminanzfunktionskoeffizienten	Funktion
	1
ON_IN_N_K1 (Konsumentenbeurteilungen auf Community-Internetseiten)	0,406
ON_IN_N_K3 (Kundenrezensionen in Online-Shops)	0,287
ON_IN_N_H1 (Internetseiten Händler)	-0,305
ON_IN_N_H3 (Internetseiten Netzbetreiber)	0,357
ON_IN_N_H4 (Kontaktaufnahme per E-Mail mit Herstellern, Händler, Netzbetreibern)	0,189
OF_IN_N_K1 (Diskussionen mit Freunden, Familie)	-0,169
OF_IN_N_H3 (Telefonhotline von Herstellern/Händlern/Netzbetreibern)	0,296

Tab. 42 Standardisierte Diskriminanzkoeffizienten („Informationsbeschaffung nach dem Kauf")
Quelle: Eigene Darstellung

Auf der Basis der aufgestellten Diskriminanzfunktion können 75,3% der Fälle richtig klassifiziert werden, so dass die Diskriminanzfunktion geeignet ist, zwischen Offline- und Online-Käufern zu trennen.

5.7.3.2 Nutzung unterschiedlicher Medien zur Artikulation von Meinungen und Erfahrungen

Im Zuge der Analyse des Artikulationsverhaltens werden alle verwendeten vierzehn Indikatoren zur positiven und negativen Artikulation von Meinungen und Erfahrungen als unabhängige Variablen ausgewählt und deren Aufnahme in die Diskriminanzfunktion mittels einer schrittweisen multiplen Diskriminanzanalyse untersucht.

Bei isolierter Betrachtung der einzelnen Variablen zeigt sich, dass sich die beiden Käufergruppen zumeist nicht signifikant auf dem 5%-Niveau hinsichtlich der Nutzung der unterschiedlichen Offline-Medien zur Artikulation unterscheiden. Nur die Diskussionen mit Freunden und Familie zur positiven Artikulation (ART_POS_5) als Offline-Medium zeigt einen signifikanten Unterschied zwischen den Käufergruppen auf. Im Gegensatz hierzu divergieren die Unterschiede aller Online-Medien, bis auf die Abgabe negativer Erfahrungen auf Community-Internetseiten (ART_NEG_1), signifikant auf dem 5%-Niveau zwischen den Käufergruppen (siehe Tabelle A25 im Anhang).

Im Zuge der schrittweise durchgeführten Diskriminanzanalyse werden fünf Variablen identifiziert, die maßgeblich zur Trennung der Gruppen beitragen. Bei Betrachtung der Gütekriterien fällt jedoch auf, dass die gefundene Diskriminanzfunktion zwar die einzelnen Gruppen signifikant unterscheidet, der Eigenwert, der kanonische Korrelationskoeffizient sowie das Wilks' Lambda aber sehr schwache Werte aufweisen, so dass zu vermuten ist, dass die Diskriminanzfunktion nicht außerordentlich zwischen den Käufergruppen zu unterscheiden vermag. Das Artikulationsverhalten scheint demnach kein valides intergruppenspezifisches Trennmerkmal zu sein.

Funktion	Eigenwert	Prozent der Varianz	Kanonische Korrelation	Wilks' Lambda	Chi-Quadrat	df	Signifikanzniveau
1	0,088	100	0,285	0,919	103,146	5	0,000

Tab. 43 Gütekriterien der Diskriminanzfunktion (Artikulationsverhalten nach dem Kauf)
Quelle: Eigene Darstellung

Es wird deutlich, dass Online-Käufer intensiver Online-Medien zur Artikulation ihrer Meinungen und Erfahrungen nutzen (ART_POS_1; ART_POS_3; ART_NEG_4), wohingegen die Offline-Medien (ART_POS_6; ART_NEG_7) negative Koeffizienten aufweisen und folglich eher von den Offline-Käufern präferiert werden (Tab. 44). Den größten diskriminatorischen Einfluss hat dabei die Artikulation über E-WOM-Angebote in Form einer Abgabe positiver Erfahrungen auf Community-Internetseiten (ART_POS_1) und der Abgabe positiver Rezensionen in Online-Shops (ART_POS_3).

Standardisierte kanonische Diskriminanzfunktionskoeffizienten	Funktion
	1
ART_POS_1 (Abgabe positiver Erfahrungen auf Community-Internetseiten)	0,511
ART_POS_3 (Abgabe positiver Rezensionen in Online-Shops)	0,601
ART_POS_6 (Verfassen von Briefen (Leserbriefe))	-0,254
ART_NEG_4 (Verfassung von E-Mails und Versand an Hersteller, Händler, Netzbetreiber)	0,405
ART_NEG_7 (Telefonische Hotline von Herstellern, Händlern, Netzbetreibern)	-0,271

Tab. 44 Standardisierte Diskriminanzkoeffizienten (Artikulationsverhalten nach dem Kauf)
Quelle: Eigene Darstellung

Die Klassifikationsmatrix bekräftigt die Vermutung, dass die Diskriminanzfunktion und somit auch die Nutzung unterschiedlicher Medien zur Artikulation von Meinungen und Erfahrungen wenig geeignet zur Separierung der beiden Käufergruppen sind. Nur 64% der Fälle können richtig klassifiziert werden, welches verglichen mit den vorigen Ergebnissen ein unterdurchschnittlicher Wert ist, wobei dieser noch über den Wert einer zufälligen Zuordnung von 53,07% liegt. Die beiden Käufergruppen scheinen ein sehr ähnliches Nutzungsverhalten von unterschiedlichen Kanälen zur Artikulation von Meinungen und Erfahrungen zu haben und können auf der Basis des Kommunikationsverhaltens nicht ausreichend unterschieden werden.

6 Zusammenfassung und Ausblick

Kapitel 6 fasst die Erkenntnisse dieser Arbeit zusammen. Dabei stellt Kapitel 6.1 zunächst die wesentlichen Bestandteile und die gewählte Vorgehensweise vor. Anschließend werden die wichtigsten Aspekte der empirischen Untersuchung skizziert (Kapitel 6.2). Basierend auf den Ergebnissen folgt eine Diskussion der theoriebezogenen Erkenntnisse (Kapitel 6.3) sowie der Implikationen für die Unternehmenspraxis (Kapitel 6.4), um abschließend einige Ansätze aufzuzeigen, die hinsichtlich einer thematischen Fortführung und Ergänzung dieser Arbeit aus Sicht der Marketingforschung sinnvoll erscheinen (Kapitel 6.5).

6.1 Zusammenfassende Betrachtung wesentlicher Bestandteile und der gewählten Vorgehensweise dieser Arbeit

Ausgangspunkt dieser Arbeit ist die Erkenntnis, dass trotz umfangreicher Forschungsbemühungen zum Konsumentenverhalten im Internet bzw. im Multi-Channel-Vertrieb aus verhaltenswissenschaftlicher Sicht mittels theoretischer Konstrukte und Theorien ein Großteil der existierenden Studien inhaltliche und methodische Schwachstellen aufweist. Eine kaufprozessphasenübergreifende, nutzungsintensitätsorientierte Betrachtung des Konsumentenverhaltens im Internet ist dabei ein bisher vernachlässigtes Forschungsfeld.

Die vorliegenden Auseinandersetzungen mit der Thematik beschränken sich oftmals nur auf die Analyse einzelner Phasen des Kaufprozesses und dabei zumeist der Kaufphase. Des Weiteren bieten die Auswahl und die Operationalisierung der Zielkonstrukte sowie weitere Aspekte der Untersuchungsmethodik wie die Auswahl eines adäquaten Untersuchungsgegenstandes und die oftmals fehlende Repräsentativität der Stichprobe Anlass zu einer kritischen Auseinandersetzung (Kapitel 1.1 und 4.6).

Die dieser Arbeit zugrunde liegende Problemstellung war es folglich zunächst, diese Schwachstellen, die den Erklärungsgehalt der Erkenntnisse zum Konsumentenverhalten im Internet einschränken, zu identifizieren. Die aus Sicht des Autors oftmals vorhandenen inhaltlichen und methodischen Kritikpunkte lassen eine uneingeschränkte Gültigkeit der Ergebnisse nicht zu. Hierauf aufbauend galt es, in einer erneuten, modifizierten empirischen Analyse in dieser Arbeit das Konsumentenverhalten aus verhaltenswissenschaftlicher Sicht fundiert zu untersuchen. Dies schloss sowohl eine phasenübergreifende Betrachtung der relevanten Phasen eines Kaufprozesses (Informationsphase, Kaufphase, After-Sales-Phase) als auch eine adäquate nutzungsintensitätsorientierte Operationalisierung der abhängigen Variablen mit ein.

Dabei galt es zu untersuchen, inwieweit Konsumenten in Abhängigkeit psychografischer Persönlichkeitseigenschaften das Internet beim Kauf eines Mobiltelefons phasenübergreifend in ihren Kaufprozess integrieren. Typische Fragestellungen, auf die die vorliegende Arbeit Antworten generieren soll, waren: Welche Konsumentengruppen kaufen in welchem Distributionskanal? Welche Charakteristika und konsumentenspezifischen Determinanten begründen das jeweilige Verhalten in den einzelnen Phasen des Kaufprozesses? Welche Angebote nutzen die Konsumenten kaufprozessübergreifend? Basierend auf den quantitativen Ergebnissen sollten schließlich die gewonnenen Erkenntnisse im Multi-Channel-Umfeld aus Konsumenten- und Unternehmenssicht interpretiert werden.

In einem ersten Schritt wurden hierzu die begrifflichen Grundlagen geschaffen (Kapitel 2). Es zeigte sich, dass die konsumentenseitige Akzeptanz des Internets im Allgemeinen und speziell als Distributionskanal in der jüngeren Vergangenheit gestiegen ist. Konsumenten nutzen Online-Medien und -Kanäle im Kaufprozess, wobei diese oftmals noch zur Informationsbeschaffung und nicht zum letztendlichen Kauf eingebunden werden (Kapitel 2.2). Darüber hinaus gibt es scheinbar erhebliche Potenziale für die Distribution von Mobiltelefonen über das Internet, da der Anteil des Online-Umsatzes an dem Gesamtumsatz bei Mobiltelefonen noch sehr gering ist, dennoch hohe Wachstumsraten vorliegen. Die Umwandlungsquote von der Online-Suche zum letztendlichen Online-Kauf ist noch niedrig. Durch Erkennen der Kundenbedürfnisse und optimale Ausgestaltung der Vertriebskanäle können diese Potenziale genutzt werden. Die Aufarbeitung des Untersuchungsobjekts des Mobiltelefons und unterschiedlicher Distributionskonzepte verdeutlichte, dass ein Mobilfunknetzbetreiber als Multi-Channel-Retailer bezeichnet werden kann, der direkte und indirekte Vertriebskanäle zur Distribution nutzt (Kapitel 2.4). Dabei muss dieser sich den wachsenden Herausforderungen stellen, die sich aus der zunehmenden Akzeptanz des Internets als Distributionskanal für ihn ergeben.

Kapitel 3 arbeitete das Verhalten von Konsumenten in Kaufvorgängen konzeptionell auf. Im Zuge einer Typologisierung unterschiedlicher Kaufentscheidungen und der produktkategorischen Einteilung eines Mobiltelefons wurde deutlich, dass ein Mobiltelefonkauf zumeist als extensive und in Einzelfällen als limitierte Kaufentscheidung klassifiziert werden kann (Kapitel 3.1.1 bis 3.1.3). Somit liegt eine kognitiv geprägte Kaufentscheidung vor, bei der in der Regel die einzelnen Phasen eines Kaufprozesses durchlaufen werden. Daher wurden mit den Phasenmodellen sowie dem Modell der Einkaufsstättenwahl aus prozessualer Sicht zwei für diese Arbeit bedeutende Modelle des Kaufentscheidungsverhaltens von Konsumenten skizziert und mit einer phasenorientierten Betrachtung des Kaufprozesses die präferierte Vorgehensweise für diese Arbeit ausgewählt (Kapitel 3.1.4 und 3.1.5). Die im Rahmen der empirischen Untersuchung näher betrachteten Phasen der Informationsphase, der Kaufphase sowie der After-Sales-Phase wurden anschließend konzeptionell aufgearbeitet, um die relevanten psychischen Vorgänge innerhalb des Individuums und die Teilprozesse der jeweiligen Phasen zu verstehen. Die Informationsphase wurde in dieser Arbeit durch die bewusste Aufnahme externer Informationen, unabhängig ob aktiver oder passiver Natur, definiert (Kapitel 3.2). Bei der Betrachtung der Kaufphase wurde nur die Kaufphase i.e.S. aufgegriffen, die die letztendliche Wahl der Einkaufsstätte beinhaltet (Kapitel 3.3). Die After-Sales-Phase wurde in Form der drei Teilprozesse der Informationsaufnahme nach dem Kauf (Kapitel 3.4.2), des Artikulations- und Beschwerdeverhaltens unter Nutzung des Mediums Internet (Kapitel 3.4.3) sowie der Internet-Loyalität (Kapitel 3.4.4) konzeptionell aufgearbeitet.

Im Kapitel 4 wurde das Forschungsmodell für die spätere empirische Untersuchung entwickelt, mittels dessen untersucht wird, inwieweit Konsumenten das Internet im Rahmen einer ganzheitlichen Betrachtung in den Mobiltelefonkaufprozess integrieren. Aufbauend auf dem aktuellen Forschungsstand erfolgte die Formulierung der Forschungsfragen und die Konstruktion zweier Strukturmodelle für die Informationsphase und After-Sales-Phase zur Erklärung des Kaufverhaltens im Internet zur anschließenden empirischen Überprüfung. Für die Betrachtung der Kaufphase wurden Hypothesen aufgestellt, die mittels einer Diskriminanzanalyse in der späteren empirischen Untersuchung überprüft wurden.

Die im Forschungsmodell zur Erklärung herangezogenen verhaltensbestimmenden kaufprozessbeeinflussenden Determinanten wurden dabei sorgfältig ausgewählt. Die argumentative Vorgehensweise hierzu wurde in den Kapiteln 4.1 und 4.2 beschrieben. Die ausführliche begriffliche und konzeptionelle Aufarbeitung dieser psychografischen

Determinanten erfolgte in den Kapiteln 4.3 bis 4.5. Im Einzelnen waren es die allgemeinen Persönlichkeitseigenschaften der Konsumenten in Form der Convenience-Orientierung (Kapitel 4.3.1) und der persönlichen Innovativität (Kapitel 4.3.2), die produktbezogenen Persönlichkeitseigenschaften der Konsumenten in Form des Produktinvolvements (Kapitel 4.4.1) und des subjektiven Produktwissens (Kapitel 4.4.2) sowie die internet- bzw. händlerbezogenen Persönlichkeitseigenschaften der Konsumenten, repräsentiert durch das wahrgenommene Risiko gegenüber dem Internet als Distributionskanal (Kapitel 4.5.1) und die Kaufzufriedenheit mit dem letzten Mobiltelefonkauf (Kapitel 4.5.2). Ein umfassender Überblick zeigte auf, inwieweit die Konstrukte in der empirischen Forschung zur Analyse des Kaufverhaltens bereits berücksichtigt worden sind. Dabei wurden sowohl Studien aus dem traditionellen Offline-Shopping-Kontext als auch insbesondere die Studien skizziert, die den Einfluss der Determinanten auf die Integration des Internets in den Kaufprozess der Konsumenten untersuchen. Auf der Basis der konzeptionellen Aufbereitung sowie der bisherigen Forschungsergebnisse und offenen Forschungsfragen erfolgte die Konstruktion der zu untersuchenden Hypothesen.

Eine kritische Würdigung existierender Arbeiten identifizierte Schwachstellen hinsichtlich der Untersuchungsmethodik (Kapitel 4.6.1), der eingeschränkten Phasenbetrachtung (Kapitel 4.6.2) sowie der Auswahl und Operationalisierung des Zielkonstruktes (Kapitel 4.6.3) und führte zur Festlegung der gewählten Vorgehensweise dieser Arbeit. Dabei sollten Schwächen existierender Studien vermieden und Stärken anderer Studien genutzt werden, um eine möglichst hohe Qualität dieser Arbeit zu gewährleisten. Abschließend stellte Kapitel 4.7 die Hypothesen sowie die zu überprüfenden Strukturmodelle zusammenfassend vor.

Zur Überprüfung der aufgestellten Strukturmodelle und formulierten Hypothesen erfolgte im Rahmen dieser Arbeit eine Befragung unter Kunden des beteiligten Mobilfunknetzbetreibers (Kapitel 5). Insgesamt 15.000 Online-Käufer und 8.000 Offline-Käufer wurden dabei kontaktiert. Nach einer umfangreichen Bereinigung zur Qualitätssteigerung der Rückläufer umfassten die beiden Stichproben noch insgesamt 648 Online-Käufer bzw. 573 Offline-Käufer. Die methodischen Grundlagen dieser Arbeit und insbesondere die verwendeten Gütekriterien zur Überprüfung der Mess- und Strukturmodelle wurden vorgestellt (Kapitel 5.2), und die Konstruktion des Messmodells in Form der Operationalisierung der exogenen (Kapitel 5.3.1) und der endogenen

Messkonstrukte (Kapitel 5.3.2) wurde vorgenommen. Mit großer Sorgfalt wurden vor allem die endogenen Zielkonstrukte erstellt, da hier vier formative Messmodelle Anwendung fanden, die in dieser Form noch nicht empirisch eingesetzt worden sind. Diese messen die Nutzungsintensität unterschiedlicher Offline- und insbesondere Online-Kanäle in den einzelnen Phasen des Kaufprozesses, und sie wurden letztendlich durch umfangreiche Literaturrecherchen, Experteninterviews sowie zwei Pretests entwickelt. Nach einer Reihe von deskriptiven Analysen (Kapitel 5.4) und der erfolgreichen Gütebeurteilung des Messmodells (Kapitel 5.5) war die Überprüfung der Strukturmodelle für die Informationsphase und die After-Sales-Phase mittels des PLS-Ansatzes Gegenstand des Kapitels 5.6. Zur Überprüfung der Hypothesen der Kaufphase sowie zur Durchführung ergänzender Analysen zur Informationsphase und zur After-Sales-Phase wurden in Kapitel 5.7 kaufprozessphasenspezifische Diskriminanzanalysen zur diskriminatorischen Betrachtung der unterschiedlichen Käufergruppen der Online- und Offline-Käufer durchgeführt. Die wichtigsten Erkenntnisse der empirischen Auswertung werden im folgenden Kapitel 6.2 vorgestellt.

6.2 Zusammenfassende Beurteilung der empirischen Untersuchung

Im Folgenden werden die Kernergebnisse der empirischen Arbeit zusammengefasst. Dabei erfolgt zunächst eine globale Bewertung der aufgestellten Strukturmodelle und der formulierten Hypothesen (Kapitel 6.2.1). Anschließend werden weitere wichtige kaufprozessphasenübergreifende Erkenntnisse (Kapitel 6.2.2) sowie wichtige phasenspezifische Ergebnisse (Kapitel 6.2.3 bis 6.2.5) wiedergegeben. Für eine ausführliche Auseinandersetzung mit den empirischen Ergebnissen sei auf das Kapitel 5 verwiesen.

6.2.1 Überprüfung der Strukturmodelle und der formulierten Hypothesen

Die für diese Arbeit entwickelten Strukturmodelle für die Informationsphase und die After-Sales-Phase zur Analyse des Kaufverhaltens der Konsumenten im Internet haben sich weitgehend bewährt. Auch die für die Kaufphase aufgestellten Hypothesen, die mittels einer Diskriminanzanalyse überprüft worden sind, können größtenteils bestätigt werden. Tab. 45 fasst die Ergebnisse der aufgestellten Forschungsfragen zusammen. Da die Analysen sowohl für die Gruppe der Online-Käufer als auch für die Gruppe der Offline-Käufer durchgeführt worden sind, existieren insgesamt 59 Hypothesen. Zehn davon werden nicht bestätigt. Im Folgenden werden zunächst die nicht bestätigten Hypothesen skizziert.

Nicht bestätigt wird die Hypothese H_{3e}, dass Online-Käufer ein höheres Produktinvolvement als Offline-Käufer aufweisen. Das Produktinvolvement wird durch ein zweidimensionales Konstrukt mit den Dimensionen der Wichtigkeit und des Interesses gemessen. Die empirischen Ergebnisse zeigen, dass Online-Käufer ein höheres Involvement in der Dimension „Interesse", jedoch ein geringeres Involvement in der Dimension „Wichtigkeit" aufweisen. Somit sind die Ergebnisse indifferent und können nicht bestätigt werden.

Des Weiteren besitzt die Kaufzufriedenheit nicht die postulierte Wirkung auf die Nutzung von Online-Informationsquellen nach dem Kauf (H_{6a} und H_{6b}). Zwar werden die vermuteten Wirkungsrichtungen bestätigt, die absolute Höhe der Pfadkoeffizienten im Strukturmodell lässt jedoch eine Annahme der Hypothesen nicht zu, da sie unter dem geforderten Wert von 0,1 liegen. Zudem wird im Online-Sample die positive Wirkung des subjektiven Produktwissens (H_{4b}) und des wahrgenommenen Risikos gegenüber dem Internet als Distributionskanal (H_{5c}) auf die Nutzungsintensität der Online-Informationsquellen nach dem Kauf auf Grund des zu niedrigen Pfadkoeffizienten nicht bestätigt. Da die zu den beiden exogenen Konstrukten gehörenden Hypothesen auf die abhängige Variable „Nutzungsintensität der Online-Informationsquellen vor dem Kauf" bestätigt werden, überrascht diese Erkenntnis und lässt vermuten, dass die Informationssuche nach dem Kauf noch von anderen Determinanten beeinflusst wird als diejenige vor dem Kauf.

Auch die angenommene Wirkungsrichtung der persönlichen Innovativität (H_{2c}) und der Kaufzufriedenheit (H_{6c}) der Offline-Käufer auf die Nutzung des Internets zur positiven Artikulation wird auf Grund der zu niedrigen Pfadkoeffizienten nicht bestätigt. Grundsätzlich zeigt sich, dass das R^2 des Zielkonstruktes nur 0,159 beträgt und folglich die Erklärungskraft des Modells im Offline-Sample als „nicht relevant" einzustufen ist (Chin, 1998, S. 323). Die deskriptive Analyse verdeutlicht zudem, dass nahezu 80% der Offline-Käufer das Internet nicht zur positiven Artikulation nutzen, so dass die für dieses Zielkonstrukt gewonnenen Ergebnisse nur eingeschränkte Informationen liefern. Die persönliche Innovativität hat zudem im Online-Sample auf Grund eines niedrigen Pfadkoeffizienten keinen bedeutenden Einfluss auf die Nutzung des Internets zur negativen Artikulation. Dies führt zum Ablehnen der aufgestellten Hypothese

(H_{2d}). Da zwei von vier Hypothesen zur persönlichen Innovativität und deren Beziehung zum Artikulationsverhalten abgelehnt werden müssen, scheint dieses Konstrukt entgegen theoretischer Annahmen nicht in dem Maße das Artikulationsverhalten zu beeinflussen.

Des Weiteren werden die erwarteten positiven Beziehungen der Convenience-Orientierung (H_{1c}) und der persönlichen Innovativität (H_{2e}) auf die Internet-Loyalität im Online-Sample nicht bestätigt. Beide Konstrukte haben nahezu keinen Einfluss auf das Zielkonstrukt.

Zusammenfassend bleibt festzuhalten, dass ein geringer Teil der postulierten Wirkungszusammenhänge nicht aufrechterhalten werden kann. Diese nicht verifizierten Wirkungszusammenhänge liegen zumeist tendenziell vor, können jedoch auf Grund der absoluten Höhe der Pfadkoeffizienten nicht bestätigt werden. Der Großteil der analysierten Beziehungen hat sich durch ausreichend hohe Pfadkoeffizienten und statistische Signifikanz bewährt. Der Varianzerklärungsanteil der unterschiedlichen Modelle bzw. Zielkonstrukte ist dabei höchst unterschiedlich. Auf Grund der multivariaten Variablenstruktur des menschlichen Verhaltens ist ein vollständiges Erklären des Kaufverhaltens, wie eingangs bereits skizziert, weder Ziel dieser Untersuchung noch realisierbar gewesen (Swoboda, 1996, S. 358 f.). Eine amerikanische Meta-Analyse zeigt auf, dass nur in 8% aller untersuchten empirischen Arbeiten die unabhängigen Variablen eine Varianzerklärung von mehr als 20% der Zielkonstrukte erbringen können (Peterson et al., 1985, S. 97). Folglich können die vorliegenden Ergebnisse durchaus als zufriedenstellend angesehen werden. Insbesondere die Zielkonstrukte des Informationsverhaltens vor und nach dem Kauf sowie vor allem das Zielkonstrukt der Internet-Loyalität weisen in beiden Stichproben ein vergleichsweise hohes R^2 auf, so dass die Erklärungskraft der Modelle als durchschnittlich bis gut bezeichnet werden kann und damit die Auswahl der kaufprozessbeeinflussenden Determinanten als geeignet angesehen wird.

Die gewonnenen Erkenntnisse sind hinsichtlich ihrer Repräsentativitätsaspekte zu diskutieren. Im Zuge der Stichprobenauswahl sind durch einen Zufallsmechanismus aus der Kundendatenbank des beteiligten Netzbetreibers sowohl Online-Käufer als auch Offline-Käufer ausgewählt worden. Dies entspricht grundsätzlich den Repräsentativitätsansprüchen der wissenschaftlichen Forschung. Die letztendlich der Auswertung zugrunde liegenden Samples weisen jedoch hinsichtlich der soziodemografischen Zusammensetzung eine überdurchschnittlich junge, sehr gebildete Struktur der Teilnehmer mit einem vergleichsweise unterdurchschnittlichen monatlichen Nettoeinkommen auf. Eine Verallgemeinerung auf die Grundgesamtheit der Bevölkerung ist somit nur stark eingeschränkt möglich. Durch die im Vergleich zu der Gesamtbevölkerung junge Struktur der Mobilfunknutzer sind die beiden vorliegenden Stichproben dennoch geeignet für die themenspezifische Fragestellung.

Phase des Kaufprozesses	Exogenes Konstrukt	Zielkonstrukt	Hypothese	vermuteter Wirkungszusammenhang		Hypothesenprüfung	
				Online-Käufer (ON)	Offline-Käufer (OF)	Online-Käufer	Offline-Käufer
Informationsphase	Convenience-Orientierung (CON)	Nutzungsintensität Online-Informationsquellen	H_{1a}	+	+	√	√
	Persönliche Innovativität (INNO)		H_{2a}	+	+	√	√
	Produktinvolvement (INV)		H_{3a}	+	+	√	√
	Subjektives Produktwissen (PW)		H_{4a}	+	+	√	√
	Wahrgenommenes Risiko (WR)		H_{5a} / H_{5b}	+	-	√	√
Kaufphase	Convenience-Orientierung (CON)	Wahl der Einkaufsstätte	H_{1d}	CON bei ON größer als bei OF		√	
	Persönliche Innovativität (INNO)		H_{2f}	INNO bei ON größer als bei OF		√	
	Produktinvolvement (INV)		H_{3e}	INV bei ON größer als bei OF		X	
	Subjektives Produktwissen (PW)		H_{4e}	PW bei ON größer als bei OF		√	
	Wahrgenommenes Risiko (WR)		H_{5f}	WR bei ON kleiner als bei OF		√	
After-Sales-Phase	Convenience-Orientierung (CON)	Nutzungsintensität Online-Informationsquellen	H_{1b}	+	+	√	√
	Persönliche Innovativität (INNO)		H_{2b}	+	+	√	√
	Produktinvolvement (INV)		H_{3b}	+	+	√	√
	Subjektives Produktwissen (PW)		H_{4b}	+	+	X	√
	Wahrgenommenes Risiko (WR)		H_{5c} / H_{5d}	+	-	X	√
	Kaufzufriedenheit		H_{6a} / H_{6b}	+	-	X	X
	Persönliche Innovativität (INNO)	Nutzungsintensität Internet zur positiven Artikulation	H_{2c}	+	+	√	X
	Produktinvolvement (INV)		H_{3c}	+	+	√	√
	Subjektives Produktwissen (PW)		H_{4c}	+	+	√	√
	Kaufzufriedenheit		H_{6c}	+	+	√	X
	Persönliche Innovativität (INNO)	Nutzungsintensität Internet zur negativen Artikulation	H_{2d}	+	+	X	√
	Produktinvolvement (INV)		H_{3d}	+	+	√	√
	Subjektives Produktwissen (PW)		H_{4d}	+	+	√	√
	Kaufzufriedenheit		H_{6d}	-	-	√	√
	Convenience-Orientierung (CON)	Internet-Loyalität	H_{1c}	+	+	X	√
	Persönliche Innovativität (INNO)		H_{2e}	+	+	X	√
	Wahrgenommenes Risiko (WR)		H_{5e}	-	-	√	√
	Kaufzufriedenheit		H_{6e} / H_{6f}	+	-	√	√
	Korrelation Artikulation positiv und Artikulation negativ		H_7	+	+	√	√

Tab. 45 Zusammenfassung der Forschungsergebnisse
Quelle: Eigene Darstellung

6.2.2 Kaufprozessphasenübergreifende Erkenntnisse

Konsumenten verfügen kaufprozessphasenübergreifend über eine ausgeprägte Kenntnis der unterschiedlichsten Informationsquellen und Kanäle. Bis auf die unter dem Stichwort Web 2.0 zu summierenden Kanäle, die in der Bekanntheit leicht abfallen, kennen nahezu alle Konsumenten die verschiedensten Kanäle. Dieses Wissen spiegelt sich in der generellen Nutzungsstruktur der einzelnen Kanäle wider. So nutzen die Konsumenten im gesamten Kaufprozess nicht nur das Medium (Online oder Offline), in dem sie auch die letztendliche Transaktion getätigt haben, sondern kombinieren unterschiedliche Offline- und Online-Kanäle in dem Kaufprozess. Insbesondere bei der Informationsbeschaffung vor dem Kauf und mit minimalen Einschränkungen auch bei der Informationsbeschaffung nach dem Kauf zeigt sich, dass sowohl die Online- als auch die Offline-Käufer eine Vielzahl von unterschiedlichen Informationsquellen nutzen, um das subjektive Informationsanspruchsniveau zu befriedigen und das Kaufergebnis zu maximieren bzw. nachträglich den Kauf zu bestätigen. Konsumenten bedienen sich einer Vielzahl von Quellen, wenn auch zumeist mit geringer Intensität. Ein multiples, kanal- und medienübergreifendes Kauf- und Informationsverhalten („Channel-Hopping") liegt somit kaufprozessphasenübergreifend in beiden Samples vor.

Soziodemografische Merkmale (Alter, Geschlecht, Beruf, Bildung, Einkommen) können die unterschiedliche Nutzung der Online- und Offline-Kanäle in den einzelnen Phasen des Kaufprozesses nicht erklären. Diese Erkenntnis wird jedoch durch die Homogenität der Stichproben beeinflusst, so dass sie nicht uneingeschränkt akzeptiert werden sollte. Die subjektiven Internetkenntnisse sowie die bisherige Kauferfahrung im Internet sind phasenübergreifend bedeutende Antezedenzien der Nutzungsintensität von Online-Kanälen. Bei einem Vergleich der Gruppen der Online- und der Offline-Käufer wird zudem deutlich, dass diese sich hinsichtlich der Nutzungsintensität insbesondere der Online-Kanäle signifikant unterscheiden: Online-Käufer nutzen sie intensiver. Die Nutzung der Offline-Kanäle in den jeweiligen Phasen des Kaufprozesses ist bei beiden Gruppen ähnlich, es gibt hier kaum eindeutige Unterschiede, zudem lässt sich keine einheitliche Tendenz feststellen.

6.2.3 Informationsphase vor dem Kauf

Für die Informationsphase vor dem Kauf werden alle postulierten Wirkungszusammenhänge in beiden Samples bestätigt. Den größten Einfluss auf die Nutzungsintensität der Online-Informationsquellen vor dem Kauf haben im Online-Sample die individuelle Convenience-Orientierung, die persönliche Innovativität sowie das wahrgenommene Risiko gegenüber dem Internet als Distributionskanal, während im Offline-Sample insbesondere die persönliche Innovativität und das wahrgenommene Risiko das Zielkonstrukt signifikant beeinflussen.

Vor allem die Convenience-Orientierung weist bei einem Vergleich der Pfadkoeffizienten eine signifikant höhere Bedeutung auf das Zielkonstrukt im Sample der Online-Käufer als im Vergleichssample der Offline-Käufer auf und besitzt somit im Online-Sample eine vergleichsweise größere Bedeutung für das Zielkonstrukt.

Die Internetseiten von Herstellern und Netzbetreibern sowie Internetsuchmaschinen gehören zu den intensiv genutzten Online-Informationsquellen, wohingegen die Kontaktaufnahme per E-Mail sowie E-Mail-Newsletter nahezu keine Rolle bei der Informationsgewinnung spielen. Das Channel-Hopping-Verhalten wird in der Informationsphase besonders deutlich. Nur 11% der Offline-Käufer nutzen keine Online-Informationsangebote und nur 2% der Online-Käufer keine Offline-Informationsquellen. Darüber hinaus wird eine Vielzahl von unterschiedlichen Quellen in die Suche einbezogen. Fast 50% der Online-Käufer und ein Drittel der Offline-Käufer nutzen sieben bis neun Online-Informationsquellen, und knapp die Hälfte der Konsumenten beider Samples nutzt vier bis sechs Offline-Informationsquellen. Dabei werden die einzelnen Quellen zumeist wenig intensiv im Sinne von „häufig“ einbezogen, so dass zwar viele Informationsquellen in Anspruch genommen, diese aber oftmals nur einmalig oder selten aufgesucht werden.

Durch die Diskriminanzanalyse wird deutlich, dass die Nutzung des stationären Handels und der Internetseiten der Netzbetreiber auf Grund ihrer Diskriminanzkoeffizienten besonders geeignet sind, die jeweiligen Käufergruppen zu trennen. Online-Käufer substituieren scheinbar den stationären Handel durch das Internetangebot der Netzbetreiber. Auch die Nutzungsintensität von Electronic-Word-of-Mouth-Angeboten (E-WOM) trennt die Gruppen untereinander, denn Online-Käufer nutzen diese intensiver als Offline-Käufer.

6.2.4 Kaufphase

Durch eine Diskriminanzanalyse werden Offline-Käufer im Vergleich zu Online-Käufern idealtypisch wie folgt charakterisiert: Sie haben ein hohes wahrgenommenes Risiko gegenüber dem Internet als Distributionskanal, eine niedrige Convenience-Orientierung, eine geringe persönliche Innovativität, ein geringes Produktwissen sowie eine hohe Ausprägung der Dimension Wichtigkeit und eine niedrige Ausprägung der Dimension Interesse beim Produktinvolvement. Bis auf die indifferente Wirkung des Produktinvolvements werden alle aufgestellten Hypothesen für die Kaufphase beibehalten. Die Diskriminanzanalyse zeigt des Weiteren auf, dass die Risikowahrnehmung des Internets als Einkaufsstätte sowie die Convenience-Orientierung die wichtigsten diskriminatorischen Faktoren für beide Gruppen sind. Die Güte der ermittelten Diskriminanzfunktion und somit die prädiktive Kraft der verwendeten kaufprozessbeeinflussenden Determinanten wird durch die Klassifikationsmatrix bestätigt, da 71,7% der Fälle durch die Diskriminanzfunktion korrekt klassifiziert werden.

6.2.5 After-Sales-Phase

Im Folgenden werden die wichtigsten Ergebnisse wiederum für die untersuchten drei Teilprozesse der After-Sales-Phase skizziert.

Informationsbeschaffung nach dem Kauf

Den größten Einfluss auf die Nutzungsintensität von Online-Informationsquellen nach dem Kauf haben im Online-Sample die Convenience-Orientierung und das Produktinvolvement, wohingegen im Offline-Sample die persönliche Innovativität und das Produktinvolvement die Nutzungsintensität maßgeblich beeinflussen. Insbesondere die Convenience-Orientierung weist analog zur Informationsphase vor dem Kauf bei einem Vergleich der Pfadkoeffizienten in beiden Samples eine signifikant höhere Bedeutung im Online-Sample auf, wohingegen das Produktwissen einen signifikant stärkeren Einfluss auf das Zielkonstrukt im Offline-Sample hat.

Nach dem Kauf werden identische Online-Informationsquellen (Internetseiten Netzbetreiber, Internetseiten Hersteller, Internetsuchmaschinen) wie in der Vorkaufphase intensiv genutzt, wobei das Ausmaß der Nutzungsintensität erwartungskonform niedriger ist. E-WOM-Angebote besitzen wie die aktive Kontaktaufnahme per E-Mail in einer nutzungsintensitätsorientierten Betrachtung insbesondere für die Offline-Käufer nahezu keine Bedeutung. Wiederum zeigt sich ein ausgeprägtes Channel-Hopping-Verhalten der Konsumenten. 80% der Offline-Käufer nutzen nach dem Kauf Online-Informationsquellen und nur 4% der Online-Käufer keine Offline-Informationsquellen.[59] Erneut werden eine Vielzahl unterschiedlicher Informationsquellen von beiden Käufergruppen genutzt, so dass abermals ein multiples, aber wenig intensives Nutzungsverhalten der Informationsquellen vorliegt.

Die schrittweise durchgeführte Diskriminanzanalyse zeigt auf, dass insbesondere E-WOM-Angebote, Internetseiten von Netzbetreibern und die telefonische Hotline geeignete Trennvariablen der Diskriminanzfunktion sind, die Online-Käufer intensiver nutzen als Offline-Käufer.

Artikulationsverhalten unter Nutzung des Mediums Internet

Die Kaufzufriedenheit ist in beiden Samples der maßgebliche Einflussfaktor auf die Artikulation von negativen Meinungen und Erfahrungen über das Internet. Unzufriedene Kunden nutzen das Internet intensiv zur negativen Artikulation, wohingegen eine hohe Kaufzufriedenheit nur im Online-Sample zu einer positiven Artikulation über das Internet führt. Das Produktinvolvement im Online-Sample und das subjektive Produktwissen im Offline-Sample haben zudem einen bedeutenden Einfluss auf die positive Artikulation im Internet. Bei einem Vergleich der beiden Samples wird deutlich, dass das Produktinvolvement und die Kaufzufriedenheit eine signifikant höhere Bedeutung im Online-Sample als im Offline-Sample auf die Nutzungsintensität des Internets zur positiven Artikulation haben.

Das Internet wird jedoch grundsätzlich wenig intensiv zur Artikulation von Meinungen genutzt und wenn, nur von den Online-Käufern. Vor allem die persönliche Kommunikation mit der Familie und Freunden für positive und negative sowie die telefonische Hotline für negative Meinungsäußerungen weisen höhere Nutzungsintensitäten auf. Die Analyse der kanalübergreifenden Nutzung der Kanäle nach Käufergruppen bestätigt dies. Konträr zu den anderen Phasen des Kaufprozesses ist die Integration unterschiedlicher Kanäle zwar erkennbar, aber nicht besonders ausgeprägt. Eine wichtige Erkenntnis aus den Ergebnissen ist, dass sich die Konsumenten in beiden Samples

---

59 Als Offline-Informationsquelle wird auch die persönliche Diskussion mit der Familie und Freunden angesehen, so dass insbesondere hierdurch der hohe Wert erklärbar ist.

durchweg intensiver positiv als negativ artikulieren, welches vor allem in der hohen Kaufzufriedenheit der beiden Käufergruppen begründet ist.

Die Diskriminanzanalyse verdeutlicht, dass vor allem Web 2.0-Angebote, aber auch das aktive Verfassen von E-Mails diskriminierende Variablen zwischen den beiden Gruppen darstellen.

Internet-Loyalität

Das wahrgenommene Risiko gegenüber dem Internet als Distributionskanal sowie die Kaufzufriedenheit der Konsumenten sind sampleübergreifend maßgebliche Einflussfaktoren auf die Internet-Loyalität. Online-Kunden, die mit dem letzten Kauf zufrieden sind, weisen eine hohe Internet-Loyalität auf und neigen somit zur Wiedernutzung und Weiterempfehlung des Online-Kanals. Die Kaufzufriedenheit hat dabei weit größeren Einfluss als das wahrgenommene Risiko, welches negativ auf die Internet-Loyalität wirkt. Im Offline-Sample dominiert das wahrgenommene Risiko. Je größer dieses ist, desto geringer ist die Internet-Loyalität. Zusätzlich führt eine hohe Kaufzufriedenheit mit dem letzten Kauf zu einer geringeren Internet-Loyalität der Offline-Käufer. Offline-Käufer planen somit nicht, für zukünftige Käufe den stationären Handel durch das Internet zu substituieren. Bei einem Vergleich der Samples zeigt sich, dass die Kaufzufriedenheit einen signifikant größeren Einfluss im Online-Sample hat. Auf der anderen Seite beeinflussen das wahrgenommene Risiko und die persönliche Innovativität, die im Online-Sample nahezu keine Bedeutung auf die Internet-Loyalität haben, das Zielkonstrukt im Offline-Sample.

6.3 Theoriebezogene Erkenntnisse

Aus wissenschaftlicher und theoriebezogener Sicht leistet die vorliegende Arbeit einen wesentlichen Beitrag zum besseren Verständnis des Konsumentenverhaltens im Internet. Der besondere Innovationscharakter dieser Arbeit liegt hierbei in der ganzheitlichen und kaufgruppenspezifischen Analyse des Kaufverhaltens. Der Kaufprozess wird dabei unter Berücksichtigung phasenspezifischer Teilprozesse für die Informationsphase, die Kaufphase und die After-Sales-Phase sowohl für die Online- als auch für die Offline-Käufer betrachtet. Im Folgenden werden die wichtigsten theoriebezogenen Erkenntnisse aus der vorliegenden Arbeit skizziert.

Insbesondere aus methodischer Sicht grenzt sich die vorliegende Arbeit zu bestehenden Werken ab. Die Betrachtung von drei Phasen des Kaufprozesses im Internet in Form der Informationsphase, Kaufphase und After-Sales-Phase ist gemäß der gesichteten Literatur bisher erst von zwei anderen Autoren durchgeführt worden (Betz, 2003; Frambach et al., 2007). Durch diese vorgenommene Unterteilung der konsumentenseitigen Aktivitäten in den einzelnen Teilprozessen wird im Gegensatz zu isolierten Betrachtungen einzelner Phasen, insbesondere bei ausschließlicher Betrachtung der Kaufphase, erheblich detaillierter die Wirkung unterschiedlicher Einflussfaktoren auf die Integration des Internets in einen Kaufprozess erfasst. Auch die vorgenommene separate Untersuchung der beiden Käufergruppen der Online- und Offline-Käufer liefert Erkenntnisse hinsichtlich der Gemeinsamkeiten und Unterschiede dieser Populationen, die bei der Untersuchung eines einzigen Samples, wie es oft vorgenommen wird, nicht generierbar sind.

Die zur Entwicklung des Forschungsmodells notwendige umfangreiche konzeptionelle Aufbereitung der einzelnen Phasen des Kaufprozesses in Kapitel 3 liefert wertvolle Ausführungen für weitere Arbeiten in diesem interessanten Forschungsfeld. Zudem verschafft der dargestellte Stand der wissenschaftlichen empirischen Forschung (vgl. Kapitel 4 oder Anhang B) nicht nur eine tragfähige Basis für die hier untersuchten Forschungsmodelle, sondern vermittelt auch einen umfassenden Überblick über den aktuellen Forschungsstand, der über diese Arbeit hinaus einen deutlichen Mehrwert bietet. Es zeigt sich, dass trotz der vielfältigen Forschungsbemühungen im Themenfeld des E-Commerce oftmals wichtige Teilaspekte nicht berücksichtigt werden. Dies schließt Aspekte der Untersuchungsmethodik, die Auswahl des Untersuchungsgegenstandes und insbesondere die Auswahl und Operationalisierung des Zielkonstruktes ein (vgl. Kapitel 4.6).

Aus methodischer Sicht ist weiterhin der Einsatz unterschiedlicher multivariater Analyseverfahren im Zuge der Auswertung als positiv zu bewerten. Durch den Einsatz kausalanalytischer Strukturgleichungsmodelle im Rahmen der Hypothesentests bei der Informationsphase und After-Sales-Phase finden leistungsfähige Methoden Eingang in die Arbeit. Des Weiteren liefert die eingesetzte Diskriminanzanalyse zusätzlich zur Hypothesenprüfung in der Kaufphase weitere Erkenntnisfortschritte zu den anderen Phasen des Kaufprozesses, so dass der gleichzeitige Einsatz unterschiedlicher Analyseverfahren zu befürworten ist (Sauer, 2005, S. 270).

Von besonderer Bedeutung ist die Konzeptionalisierung und Operationalisierung der endogenen Variablen in dieser Arbeit. Dabei hat sich der Autor nach eingehender Analyse der intensiv geführten Diskussion zur Verwendung formativer und reflektiver Messkonstrukte (Fassott, 2005; Jarvis et al., 2003) für die Operationalisierung dieser Variablen durch formative Messkonstrukte entschieden. So sind vier Messkonstrukte entstanden, die die Nutzungsintensität des Internets (1) zur Informationsbeschaffung vor dem Kauf, (2) zur Informationsbeschaffung nach dem Kauf und als Medium zur (3) positiven und (4) negativen Artikulation messen. Die Konstruktentwicklung erfolgte nach umfangreicher Literaturrecherche, zwei Pretests und in Diskussionen mit Experten des beteiligten Unternehmens. Die Konstrukte sind nach einer Prüfung durch unterschiedliche Gütekriterien als geeignet anzusehen. Anders als in einer Vielzahl von Studien wird dabei nicht nur zwischen einem stationären Kanal und einem Distanzkanal in Form des Internetshops unterschieden, sondern versucht, umfassend die alternativen Offline- und Online-Kanäle zu berücksichtigen. Durch diese differenzierte Verwendung von Indikatoren, die das jeweilige Zielkonstrukt bedingen, können die Medien und Informationsquellen identifiziert werden, die für die unterschiedlichen Käufergruppen relevant sind, und Unterschiede zwischen diesen Käufergruppen optimal aufdecken.

Durch die umfassende Literaturanalyse sind für diese Arbeit insgesamt sechs psychische, kaufprozessbeeinflussende Determinanten identifiziert worden, deren Wirkung auf die Nutzungsintensität des Internets durch die Konsumenten untersucht wurde. Es wird bewusst in Kauf genommen, dass auch andere Determinanten hätten Anwendung finden können, da das komplexe Phänomen des Kaufverhaltens von Konsumenten durch eine Vielzahl unterschiedlicher Faktoren beeinflusst wird, die nicht in einem einzigen Modell des Kaufverhaltens abgebildet werden können (Swoboda, 1996, S. 358 f.; vgl. Kapitel 3.1.5). Ein ausgewogener Mix aus allgemeinen, produktspezifischen und auch internet- bzw. händlerspezifischen Persönlichkeitseigenschaften, die in der bisherigen Literatur als relevant angesehen werden, führt jedoch zu einem bestmöglichen Trade Off. Die vorliegenden empirischen Ergebnisse verdeutlichen, dass die einzelnen exogenen Variablen geeignet sind, das Kaufverhalten der Konsumenten zumindest mitzuerklären. Mittels der exogenen Konstrukte können in der Kaufphase durch die aufgestellte Diskriminanzfunktion 71,7% der Fälle richtig eingruppiert werden, so dass diese Determinanten gut zur Trennung zwischen den Gruppen beitragen. Die Betrachtung der Strukturmodelle zur Informationsphase und After-

Sales-Phase verdeutlicht, dass insbesondere das Zielkonstrukt der Internet-Loyalität mit einem Varianzerklärungsanteil von bis zu 64% sowie die Zielkonstrukte der Nutzungsintensität der Online-Informationsquellen vor und nach dem Kauf mit durchschnittlichen Werten für R^2 in beiden Käufergruppen geeignet sind, die Integration des Internets in einem Kaufprozess eines Mobiltelefons zu erklären. Jedoch fallen die Zielkonstrukte zur Nutzung des Internets zur Artikulation im Offline-Sample durch schwache Werte für R^2 ab. Dies kann zum einen durch das insgesamt äußerst moderate Artikulationsverhalten, aber auch in anderen, nicht in der Analyse berücksichtigen Variablen begründet sein.

Trotz des oftmals bestätigten signifikanten Zusammenhangs zwischen exogenen Variablen und dem jeweiligen Zielkonstrukt weisen einige exogene Variablen einen vergleichsweise schwachen Erklärungsgehalt auf, was sich in geringen Werten der Effektstärke f^2 widerspiegelt. Die einzelnen Variablen besitzen jedoch nicht phasenübergreifend durchgehend niedrige Werte für f^2. Dies verdeutlicht, dass die jeweiligen Konstrukte abhängig von der Phase des Kaufprozesses eine unterschiedliche Bedeutung für das jeweilige Zielkonstrukt haben. Diese Erkenntnis verkompliziert sich noch dadurch, dass ein Intergruppen-Vergleich der Pfadkoeffizienten aufzeigt, dass sich deren Höhe zu identischen Konstrukten signifikant in den jeweiligen Gruppen unterscheidet. Dennoch lässt sich keine eindeutige Tendenz feststellen, dass die Pfadkoeffizienten in einem Sample durchweg höher als in dem anderen Sample sind. Folglich sind einige exogene Variablen eher maßgebliche Erklärungsgrößen im Online-Sample, andere hingegen besonders wichtige Einflussfaktoren für das Offline-Sample.

6.4 Implikationen für die Unternehmenspraxis

Aus Sicht eines in der Distribution tätigen Unternehmens des Mobilfunksektors, unabhängig ob Mobilfunknetzbetreiber, Serviceprovider oder Einzelhändler, ist es essentiell, das komplexe Konsumentenverhalten in den einzelnen Phasen eines Kaufprozesses zu verstehen. Obwohl die vorliegende Arbeit mit einem bestimmten Mobilfunknetzbetreiber durchgeführt worden ist, sind die gewonnenen Erkenntnisse durch die Homogenität der Vertriebskanäle in der Branche übertragbar und daher auch für weitere, in dieser Branche distributiv agierende Unternehmen relevant. Für branchenfremde Unternehmen enthält die vorliegende Untersuchung vornehmlich Hinweise, die sich aus dem methodischen Aufbau der Untersuchung, aus den kaufprozessbeeinflussenden Determinanten und aus der Operationalisierung der relevanten Konstrukte ergeben. Es können neben den bereits skizzierten Ergebnissen aus wissenschaftlicher Perspektive, die auch für die Unternehmenspraxis relevant sind, einige Handlungsempfehlungen abgeleitet werden, die Unternehmen in die Lage versetzen, das Kaufverhalten der Konsumenten grundlegend zu verstehen und darauf basierend systematisch ihre eigenen Vertriebs- und Marketingaktivitäten zu steuern, um eigene Ressourcen möglichst effizient und effektiv einzusetzen.

Zu den wichtigsten Erkenntnissen dieser Arbeit für die Unternehmenspraxis gehört es, dass die Konsumenten ein multiples, kanal- und medienübergreifendes Kauf- und Informationsverhalten in den einzelnen Phasen eines Kaufprozesses zeigen. Dabei verfügen sie über umfangreiche Kenntnisse unterschiedlicher Online- und Offline-Kanäle bzw. Medien und nutzen phasenübergreifend eine Vielzahl von ihnen, zumeist jedoch mit geringer Intensität (vgl. Kapitel 5.4.4). Konsumenten bedienen sich gleichzeitig sowohl unternehmenseigener als auch unternehmensübergreifender, teils konkurrierender Kanäle. Die im Markt agierenden Unternehmen müssen daher für möglichst umfassende Kontaktmöglichkeiten sowohl über unternehmenseigene als auch über unternehmensfremde Kontaktkanäle sorgen.

Mittels deskriptiver Analysen sowie der durchgeführten Diskriminanzanalysen werden in dieser Arbeit sowohl diejenigen Medien und Kanäle identifiziert, die die Konsumenten im Rahmen ihres Kaufprozesses nutzen, als auch die Medien und Kanäle, deren Nutzung die Gruppen der Online-Käufer und der Offline-Käufer bestmöglich voneinander trennen (vgl. ausführlich Kapitel 5.4 und 5.7). Diese Erkenntnisse können durch die Unternehmenspraxis bei eigenen Ressourcenallokationen und bei der Ausrichtung der Marketing- und Vertriebsaktivitäten umgesetzt werden. So scheinen zur Informationsgewinnung vor dem Kauf E-Mail-Newsletter sowie eine konsumenteninitiierte Kontaktaufnahme per E-Mail ebenso wie die telefonische Hotline oder mobile Verkaufsteams nahezu keine Bedeutung zu haben. Ebenso zeigt sich, dass Online-Käufer die Online-Medien deutlich intensiver nutzen als Offline-Käufer und diese Gruppenunterschiede bei den Offline-Medien deutlich abnehmen. Online-Käufer nutzen Web 2.0-Angebote intensiver. Insbesondere zur Gewinnung von Informationen vor dem Kauf, aber auch nach dem Kauf, besitzen diese Informationsquellen eine hohe Relevanz für diese Käufergruppe. Auch Vergleichsinternetseiten sowie Internetsuchmaschinen werden von beiden Käufergruppen intensiv genutzt.

Für Unternehmen sind diese Erkenntnisse zur Steuerung von konsumentengerichteten Aktivitäten relevant und können bei der Allokation von Online-Werbebudgets berücksichtigt werden. Insbesondere die Web 2.0-Angebote sollten intensiv für Marketing-Aktivitäten genutzt werden, um Konsumenten an das eigene Unternehmen zu binden. Auch innovative Formen des viralen Marketings können auf diesen Plattformen eingesetzt werden. Da sich über diese interaktiven Web 2.0-Angebote im Internet zumeist hoch innovative Konsumenten erreichen lassen, ist unternehmensseitiges Engagement in diesem Umfeld besonders interessant. Hoch innovative Konsumenten kaufen eher im Internet und nutzen das Medium zudem intensiver zur Informationssuche und Artikulation. Sie verfügen über eine höhere Internet-Loyalität und fungieren auch im Offline-Kontext als Kommunikatoren von WOM.

Von besonderer Bedeutung sind die Erkenntnisse der Diskriminanzanalyse hinsichtlich der Nutzung der Online-Informationsquellen vor dem Kauf. Dabei zeigt sich, dass die Nutzung des stationären Handels und die Nutzung von Internetseiten der Netzbetreiber die wichtigsten diskriminatorischen Variablen der Diskriminanzfunktion zur Trennung der Gruppen sind. Käufer im Internet nutzen intensiv die Internetseiten der Netzbetreiber und wenig intensiv den stationären Handel. Sie scheinen den stationären Handel durch die Internetseiten der Netzbetreiber zu substituieren.

Die empirische Untersuchung zeigt zudem auf, dass insbesondere das wahrgenommene Risiko gegenüber dem Internet eine immer noch maßgebliche Barriere für die Nutzung des Internets im Kaufprozess darstellt. Dabei wird das Sicherheitsrisiko durch den möglichen Missbrauch persönlicher Daten besonders hoch eingeschätzt. Risikoreduzierende Maßnahmen sind daher unternehmensseitig vorzunehmen. Eine hohe Kannibalisierungsgefahr seitens des Online-Kanals zu Lasten der stationären Kanäle ist nicht gegeben. Online-Informationsquellen können auch Offline-Käufern helfen, Informationen vor dem Kauf zu erhalten. Insbesondere bei der Distribution über Offline-Distanzhandel-Kanäle wie Katalogen oder Direktmarketingaktionen, bei denen keine umfangreiche Beratung erfolgt, kann das Internet helfen, das Informationsbedürfnis der Konsumenten umfassend zu befriedigen. Die ganzheitliche Integration von Online- und Offline-Kanälen im Sinne aktueller Definitionen des Multi-Channel-Retailing sowie weitere vertrauensbildende Maßnahmen helfen, die empfundenen Risiken des Internets zu kompensieren bzw. zu überwinden und somit eine optimale Koexistenz beider Distributionsformen zu schaffen.

Die empirisch verifizierte Wirkung der Kaufzufriedenheit auf das After-Sales-Verhalten der Konsumenten bestätigt auch in dieser Studie die grundlegende Forderung, Kunden zufrieden zu stellen. Die Kaufzufriedenheit ist sowohl für die Online- als auch für die Offline-Käufer entscheidender Treiber von Electronic-Word-of-Mouth-Aktivitäten und der Internet-Loyalität. Die Kaufzufriedenheit ist für Online-Käufer die maßgebliche Determinante, das Internet bei Unzufriedenheit zur Artikulation von Meinungen und Erfahrungen zu nutzen sowie bei Zufriedenheit das Internet als Distributionskanal weiterzuempfehlen und es bei einem Wiederkauf zu nutzen. Unzufriedene Offline-Käufer artikulieren über das Internet ihre negativen Erfahrungen und Meinungen, und zufriedene Offline-Käufer planen nicht, das Internet wieder zu nutzen und weiter zu empfehlen. Insbesondere durch die in Kapitel 3.4.3 skizzierten Risiken des E-WOM, wie ein umfangreicher Empfängerkreis der Botschaften oder die dauerhafte Verfügbarkeit der Artikulation im Internet, zeigen die Wichtigkeit auf, Kunden zufrieden zu stellen.

Die vorliegenden Ergebnisse deuten darauf hin, dass insbesondere Convenience-orientierte Konsumenten das Internet und die einzelnen Online-Kanäle und -Medien in den Kaufprozess integrieren und auch den eigentlichen Kauf über das Internet tätigen. Die adäquate Gestaltung unternehmenseigener Online-Kontaktmöglichkeiten (Internetseiten, Shops) ist somit eminent wichtig. Die Angebote sind für alle Phasen des Kaufprozesses auf die Kundenbedürfnisse auszurichten. Dazu gehören die komfortable Bereitstellung von Informationen, eine kundengerechte Bestellabwicklung oder die Möglichkeit des selbstständigen und einfachen Verwaltens von Kundendaten der Bestandskunden. Unternehmen, die die existierenden Bedürfnisse der Online-Kunden bestmöglich befriedigen, werden diese zufrieden stellen und diese an sich binden. Ferner können bspw. durch Customer-Self-Care-Angebote Kosten auf Unternehmensseite gespart werden, indem Prozesse auf die Kunden ausgelagert werden (Customer Empowerment).

Bei der kaufprozessphasenübergreifenden Analyse wird zusammenfassend zudem offensichtlich, dass die untersuchten psychografischen Persönlichkeitseigenschaften deutlich als gruppentrennende Determinanten zu charakterisieren sind. Um diese Bedürfnisse der Konsumenten in den jeweiligen Kaufprozessphasen zu befriedigen, können die Unternehmen auf dieser Erkenntnis aufbauend differenzierte Marketingstrategien für die jeweiligen Käufergruppen entwickeln.

Die bisherigen Online-Käufer weisen eine hohe Loyalität zum Medium Internet auf. 80% der Online-Käufer sehen das Internet wahrscheinlich bzw. sehr wahrscheinlich als bevorzugtes Informationsmedium für den nächsten Kauf an und knapp 80% planen, es wahrscheinlich bzw. sehr wahrscheinlich als Wiederbeschaffungskanal zum letztendlichen Kauf zu nutzen. Offline-Käufer hingegen zeichnen sich eher durch eine emotionale Bindung zum traditionellen Offline-Kanal aus und planen weder Suche noch Kauf über das Internet (vgl. Kapitel 5.4.1). Diese Erkenntnisse sind für die Betreuung von Bestandskunden relevant. Kunden, die den letzten Kaufakt über einen traditionellen Offline-Kanal durchgeführt haben, sind wiederum über diesen zu kontaktieren. Dies können Angebote über klassische Direktmarketing-Aktionen oder telefonische Akquisen sein, wohingegen Online-Kunden wiederum intensiv über Online-Medien wie E-Mail-Newsletter anzusprechen sind. Trotz der in dieser Studie aufgezeigten geringen Relevanz dieses Mediums für Neukunden, ist es ein geeignetes Medium zur Betreuung der Bestandskunden. Durch den zielgerichteten Einsatz der Marketingaktivitäten können Fehlallokationen des Werbebudgets und unnötige, von Kunden als unpassend und negativ empfundene Ansprachen vermieden werden.

6.5 Ausblick

Die vorliegende Arbeit greift die bestehenden umfangreichen empirischen Arbeiten zur Erklärung des Kaufverhaltens im Internet auf. Durch die ganzheitliche, kaufprozessphasenübergreifende Analyse des Kaufverhaltens von Konsumenten schafft sie dabei, wissenschaftlich und praxisbezogen, einen Mehrwert zu bestehenden Forschungsarbeiten im Multi-Channel-Kontext. Es gilt jedoch, die aufgeworfene Thematik weiter zu vertiefen. Dabei können kommende Forschungsbemühungen die folgenden Punkte aufgreifen:

Der gewählte Untersuchungsgegenstand des Kaufs eines Mobiltelefons ist insbesondere durch den Einsatz der speziell für diese Branche entwickelten formativen Messkonstrukte nur eingeschränkt generalisierbar. Untersuchungen mit identischen exogenen Messkonstrukten und mit für andere Untersuchungsgegenstände modifizierten formativen Messkonstrukten können die Bedeutung der exogenen Variablen zur Erklärung des Kaufverhaltens in anderen Kaufsituationen bestätigen. Durch die mehrphasige Betrachtung sollten hierbei Kaufsituationen eruiert werden, bei denen extensive Kaufentscheidungen vorliegen. Dabei sind insbesondere die Automobilbranche oder auch kostspielige Gebrauchsgüter wie hochwertige HiFi-Anlagen aus Sicht des Autors geeignete Produkte. Eine phasenübergreifende Betrachtung des Kaufprozesses bei nicht kognitiv geprägten, wie bei impulsiven oder habitualisierten Kaufentscheidungen erscheint nicht zielführend und sollte daher nicht weiter verfolgt werden.

Des Weiteren erheben die in dieser Arbeit identifizierten exogenen Variablen bewusst nicht den Anspruch auf Vollständigkeit. Abhängig vom Forschungsgegenstand und von der jeweiligen Zielsetzung der Arbeit können ergänzende oder auch andere exogene Variablen berücksichtigt werden. So ist insbesondere das Vertrauen eine wichtige Determinante zur Einkaufsstättenwahl, vor allem in Hinblick auf das Internet als potenzielle Einkaufsstätte (vgl. Kapitel 4.5). Im Zuge dieser Untersuchung wurde jedoch nicht aufgegriffen, inwieweit das Vertrauen gegenüber dem Internet im Allgemeinen oder gegenüber dem betrachteten Mobilfunknetzbetreiber Einfluss auf die Nutzung unterschiedlicher Kanäle in den einzelnen Phasen des Kaufprozesses hat. Insbesondere die kontrovers geführte Diskussion, ob das Vertrauenskonstrukt eine Determinante oder eine Konsequenz des wahrgenommenen Risikos ist, oder ob dies unterschiedliche Forschungsströme sind (Bauer, Neumann, Haber, Huber, 2004, S. 434), lassen den Einbezug des Konstruktes in spätere Untersuchungen befürworten. Auch in einer gleichzeitigen Analyse des wahrgenommenen Risikos liegen in einer kaufprozessphasenübergreifenden Betrachtung interessante Forschungspotenziale.

Auch andere theoretische wissenschaftliche Ansätze, bspw. aus der Motiv- oder der Einstellungsforschung, liefern wertvolle Einflussfaktoren, die das Konsumentenverhalten ganzheitlich beeinflussen. Das Spektrum der kaufprozessbeeinflussenden Determinanten ist beliebig erweiterbar, so dass weitere exogene Einflussvariablen auf das Kaufverhalten der Konsumenten identifiziert und ausgewählt werden können.

Vor allem die Konstrukte des wahrgenommenen Risikos, der Kaufzufriedenheit und der Convenience-Orientierung zeigen in der vorliegenden Arbeit ihre prediktive Stärke in den Strukturmodellen. Diese bieten für weitere Forschungsbemühungen einen geeigneten Rahmen.

Bei weiteren Forschungsarbeiten empfiehlt es sich zudem, besonderes Augenmerk auf die After-Sales-Phase zu legen. Die unzureichende Betrachtung in bestehenden Forschungsarbeiten spiegelt nicht deren anerkannte Relevanz im Kaufprozess der Konsumenten wider. Die vorliegende Arbeit greift sie zwar intensiv auf und zeigt für das Informationsverhalten nach dem Kauf und die Kundenloyalität auch wesentliche Erkenntnisse, kann aber insbesondere das Artikulationsverhalten im Internet nicht adäquat erklären. Das Identifizieren weiterer Einflussfaktoren auf das individuelle Artikulationsverhalten ist aus Sicht des Autors ein wichtiger Ansatz für zukünftige Forschungsbemühungen.

Des Weiteren bietet es sich bei zukünftigen Untersuchungen an, explizit moderierende Effekte in die Analyse einzubeziehen. Im Rahmen der vorliegenden Arbeit sind diese nicht untersucht worden, welches auch in dem gesetzten Forschungsschwerpunkt begründet ist. Jedoch können mit Hilfe von moderierenden Variablen die Beziehungen zwischen den exogenen und endogenen Konstrukten umfassender analysiert und verstanden werden.

Hinsichtlich der Untersuchungsmethodik hat sich der gewählte Ansatz in Form der parallelen Untersuchung von Offline- und Online-Käufern bewährt. Er führt zu erheblichem Erkenntnisgewinn und sollte somit erneut in empirischen Untersuchungen eingesetzt werden. Ein etwaiger Kritikpunkt an der vorliegenden Untersuchung ist die eingeschränkte Repräsentativität bezüglich der soziodemographischen Zusammensetzung der vorliegenden Samples. Es hat sich gezeigt, dass die beiden Samples nicht repräsentativ für die Grundgesamtheit der Bevölkerung sind. Bezogen auf den Untersuchungskontext erscheinen sie als praktikabel, dennoch sind für weitere Untersuchungen Stichproben anzustreben, die die jeweilige Grundgesamtheit besser repräsentieren.

Anhang A – Ergänzende Tabellen und Statistiken zu Kapitel 5

Deskriptive Ergebnisse – soziodemographische Zusammensetzung (Kapitel 5.4.1)

Offline-Käufer					Online-Käufer				
Beschäftigungs-verhältnis	**Häufigkeit**	**in %**	**gültige %**	**kum. %**	**Beschäftigungs-verhältnis**	**Häufigkeit**	**in %**	**gültige %**	**kum. %**
Vollzeit	411	54,95	55,09	55,09	Vollzeit	494	57,85	57,85	57,85
Teilzeit	84	11,23	11,26	66,35	Teilzeit	92	10,77	10,77	68,62
Student/in	154	20,59	20,64	87,00	Student/in	208	24,36	24,36	92,97
Hausfrau/-mann	28	3,74	3,75	90,75	Hausfrau/-mann	20	2,34	2,34	95,32
Rentner/in	35	4,68	4,69	95,44	Rentner/in	16	1,87	1,87	97,19
arbeitssuchend	34	4,55	4,56	100,00	arbeitssuchend	24	2,81	2,81	100,00
Gesamt	746	99,73	100,00		Gesamt	854	100,00	100,00	
Fehlend	2	0,27							
Gesamt	748	100,00							
Einkommen	**Häufigkeit**	**in %**	**gültige %**	**kum. %**	**Einkommen**	**Häufigkeit**	**in %**	**gültige %**	**kum. %**
bis zu 1.000€	241	32,22	33,52	33,52	bis zu 1.000€	306	35,83	35,83	35,83
1.001€ bis 2.000€	211	28,21	29,35	62,87	1.001€ bis 2.000€	245	28,69	28,69	64,52
2.001€ bis 3.000€	141	18,85	19,61	82,48	2.001€ bis 3.000€	156	18,27	18,27	82,79
3.001€ bis 4.000€	67	8,96	9,32	91,79	3.001€ bis 4.000€	75	8,78	8,78	91,57
4.001€ bis 5.000€	31	4,14	4,31	96,11	4.001€ bis 5.000€	39	4,57	4,57	96,14
5.001€ bis 6.000€	7	0,94	0,97	97,08	5.001€ bis 6.000€	19	2,22	2,22	98,36
6.001€ bis 7.000€	8	1,07	1,11	98,19	6.001€ bis 7.000€	3	0,35	0,35	98,71
über 7.000€	13	1,74	1,81	100,00	über 7.000€	11	1,29	1,29	100,00
Gesamt	719	96,12	100,00		Gesamt	854	100,00	100,00	
Fehlend	29	3,88							
Gesamt	748	100,00							

Tab. A1: **Zusammensetzung der Stichproben nach Beschäftigungsverhältnis und Einkommen**
Quelle: Eigene Darstellung

Offline-Käufer					Online-Käufer				
Kenntnisse Internet	**Häufigkeit**	**in %**	**gültige %**	**kum. %**	**Kenntnisse Internet**	**Häufigkeit**	**in %**	**gültige %**	**kum. %**
sehr unerfahren	20	2,67	2,67	2,67	sehr unerfahren	0	0,00	0,00	0,00
unerfahren	33	4,41	4,41	7,09	unerfahren	11	1,29	1,29	1,29
durchschnittlich	317	42,38	42,38	49,47	durchschnittlich	212	24,82	24,82	26,11
erfahren	258	34,49	34,49	83,96	erfahren	377	44,15	44,15	70,26
sehr erfahren	120	16,04	16,04	100,00	sehr erfahren	254	29,74	29,74	100,00
Gesamt	748	100,00	100,00		Gesamt	854	100,00	100,00	
Kauferfahrung Internet (letzte 12 Monate)	**Häufigkeit**	**in %**	**gültige %**	**kum. %**	**Kauferfahrung Internet (letzte 12 Monate)**	**Häufigkeit**	**in %**	**gültige %**	**kum. %**
nie	118	15,78	15,78	15,78	nie	0	0,00	0,00	0,00
1-4 mal	218	29,14	29,14	44,92	1-4 mal	120	14,05	14,05	14,05
5-8 mal	155	20,72	20,72	65,64	5-8 mal	163	19,09	19,09	33,14
9-12 mal	95	12,70	12,70	78,34	9-12 mal	152	17,80	17,80	50,94
über 12 mal	162	21,66	21,66	100,00	über 12 mal	419	49,06	49,06	100,00
Gesamt	748	100,00	100,00		Gesamt	854	100,00	100,00	

Tab. A2: **Zusammensetzung der Stichproben nach Internetkenntnissen und Kauferfahrung**
Quelle: Eigene Darstellung

Informationen zum Mobiltelefon als Untersuchungsgegenstand (Kapitel 5.4.2)

Offline-Käufer					Online-Käufer				
Benutzertyp	**Häufigkeit**	**in %**	**gültige %**	**kum. %**	**Benutzertyp**	**Häufigkeit**	**in %**	**gültige %**	**kum. %**
privates Mobiltelefon	666	89,04	90,98	90,98	privates Mobiltelefon	758	88,76	88,76	88,76
Firmenmobiltelefon	9	1,20	1,23	92,21	Firmenmobiltelefon	6	0,70	0,70	89,46
beides	57	7,62	7,79	100,00	beides	90	10,54	10,54	100,00
Gesamt	732	97,86	100,00		Gesamt	854	100,00	100,00	
fehlend	16	2,14							
Gesamt	748								
Bereits Handy-Kauf im Internet?	**Häufigkeit**	**in %**	**gültige %**	**kum. %**	**Bereits Handy-Kauf im Internet?**	**Häufigkeit**	**in %**	**gültige %**	**kum. %**
Ja	138	18,45	18,45	18,45	Ja	854	100,00	100,00	100,00
Nein	610	81,55	81,55	100,00	Nein	0	0,00	0,00	100,00
Gesamt	748	100,00	100,00		Gesamt	854	100,00	100,00	
Vertragstyp	**Häufigkeit**	**in %**	**gültige %**	**kum. %**	**Vertragstyp**	**Häufigkeit**	**in %**	**gültige %**	**kum. %**
Prepaid	0	0,00	0,00	0,00	Prepaid	0	0,00	0,00	0,00
Prepaid und Laufzeitvertrag	7	0,80	0,80	0,94	Prepaid und Laufzeitvertrag	0	0,00	0,00	0,00
Laufzeitvertrag	741	99,06	99,06	100,00	Laufzeitvertrag	854	100,00	100,00	100,00
Gesamt	748	100,00	100,00		Gesamt	854	100,00	100,00	
Klassifikation letzter Kauf	**Häufigkeit**	**in %**	**gültige %**	**kum. %**	**Klassifikation letzter Kauf**	**Häufigkeit**	**in %**	**gültige %**	**kum. %**
Neuvertrag	603	80,61	81,49	81,49	Neuvertrag	594	69,56	69,56	69,56
Vertragsverlängerung	106	14,17	14,32	95,81	Vertragsverlängerung	101	11,83	11,83	81,38
isolierter Kauf Mobiltelefon	31	4,14	4,19	100,00	isolierter Kauf Mobiltelefon	159	18,62	18,62	100,00
Gesamt	740	98,93	100,00		Gesamt	854	100,00	100,00	
fehlend	8	1,07							
Gesamt	748	100,00							
Zeitpunkt letzter Kauf	**Häufigkeit**	**in %**	**gültige %**	**kum. %**	**Zeitpunkt letzter Kauf**	**Häufigkeit**	**in %**	**gültige %**	**kum. %**
in den letzten 6 Monaten	606	81,02	81,02	81,02	in den letzten 6 Monaten	751	87,94	87,94	87,94
vor 6-12 Monaten	142	18,98	18,98	100,00	vor 6-12 Monaten	103	12,06	12,06	100,00
Gesamt	748	100,00	100,00		Gesamt	854	100,00	100,00	

Tab. A3: Informationen zum aktuellen Mobiltelefon und zum Kaufvorgang nach Käufergruppen

Quelle: Eigene Darstellung

Informationsphase (Kapitel 5.4.3.1)

	Männer	Frauen	Signifikanz
	MW (n=865)	MW (n=735)	
Konsumentenbeurteilungen Communities (ON_IN_V_K1)	2,09	1,84	0,00
Konsumentendiskussionen im Internet (ON_IN_V_K2)	1,99	1,74	0,00
Kundenrezessionen Online Shops (ON_IN_V_K3)	2,48	2,29	0,01
Internetseiten Händler (ON_IN_V_H1)	2,22	2,11	0,09
Internetseiten Hersteller (ON_IN_V_H2)	3,35	3,22	0,08
Internetseiten Netzbetreiber/ Provider (ON_IN_V_H3)	3,67	3,71	0,15
aktiver E-Mail-Kontakt (ON_IN_V_H4)	1,46	1,38	0,14
E-Mail-Newsletter (ON_IN_V_H5)	1,55	1,43	0,02
Neutrale Artikel/ Tests Internet (ON_IN_V_N1)	2,86	2,44	0,00
Internetsuchmaschinen (ON_IN_V_N2)	3,19	3,08	0,11
Vergleichsseiten im Internet (ON_IN_V_N3)	2,74	2,46	0,00

Tab. A4: ANOVA-Tabelle Informationsquellen vor dem Kauf in Abhängigkeit Geschlecht
Quelle: Eigene Darstellung

	Kenntnisse Internet						Signifikanz
	sehr unerfahren	unerfahren	durch-schnittlich	erfahren	sehr erfahren	insgesamt	
	MW (n=20)	MW (N=44)	MW (n=529)	MW (n=635)	MW (n=374)	MW (n=1602)	
Konsumentenbeurteilungen Communities (ON_IN_V_K1)	1,20	1,66	1,62	2,03	2,48	1,98	0,00
Konsumentendiskussionen im Internet (ON_IN_V_K2)	1,35	1,59	1,59	1,59	2,29	1,87	0,00
Kundenrezessionen Online Shops (ON_IN_V_K3)	1,15	1,61	2,15	2,52	2,66	2,39	0,00
Internetseiten Händler (ON_IN_V_H1)	1,05	1,70	2,10	2,30	2,14	2,16	0,00
Internetseiten Hersteller (ON_IN_V_H2)	1,40	2,20	2,98	3,49	3,59	3,29	0,00
Internetseiten Netzbetreiber/ Provider (ON_IN_V_H3)	1,65	2,57	3,41	3,93	3,89	3,69	0,00
aktiver E-Mail-Kontakt (ON_IN_V_H4)	1,00	1,16	1,40	1,46	1,42	1,42	0,03
E-Mail-Newsletter (ON_IN_V_H5)	1,10	1,25	1,54	1,51	1,46	1,50	0,08
Neutrale Artikel/ Tests Internet (ON_IN_V_N1)	1,15	1,89	2,34	2,78	3,10	2,67	0,00
Internetsuchmaschinen (ON_IN_V_N2)	1,20	2,16	2,82	3,29	0,70	3,14	0,00
Vergleichsseiten im Internet (ON_IN_V_N3)	1,10	1,84	2,32	2,73	2,98	2,61	0,00

Tab. A5: ANOVA-Tabelle Informationsquellen vor dem Kauf in Abhängigkeit Kenntnisse Internet
Quelle: Eigene Darstellung

	Kauferfahrung Internet						Signifikanz
	nie	1-4 mal	5-8 mal	9-12 mal	über 12 mal	insgesamt	
	MW (n=121)	MW (n=335)	MW (n=318)	MW (n=247)	MW (n=581)	MW (n=1602)	
Konsumentenbeurteilungen Communities (ON_IN_V_K1)	1,45	1,73	1,91	2,06	2,23	1,98	0,00
Konsumentendiskussionen im Internet (ON_IN_V_K2)	1,40	1,63	1,79	1,79	2,11	1,87	0,00
Kundenrezessionen Online Shops (ON_IN_V_K3)	1,60	1,99	2,31	2,60	2,75	2,39	0,00
Internetseiten Händler (ON_IN_V_H1)	1,68	2,08	2,08	2,36	2,28	2,16	0,00
Internetseiten Hersteller (ON_IN_V_H2)	2,36	2,96	3,28	3,45	3,59	3,29	0,00
Internetseiten Netzbetreiber/ Provider (ON_IN_V_H3)	2,48	3,47	3,73	3,87	3,96	3,69	0,00
aktiver E-Mail-Kontakt (ON_IN_V_H4)	1,10	1,29	1,42	1,51	1,52	1,42	0,00
E-Mail-Newsletter (ON_IN_V_H5)	1,18	1,39	1,49	1,59	1,59	1,50	0,00
Neutrale Artikel/ Tests Internet (ON_IN_V_N1)	1,71	2,35	2,71	2,80	2,97	2,67	0,00
Internetsuchmaschinen (ON_IN_V_N2)	1,93	2,81	3,18	3,35	1,35	3,14	0,00
Vergleichsseiten im Internet (ON_IN_V_N3)	1,59	2,24	2,61	2,77	2,97	2,61	0,00

Tab. A6: ANOVA-Tabelle Informationsquellen vor dem Kauf in Abhängigkeit Kauferfahrung
Quelle: Eigene Darstellung

Wahl der Einkaufsstätte (Kapitel 5.4.3.2)

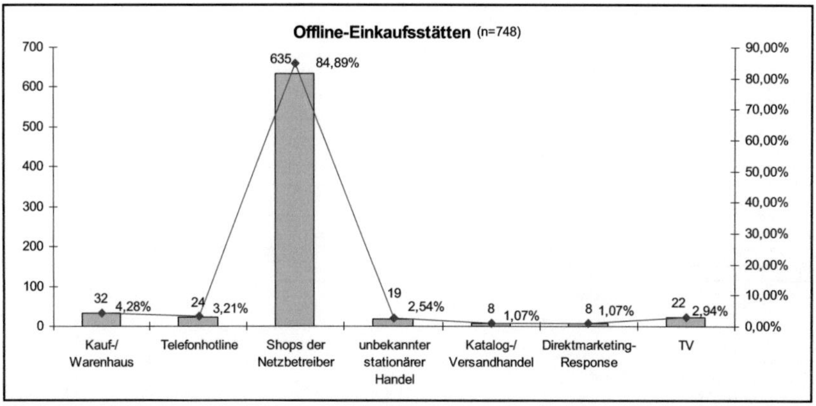

Tab. A7: Offline-Einkaufstätten in der Stichprobe

Quelle: Eigene Darstellung

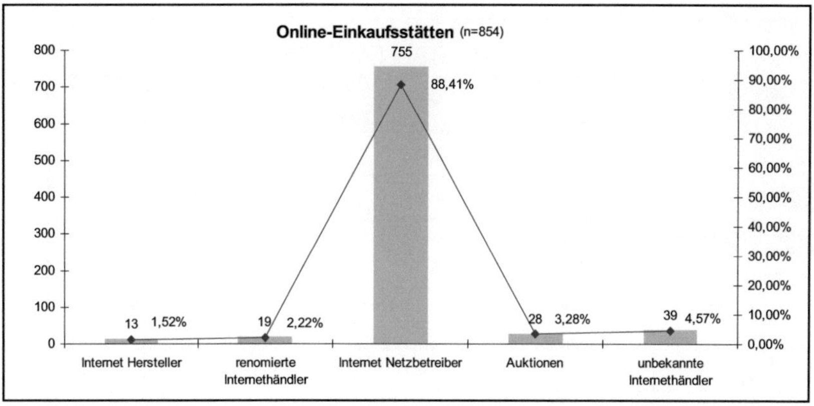

Tab. A8: Online-Einkaufstätten in der Stichprobe

Quelle: Eigene Darstellung

After-Sales-Phase (Kapitel 5.4.3.3)

	Männer	Frauen	Signifikanz
	MW (n=865)	MW (n=735)	
Konsumentenbeurteilungen Communities (ON_IN_N_K1)	2,09	1,84	0,00
Konsumentendiskussionen im Internet (ON_IN_N_K2)	1,99	1,74	0,00
Kundenrezessionen Online Shops (ON_IN_N_K3)	2,48	2,29	0,01
Internetseiten Händler (ON_IN_N_H1)	2,22	2,11	0,09
Internetseiten Hersteller (ON_IN_N_H2)	3,35	3,22	0,08
Internetseiten Netzbetreiber/ Provider (ON_IN_N_H3)	3,67	3,71	0,15
aktiver E-Mail-Kontakt (ON_IN_N_H4)	1,46	1,38	0,14
Neutrale Artikel/ Tests Internet (ON_IN_N_N1)	1,55	1,43	0,02
Internetsuchmaschinen (ON_IN_N_N2)	2,86	2,44	0,00

Tab. A9: ANOVA-Tabelle Informationsquellen nach dem Kauf in Abhängigkeit Geschlecht
Quelle: Eigene Darstellung

	Kenntnisse Internet						Signifikanz
	sehr unerfahren	unerfahren	durch-schnittlich	erfahren	sehr erfahren	insgesamt	
	MW (n=20)	MW (N=44)	MW (n=529)	MW (n=635)	MW (n=374)	MW (n=1602)	
Konsumentenbeurteilungen Communities (ON_IN_N_K1)	1,05	1,18	1,45	1,63	1,94	1,62	0,00
Konsumentendiskussionen im Internet (ON_IN_N_K2)	1,05	1,20	1,36	1,36	1,88	1,55	0,00
Kundenrezessionen Online Shops (ON_IN_N_K3)	1,00	1,20	1,37	1,51	1,63	1,48	0,00
Internetseiten Händler (ON_IN_N_H1)	1,10	1,66	1,53	1,55	1,55	1,54	0,28
Internetseiten Hersteller (ON_IN_N_H2)	1,15	1,86	2,20	2,59	2,85	2,48	0,00
Internetseiten Netzbetreiber/ Provider (ON_IN_N_H3)	1,20	1,82	2,48	2,83	2,93	2,69	0,00
aktiver E-Mail-Kontakt (ON_IN_N_H4)	1,00	1,36	1,42	1,61	1,68	1,55	0,00
Neutrale Artikel/ Tests Internet (ON_IN_N_N1)	1,10	1,59	1,66	1,80	2,06	1,80	0,00
Internetsuchmaschinen (ON_IN_N_N2)	1,10	1,80	1,98	2,18	2,52	2,17	0,00

Tab. A10: ANOVA-Tabelle Informationsquellen nach dem Kauf in Abhängigkeit Kenntnisse
Quelle: Eigene Darstellung

	Kauferfahrung Internet						Signifikanz
	nie	1-4 mal	5-8 mal	9-12 mal	über 12 mal	insgesamt	
	MW (n=121)	MW (n=335)	MW (n=318)	MW (n=247)	MW (n=581)	MW (n=1602)	
Konsumentenbeurteilungen Communities (ON_IN_N_K1)	1,21	1,39	1,62	1,60	1,86	1,62	0,00
Konsumentendiskussionen im Internet (ON_IN_N_K2)	1,21	1,33	1,50	1,50	1,77	1,55	0,00
Kundenrezessionen Online Shops (ON_IN_N_K3)	1,15	1,29	1,41	1,51	1,68	1,48	0,00
Internetseiten Händler (ON_IN_N_H1)	1,48	1,49	1,51	1,66	1,56	1,54	0,24
Internetseiten Hersteller (ON_IN_N_H2)	1,68	2,23	2,45	2,58	2,77	2,48	0,00
Internetseiten Netzbetreiber/ Provider (ON_IN_N_H3)	1,76	2,40	2,69	2,90	2,96	2,69	0,00
aktiver E-Mail-Kontakt (ON_IN_N_H4)	1,21	1,44	1,50	1,57	1,70	1,55	0,00
Neutrale Artikel/ Tests Internet (ON_IN_N_N1)	1,42	1,66	1,71	1,80	2,01	1,80	0,00
Internetsuchmaschinen (ON_IN_N_N2)	1,39	1,90	2,11	2,33	2,45	2,17	0,00

Tab. A11: ANOVA-Tabelle Informationsquellen nach dem Kauf in Abhängigkeit Kauferfahrung
Quelle: Eigene Darstellung

		Männer	Frauen	Signifikanz
		MW (n=865)	MW (n=735)	
positive Artikulation	über Community-Internetseiten (ART_POS_1)	1,68	1,53	0,00
	Teilnahme an Konsumenten-diskussionen (ART_POS_2)	1,56	1,37	0,00
	über Rezensionen in Online-Shops (ART_POS_3)	1,53	1,41	0,00
	aktiver E-Mail-Kontakt (ART_POS_4)	1,35	1,32	0,00
negative Artikulation	über Community-Internetseiten (ART_NEG_1)	1,43	1,37	0,01
	Teilnahme an Konsumenten-diskussionen (ART_NEG_2)	1,36	1,21	0,00
	über Rezensionen in Online-Shops (ART_NEG_3)	1,37	1,28	0,00
	aktiver E-Mail-Kontakt (ART_NEG_4)	1,56	1,58	0,00

Tab. A12: ANOVA-Tabelle Artikulation nach dem Kauf in Abhängigkeit Geschlecht
Quelle: Eigene Darstellung

		Kauferfahrung Internet						Signifikanz
		nie	1-4 mal	5-8 mal	9-12 mal	über 12 mal	insgesamt	
		MW (n=121)	MW (N=335)	MW (n=318)	MW (n=247)	MW (n=581)	MW (n=1602)	
positive Artiku-lation	über Community-Internetseiten (ART_POS_1)	1,32	1,46	1,55	1,63	1,79	1,61	0,00
	Teilnahme an Konsumenten-diskussionen (ART_POS_2)	1,26	1,38	1,37	1,37	1,61	1,48	0,00
	über Rezensionen in Online-Shops (ART_POS_3)	1,12	1,25	1,39	1,51	1,71	1,47	0,00
	aktiver E-Mail-Kontakt (ART_POS_4)	1,13	1,27	1,29	1,47	1,39	1,34	0,00
negative Artiku-lation	über Community-Internetseiten (ART_NEG_1)	1,20	1,33	1,44	1,39	1,47	1,40	0,01
	Teilnahme an Konsumenten-diskussionen (ART_NEG_2)	1,10	1,22	1,29	1,36	1,34	1,29	0,00
	über Rezensionen in Online-Shops (ART_NEG_3)	1,15	1,20	1,30	1,35	1,44	1,33	0,00
	aktiver E-Mail-Kontakt (ART_NEG_4)	1,26	1,42	1,60	1,62	1,67	1,56	0,00

Tab. A13: ANOVA-Tabelle Artikulation nach dem Kauf in Abhängigkeit Kauferfahrung Internet
Quelle: Eigene Darstellung

		Kenntnisse Internet						Signifikanz
		sehr unerfahren	unerfahren	durch-schnittlich	erfahren	sehr erfahren	insgesamt	
		MW (n=20)	MW (N=44)	MW (n=529)	MW (n=635)	MW (n=374)	MW (n=1602)	
positive Artiku-lation	über Community-Internetseiten (ART_POS_1)	1,15	1,30	1,40	1,64	1,93	1,61	0,00
	Teilnahme an Konsumentendiskussionen (ART_POS_2)	1,15	1,18	1,33	1,33	1,76	1,48	0,00
	über Rezensionen in Online-Shops (ART_POS_3)	1,05	1,11	1,32	1,49	1,73	1,47	0,00
	aktiver E-Mail-Kontakt (ART_POS_4)	1,10	1,18	1,29	1,38	1,36	1,34	0,07
negative Artiku-lation	über Community-Internetseiten (ART_NEG_1)	1,15	1,16	1,37	1,38	1,52	1,40	0,01
	Teilnahme an Konsumentendiskussionen (ART_NEG_2)	1,00	1,09	1,26	1,27	1,43	1,29	0,00
	über Rezensionen in Online-Shops (ART_NEG_3)	1,15	1,16	1,26	1,32	1,46	1,33	0,00
	aktiver E-Mail-Kontakt (ART_NEG_4)	1,00	1,39	1,53	1,58	1,64	1,56	0,03

Tab. A14: ANOVA-Tabelle Artikulation nach dem Kauf in Abhängigkeit Kentnisse Internet
Quelle: Eigene Darstellung

Kanalübergreifende Analyse des Nutzungsverhaltens (Kapitel 5.4.4)

		Offline-Käufer (Gruppe 1, n=748)							Online-Käufer (Gruppe 2, n=854)						
		Kenne ich nicht (1)	Gar nicht (2)	Selten (3)	Ab und zu (4)	Häufiger (5)	Oft (6)	Mittelwert	Kenne ich nicht (1)	Gar nicht (2)	Selten (3)	Ab und zu (4)	Häufiger (5)	Oft (6)	Mittelwert
Konsumente-beurteilungen Communities (ON_IN_V_K1)	absolut	134	358	114	97	34	11	**2,43**	100	256	121	194	131	52	**3,18**
	in % der jew. Gruppe	17,91	47,86	15,24	12,97	4,55	1,47	-	11,71	29,98	14,17	22,72	15,34	6,09	-
Konsumentendiskussionen im Internet (ON_IN_V_K2)	absolut	50	453	114	90	31	10	**2,50**	44	346	144	177	99	44	**3,09**
	in % der jew. Gruppe	6,68	60,56	15,24	12,03	4,14	1,34	-	5,15	40,52	16,86	20,73	11,59	5,15	-
Kundenrezessionen Online Shops (ON_IN_V_K3)	absolut	34	336	148	107	97	26	**2,97**	12	213	161	192	181	95	**3,70**
	in % der jew. Gruppe	4,55	44,92	19,79	14,30	12,97	3,48	-	1,41	24,94	18,85	22,48	21,19	11,12	-
Internetseiten Händler (ON_IN_V_H1)	absolut	9	341	156	135	74	33	**3,03**	1	333	187	158	118	57	**3,27**
	in % der jew. Gruppe	1,20	45,59	20,86	18,05	9,89	4,41	-	0,12	38,99	21,90	18,50	13,82	6,67	-
Internetseiten Hersteller (ON_IN_V_H2)	absolut	6	187	105	159	168	123	**3,89**	1	77	79	181	262	254	**4,63**
	in % der jew. Gruppe	0,80	25,00	14,04	21,26	22,46	16,44	-	0,12	9,02	9,25	21,19	30,68	29,74	-
Internetseiten Netzbetreiber/ Provider (ON_IN_V_H3)	absolut	7	145	107	137	188	164	**4,13**	0	19	33	123	292	387	**5,17**
	in % der jew. Gruppe	0,94	19,39	14,30	18,32	25,13	21,93	-	0,00	2,22	3,86	14,40	34,19	45,32	-
aktiver E-Mail-Kontakt (ON_IN_V_H4)	absolut	11	606	72	37	14	8	**2,28**	12	578	123	84	38	13	**2,52**
	in % der jew. Gruppe	1,47	81,02	9,63	4,95	1,87	1,07	-	1,42	68,16	14,50	9,91	4,48	1,53	-
E-Mail-Newsletter (ON_IN_V_H5)	absolut	12	567	93	54	14	8	**2,35**	12	567	127	72	54	22	**2,60**
	in % der jew. Gruppe	1,60	75,80	12,43	7,22	1,87	1,07	-	1,41	66,39	14,87	8,43	6,32	2,58	-
Neutrale Artikel/ Tests Internet (ON_IN_V_N1)	absolut	9	302	147	136	110	44	**3,22**	9	151	120	231	209	134	**4,03**
	in % der jew. Gruppe	1,20	40,37	19,65	18,18	14,71	5,88	-	1,05	17,68	14,05	27,05	24,47	15,69	-
Internetsuchmaschinen (ON_IN_V_N2)	absolut	5	256	124	124	98	141	**3,64**	0	103	85	167	222	277	**4,57**
	in % der jew. Gruppe	0,67	34,22	16,58	16,58	13,10	18,85	-	0,00	12,06	9,95	19,56	26,00	32,44	-
Vergleichsseiten im Internet (ON_IN_V_N3)	absolut	23	348	127	128	77	45	**3,03**	15	142	123	206	220	148	**4,07**
	in % der jew. Gruppe	3,07	46,52	16,98	17,11	10,29	6,02	-	1,76	16,63	14,40	24,12	25,76	17,33	-

Tab. A15: Häufigkeitsverteilung der Antworten zur Nutzungsintensität von Online-Informationsquellen vor dem Kauf

Quelle: Eigene Darstellung

		Offline-Käufer (Gruppe 1, n=748)							Online-Käufer (Gruppe 2, n=854)						
		Kenne ich nicht (1)	Gar nicht (2)	Selten (3)	Ab und zu (4)	Häufiger (5)	Oft (6)	Mittelwert	Kenne ich nicht (1)	Gar nicht (2)	Selten (3)	Ab und zu (4)	Häufiger (5)	Oft (6)	Mittelwert
Diskussionen mit Freunden (OF_IN_V_K1)	absolut	1	37	83	181	265	181	**4,63**	0	61	108	211	285	189	**4,51**
	in % der jew. Gruppe	0,13	4,95	11,10	24,20	35,43	24,06	-	0,00	7,14	12,65	24,71	33,37	22,13	-
stationärer Handel (OF_IN_V_H1)	absolut	2	116	125	184	217	104	**4,08**	2	295	194	222	120	21	**3,26**
	in % der jew. Gruppe	0,27	15,51	16,71	24,60	29,01	13,90	-	0,23	34,54	22,72	26,00	14,05	2,46	-
Telefonhotline (OF_IN_V_H2)	absolut	7	552	105	55	22	7	**2,40**	13	587	128	87	29	10	**2,49**
	in % der jew. Gruppe	0,94	73,80	14,04	7,35	2,94	0,94	-	1,52	68,74	14,99	10,19	3,40	1,17	
Printwerbung (OF_IN_V_H3)	absolut	4	181	201	192	132	38	**3,51**	2	249	258	221	100	24	**3,28**
	in % der jew. Gruppe	0,53	24,20	26,87	25,67	17,65	5,08	-	0,23	29,16	30,21	25,88	11,71	2,81	-
TV-Werbung, Shooping TV-Kanäle (OF_IN_V_H4)	absolut	4	317	190	133	82	22	**3,05**	6	424	222	114	68	20	**2,85**
	in % der jew. Gruppe	0,53	42,38	25,40	17,78	10,96	2,94	-	0,70	49,65	26,00	13,35	7,96	2,34	-
Mobile Verkaufsteams (OF_IN_V_H5)	absolut	8	616	77	33	12	2	**2,24**	17	715	79	29	12	2	**2,19**
	in % der jew. Gruppe	1,07	82,35	10,29	4,41	1,60	0,27	-	1,99	83,72	9,25	3,40	1,41	0,23	-
Verbraucher-organisationen (OF_IN_V_N1)	absolut	4	333	130	130	94	57	**3,20**	1	321	202	152	119	59	**3,29**
	in % der jew. Gruppe	0,53	44,52	17,38	17,38	12,57	7,62	-	0,12	37,59	23,65	17,80	13,93	6,91	-
Publikums- und Fachzeitschriften (OF_IN_V_N2)	absolut	4	325	143	145	95	36	**3,15**	3	274	180	192	141	64	**3,45**
	in % der jew. Gruppe	0,53	43,45	19,12	19,39	12,70	4,81	-	0,35	32,08	21,08	22,48	16,51	7,49	-
Neutrale Berichte im TV (OF_IN_V_N3)	absolut	4	310	186	163	63	22	**3,05**	4	360	236	157	81	16	**3,00**
	in % der jew. Gruppe	0,53	41,44	24,87	21,79	8,42	2,94	-	0,47	42,15	27,63	18,38	9,48	1,87	-

Tab. A16: Häufigkeitsverteilung der Antworten zur Nutzungsintensität von Offline-Informationsquellen vor dem Kauf

Quelle: Eigene Darstellung

		Offline-Käufer (Gruppe 1, n=748)							Online-Käufer (Gruppe 2, n=854)						
		Kenne ich nicht (1)	Gar nicht (2)	Selten (3)	Ab und zu (4)	Häufiger (5)	Oft (6)	Mittelwert	Kenne ich nicht (1)	Gar nicht (2)	Selten (3)	Ab und zu (4)	Häufiger (5)	Oft (6)	Mittelwert
Konsumenten-beurteilungen Communities (ON_IN_N_K1)	absolut	119	483	62	64	20	0	**2,18**	102	369	121	175	68	19	**2,76**
	in % der jew. Gruppe	15,91	64,57	8,29	8,56	2,67	0,00	-	11,94	43,21	14,17	20,49	7,96	2,22	-
Konsumenten-diskussionen im Internet (ON_IN_N_K2)	absolut	45	548	78	58	16	3	**2,28**	28	476	164	115	49	22	**2,70**
	in % der jew. Gruppe	6,02	73,26	10,43	7,75	2,14	0,40	-	3,28	55,74	19,20	13,47	5,74	2,58	-
Kunden-rezessionen Online Shops (ON_IN_N_K3)	absolut	20	580	103	34	8	3	**2,25**	8	552	126	90	59	19	**2,65**
	in % der jew. Gruppe	2,67	77,54	13,77	4,55	1,07	0,40	-	0,94	64,64	14,75	10,54	6,91	2,22	-
Internetseiten Händler (ON_IN_N_H1)	absolut	5	513	91	83	47	9	**2,57**	3	600	125	80	33	13	**2,51**
	in % der jew. Gruppe	0,67	68,58	12,17	11,10	6,28	1,20	-	0,35	70,26	14,64	9,37	3,86	1,52	-
Internetseiten Hersteller (ON_IN_N_H2)	absolut	3	331	119	149	119	27	**3,18**	1	220	146	207	187	93	**3,75**
	in % der jew. Gruppe	0,40	44,25	15,91	19,92	15,91	3,61	-	0,12	25,76	17,10	24,24	21,90	10,89	-
Internetseiten Netzbetreiber/ Provider (ON_IN_N_H3)	absolut	3	296	138	161	103	47	**3,28**	0	154	135	208	228	129	**4,05**
	in % der jew. Gruppe	0,40	39,57	18,45	21,52	13,77	6,28	-	0,00	18,03	15,81	24,36	26,70	15,11	-
aktiver E-Mail-Kontakt (ON_IN_N_H4)	absolut	6	577	93	51	13	8	**2,35**	3	493	182	99	53	20	**2,72**
	in % der jew. Gruppe	0,80	77,14	12,43	6,82	1,74	1,07	-	0,35	58,00	21,41	11,65	6,24	2,35	-
Neutrale Artikel/ Tests Internet (ON_IN_N_N1)	absolut	7	458	135	100	36	12	**2,65**	4	430	177	143	70	30	**2,92**
	in % der jew. Gruppe	0,94	61,23	18,05	13,37	4,81	1,60	-	0,47	50,35	20,73	16,74	8,20	3,51	-
Internetsuch-maschinen (ON_IN_N_N2)	absolut	8	415	124	98	72	31	**2,87**	1	293	174	181	145	60	**3,42**
	in % der jew. Gruppe	1,07	55,48	16,58	13,10	9,63	4,14	-	0,12	34,31	20,37	21,19	16,98	7,03	-

Tab. A17: Häufigkeitsverteilung der Antworten zur Nutzungsintensität von Online-Informationsquellen nach dem Kauf

Quelle: Eigene Darstellung

		Offline-Käufer (Gruppe 1, n=748)							Online-Käufer (Gruppe 2, n=854)						
		Kenne ich nicht (1)	Gar nicht (2)	Selten (3)	Ab und zu (4)	Häufiger (5)	Oft (6)	Mittelwert	Kenne ich nicht (1)	Gar nicht (2)	Selten (3)	Ab und zu (4)	Häufiger (5)	Oft (6)	Mittelwert
Diskussionen mit Freunden (OF_IN_N_H1)	absolut	2	64	110	237	221	113	**4,28**	1	130	170	215	220	118	**4,03**
	in % der jew. Gruppe	0,27	8,56	14,71	31,68	29,55	15,11	-	0,12	15,22	19,91	25,18	25,76	13,82	-
Bedienungsanleitungen (OF_IN_N_H1)	absolut	2	67	121	215	217	126	**4,28**	1	121	161	223	228	120	**4,07**
	in % der jew. Gruppe	0,27	8,96	16,18	28,74	29,01	16,84	-	0,12	14,17	18,85	26,11	26,70	14,05	-
stationärer Handel (OF_IN_N_H2)	absolut	1	235	155	182	133	42	**3,45**	2	572	149	87	36	8	**2,54**
	in % der jew. Gruppe	0,13	31,42	20,72	24,33	17,78	5,61	-	0,23	66,98	17,45	10,19	4,22	0,94	-
Telefonhotline (OF_IN_N_H3)	absolut	5	409	147	108	62	17	**2,82**	3	467	164	113	71	36	**2,87**
	in % der jew. Gruppe	0,67	54,68	19,65	14,44	8,29	2,27	-	0,35	54,68	19,20	13,23	8,31	4,22	-
Verbraucherorganisationen (OF_IN_N_N1)	absolut	7	522	114	60	31	14	**2,50**	1	601	110	78	42	22	**2,56**
	in % der jew. Gruppe	0,94	69,79	15,24	8,02	4,14	1,87	-	0,12	70,37	12,88	9,13	4,92	2,58	-
Publikums- und Fachzeitschriften (OF_IN_N_N2)	absolut	6	483	114	93	38	14	**2,62**	3	537	135	107	54	18	**2,68**
	in % der jew. Gruppe	0,80	64,57	15,24	12,43	5,08	1,87	-	0,35	62,88	15,81	12,53	6,32	2,11	-
Neutrale Berichte im TV (OF_IN_N_N3)	absolut	8	446	166	85	34	9	**2,62**	4	564	163	84	28	11	**2,53**
	in % der jew. Gruppe	1,07	59,63	22,19	11,36	4,55	1,20	-	0,47	66,04	19,09	9,84	3,28	1,29	-

Tab. A18: Häufigkeitsverteilung der Antworten zur Nutzungsintensität von Offline-Informationsquellen nach dem Kauf

Quelle: Eigene Darstellung

Weitergabe von positiven Meinungen und Erfahrungen			Offline-Käufer (Gruppe 1, n=748)							Online-Käufer (Gruppe 2, n=854)						
			Kenne ich nicht (1)	Gar nicht (2)	Selten (3)	Ab und zu (4)	Häufiger (5)	Oft (6)	Mittelwert	Kenne ich nicht (1)	Gar nicht (2)	Selten (3)	Ab und zu (4)	Häufiger (5)	Oft (6)	Mittelwert
Online	über Community-Internetseiten (ART_POS_1)	absolut	114	484	48	65	34	3	**2,24**	86	424	102	152	76	14	**2,71**
		in % der jew. Gruppe	15,24	64,71	6,42	8,69	4,55	0,40	-	10,07	49,65	11,94	17,80	8,90	1,64	-
	Teilnahme an Konsumenten-diskussionen (ART_POS_2)	absolut	44	558	72	61	9	4	**2,26**	17	535	150	93	46	13	**2,60**
		in % der jew. Gruppe	5,88	74,60	9,63	8,16	1,20	0,53	-	1,99	62,65	17,56	10,89	5,39	1,52	-
	über Rezensionen in Online-Shops (ART_POS_3)	absolut	22	591	92	32	10	1	**2,22**	5	542	146	83	54	24	**2,66**
		in % der jew. Gruppe	2,94	79,01	12,30	4,28	1,34	0,13	-	0,59	63,47	17,10	9,72	6,32	2,81	-
	aktiver E-Mail-Kontakt (ART_POS_4)	absolut	10	601	96	29	9	3	**2,24**	0	631	120	61	24	10	**2,42**
		in % der jew. Gruppe	1,34	80,35	12,83	3,88	1,20	0,40	-	0,00	74,59	14,18	7,21	2,84	1,18	-
Offline	Diskussionen mit Freunden (ART_POS_5)	absolut	1	56	88	199	263	141	**4,46**	1	77	92	193	291	200	**4,52**
		in % der jew. Gruppe	0,13	7,49	11,76	26,60	35,16	18,85	-	0,12	9,02	10,77	22,60	34,07	23,42	-
	Verfassen von Briefen (ART_POS_6)	absolut	6	668	52	15	4	3	**2,13**	6	772	44	28	3	1	**2,13**
		in % der jew. Gruppe	0,80	89,30	6,95	2,01	0,53	0,40	-	0,70	90,40	5,15	3,28	0,35	0,12	-
	Telefonhotline (ART_POS_7)	absolut	5	505	107	91	27	13	**2,56**	3	582	150	64	39	16	**2,53**
		in % der jew. Gruppe	0,67	67,51	14,30	12,17	3,61	1,74	-	0,35	68,15	17,56	7,49	4,57	1,87	-

Tab. A19: Häufigkeitsverteilung der Antworten zur Nutzungsintensität des Internets zur positiven Artikulation

Quelle: Eigene Darstellung

Weitergabe von negativen Meinungen und Erfahrungen			Offline-Käufer (Gruppe 1, n=748)							Online-Käufer (Gruppe 2, n=854)						
			Kenne ich nicht (1)	Gar nicht (2)	Selten (3)	Ab und zu (4)	Häufiger (5)	Oft (6)	Mittelwer t	Kenne ich nicht (1)	Gar nicht (2)	Selten (3)	Ab und zu (4)	Häufiger (5)	Oft (6)	Mittelwert
Online	über Community-Internetseiten (ART_NEG_1)	absolut	111	507	52	45	27	6	**2,18**	72	560	94	90	30	8	**2,38**
		in % der jew. Gruppe	14,84	67,78	6,95	6,02	3,61	0,80	-	8,43	65,57	11,01	10,54	3,51	0,94	-
	Teilnahme an Konsumenten-diskussionen (ART_NEG_2)	absolut	46	592	58	39	11	2	**2,18**	17	643	125	49	13	7	**2,32**
		in % der jew. Gruppe	6,15	79,14	7,75	5,21	1,47	0,27	-	1,99	75,29	14,64	5,74	1,52	0,82	-
	über Rezensionen in Online-Shops (ART_NEG_3)	absolut	19	615	55	46	12	1	**2,22**	5	638	129	54	15	13	**2,39**
		in % der jew. Gruppe	2,54	82,22	7,35	6,15	1,60	0,13	-	0,59	74,71	15,11	6,32	1,76	1,52	-
	aktiver E-Mail-Kontakt (ART_NEG_4)	absolut	8	542	108	50	27	13	**2,45**	0	533	151	89	59	16	**2,67**
		in % der jew. Gruppe	1,07	72,46	14,44	6,68	3,61	1,74	-	0,00	62,85	17,81	10,50	6,96	1,89	-
Offline	Diskussionen mit Freunden (ART_NEG_5)	absolut	2	124	122	191	202	107	**4,05**	2	180	130	177	218	147	**4,02**
		in % der jew. Gruppe	0,27	16,58	16,31	25,53	27,01	14,30	-	0,23	21,08	15,22	20,73	25,53	17,21	-
	Verfassen von Briefen (ART_NEG_6)	absolut	7	639	54	29	13	6	**2,22**	8	703	83	38	18	4	**2,26**
		in % der jew. Gruppe	0,94	85,43	7,22	3,88	1,74	0,80	-	0,94	82,32	9,72	4,45	2,11	0,47	-
	Telefonhotline (ART_NEG_7)	absolut	6	401	122	107	78	34	**2,94**	6	493	125	117	80	33	**2,85**
		in % der jew. Gruppe	0,80	53,61	16,31	14,30	10,43	4,55	-	0,70	57,73	14,64	13,70	9,37	3,86	-

Tab. A20: Häufigkeitsverteilung der Antworten zur Nutzungsintensität des Internets zur negativen Artikulation

Quelle: Eigene Darstellung

Überprüfung der Diskriminanzvalidität im Messmodell (Kapitel 5.5.3)

	CONV	INNO	LOYAL	INV-INT	INV-WICH	ZUF	WR-INHÄ	PW	WR-ZEIT
Convenience-Orientierung (CONV)	1								
Innovativität (INNO)	0,20	1							
Internet-Loyalität (LOYAL)	0,08	0,11	1						
Involvement - Faktor: Interesse (INV-INT)	-0,04	0,12	0,04	1					
Involvement - Faktor: Wichtigkeit (INV-WICH)	0,03	0,19	0,15	0,45	1				
Kaufzufriedenheit (ZUF)	0,08	0,11	0,76	0,07	0,05	1			
Kauf-inhärentes Internetrisiko (WR-INHÄ)	-0,01	-0,16	-0,24	-0,07	-0,17	-0,10	1		
Subjektives Produktwissen (PW)	0,21	0,27	0,13	0,33	0,31	0,11	-0,12	1	
Zeit- und Bequemlichkeitsrisiko (WR-ZEIT)	0,04	-0,06	-0,22	-0,01	-0,04	-0,11	0,47	0,01	1

Tab. A21: Korrelationsmatrix des Messmodells (Online-Sample)
Quelle: Eigene Darstellung

	CONV	INNO	LOYAL	INV-INT	INV-WICH	ZUF	WR-INHÄ	PW	WR-ZEIT
Convenience-Orientierung (CONV)	1								
Innovativität (INNO)	0,26	1							
Internet-Loyalität (LOYAL)	0,27	0,39	1						
Involvement - Faktor: Interesse (INV-INT)	0,06	0,20	0,20	1					
Involvement - Faktor: Wichtigkeit (INV-WICH)	0,02	0,20	0,10	0,50	1				
Kaufzufriedenheit (ZUF)	-0,04	-0,09	-0,24	0,04	0,02	1			
Kauf-inhärentes Internetrisiko (WR-INHÄ)	-0,19	-0,25	-0,50	-0,06	-0,07	0,08	1		
Subjektives Produktwissen (PW)	0,13	0,25	0,16	0,40	0,32	0,06	-0,11	1	
Zeit- und Bequemlichkeitsrisiko (WR-ZEIT)	-0,05	-0,16	-0,33	0,05	0,01	0,04	0,44	0,06	1

Tab. A22: Korrelationsmatrix des Messmodells (Offline-Sample)
Quelle: Eigene Darstellung

Ergänzende Tabellen zur Diskriminanzanalyse (Kapitel 5.7)

	Mittelwertvergleich der Stichproben						Gleichheitstest der Gruppenmittelwerte		
	Offline-Käufer (n=573)		Online-Käufer (n=648)		Gesamt-Sample (n=1221)				
	Mittelwert	Standardabweichung	Mittelwert	Standardabweichung	Mittelwert	Standardabweichung	Wilks' Lambda	F	Signifikanz
ON_IN_V_K1	2,76	1,029	3,58	1,299	3,19	1,248	0,894	144,860	0,000
ON_IN_V_K2	2,65	0,993	3,25	1,245	2,97	1,173	0,934	86,198	0,000
ON_IN_V_K3	3,09	1,227	3,81	1,329	3,47	1,332	0,926	97,498	0,000
ON_IN_V_H1	3,11	1,199	3,33	1,289	3,23	1,251	0,993	9,057	0,003
ON_IN_V_H2	4,00	1,393	4,71	1,188	4,38	1,336	0,929	93,162	0,000
ON_IN_V_H3	4,25	1,383	5,17	0,946	4,74	1,257	0,867	187,104	0,000
ON_IN_V_H4	2,31	0,744	2,56	0,978	2,45	0,885	0,979	25,586	0,000
ON_IN_V_H5	2,40	0,797	2,61	1,058	2,51	0,950	0,987	15,986	0,000
ON_IN_V_N1	3,31	1,290	4,09	1,300	3,72	1,352	0,917	110,463	0,000
ON_IN_V_N2	3,74	1,515	4,67	1,285	4,24	1,472	0,901	133,959	0,000
ON_IN_V_N3	3,16	1,279	4,19	1,300	3,70	1,388	0,863	193,778	0,000
OF_IN_V_K1	4,66	1,095	4,54	1,130	4,60	1,115	0,997	3,437	0,064
OF_IN_V_H1	4,07	1,285	3,30	1,147	3,66	1,272	0,910	121,042	0,000
OF_IN_V_H2	2,43	0,837	2,54	0,923	2,49	0,885	0,996	4,599	0,032
OF_IN_V_H3	3,56	1,181	3,28	1,087	3,41	1,140	0,985	18,706	0,000
OF_IN_V_H4	3,03	1,148	2,83	1,037	2,93	1,094	0,992	10,239	0,001
OF_IN_V_H5	2,25	0,628	2,21	0,592	2,23	0,610	0,999	1,512	0,219
OF_IN_V_N1	3,22	1,336	3,31	1,271	3,27	1,302	0,999	1,449	0,229
OF_IN_V_N2	3,21	1,231	3,47	1,278	3,35	1,263	0,990	12,816	0,000
OF_IN_V_N3	3,05	1,111	2,98	1,056	3,01	1,082	0,999	1,126	0,289

Tab. A23: Mittelwertvergleich und Gleichheitstest „Informationsphase vor dem Kauf"
Quelle: Eigene Darstellung

	Mittelwertvergleich der Stichproben						Gleichheitstest der Gruppenmittelwerte		
	Offline-Käufer (n=573)		Online-Käufer (n=648)		Gesamt-Sample (n=1221)				
	Mittelwert	Standardabweichung	Mittelwert	Standardabweichung	Mittelwert	Standardabweichung	Wilks' Lambda	F	Signifikanz
ON_IN_N_K1	2,43	0,824	3,06	1,159	2,77	1,063	0,913	115,878	0,000
ON_IN_N_K2	2,42	0,808	2,81	1,071	2,63	0,977	0,959	52,146	0,000
ON_IN_N_K3	2,34	0,697	2,72	1,086	2,54	0,943	0,959	52,547	0,000
ON_IN_N_H1	2,70	1,060	2,54	0,941	2,61	1,001	0,994	7,438	0,006
ON_IN_N_H2	3,32	1,265	3,81	1,332	3,58	1,324	0,965	44,428	0,000
ON_IN_N_H3	3,36	1,285	4,12	1,302	3,76	1,347	0,922	103,797	0,000
ON_IN_N_H4	2,40	0,802	2,76	1,044	2,59	0,954	0,965	43,878	0,000
ON_IN_N_N1	2,72	1,021	3,00	1,154	2,86	1,102	0,984	19,674	0,000
ON_IN_N_N2	2,98	1,239	3,44	1,293	3,22	1,288	0,968	39,651	0,000
OF_IN_N_K1	4,36	1,129	4,07	1,261	4,20	1,209	0,986	17,130	0,000
OF_IN_N_H1	4,28	1,189	4,14	1,244	4,21	1,220	0,996	4,331	0,038
OF_IN_N_H2	3,46	1,253	2,55	0,909	2,98	1,176	0,849	216,314	0,000
OF_IN_N_H3	2,87	1,112	2,93	1,212	2,90	1,166	0,999	0,722	0,396
OF_IN_N_N1	2,55	0,979	2,58	1,023	2,57	1,002	1,000	0,278	0,598
OF_IN_N_N2	2,70	1,050	2,74	1,082	2,72	1,067	1,000	0,382	0,537
OF_IN_N_N3	2,65	0,940	2,55	0,900	2,60	0,920	0,997	3,973	0,046

Tab. A24: Mittelwertvergleich und Gleichheitstest „Informationsphase nach dem Kauf"
Quelle: Eigene Darstellung

	Mittelwertvergleich der Stichproben						Gleichheitstest der Gruppenmittelwerte		
	Offline-Käufer (n=573)		Online-Käufer (n=648)		Gesamt-Sample (n=1221)				
	Mittel-wert	Standard-abweichung	Mittel-wert	Standard-abweichung	Mittelwert	Standard-abweichung	Wilks' Lambda	F	Signifikanz
ART_POS_1	2,50	0,942	2,95	1,160	2,74	1,086	0,957	54,321	0,000
ART_POS_2	2,38	0,770	2,66	0,991	2,53	0,905	0,977	28,418	0,000
ART_POS_3	2,32	0,672	2,74	1,101	2,54	0,948	0,950	64,145	0,000
ART_POS_4	2,29	0,634	2,45	0,860	2,37	0,766	0,989	13,294	0,000
ART_POS_5	4,50	1,115	4,63	1,167	4,57	1,144	0,997	4,277	0,039
ART_POS_6	2,16	0,519	2,15	0,480	2,15	0,498	1,000	0,134	0,714
ART_POS_7	2,59	0,954	2,57	0,957	2,58	0,955	1,000	0,187	0,665
ART_NEG_1	2,43	0,899	2,52	0,920	2,48	0,911	0,997	3,140	0,077
ART_NEG_2	2,29	0,698	2,38	0,731	2,34	0,717	0,997	3,972	0,046
ART_NEG_3	2,30	0,697	2,43	0,831	2,37	0,774	0,993	8,928	0,003
ART_NEG_4	2,48	0,890	2,68	1,016	2,59	0,963	0,990	12,455	0,000
ART_NEG_5	4,13	1,256	4,08	1,371	4,10	1,318	1,000	0,385	0,535
ART_NEG_6	2,24	0,682	2,27	0,675	2,26	0,678	1,000	0,339	0,560
ART_NEG_7	3,00	1,217	2,93	1,220	2,96	1,219	0,999	1,130	0,288

Tab. A25: Mittelwertvergleich und Gleichheitstest „Artikulationsverhalten nach dem Kauf"
Quelle: Eigene Darstellung

Anhang B – Aufbereitung des aktuellen Forschungsstandes

Autor(en)	Untersuchungs-gegenstand	Erhebungs-methodik	Stichproben-generierung	Sample-größe	endogene Variable / Zielkonstrukt	Ergebnisse
Ahlert et al. (2007)	Bücher und Medikamente	online und offline	Selbstselektion (Internetnutzer)	249	Kaufabsicht im Internet	Vertrauen Internet (n.s.), Vertrauen Internethändler (+), wahrgenommenes Risiko gegenüber dem Internet als Einkaufsstätte (moderierende Variable) (n.s.)
Anderson & Srinivasan (2003)	-	online	E-Commerce-Kunden	1211	e-loyalty to a web vendor	e-satisfaction with purchasing from a website (+) (moderating variables: trust (+), perceived value (+), inertia (+), purchase size (+), convenience motivation (n.s.))
Balabanis et al. (2004)	-	-	Studenten	192	e-store loyalty	E-store satisfaction (+), perceived switching barriers (+)
Bauer & Hammerschmidt (2004)	Portal Sites	online	Nutzer von Internet-Portalen	492	Online-Kundenbindung	Kundenzufriedenheit mit dem Leistungsangebot des Portals (+)
Bauer et al. (2002)	Versicherungen	online	Studenten und Angestellte	145	Wahrscheinlichkeit eines zukünftigen Online-Versicherungs-abschlusses	Alter (n.s.), Einkommen (+), Geschlecht (n.s.), Computer- und Interneterfahrung (+), Konditionen / Internetkauferfahrung (+), wahrgenommenes Risiko (finanzielles Risiko (n.s.), Transaktionsrisiko (-), persönliches Sicherheitsrisiko (-)), Convenience-Orientierung (+), Qualität der Informationen (+), Wechselbarrieren (-), persönliche Beziehung (n.s.), Beratungsqualität (n.s.)
Bauer, Sauer, Becker (2004)	-	offline	Studenten	241	bisheriger Onlinekauf (Ex post)	wahrgenommenes Risiko (-), Online Kauferfahrung (n.s.), Internet-Affinität (n.s.), Spezifisches Selbstvertrauen (+)
Bauer, Sauer, Becker (2004)	-	offline	Studenten	241	zukünftige Online-Kaufwahrscheinlichkeit (ex ante)	wahrgenommenes Risiko (-), Online Kauferfahrung (-), Internet-Affinität (n.s.), Spezifisches Selbstvertrauen (+)
Bauer, Neumann, Hölzing, Huber, (2003) / Bauer, Neumann, Haber, Huber (2004)	-	online	-	985	Kaufabsicht im Online-Shop	Einstellung gegenüber dem Produkt (+), Vertrauen in den Shop (+)
Betz (2003)	Automobil	offline	Kunden eines Automobilherstellers	-	Online-Informationsakzeptanz	Relativer Preisvorteil (+), Relativer Leistungsvorteil (+), Relativer Bequemlichkeitsvorteil (n.s.), Relativer Verhandlungsvorteil (n.s.), Flow-Erlebnis (Vergnügen) (+), Soziale Wechselbarrieren (-), Technische Wechselbarrieren (n.s.), Funktionale Nutzungsbarrieren (-), Emotionale Nutzungsbarrieren (n.s.), Rechtliche Nutzungsbarrieren (n.s.)
Betz (2003)	Automobil	offline	Kunden eines Automobilherstellers	-	Online-Transaktionsakzeptanz	Relativer Preisvorteil (+), Relativer Leistungsvorteil (n.s.), Relativer Bequemlichkeitsvorteil (n.s.), Relativer Verhandlungsvorteil (+), Flow-Erlebnis (Vergnügen) (+), Soziale Wechselbarrieren (-), Technische Wechselbarrieren (-), Funktionale Nutzungsbarrieren (-), Emotionale Nutzungsbarrieren (-), Rechtliche Nutzungsbarrieren (n.s.)
Betz (2003)	Automobil	offline	Kunden eines Automobilherstellers	-	Online-After-Sales-Akzeptanz	Relativer Preisvorteil (+), Relativer Leistungsvorteil (n.s.), Relativer Bequemlichkeitsvorteil (+), Relativer Verhandlungsvorteil (+), Flow-Erlebnis (Vergnügen) (+), Soziale Wechselbarrieren (-), Technische Wechselbarrieren (n.s.), Funktionale Nutzungsbarrieren (-), Emotionale Nutzungsbarrieren (-), Rechtliche Nutzungsbarrieren (n.s.)

Autor(en)	Untersuchungs-gegenstand	Erhebungs-methodik	Stichproben-generierung	Sample-größe	endogene Variable / Zielkonstrukt	Ergebnisse
Black et al. (2002)	financial services	Interviews	-	-	Diskriminanzanalyse (Nichtnutzer und Nutzer von E-Financial Services)	Nutzer: Product category involvement (+), innate innovativeness (n.s.)
Blake et al. (2003)	11 different product classes	offline	Selbstseleketion (Internetnutzer)	208	e-shopping frequency and the variety of product classes one purchases	internet shopping innovativeness (+), extensiveness of internet usage (+), social network (+)
Blake et al. (2003)	11 different product classes	offline	Selbstseleketion (Internetnutzer)	208	variety of product classes one visits on the internet	internet shopping innovativeness (+), extensiveness of internet usage (+), social network (+)
Blake et al. (2007)	11 different product classes	offline	Selbstseleketion	625	online shopping frequency (for information or make a purchase)	domain specific innovativeness (+)
Bosnjak et al. (2007)	-	online	Internetnutzer	808	intention to shop online	affective Involvement (+), cognitive Involvement (n.s.), Need for Cognition (-), Agreeableness (-), Openness (+), Neuroticism (-)
Boyer & Hult (2005)	grocery products	online	Zufallstichprobe aus Kundendatenbank	1089	future purchases and usage of the online ordering channel	perceived service quality (n.s.), perceived product quality (+), perceived site easy of use (+), perceived product freshness (+), perceived time savings (+), number of prior orders on the specific website (+)
Boyle & Ruppel (2004)	digital cameras	offline	Studenten	110	online purchasing intention	computer self-efficacy (-), personal innovativeness (+), perceived internet risk (-)
Broekhuizen (2006) (study 1)	books	online und offline	Offline: Kunden Offline-Kanal Online: Kunden Internet-Kanal	412 offline 239 online	online purchase intention	service quality (+), merchandise quality (+), perceived risk to the internet as a distribution channel (-), time/effort costs (-), perceived value (n.s.), enjoyment (+)
Broekhuizen (2006) (study 2)	books	online	Zufallsstichprobe von Kunden eines Online-Retailers	434	online purchase intention	service quality (+), merchandise quality (+), perceived risk to the internet as a distribution channel (n.s.), time/effort costs (-), perceived value (n.s.), enjoyment (+)
Brown et al. (2001)	different products and services	online	Consumer Panel	437	intention to purchase via the internet	shopping orientation (n.s.), product type (+), prior purchases via the internet (+), gender (+)
Cai et al. (2004)	tourism	offline	Zufallsstichprobe	2022	use the internet for information search	Purchase Decision Involvement (+)
Carlos & Guinaliu 2006)	different products	online	Selbstselektion	354	E-Loyalty	trust in a web site (+), consumer's perception of security with regard to the handling of the personal data (+)
Chen & Dubinsky (2003)	-	offline	Studenten	110	online purchase intention	perceived customer value (+) (indirect: perceived risk, e-tailor reputation, easy of use of the website, relevant information, customer service, valence of experience, perceived product quality, product price, perceived customer value)
Chen & He (2003)	-	online	Mitglieder eines E-Mail-Newsletters	426	amount of online information search	perceived risk (+) (indirect: brand knowledge)

Autor(en)	Untersuchungs-gegenstand	Erhebungs-methodik	Stichproben-generierung	Sample-größe	endogene Variable / Zielkonstrukt	Ergebnisse
Chen & Tan (2004)	-	online	Mitglieder eines E-Mail-Newsletters	235	attitude towards using of virtual store	perceived trust (+), compatibility (+), perceived easy of use (+), perceived usefulness (+), perceived service quality (+)
Chen et al. (2005)	clothes	offline	Studenten	100	online purchase intention	product evaluation (+), trust (+)
Chiang & Dholakia (2003)	-	offline	Zugreisende	160	intention to shop online	convenience (+), product type (+), price (n.s.)
Childers et al. (2001)	online grocery products	online	Internetkäufer	266	attitude towards using interactive forms of shopping	usefulness of the new interactive media (+), easy of use of the new interactive media (+), enjoyment of the new interactive media (+)
Cho et al. (2002)	-	offline	Studenten	128	propensity to complain online	degree of dissatisfaction (product, information content, purchase overall) (+), importance of purchase (n.s.), perceived benefits of complaining (-), personal competence (+), response time (+)
Cho et al. (2002)	-	offline	Studenten	128	repeat purchase intention online	propensity to complain online (+)
Choi & Geistfeld (2004)	-	offline	Studenten	386 und 369	intention to online purchasing	perceived risk (-), perceived self-efficacy (+), normative belief (+)
Citrin et al. (2000)	-	offline	Studenten	403	adoption of internet for shopping	open-processing innovativeness (n.s.), domain-specific innovativeness (+), internet usage (+)
Conner (2002)	internet pharmacy	online	Internetnutzer mit Kauferfahrung in Internetapotheke	263	attitude towards Internet pharmacy	perceived relative advantage of internet pharmacy (+), simplicity of internet pharmacy (+), compatibility of internet pharmacy (+), risk of Internet pharmacy (-)
Dai & Cude (2004)	-	offline	Zufallsstichprobe	3583	participating in online shopping	internet experience (+), Internet connectedness (+), Internet access location (n.s.)
Devaraj et al. (2002)	"consumer items like CDs"	online	Studenten / Mitglieder einer virtuellen Community	134	channel preference for Electronic Commerce	Electronic Commerce satisfaction (+) (indirect: easy of use of EC-Channel (+), usefulness of EC-Channel (+), time (+), price savings (+), empathy (+), assurance (+))
Dholakia & Uusitalo (2002)	-	offline	Zufallsstichprobe US-Haushalte	1600	computer shopping	previous experience with home shopping (catalogue, TV, computer) (+), satisfaction with in-store shopping (n.s.), computer ownership (n.s.)
Donthu & Garcia (1999)	-	offline	Zufallsstichprobe	790	e-shopping adoption	risk aversion (-), innovativeness (+), brand consciousness (n.s.), price consciousness (n.s.), importance of convenience (+), variety seeking propensity (+), impulsiveness (+), attitude towards advertising (+), attitude towards shopping (n.s.), attitude towards direct marketing (+)
Eastin (2002)	shopping, banking, investing, online services	online	Mitglieder Online-Communities	274	adoption of internet for shopping, banking, investing, online services	prior use of telephone for the same activity (+), perceived level of risk in e-commerce activities (-), internet self efficacy (+), amount of internet use (+), perceived convenience (+), perceived financial benefits (+)
Einwiller (2003)	-	online	Mitglieder des Wiso-Online-Panels	473	vertrauensvolle Kaufabsicht	Anbietervertrauen (+), Selbstvertrauen (+)

Autor(en)	Untersuchungs-gegenstand	Erhebungs-methodik	Stichproben-generierung	Sample-größe	endogene Variable / Zielkonstrukt	Ergebnisse
Forsythe & Shi (2003)	-	online	Internetnutzer	641	frequency of purchasing online	perceived risk to the internet as a distribution channel (-)
Forsythe & Shi (2003)	-	online	Internetnutzer	641	frequency of searching with intention to buy	perceived risk to the internet as a distribution channel (-)
Forsythe et al. (2003)	apparel	online	Internetnutzer	598	frequency of online purchasing	shopping convenience of the internet (+), product selection (+), easy of shopping (+), hedonic/enjoyment (+), perceived risk to the internet (financial risk (-), product risk (-), time/convenience risk (-))
Forsythe et al. (2003)	apparel	online	Internetnutzer	598	frequency of online visiting	shopping convenience of the internet (+), product selection (+), easy of shopping (+), hedonic/enjoyment (+), perceived risk to the internet (financial risk (n.s.), product risk (n.s.), time/convenience risk (-))
Forsythe et al. (2006)	-	online	Internetnutzer	598	online shopping behaviour (visitor or purchaser)	perceived risk (financial, product, time) (- purchaser), shopping convenience of the internet (+ purchaser), product selection (+ purchaser), easy of shopping (+ purchaser), enjoyment (+ purchaser)
Frambach et al. (2007)	mortgage	Interviews	Konsumenten in Shopping Malls	303	intention to use the internet for buying	accessibility of the online channel (n.s.), easy of use of the online channel (n.s.), usefulness of the online channel (+), social presence of the online channel (n.s.), positive psy/soc feeling by the online channel (n.s.), negative psy/soc feeling by the online channel (n.s.), channel experience (+)
Frambach et al. (2007)	mortgage	Interviews	Konsumenten in Shopping Malls	303	intention to use the internet for information search	accessibility of the online channel (+), easy of use of the online channel (n.s.), usefulness of the online channel (n.s.), social presence of the online channel (n.s.), positive psy/soc feeling by the online channel (n.s.), negative psy/soc feeling by the online channel (n.s.), channel experience (+)
Frambach et al. (2007)	mortgage	Interviews	Konsumenten in Shopping Malls	303	intention to use the internet for repurchase	accessibility of the online channel (n.s.), easy of use of the online channel (n.s.), usefulness of the online channel (n.s.), social presence of the online channel (n.s.), positive psy/soc feeling by the online channel (n.s.), negative psy/soc feeling by the online channel (n.s.), channel experience (+)
Gan et al. (2006)	e-banking	offline	Zufallsstichprobe	529	electronic banking purchase and consumption	service quality dimensions of E-Banking (reliability, assurance, responsiveness) (+), perceived risk to internet banking (-), service product characteristics (n.s.), user input factors (control, enjoyment) (+)
Gefen & Straub (2004)	amazon.com und travelocity.com	offline	Studenten	226	online purchase intention	integrity (+), benevolence (n.s.), ability (n.s.), predictability (+), familiarity with website (+)
Gefen (2000)	amazon.com	offline	Studenten	217	intention to inquire about products on a vendor's website	trust (+), familiarity (+)
Gefen (2000)	amazon.com	offline	Studenten	217	intention to purchase products on a vendor's website	trust (+), familiarity (+)

Autor(en)	Untersuchungs-gegenstand	Erhebungs-methodik	Stichproben-generierung	Sample-größe	endogene Variable / Zielkonstrukt	Ergebnisse
George (2002)	-	online	Internetnutzer	1194	internet purchasing behaviour	internet experience (+), property beliefs ((indirect) -), trustworthiness of the internet (indirect) +), attitude toward internet purchasing (+)
Goldsmith & Goldsmith (2002)	apparel	offline	Studenten	566	buying apparel over the internet (past and future)	internet innovativeness (+), internet knowledge (+)
Goldsmith (2002)	-	offline	Studenten	117	frequency of online buying and future likelihood of buying online	internet innovativeness (+), global innovativeness (n.s.), internet involvement (+)
Grazioli & Jarvenpaa (2000)	computer	offline	Studenten	80	actual purchase and willingness to buy	trust ((indirect) +), risk ((indirect) -), attitude towards the store (+)
Gupta et al. (2004)	books, flight tickets, wine, and stereo systems	online	Internetnutzer	337	purchase intention	channel risk perceptions (-), price search intentions (+), search effort (n.s.), evaluation effort (-), delivery time (-)
Gwee & Hui (2003)	search engines and e-mail provider	offline	Studenten	328	e-loyalty to an online service provider	satisfaction (+)
Hansen (2005)	grocery products	online	Consumer Panel	1058	future online grocery buying intention	perceived relative advantage (n.s.), perceived information accessibility (+), perceived order accessibility (n.s.), perceived internet grocery risk (-)
Hansen (2006)	grocery products	online	Internetnutzer	2270	repeat online grocery buying intention	perceived internet grocery risk (n.s.), post purchase attributive satisfaction (n.s.), attitude towards online grocery buying (+), perceived complexity (-)
Harn et al. (2006)	-	online	Internetnutzer	360	future online purchase frequency	trust in online retailers (+), non-store shopping activities of consumer (+)
Harris & Goode (2004)	books.com, flights.com	online	Internetkäufer (Tourismus)	1750	e-loyalty to a vendor (conative, affective, action, cognitive)	trust (+), consumer satisfaction with purchasing from an internet vendor (+), perceived value (+)
Hernandez & Mazzon (2007)	internet banking services	-	Nutzer von Online-Banking	600	intention to use / continue to use internet banking	relative advantage of control (+), compatibility with lifestyle (+), image (+.), subjective norm (+), self-efficacy (+), relative advantage of security and privacy (+), results demonstrability (+), triability (-)
Jepsen (2007)	-	online	Internetnutzer	233	use the internet for information search	perceived (low) search cost (+), amount of use of the internet (+), interest in product (+), shopping enjoyment (n.s.), contact with sales stuff (n.s.)
Jih et al. (2005)	internet banking services	online	-	538	willingness of adoption of internet banking services	familiarity with internet (+), online banking involvement (+), perceptions of risk reduction measures (+), perceived risk of online banking (-)
Kaufmann-Scarborough & Lindquist (2002)	-	online	-	257	frequency of online shopping	perceived convenience of the internet (+), frequency of using other forms of non-store shopping (+)
Kim & Kim (2004)	clothing, jewellery, accessories	offline	Internetnutzer	303	online purchase intention	transaction costs (+), incentive programs (+), site design (n.s.), interactivity (n.s.)
Kim & Kim (2005)	-	online	Internetnutzer	900	attitude towards purchasing from the focal online retailer	consumer lock in (+), escapism (+)

Autor(en)	Untersuchungs-gegenstand	Erhebungs-methodik	Stichproben-generierung	Sample-größe	endogene Variable / Zielkonstrukt	Ergebnisse
Kim & LaRose (2004)	-	offline	Studenten	174	online buying activity	convenience shopping orientation (+), deficient self-regulation (+), usage of convenience shopping features (n.s.)
Kim et al. (2007)	apparel	Online-Experiment	Studenten	206	patronage intention towards an online store	online shopping involvement (+), online shopping enjoyment (n.s.), desire to stay at an online store (+), level of Image Interactivity Technology (+)
Klein & Ford (2003)	automobiles	online	Selbstselektion Autokäufer	339	use the internet for information search	subjective and objective product expertise and experience (n.s.), internet experience (+)
Koufaris (2002)	Kozmo.com	online	Nutzer kozmo.com	332	intention to return to a website	perceived control (+), shopping enjoyment (n.s.), product involvement (+)
Kuan et al. (2003)	tourism	-	Studenten	102	intention of planned purchase via the internet	user satisfaction with an internet vendor (+) (indirect: perceived website usefulness (+), perceived interface quality (+), perceived information quality (+), perceived service quality (+))
Kwak et al. (2002)	9 different product classes	online	Internetnutzer	307	internet purchasing behaviour	internet involvement (+), attitude towards internet advertising (n.s.), internet experience (n.s.), product opinion leadership (+), risk taking propensity (n.s.)
Lassar (2005)	online banking	online	Studenten	349	online banking adoption	innate (personal) innovativeness (+), opinion leadership (+), opinion seeking behaviour (n.s.), web experience (n.s.), intensity of internet use (+), comfort with internet technology (n.s.), type of internet/web use (utilitarian (+) / hedonic (-))
Lee & Tan (2003)	printer, clocks, video tapes	-	Studenten	179	online shopping	brand reputation (+), product risks (n.s.), risk taking tendency (+)
Lee (2006)	digital cameras, laptop computers, and plasma TVs.	online	Internetkäufer	949	extent of external information search on the internet	involvement with online purchases (+), accessibility of favoured product brands (-), product experience (+ und -), perceived risk of online purchases (+ und -), need for closure (+ und -)
Leelayouthayotin (2004)	health foods	online	Internetnutzer	786	online health food purchase intention	perceived risk of online purchases (n.s.), product and company attributes (-), perceived usefulness (+), perceived easy of use (-), customer experience (n.s.)
Letho et al. (2006)	vacations	Telefonische Befragung	Zufallsstichprobe aus Telefonbuch	2470	degree of online information search	prior destination experience (-), online information involvement (+)
Li et al. (1999)	-	online	Nutzer aus Online-Panel	999	consumer's online buying behaviour	convenience orientation (+), channel knowledge (+), experiential orientation (-), accessibility (+)
Liang et al. (2005)	prescription service	online	Studenten	145	intention to adopt online prescription filling	trust (+), uncertainty (-)
Lim & Ferguson (2003)	books, CDs, groceries, and notebooks	online	Internetnutzer	298	intention to use the internet for purchasing	perceived risk towards internet shopping (-), perceived usefulness (+), self-efficacy (indirect) (+), perceived ease of use (-)
Limayem et al. (2000)	-	online	Internetnutzer	1410	internet shopping intention	attitude (+), personal innovativeness (+), subjective norms (+), behavioural control (+), perceived consequences (+)

Autor(en)	Untersuchungs-gegenstand	Erhebungs-methodik	Stichproben-generierung	Sample-größe	endogene Variable / Zielkonstrukt	Ergebnisse
Lingenfelder & Schulze (2007)	Pauschalreisen und Flüge	online	Kunden eines Reisebüros	133	Diskriminanzanalyse zwischen Internet- und Reisebüro-Kunden	**Internetkunden:** Markenorientierung (n.s.), Convenienceorientierung (n.s.), Preisorientierung (n.s.), Erlebnisorientierung (n.s.), Bedienungsorientierung (-), Einkaufsflexibilität (n.s.), Zufriedenheit mit dem stationären Reisebüro (-), wahrgenommenes Risiko einer Internetbuchung (-)
Liu & Wei (2002)	books, banking services	online	Studenten	308	intention to adopt E-commerce	perceived usefulness (+), perceived ease of use (+), perceived risk towards internet (-)
Loevenich (2002)	Bekleidung und Unterhaltungs-elektronik	offline	Online-Käufer der untersuchten Produkte sowie Nicht-Internetkunden über Adressbroker	1400	Einstellung zum Online-Shopping	**Bekleidung:** Bedienungsorientierung (n.s.), Convenienceorientierung (n.s.), Erlebnisorientierung (n.s.), Preisorientierung (n.s.), Markenorientierung (-), Wahrgenommenes Kaufrisiko beim Online-Kauf (-), Zufriedenheit mit dem stationären Einzelhandel (-), Wunsch nach Einkaufsflexibilität (+) **Unterhaltungselektronik:** Bedienungsorientierung (-), Convenienceorientierung (+), Erlebnisorientierung (+), Preisorientierung (+), Markenorientierung (n.s.), Wahrgenommenes Kaufrisiko beim Online-Kauf (-), Zufriedenheit mit dem stationären Einzelhandel (n.s.), Wunsch nach Einkaufsflexibilität (+)
Lu et al. (2005)	virus scan services	online	Kunden	1259	behavioural intention to use (indirect: actual use)	perceived risk (indirect) (-), perceived usefulness (+), attitude towards use (+)
Luarn & Lin (2003)	online travelling services and video on demand	offline	Messebesucher	180	e-loyalty	trust (+), consumer satisfaction with the web (+), perceived value (+)
Lueg et al. (2006)	-	offline	Studenten	1258	actual shopping time and spending level on the internet	access to the internet (+), shopping involvement (+)
Lueg et al. (2006)	-	offline	Studenten	1258	future intention to use the internet for shopping	access to the internet (+), shopping involvement (+)
Martinez Guerrero et al. (2007)	banking transactions	-	Euro barometer 60.2	-	use of the internet to make banking transactions	trust in the security of the internet channel (+), trust in financial institutions (n.s.), ownership of more financial products (+)
McKnight et al. (2002a)	legal services	online	Studenten	1403	intention to purchase from the internet site	trusting beliefs in vendor (+), trusting intention (+), perceived vendor reputation (indirect) (+), perceived web risk (-), perceived site quality (indirect) (+)
Montoya-Weiss et al. (2003)	financial services	online	Kunden eines Finanzdienst-leisters	1137	online channel use	online channel security risk perceptions (-), general internet expertise (+), online channel service quality perceptions (+), alternative channel service quality perceptions (-)
O´Cass & Fenech (2003)	-	online	Kunden eines Internetservice-provider	392	attitude towards web retail	perceived usefulness of web retail (+), perceived easy of use of web retail (+), (indirect: web experiences (+), shopping orientation(+), personality(+))
Parikh (2006)	-	online	Internetnutzer	162	actual internet shopping behaviour	experience with internet surfing (n.s.), internet usage rate (+)

Autor(en)	Untersuchungs-gegenstand	Erhebungs-methodik	Stichproben-generierung	Sample-größe	endogene Variable / Zielkonstrukt	Ergebnisse
Park & Jong-Kun (2003)	-	online	Internetnutzer (Selbstselektion)	283	online buying intention, online buying frequency	**online buying frequency:** internet usage (+), perceived risk of internet shopping (-) **online buying intention:** internet usage (n.s.), internet innovativeness (+)
Park et al. (2005)	apparel	offline	Studenten	244	online purchase intention	mood (+), perceived risk (-), product movement (n.s.)
Park et al. (o.J.)	vacations	-	-	114	intention to purchase vacations online	personal involvement in online vacation (+), motivational involvement in online purchasing (+), product importance (+), probability of a mispurchase (-), perceived symbolic value (n.s.), hedonic pleasure (+), functional benefits (+), accessibility (+)
Park et al. (o.J.)	vacations	-	-	114	intention to recommend purchasing vacations online	personal involvement in online vacation (+), motivational involvement in online purchasing (+), product importance (n.s.), probability of a mispurchase (n.s.), perceived symbolic value (n.s.), hedonic pleasure (+), functional benefits (+), accessibility (+)
Pavlou & Gefen (2004)	amazon.com	online	Zufallsstichprobe amazon-Kunden	274	intention to transact with community of sellers of amazon.com	perceived risk from the community of dealers (-), trust in the community of sellers (+)
Pedersen & Nysveen (2005)	13 different web shops	online	Internetnutzer (Selbstselektion)	874	goal-oriented search on the internet	product knowledge (+), perceived product risk (+), product involvement (+), internet experience (+)
Pedersen & Nysveen (2005)	13 different web shops	online	Internetnutzer (Selbstselektion)	874	online purchase intention	product knowledge (+), perceived product risk (n.s.), product involvement (n.s.), internet experience (+)
Perlusz et al. (2003)	books, music CDs, computer software, electronic equipment	offline	Studenten	1076	willingness to buy online	perceived usefulness (+), perceived easy of use (+), internet attitudes (+), past behaviour (+), worry (-)
Pikkarainen et al. (2004)	online banking	offline	Studenten / Mitarbeiter der Bank	268	acceptance of online banking	perceived usefulness of internet banking (+), perceived easy of use (n.s.), perceived enjoyment (n.s.), amount of information about online banking (+), security and privacy (n.s.), quality of internet connection (n.s.)
Ratchford et al. (2003)	automobiles	offline	Automobilkäufer	813	use the internet for information search	product experience (n.s.), knowledge of dealer/manufacturer (n.s.), satisfaction with traditional dealer (-)
Rha (2002)	search goods and experience products	online	Studenten und Angestellte einer Universität	996	extent of usage of information sources on the internet	perceived usefulness of the internet (+), perceived easy of use of the internet (+), Home access (+), market mavenism (+), perceived risk of choice (+), product knowledge (n.s.), product importance (+), use of offline sources (+)
Richards & Shen (2006)	-	online	Zufallsstichprobe aus Kunden-datenbank eines Internetproviders	1484	internet usage behaviour (browser or shoppers)	vendor trust (+ shopping), technology familiarity (+ shopping), web usability (+ shopping), information availability (n.s.)
Roßmanith (2001)	Automobile	Experiment	-	204	Ausmaß der externen Informationssuche	Produktinvolvement (+)

Autor(en)	Untersuchungs-gegenstand	Erhebungs-methodik	Stichproben-generierung	Sample-größe	endogene Variable / Zielkonstrukt	Ergebnisse
Roy & Ghose (2006)	-	offline	Selbstselektion	380	Internet usage behaviour (Internet Non-Users (INU), Internet Users (IU) and Online Buyers (OB))	innate innovativeness (n.s.), purchase and consumption innovativeness (n.s.), online trust (+ IB>IU), computer at home (+IU > INU)
Schlosser et al. (2006)	digital cameras, furniture	Experiment	Mitarbeiter Universität	111	online purchase intention	trusting beliefs to the company (ability, benevolence, integrity) (+)
Seock (2003)	clothing	online	Studenten	1344	intention to search for information at favourite clothing websites	brand/fashion consciousness (n.s.), shopping enjoyment (n.s.), price consciousness (n.s.), convenience/time consciousness (n.s.), shopping confidence (n.s.), in-home shopping-tendency (+), brand/store loyalty (+)
Seock (2003)	clothing	online	Studenten	1344	intention to purchase from favourite clothing websites	brand/fashion consciousness (n.s.), shopping enjoyment (n.s.), price consciousness (+), convenience/time consciousness (+), shopping confidence (n.s.), in-home shopping-tendency (+), brand/store loyalty (n.s.)
Shang et al. (2005)	fashion	online und offline	E-Mail-Newsletter-Adressen	1128	e-shopping intensity and actual online shopping behaviour	cognitive absorption (n.s.), perceived easy of use (+), perceived usefulness (n.s.), fashion involvement (+)
Shang et al. (2006)	-	online	Mitglieder einer virtuellen Community	316	participation in virtual consumer communities AND loyalty behaviour	**posting:** cognitive involvement in a brand (n.s.), affective involvement in a brand (n.s.), trust (+) **lurking:** cognitive involvement in a brand (+), affective involvement in a brand (n.s.), trust (+) **brand loyalty:** cognitive involvement in a brand (+), affective involvement in a brand (+), lurking in VC (+), posting in VC (+)
Shergill & Chen (2005)	-	offline	Konsumenten in einer Shopping Mall	102	online purchase behaviour (frequency)	website design factors (+), website reliability/fulfilment (+), website customer service (n.s.), website security/privacy (n.s.)
Shim et al. (2000)	12 different products	offline	Computernutzer	684	shopping mode choice intention	attitude towards internet shopping (transaction services (+), social shopping (+), speedy shopping (+), sales/money saving (+)), past experience with internet shopping (+), social influence (+), perceived control (+)
Shim et al. (2001)	books, computer software, video	offline	Internetnutzer	684	intention to use internet for information search	attitude (+), subjective norm (+), perceived behavioural control (+), internet purchase experience (+)
Shim et al. (2001)	books, computer software, video	offline	Internetnutzer	684	intention to use internet for purchasing	attitude (+), subjective norm (+), perceived behavioural control (+), internet purchase experience (+)
Sim & Koi (2002)	-	offline	-	175	internet buyer vs. non internet buyers	shopping orientation (n.s.), time consciousness (+ buyer), positive attitude towards the internet (+ buyer), risk taking (+ buyer), innovativeness (n.s.), price consciousness (+ buyer)
Sin & Tse (2002)	-	offline	Konsumenten in Shopping Mall	400	internet buying behaviour	time conscious (+), novelty seeking behaviour (n.s.), self confidence (n.s.), security and reliability (+), convenience of internet shopping (+), home shopping experience (+), internet usage rate (+), product variety (+)

Autor(en)	Untersuchungs-gegenstand	Erhebungs-methodik	Stichproben-generierung	Sample-größe	endogene Variable / Zielkonstrukt	Ergebnisse
Spiekermann (2001)	digital cameras	Experiment	-	206	manual search AND interaction with agent	**Manual Search:** purchase involvement (+), product class knowledge (n.s.), perceived risk (+), flow (+), time cost of search (-), benefit of interaction (n.s.); **Interaction with Agent:** purchase involvement (+), product class knowledge (-), perceived risk (n.s.), privacy concern (-), flow (n.s.), time cost of search (n.s.), benefit of interaction (-)
Suh & Han (2003)	online banking	online	Nutzer Online-Banking	502	behavioural intention to use (indirect: actual use)	trust (+)
Supphellen & Nysveen (2001)	airline website	offline	Passagiere am Flughafen	198	intention to revisit the website	corporate brand loyalty (+)
	-	online	Internetnutzer	428	online purchase behaviour (frequency)	concern of privacy (n.s.), perceived convenience of using web vendors (+), perceived security of transactions (n.s.), perceived reliability of web vendors (+), perceived price competitiveness of Web vendors (+), perceived usefulness of information of web vendors (+), convenience orientation of consumers (+), social interaction seeking behaviour (+)
Tan (1999)	-	offline	Studenten	179	frequency of shopping through the internet	risk aversion (-)
Teo & Yeong (2003)	-	online	Internetnutzer	887	amount of (external) online information search	perceived benefits of search (+)
Teo & Yeong (2003)	-	online	Internetnutzer	887	willingness to buy online	perceived risk towards internet shopping (-), perceived benefits of search (+), overall deal evaluation (+), External Search Effort (+)
van der Heijden & Verhagen (2002)	books	Experiment	Studenten	312	attitude towards purchasing at online store	online store usefulness (+), online store enjoyment (+), online store ease of use (n.s.), online store trustworthiness (+), online store style (n.s.), online store familiarity (n.s.), online store settlement (+)
van der Heijden et al. (2003)	CDs	online	Studenten	228	attitude towards online purchasing	trust in online store (n.s.), perceived risk toward internet shopping (-), perceived easy of use (+), perceived usefulness (n.s.)
Venkatesh & Agarwal (2006)	reservations (automobiles, flights), books, automobiles	online	Internetnutzer	370	purchase behaviour on the Internet	previous product purchase on web site (+), purchase need (+)
Verhoef & Langerak (2001)	grocery products	offline	Zufallsstichprobe US-Haushalte	437	intention to adopt electronic shopping	perceived relative advantage (+), perceived compatibility (+), perceived complexity (-)
Vijayasarathy (2002)	-	offline	Zufallsstichprobe	746	intention to shop using the internet	shopping experience (+), product type (+)
Wang et al. (2006)	printer	online	Kunden eines Multi-Channel-Händlers	1044	website loyalty	purchase decision involvement (+), consumer internet buying innovativeness (+)
Watchravesringkan & Shim (2003)	apparel	offline	Computernutzer	684	internet information search intention for apparel products	attitude towards the internet (secure transaction (+), social shopping (n.s.), speed process (+), easy choice (n.s.), saving money (n.s.))

Autor(en)	Untersuchungs-gegenstand	Erhebungs-methodik	Stichproben-generierung	Sample-größe	endogene Variable / Zielkonstrukt	Ergebnisse
Watchravesringkan & Shim (2003)	apparel	offline	Computernutzer	684	internet shopping intention for apparel products	attitude towards the internet (secure transaction (+), social shopping (n.s.), speed process (+), easy choice (n.s.), saving money (n.s.))
Yi et al. (2006)	-	offline	Studenten / Angestellte Universität	412	intention to shop online	personal innovativeness in IT (+), adopter category innovativeness (n.s.), usefulness (+), easy of use (n.s.), compatibility (n.s.)
Yoon (2002)	Notebook Computer / CDs	Experiment	Studenten	137	online purchase intention	website trust (+), website awareness (+), website satisfaction (+)
Zaharia (2006)	Lebensmittel/ Gebrauchsartikel	Telefonische Befragung	Zufallsstichprobe aus Kunden-datenbank eines Handels-unternehmens	525	Nutzung des Online-Kanals des Multi-Channel-Retailers zur Information UND anschließender Nutzung des Kanals zum Kauf	**aus Sicht der Online/Online-Nutzer verglichen mit Filial/Filial-Nutzer:** Einkaufsmotive (Erlebnisorientierung (-), Convenienceorientierung (+), Unabhägigkeitsorientierung (+), Risikoabneigung (-), Preisorientierung (n.s.), Smart-Shooping-Orientierung (n.s), Qualitätsorientierung (-), Beratungsorientierung (n.s.))

Anhang C – Fragebogen der empirischen Arbeit

UNIVERSITÄT DORTMUND

Eine Umfrage zur Integration des Internets beim Kauf eines Mobiltelefons

Die folgende Umfrage ist ein Forschungsprojekt der Universität Dortmund und untersucht, wie Konsumenten das Internet und stationäre Kanäle beim Kauf eines Mobiltelefons einbeziehen. Wir laden Sie hiermit ein, an dieser Befragung teilzunehmen. Ihre sorgfältig überlegten Antworten sind für das Gelingen der Studie von zentraler Bedeutung. Wir bitten Sie daher, den nachfolgenden Fragebogen auszufüllen, was ca. 15 – 20 Minuten Ihrer Zeit in Anspruch nehmen wird. Unter allen Teilnehmern verlosen wir **5 neue Sony Ericsson W880I**. Außerdem haben Sie die Gelegenheit, die Kernergebnisse der Umfrage per E-Mail zu erhalten. Geben Sie dafür einfach am Ende des Fragebogens Ihre E-Mail-Adresse an.

Bevor Sie mit der Beantwortung der folgenden Fragen beginnen, möchten wir Sie bitten, speziell an den letzten Kauf eines Mobiltelefons zu denken. Der Begriff "Mobiltelefonkauf" beinhaltet den Erwerb eines Mobiltelefons mit Laufzeitvertrag, den Kauf eines Mobiltelefons mit einer Guthabenkarte (Prepaid) oder auch den alleinigen Kauf eines Mobiltelefons ohne Vertrag.

Bei der Beurteilung der folgenden Aussagen gibt es keine falschen Antworten. Einzige Voraussetzung zur Teilnahme an der Umfrage ist, dass Sie bereits ein Mobiltelefon gekauft haben bzw. in den Kaufprozess maßgeblich involviert gewesen sind. Falls Sie der Meinung sind, in Ihrem Haushalt nicht der/die richtige Ansprechpartner/in zu sein, geben Sie diesen Fragebogen an eine geeignetere Person weiter. Uns ist wichtig, dass Sie Ihre ehrliche Meinung wiedergeben.

Bitte senden Sie den ausgefüllten Fragebogen im beiliegenden portofreien Antwortumschlag zurück an die Universität Dortmund oder faxen Sie diesen direkt an die Telefaxnummer 02 31 / 46 59 02.

Fragenblock 1: Ausmaß der Informationssuche

Bitte denken Sie an Ihren letzten Mobiltelefonkauf und bewerten Sie die folgenden Aussagen zum Ausmaß der Informationssuche (z.B. Nutzung von Internetseiten, Testberichten, Diskussionen mit Freunden, Bekannten):	stimme gar nicht zu ◄				► stimme voll zu
Ich habe sehr ausführlich nach Informationen gesucht.	☐	☐	○	☐	☐
Ich habe eine Vielzahl von Informationsquellen genutzt.	☐	☐	○	☐	☐
Ich hatte keine Lust nach Informationen zu suchen.	☐	☐	○	☐	☐

Fragenblock 2: Einbezug von externen Informationsquellen in die Informationssuche

Bei der Suche nach Informationen zum Kauf eines Mobiltelefons und dem dazugehörigen Vertrag (bspw. Tarifinformationen) gibt es viele unterschiedliche Informationsquellen.

Wie häufig haben Sie die einzelnen Informationsquellen bei Ihrem letzten Mobiltelefonkauf genutzt?

Falls Sie eine der genannten Quellen nicht kennen, so kreuzen Sie bitte das Feld „Kenne ich nicht" an.

		Nutzungsintensität				
	Kenne ich nicht	Gar nicht	Selten	Ab und zu	Häufiger	Oft
Wie häufig haben Sie die folgenden Informationen genutzt, die von anderen Konsumenten über das Internet zur Verfügung gestellt worden sind?						
Konsumentenbeurteilungen auf Community-Internetseiten (bspw. Ciao.com, Dooyoo.de)	☐	☐	☐	☐	☐	☐
Konsumentendiskussionen (bspw. Chat-Räume, Newsgroups, Internet-Foren, Weblogs (Blogs) zum Thema Mobiltelefone)	☐	☐	☐	☐	☐	☐
Kundenrezensionen in Online-Shops (bspw. amazon.de)	☐	☐	☐	☐	☐	☐
Wie häufig haben Sie die folgenden Informationen genutzt, die von Herstellern und Händlern über das Internet zur Verfügung gestellt worden sind?						
Internetseiten Händler (bspw. Saturn, Karstadt, Media Markt)	☐	☐	☐	☐	☐	☐
Internetseiten Hersteller (bspw. Nokia, Sony Ericsson)	☐	☐	☐	☐	☐	☐
Internetseiten Netzbetreiber / Provider (bspw. Vodafone, T-Mobile, E-Plus)	☐	☐	☐	☐	☐	☐
Kontaktaufnahme per E-Mail mit Herstellern, Händlern oder Netzbetreibern	☐	☐	☐	☐	☐	☐
E-Mail-Newsletter von Herstellern, Händlern oder Netzbetreibern	☐	☐	☐	☐	☐	☐
Wie häufig haben Sie die folgenden Informationen genutzt, die von neutralen Quellen über das Internet zur Verfügung gestellt worden sind?						
Neutrale Artikel/Tests im Internet (bspw. von Fachzeitschriften)	☐	☐	☐	☐	☐	☐
Internetsuchmaschinen (bspw. google.de, yahoo.de), um geeignete weitere Internetseiten zu finden	☐	☐	☐	☐	☐	☐
Vergleichsinternetseiten, u.a. mit Vergleichstests/ Konfiguratoren (bspw. areamobile.de oder guenstiger.de)	☐	☐	☐	☐	☐	☐

	Kenne ich nicht		Nutzungsintensität: Gar nicht	Selten	Ab und zu	Häufiger	Oft
Wie häufig haben Sie die folgenden Informationen genutzt, die von anderen Konsumenten NICHT über das Internet, sondern über andere Wege zur Verfügung gestellt worden sind?							
Diskussionen mit Freunden, Arbeitskollegen, Familie	❐		❐	❐	❐	❐	❐
Wie häufig haben Sie die folgenden Informationen genutzt, die von Herstellern und Händlern NICHT über das Internet, sondern über andere Wege zur Verfügung gestellt worden sind?							
stationärer Handel / Diskussion mit Verkaufspersonal	❐		❐	❐	❐	❐	❐
Telefonhotline von Herstellern/Händlern/Netzbetreibern	❐		❐	❐	❐	❐	❐
Printwerbung in Zeitschriften, Zeitungen, Magazinen	❐		❐	❐	❐	❐	❐
TV (Werbung, Shopping Kanäle (wie QVC), reguläres Programm)	❐		❐	❐	❐	❐	❐
Mobile Verkaufsteams (bspw. In Baumärkten, bei Sport-Events, auf Messen)	❐		❐	❐	❐	❐	❐
Wie häufig haben Sie die folgenden Informationen genutzt, die von neutralen Quellen NICHT über das Internet, sondern über andere Wege zur Verfügung gestellt worden sind?							
Verbraucherorganisationen (bspw. Stiftung Warentest)	❐		❐	❐	❐	❐	❐
Artikel/Tests in Publikums- ("Stern") oder Fachzeitschriften ("Connect")	❐		❐	❐	❐	❐	❐
Neutrale, objektive Berichte im Radio / TV	❐		❐	❐	❐	❐	❐

Fragenblock 3: Fragen zur Einkaufsstättenwahl beim Mobiltelefonkauf

Beim Kauf eines Mobiltelefons gibt es viele unterschiedliche Bezugsquellen/Absatzkanäle.

Über welche Bezugsquelle haben Sie das letzte Mobiltelefon gekauft? (In den Klammern sind stets nur beispielhafte Ausprägungen genannt. Wenn Sie noch kein Mobiltelefon gekauft haben, so fahren Sie bitte mit Fragenblock 5 fort.)

Online Absatzkanäle/Bezugsquellen:

❐ Internetseiten der Hersteller (bspw. Nokia, Sony Ericsson)
❐ renommierte Internethändler (bspw. Karstadt.de, amazon.de)
❐ Internetseiten Netzbetreiber (bspw. Vodafone, T-Mobile, E-Plus)
❐ Gewerbliche Auktionen auf Auktionsplattformen (bspw. ebay.de)
❐ Preisgünstige, unbekannte Internethändler, die bspw. über Preissuchmaschinen (bspw. guenstiger.de) im Internet gefunden wurden
❐ Sonstige Online-Bezugsquelle: ____________________

Offline Absatzkanäle/Bezugsquellen:

❐ Katalog-/Versandhandel (bspw. OTTO, Neckermann)
❐ Bestellung nach Direktmarketing-Aktionen, Werbebriefen
❐ TV (Werbung, Shopping Kanäle (bspw. QVC))
❐ Kauf-/Warenhaus (bspw. Karstadt), Fachdiscounter (bspw. Saturn)
❐ Telefonhotline von Herstellern/Händlern/Netzbetreibern
❐ Shops der Netzbetreiber (bspw. Vodafone, T-Mobile, E-Plus)
❐ Sonstiger, eher unbekannter stationärer Handel (ohne besondere Reputation und bekannten Namen, preislich jedoch überzeugend)
❐ Sonstige Offline-Bezugsquelle: ____________________

Fragenblock 4: Fragen zur Zahlungsabwicklung des Mobiltelefonkaufs

Bitte beantworten Sie diese Frage nur, wenn Sie Ihr letztes Mobiltelefon über das Internet gekauft haben und auch den Fragenblock 3 beantwortet haben. Ansonsten überspringen Sie diese Frage und fahren Sie mit der nächsten Frage fort.

Welchen dieser Zahlungswege haben Sie bei Ihrem Kauf des Mobiltelefons im Internet benutzt?

❐ Kreditkarte (Angabe der Kartendaten im Internet)
❐ Lastschrift (Angabe der Bankdaten im Internet)
❐ Paypal
❐ Nachnahme
❐ Rechnung
❐ Vorkasse durch Überweisung
❐ Abbuchung des Rechnungsbetrages über den laufenden Vertrag und Belastung der monatlichen Rechnung (bei einer Vertragsverlängerung)
❐ Sonstige Zahlungsart: ____________________

Fragenblock 5: Verhalten nach dem Kauf

Positive und negative Erfahrungen / Meinungen sowie Beschwerden (bspw. über Funktionalitäts- oder Qualitätsmängel, Serviceprobleme) zu dem Mobiltelefon sowie dem dazugehörigen Kaufvorgang können über verschiedene Kanäle kommuniziert werden.

Wie häufig haben Sie die folgenden Kanäle für die Weitergabe von positiven und negativen Erfahrungen / Meinungen sowie Beschwerden bereits genutzt?

Falls Sie einen der genannten Kanäle nicht kennen, so kreuzen Sie bitte das Feld „Kenne ich nicht" an.

		Nutzungsintensität				
	Kenne ich nicht	Gar nicht	Selten	Ab und zu	Häufiger	Oft
Wie häufig haben Sie die folgenden Kanäle für die Weitergabe von positiven Erfahrungen / Meinungen genutzt?						
Abgabe positiver Erfahrungen auf Community-Internetseiten (bspw. Ciao.com, Dooyoo.de)	❐	❐	❐	❐	❐	❐
Teilnahme an Konsumentendiskussionen (bspw. Chat-Räume, Newsgroups, Internet-Foren, Weblogs (Blogs)	❐	❐	❐	❐	❐	❐
Abgabe positiver Rezensionen in Online-Shops (bspw. amazon.de)	❐	❐	❐	❐	❐	❐
Verfassen von E-Mails und Versand an Hersteller, Händler, Netzbetreiber	❐	❐	❐	❐	❐	❐
Diskussionen mit Freunden, Arbeitskollegen, Familie	❐	❐	❐	❐	❐	❐
Verfassen von Briefen (Leserbriefe)	❐	❐	❐	❐	❐	❐
Telefonische Hotline von Herstellern, Händlern, Netzbetreibern	❐	❐	❐	❐	❐	❐
Wie häufig haben Sie die folgenden Kanäle für die Weitergabe von negativen Erfahrungen / Meinungen genutzt?						
Abgabe negativer Erfahrungen auf Community-Internetseiten (bspw. Ciao.com, Dooyoo.de)	❐	❐	❐	❐	❐	❐
Teilnahme an Konsumentendiskussionen (bspw. Chat-Räume, Newsgroups, Internet-Foren, Weblogs (Blogs)	❐	❐	❐	❐	❐	❐
Abgabe negativer Rezensionen in Online-Shops (bspw. amazon.de)	❐	❐	❐	❐	❐	❐
Verfassen von E-Mails und Versand an Hersteller, Händler, Netzbetreiber	❐	❐	❐	❐	❐	❐
Diskussionen mit Freunden, Arbeitskollegen, Familie	❐	❐	❐	❐	❐	❐
Verfassen von Briefen (Leserbriefe/Beschwerdebriefe)	❐	❐	❐	❐	❐	❐
Telefonische Hotline von Herstellern, Händlern, Netzbetreibern	❐	❐	❐	❐	❐	❐

Fragenblock 6: Informationsbedürfnis nach dem Kauf

Auch nach dem Kauf entsteht im Rahmen der Nutzung des Mobiltelefons oftmals ein erhöhter Informationsbedarf auf Seiten der Konsumenten. Dies kann dem richtigen Gebrauch (bspw. Datendienste, Auslandsfähigkeit des Mobiltelefons, Zubehörartikel) oder auch der nachträglichen Bestätigung des Kaufs dienen.

Wie häufig haben Sie die einzelnen Informationsquellen seit dem letzten Mobiltelefonkauf genutzt?

Falls Sie eine der genannten Quellen nicht kennen, so kreuzen Sie bitte das Feld „Kenne ich nicht" an.

		Nutzungsintensität				
	Kenne ich nicht	Gar nicht	Selten	Ab und zu	Häufiger	Oft
Wie häufig haben Sie nach dem Kauf die folgenden Informationen genutzt, die von anderen Konsumenten über das Internet zur Verfügung gestellt worden sind?						
Konsumentenbeurteilungen auf Community-Internetseiten (bspw. Ciao.com, Dooyoo.de)	❐	❐	❐	❐	❐	❐
Konsumentendiskussionen (bspw. Chat-Räume, Newsgroups, Internet-Foren, Weblogs (Blogs) zum Thema Mobiltelefone)	❐	❐	❐	❐	❐	❐
Kundenrezensionen in Online-Shops (bspw. amazon.de)	❐	❐	❐	❐	❐	❐
Wie häufig haben Sie nach dem Kauf die folgenden Informationen genutzt, die von Herstellern und Händlern über das Internet zur Verfügung gestellt worden sind?						
Internetseiten Händler (bspw. Saturn, Karstadt, Media Markt)	❐	❐	❐	❐	❐	❐
Internetseiten Hersteller (bspw. Nokia, Sony)	❐	❐	❐	❐	❐	❐
Internetseiten Netzbetreiber / Provider (bspw. Vodafone, T-Mobile, E-Plus)	❐	❐	❐	❐	❐	❐
Kontaktaufnahme per E-Mail mit Herstellern, Händlern oder Netzbetreibern	❐	❐	❐	❐	❐	❐

		Nutzungsintensität				
	Kenne ich nicht	Gar nicht	Selten	Ab und zu	Häufiger	Oft
Wie häufig haben Sie nach dem Kauf die folgenden Informationen genutzt, die von neutralen Quellen über das Internet zur Verfügung gestellt worden sind?						
Neutrale Artikel/Tests im Internet (bspw. von Fachzeitschriften)	❐	❐	❐	❐	❐	❐
Internetsuchmaschinen (bspw. google.de, yahoo.de), um geeignete weitere Internetseiten zu finden	❐	❐	❐	❐	❐	❐
Wie häufig haben Sie nach dem Kauf die folgenden Informationen genutzt, die von anderen Konsumenten NICHT über das Internet, sondern über andere Wege zur Verfügung gestellt worden sind?						
Diskussionen mit Freunden, Arbeitskollegen, Familie	❐	❐	❐	❐	❐	❐
Wie häufig haben Sie nach dem Kauf die folgenden Informationen genutzt, die von Herstellern und Händlern NICHT über das Internet, sondern über andere Wege zur Verfügung gestellt worden sind?						
Bedienungsanleitungen	❐	❐	❐	❐	❐	❐
stationärer Handel / Diskussion mit Verkaufspersonal	❐	❐	❐	❐	❐	❐
Telefonhotline von Herstellern/Händlern/Netzbetreibern	❐	❐	❐	❐	❐	❐
Wie häufig haben Sie nach dem Kauf die folgenden Informationen genutzt, die von neutralen Quellen NICHT über das Internet, sondern über andere Wege zur Verfügung gestellt worden sind?						
Verbraucherorganisationen (Stiftung Warentest)	❐	❐	❐	❐	❐	❐
Artikel/Tests in Publikums- ("Stern") oder Fachzeitschriften ("Connect")	❐	❐	❐	❐	❐	❐
Neutrale, objektive Berichte im Radio / TV	❐	❐	❐	❐	❐	❐

Fragenblock 7: Zufriedenheit mit dem letzten Mobiltelefonkauf

Bewerten Sie bitte Ihren letzten Mobiltelefonkauf an Hand der folgenden Fragen. „Wie zufrieden sind Sie..."	sehr unzufrieden ←				→ sehr zufrieden
... mit dem Erlangen benötigter Informationen vor dem Kauf?	❐	❐	❍	❐	❐
... mit der Wahl der Einkaufsstätte zum letztendlichen Kauf des Mobiltelefons?	❐	❐	❍	❐	❐
... mit der Funktionalität des gekauften Mobiltelefons?	❐	❐	❍	❐	❐
... mit Ihrem Provider (Vertrag/Tarif/Netz)?	❐	❐	❍	❐	❐
... insgesamt mit dem Einkaufs- und Entscheidungsprozess des Mobiltelefonkaufs?	❐	❐	❍	❐	❐

Fragenblock 8: Weiterempfehlung des Internets als Einkaufsstätte

Wie bewerten Sie die folgenden Aussagen zur Weiterempfehlung des Internets als Einkaufsstätte, also als Kanal zur Informationssuche und zum letztendlichen Kauf für Mobiltelefone?	sehr unwahrscheinlich ←				→ sehr wahrscheinlich
Über das Internet als Einkaufsstätte für Mobiltelefone werde ich positiv sprechen.	❐	❐	❍	❐	❐
Ich werde das Internet als Einkaufsstätte für Mobiltelefone weiterempfehlen, wenn mich jemand um Rat fragt.	❐	❐	❍	❐	❐
Ich werde Freunden und Verwandten raten, im Internet Mobiltelefone einzukaufen.	❐	❐	❍	❐	❐

Fragenblock 9: Produktinvolvement im Bereich Mobiltelefone

Wir möchten gerne etwas über Ihr Verhältnis bzw. Ihre Einstellung zum Produkt Mobiltelefon erfahren. Bitte bewerten Sie das Produkt Mobiltelefon an Hand der unten stehenden Charakteristika: "Mobiltelefone ... "

... sind wichtig	❐	❐	❐	❍	❐	❐	❐	... sind unwichtig
... sind irrelevant	❐	❐	❐	❍	❐	❐	❐	... sind relevant
... bedeuten mir viel	❐	❐	❐	❍	❐	❐	❐	... bedeuten mir nichts
... sind nicht aufregend	❐	❐	❐	❍	❐	❐	❐	... sind aufregend
... sind nicht spektakulär	❐	❐	❐	❍	❐	❐	❐	... sind spektakulär
... sagen mir viel	❐	❐	❐	❍	❐	❐	❐	... sagen mir nichts
... machen Spaß	❐	❐	❐	❍	❐	❐	❐	... machen keinen Spaß
... sind ansprechend	❐	❐	❐	❍	❐	❐	❐	... sind nicht ansprechend
... sind langweilig	❐	❐	❐	❍	❐	❐	❐	... sind nicht langweilig
... sind nicht von Belang für mich	❐	❐	❐	❍	❐	❐	❐	... sind von Belang für mich

Fragenblock 10: Wahrgenommenes Risiko bei Internetkäufen							
Mit den folgenden Fragen möchten wir von Ihnen erfahren, wie risikoreich Sie den Kauf eines Produktes im Internet einschätzen. Bitte bewerten Sie die einzelnen Aussagen. **Wie hoch ist Ihrer Ansicht nach die Wahrscheinlichkeit, dass...**	sehr niedrig ◄					► Sehr hoch	
... ein im Internet bestelltes Produkt nicht Ihren Erwartungen entspricht, weil Sie dieses nicht vor dem Kauf persönlich untersuchen konnten?	❐	❐	❐	❍	❐	❐	❐
... Sie beim Internetkauf einen finanziellen Verlust im Hinblick auf mögliche Kosten für die Reparatur oder Rücksendung nicht zufrieden stellender Produkte erleiden?	❐	❐	❐	❍	❐	❐	❐
... Sie beim Kauf eines Produktes im Internet einen finanziellen Verlust erleiden, wenn Sie „online" zahlen (z.B. durch Missbrauch Ihrer Kreditkartennummer)?	❐	❐	❐	❍	❐	❐	❐
... Ihre persönlichen Daten (z.B. Adresse, Telefon, E-Mail-Adresse) beim Internetkauf, bspw. für Werbezwecke, missbraucht werden?	❐	❐	❐	❍	❐	❐	❐
... Sie beim Internetkauf einen Zeitverlust aufgrund von Verzögerungen bei der Lieferung der bestellten Produkte erleiden?	❐	❐	❐	❍	❐	❐	❐
... Sie beim Internetkauf einen Zeitverlust durch die Rücksendung nicht zufrieden stellender Produkte erleiden?	❐	❐	❐	❍	❐	❐	❐
In Anbetracht aller Faktoren, wie hoch ist Ihrer Ansicht nach das Risiko Produkte im Internet zu kaufen?	❐	❐	❐	❍	❐	❐	❐

Fragenblock 11: Innovatives Verhalten					
Bitte teilen Sie uns mit, inwieweit Sie den einzelnen Aussagen zustimmen bzw. nicht zustimmen:	Stimme gar nicht zu ◄				► Stimme voll zu
Grundsätzlich bin ich zögerlich, neue Ideen zu akzeptieren.	❐	❐	❍	❐	❐
Ich finde es anregend, innovativ und originell zu denken und zu handeln.	❐	❐	❍	❐	❐
Ich fühle mich durch komplexe und ungelöste Probleme herausgefordert.	❐	❐	❍	❐	❐
Ich muss erst andere Leute sehen, wie sie Innovationen (bspw. neue Produkte) benutzen, bevor ich diese Innovationen für mich selbst in Erwägung ziehe.	❐	❐	❍	❐	❐

Fragenblock 12: Produktwissen im Bereich Mobiltelefon							
Bitte teilen Sie uns mit, inwieweit Sie den einzelnen Aussagen zustimmen bzw. nicht zustimmen:	Stimme gar nicht zu ◄						► Stimme voll zu
Ich empfinde mich als sehr kompetent in Bezug auf Mobiltelefone.	❐	❐	❐	❍	❐	❐	❐
Wenn mich Freunde nach Mobiltelefonen fragen, bin ich in der Lage, Ratschläge über verschiedene Produkte zu geben.	❐	❐	❐	❍	❐	❐	❐
Wenn ich heute ein Mobiltelefon kaufen müsste, bräuchte ich nur sehr wenige Informationen einholen, um eine kluge Entscheidung zu treffen.	❐	❐	❐	❍	❐	❐	❐
Ich bin sehr überzeugt zu wissen, was die relevanten Unterschiede zwischen den einzelnen Marken beim Kauf eines Mobiltelefons sind.	❐	❐	❐	❍	❐	❐	❐
Ich glaube, alle techischen Funktionalitäten eines Mobiltelefons zu kennen.	❐	❐	❐	❍	❐	❐	❐

Fragenblock 13: Convenience-Orientierung					
Bitte bewerten Sie die folgenden Aussagen zu Ihrem Einkaufsverhalten.	Stimme gar nicht zu ◄				► Stimme voll zu
Ich gehe nur dann in ein Geschäft, wenn ich etwas Bestimmtes kaufen möchte.	❐	❐	❍	❐	❐
Ich habe genaue Vorstellungen von den Sachen, die ich kaufen will.	❐	❐	❍	❐	❐
Einkaufen bedeutet für mich Stress.	❐	❐	❍	❐	❐
Ich möchte so wenig Zeit wie möglich mit Einkaufen verbringen.	❐	❐	❍	❐	❐
Ich mag beim Einkaufen keine langen Wege.	❐	❐	❍	❐	❐
Ich erledige gerne mehrere Einkäufe auf einem Einkaufsweg.	❐	❐	❍	❐	❐

Fragenblock 14: Allgemeine Fragen zu Ihrem jetzigen Mobiltelefon

Bei welchem Mobiltelefonprovider sind Sie?
❑ Vodafone ❑ T-Mobile ❑ E-Plus ❑ O2 ❑ Base ❑ debitel ❑ Sonstiger ____________

Haben Sie ein privates Mobiltelefon, welches Sie selber ausgesucht und gekauft haben, oder benutzen Sie ein Firmenhandy, welches Ihnen von Ihrer Firma gestellt wurde?
❑ privates Mobiltelefon ❑ Firmenmobiltelefon ❑ Beides (gemachte Antworten beziehen sich auf privates Mobiltelefon)
❑ Beides (gemachte Antworten beziehen sich auf Firmenmobiltelefon)

Haben Sie schon einmal ein Mobiltelefon über das Internet gekauft? ❑ ja ❑ nein

Was für einen Handy-Vertrag besitzen Sie? ❑ Prepaid (CallYa, Free & Easy) ❑ klassischer Laufzeitvertrag

Wie würden Sie Ihren letzten Mobiltelefonkauf klassifizieren?
❑ Neuvertrag ❑ Vertragsverlängerung ❑ isolierter Kauf eines Mobiltelefons (ohne Vertrag/Prepaid)

Bitte nennen Sie Ihr aktuelles Mobiltelefon, welches Sie besitzen (bspw. Nokia N 70): ______________

Wann haben Sie den letzten Mobiltelefonkauf getätigt?
❑ in den letzten 6 Monaten ❑ vor 6 – 12 Monaten ❑ vor mehr als 12 Monaten

Fragenblock 15: Ihr nächster Mobiltelefonkauf

Wann werden Sie sich voraussichtlich wieder ein neues Mobiltelefon kaufen?
❑ in den nächsten 6 Monaten ❑ in 6 - 12 Monaten ❑ in mehr als 12 Monaten

Wie wahrscheinlich ist es, dass Sie beim nächsten Mobiltelefonkauf die benötigten Informationen hauptsächlich über das Internet beziehen werden?
❑ sehr unwahrscheinlich ❑ unwahrscheinlich ❑ weiß nicht ❑ wahrscheinlich ❑ sehr wahrscheinlich

Wie wahrscheinlich ist es, dass Sie das nächste Mobiltelefon im Internet kaufen werden?
❑ sehr unwahrscheinlich ❑ unwahrscheinlich ❑ weiß nicht ❑ wahrscheinlich ❑ sehr wahrscheinlich

Fragenblock 16: Allgemeine Angaben und Fragen zur Person

Bitte kreuzen Sie Ihre Altersgruppe an:
❑ unter 18 ❑ 18-29 ❑ 30-39 ❑ 40-49 ❑ 50-59 ❑ 60-69 ❑ über 69

Ihr Geschlecht: ❑ Männlich ❑ Weiblich

Ihr höchster Schulabschluss?
❑ Kein Schulabschluss ❑ Hauptschule (Hauptschulabschluss) ❑ Mittlere Reife (Realschule bzw. POS)
❑ (Fach-) Abitur (Gymnasium bzw. EOS) ❑ Fachhochschul-/Hochschulabschluss ❑ Anderer Abschluss

Wie ist Ihr jetziges Beschäftigungsverhältnis am ehesten zu beschreiben?
❑ Vollzeit ❑ Teilzeit ❑ Student/in ❑ Hausfrau/-mann ❑ Rentner/in ❑ arbeitssuchend

Wie hoch ist Ihr monatliches Haushaltsnettoeinkommen?
❑ bis zu 1.000€ ❑ 1.001€ bis 2.000€ ❑ 2.001€ bis 3.000€ ❑ 3.001€ bis 4.000€
❑ 4.001€ bis 5.000€ ❑ 5.001€ bis 6.000€ ❑ 6.001€ bis 7.000€ ❑ über 7.000€

Wie schätzen Sie Ihre eigenen Kenntnisse im Umgang mit dem Medium Internet ein?
❑ sehr unerfahren ❑ unerfahren ❑ durchschnittlich ❑ erfahren ❑ sehr erfahren

Wie oft haben Sie im letzten Jahr über das Internet einen Kauf (unabhängig ob Produkt oder Dienstleistung) getätigt?
❑ nie ❑ 1-4 mal ❑ 5-8 mal ❑ 9-12 mal ❑ über 12 mal

Gewinnspiel

❑ Ja, ich möchte an der Verlosung der Preise teilnehmen
❑ Ja, ich möchte eine Zusammenfassung der Ergebnisse der Umfrage per E-Mail erhalten

Meine E-Mail-Adresse lautet: ________________________

Vielen Dank für Ihre Beteiligung! Wir wissen Ihre ehrliche und durchdachte Stellungnahme zu schätzen.

Bitte falten Sie nun den vollständigen Fragebogen und senden Ihn im beiliegenden, adressierten und portofreien Briefumschlag zurück oder senden Sie Ihn an die Fax-Nummer 02 31 / 46 59 02. Vielen Dank!

Literaturverzeichnis

Agarwal, R.; Prasad, J. (2004): A Conceptual and Operational Definition of Personal Innovativeness in the Domain of Information Technology. In: Information Systems Research, 9, Nr. 2, S. 204-215.

Ahlert, D. (1996): Distributionspolitik: das Management des Absatzkanals, 3. Auflage, Stuttgart.

Ahlert, D.; Blut, M.; Michaelis, M. (2007): Erfolgsfaktoren des Multi-Channel-Marketings. In: Wirtz, W. (Hrsg.): Handbuch Multi-Channel-Marketing, Wiesbaden, S. 273-296.

Ahlert, D.; Evanschitzky, H.; Thesing, M. (2006): Kundentypologie in der Multikanalwelt: Ergebnisse einer Online- und Offline-Befragung. In: Arbeitspapier Nr. 48, Internetökonomie und Hybridität, Universität Münster, Münster.

Ahlert, D.; Heidebur, S.; Michaelis, M. (2007): Kaufverhaltensrelevante Effekte des Konsumentenvertrauens im Internet - eine vergleichende Analyse von Online-Händlern. In: Arbeitspapier Nr. 44, Internetökonomie und Hybridität, Universität Münster, Münster.

Ahlert, D.; Hesse, J. (2003): Das Multikanalphänomen – viele Wege führen zum Kunden. In: Ahlert, D.; Hesse, J.; Jullens, J.; Smend, P. (Hrsg.): Multikanalstrategien: Konzepte, Methoden und Erfahrungen, Wiesbaden, S. 3-32.

Ahlert, D.; Kenning, P. (2007): Handelsmarketing – Grundlagen der marktorientierten Führung von Handelsbetrieben, Berlin, Heidelberg.

Akaah, I.P.; Korgaonkar, P.K. (1988): A Conjoint Investigation of the relative importance of risk relievers in Direct Marketing. In: Journal of Advertising Research, 28, Nr. 4, S. 38-44.

Alba, J.; Lynch, J.; Weitz, B.; Janiszewski, C.; Lutz, R.; Sawyer, A.; Wood, S. (1997): Interactive Home Shopping: Consumer, Retailer, and Manufacturer Incentives to Participate in Electronic Marketplaces. In: Journal of Marketing, 61, Juli, S. 38-53.

Alba, J.W.; Hutchinson, J.W. (1987): Dimensions of Consumer Expertise. In: Journal of Consumer Research, 13, März, S. 411-454.

Albers, S.; Peters, K. (1997): Die Wertschöpfungskette des Handels im Zeitalter des Electronic Commerce. In: Marketing – ZFP, 19, Nr. 2, S. 69-80.

Amstutz, A. E. (1967): Computer Simulation of Competitive Market Response, Cambridge, Massachusetts, London.

Anderson, E.W. (1994): Post-Purchase Evaluations and Word-of-Mouth, Working Paper, National Quality Research Center, University of Michigan Business School, Ann Arbor.

Anderson, R.D.; Engledow, J.L.; Becker, H. (1979): Evaluating the Relationships among Attitude toward Business, Product Satisfaction, Experience, and Search Effort. In: Journal of Marketing Research, 16, August, S. 394-400.

Anderson, R.E.; Srinivasan, S.S. (2003): E-satisfaction and E-loyalty: A contingency framework. In: Psychology Marketing, 20, Nr. 2, S. 123-138.

Antil, J.H. (1984): Conceptualization and Operationalization of Involvement. In: Advances in Consumer Research, 11, S. 203-209.

Aschmoneit, P. (2004): Mobile Services für das Beziehungsmarketing, Bamberg.

Assadi, D. (1998): Internet can offer more than a quick sale; try car-shopping. In: Marketing News, 32, Nr. 2, S. 9.

Assael, H. (2004): Consumer Behavior – A strategic Approach, Boston.

Backhaus, K.; Erichson, B.; Pinke, W.; Weiber, R. (2003): Multivariate Analysemethoden, 11. Auflage, Berlin, Heidelberg.

Bacon, R. W. (1971): An Approach to the Theory of Consumer Shopping Behaviour. In: Urban Studies, 8, Nr. 1, S. 55-64.

Bagozzi, R.P.; Baumgartner, H. (1994): The Evaluation of Structural Equation Models and Hypthesis Testing. In: Bagozzi, R.P. (Hrsg): Principles of Marketing Research, Cambridge, S. 386-422.

Balderjahn, I.; Scholderer, J. (2007): Konsumentenverhalten und Marketing – Grundlagen für Strategien und Maßnahmen, Stuttgart.

Bänsch, A. (2002): Käuferverhalten, 9. Auflage, München, Wien.

Barclay, D.W.; Higgins, C.; Thompson, R. (1995): The Partial Least Squares Approach to Causal Modeling: Personal Computer Adoption and Use as Illustration. In: Technology Studies, 2, Nr. 2, S. 285-309.

Barth, K.; Hartmann, M.; Schröder, H. (2007): Betriebswirtschaftslehre des Handels, 6. Auflage, Wiesbaden.

Bauer, H.H.; Fischer, M.; Sauer, N.E. (1999): Wahrnehmung und Akzeptanz des Internet als Einkaufsstätte – Theorie und empirische Befunde, Wissenschaftliche Arbeitspapiere Nr. W26 des Instituts für Marktorientierte Unternehmensführung, Universität Mannheim, Mannheim.

Bauer, H.H.; Hammerschmidt, M. (2004): Kundenzufriedenheit und Kundenbindung bei Internet-Portalen – Eine kausalanalytische Studie. In: Bauer, H.H.; Rösger, J.; Neumann, M.M.: Konsumentenverhalten im Internet, München, S. 189-214.

Bauer, H.H.; Neumann, M.M.; Haber, T.E.; Huber, F. (2004): Die Rolle von Vertrauen im Online-Shopping. In Bauer, H.H.; Huber, F. (Hrsg.): Strategien und Trends im Handelsmanagement, München, S. 432-448.

Bauer, H.H.; Neumann, M.M.; Hölzing, J.A.; Huber, F. (2003): Determinanten und Konsequenzen von Vertrauen im elektronischen Handel, Wissenschaftliches Arbeitspapier Nr. W 66 des Instituts für Marktorientierte Unternehmensführung der Universität Mannheim, Mannheim.

Bauer, H.H.; Sauer, N.E.; Becker, S. (2004): Der Beitrag der Risikotheorie zur Erklärung des Kaufverhaltens im Internet. In: Bauer, H.H.; Rösger, J.; Neumann, M.M.: Konsumentenverhalten im Internet, München, S. 23-40.

Bauer, H.H.; Sauer, N.E.; Brugger, N. (2002): Die Akzeptanz der Versicherungsdienstleistungen im Internet. In: Zeitschrift für die gesamte Versicherungswissenschaft, 91, S. 329-364.

Bauer, H.H.; Sauer, N.E.; Fleig, J.K. (2004): Online- und Offline-Informationssuche als Determinanten der Marken- und Händlerloyalität in der Automobilbranche. In: Bauer, H.H.; Huber, F. (Hrsg.): Strategien und Trends im Handelsmanagement, München, S. 411-431.

Bauer, R.A. (1967): Consumer Behavior as Risk Taking. In: Cox, D. (Hrsg.) Risk Taking and Information Handling in Consumer Behavior, Boston, S. 23-33.

Beatty, S.E.; Smith, S.M. (1987): External Search effort: An investigation across several product categories. In: Journal of Consumer Research, 14, Nr. 1, S. 83-95.

Beck, A. (2004): Die Einkaufsstättenwahl von Konsumenten unter transaktionskostentheoretischen Gesichtspunkten, Passau.

Bei, L.T.; Chen, E.Y.; Widdows, R. (2004): Consumers` Online Information Search Behavior and the Phenomenon of Search vs. Experience Products. In: Journal of Family and Economic Issues, 25, Nr. 4, S. 449-467.

Belsey, D.A.; Kuh, E.; Welsch, R.E. (1980): Regression Diagnostics, New York.

Bennemann, S. (2004): Die Zustellung als Marketingproblem im E-Commerce für Konsumenten. In: Wiedmann, K.-P.; Buxel, H.; Frenzel, T.; Walsh, G. (Hrsg.): Konsumentenverhalten im Internet, Wiesbaden, S. 525-538.

Berekoven, L.; Eckert, W.; Ellenrieder, P. (2004): Marktforschung, 10. Auflage, Wiesbaden.

Berkowitz, E.N.; Walton, J.R.; Walker Jr., O.C. (1979): In-Home-Shoppers: The Market for Innovative Distribution Systems. In: Journal of Retailing, 55, Nr. 2, S. 15-33.

Berry, L.L.; Seiders, K.; Grewal, D. (2002): Understanding Service Convenience. In: Journal of Marketing, 66, Nr. 3, S. 1-17.

Bettman, J.R. (1979): An Information Processing Theory of Consumer Choice, Reading.

Bettman, J.R.; Park, C.W. (1980): Effects of prior knowledge and experience and phase of the choice process on consumer decision processes: a protocol analysis. In: Journal of Consumer Research, 7, Dezember, S. 234-248.

Betz, J. (2003): Die Akzeptanz des E-Commerce in der Automobilwirtschaft, Wiesbaden.

Beutin, N. (2006): Verfahren zur Messung der Kundenzufriedenheit im Überblick. In: Homburg, C. (Hrsg): Kundenzufriedenheit, 6. Auflage, Wiesbaden, S. 121-169.

Bhattacherjee, A. (2002): Individual Trust in Online Firms: Scale Development and Initial Test. In: Journal of Management Information, 19. Nr. 1, S. 211-241.

Bickart, B.; Schindler, R.M. (2002): Expanding the Scope of Word of Mouth: Consumer-to-Consumer Information on the Internet. In: Advances in Consumer Research, 29, Nr. 1, S. 428.

Black, N.J.; Lockett, A.; Ennew, C.; Winklhofer, H.; McKechnie, S. (2002): Modelling consumer choice of distribution channels: an illustration from financial services. In: International Journal of Bank Marketing, 20, Nr. 4, S. 161-173.

Blackwell, R.D.; Miniard, P.W.; Engel, J.F. (2001): Consumer Behavior, 9th Edition, Mason.

Blake, B.F.; Neuendorf, K.A.; Valdiserri, C.M. (2003): Innovativeness and variety of Internet shopping. In: Internet Research, 13, Nr. 3, S. 156-169.

Blake, B.F.; Valdiserri, C. M.; Neuendorf, K. A.; Valdiserri, J.N. (2007): The Online Shopping Profile in the Cross-National Context: The Roles of Innovativeness and Perceived Innovation Newness. In: Journal of International Consumer Marketing, 19, Nr. 3, S. 23-51.

Bleicker, U. (1983): Produktbeurteilung der Konsumenten: Eine psychologische Theorie der Informationsverarbeitung. In: Forschungsgruppe Konsum und Verhalten, Heidelberg.

Bliemel, F.; Eggert, A.; Fassott, G.; Henseler, J. (Hrsg.) (2005): Handbuch PLS-Pfadmodellierung, Stuttgart.

Bloch, P.H. (1982): Involvement beyond the Purchase Process: Conceptual Issues and empirical Investigation. In: Advances in Consumer Research, 9, Nr. 1, S. 413-417.

Bloch, P.H.; Sherrell, D.L.; Ridgway, N.M. (1986): Consumer Search – An Extended Framework. In: Journal of Consumer Research, 13, Juni, S. 119-126.

Bollen, K.A.; Lennox, R. (1991): Conventional Wisdom in Measurement: A Structural Equation Perspective. In: Psychological Bulletin, 110, Nr. 2, S. 305-314.

Borth, B.-O. (2004): Beschwerdezufriedenheit und Kundenloyalität im Dienstleistungsbereich – Kausalananalysen unter Berücksichtigung moderierender Effekte, Wiesbaden.

Bosnjak, M.; Galeic, M.; Tuten, T. (2007): Personality determinants of online shopping: Explaining online purchase intentions using a hierarchical approach. In: Journal of Business Research, 60, Nr. 6, S. 597-605.

Boyer, K.K.; Hult, G.T.M. (2005): Customer Behavior in an Online Ordering Application: A Decision Scoring Model. In: Decision Scienes, 36, Nr. 4, S. 569-598.

Braunstein, C. (2001): Einstellungsforschung und Kundenbindung. Wiesbaden.

Breidenbach, P. (2007): E-Commerce bei Multi-Channel-Unternehmen – Analytische Betrachtung der Informations- und Kaufströme von Konsumenten und unternehmensstrategische Handlungsempfehlungen für Anbieter, Berlin.

Brosius, F. (2006): SPSS 14, Heidelberg.

Brown, M.; Pope, N.; Voges, K. (2001): Buying or browsing? An exploration of shopping orientations and online purchase intention. In: European Journal of Marketing, 37, Nr. 11/12, S. 1666-1684.

Brucks, M. (1985): The Effects of Product Class Knowledge on Information Search Behavior. In: Journal of Consumer Research, 12, Juni, S. 1-16.

Bruhn, M. (1982): Konsumentenzufriedenheit und Beschwerden, Frankfurt, u.a.

Bruhn, M. (2000): Kundenerwartungen – Theoretische Grundlagen, Messung und Managementkonzept, Zeitschrift für Betriebswirtschaft, 70, S. 1031-1054.

Bruhn, M. (2007): Marketing – Grundlagen für Studium und Praxis, 8. Auflage, Wiesbaden.

Bruhn, M.; Homburg, C. (2005) (Hrsg.): Handbuch Kundenbindungsmanagement, 5. Auflage, Wiesbaden.

Burmann, C. (1991): Konsumentenzufriedenheit als Determinante der Marken- und Händlerloyalität. In: Marketing - ZFP, 13, Nr. 4, S. 249-258.

Buss, A.H. (1989): Personality as Traits. In: American Psychologist, 44, November, S. 1378-1388.

Cai, L.A.; Feng, R.; Breiter D. (2004): Tourist purchase decision involvement and information preferences. In: Journal of Vacation Marketing, 10, Nr. 2, S. 138-148.

Carlos, F.; Miguel, F. (2006): Consumer trust, perceived security and privacy policy: Three basic elements of loyalty to a web site. In: Industrial Management & Data Systems, 106, Nr. 5, S. 601-620.

Cases, A.-S. (2002): Perceived risk and risk-reduction strategies in Internet shopping. In: The International Review of Retail, Distribution and Consumer Research, 12, October, S. 375-394.

Celsi, R.L.; Olson, J.C. (1988): The Role of Involvement in Attention and Comprehension Processes. In: Journal of Consumer Research, 15, September, S. 210-224.

Chang, M.K.; Cheung, W.; Lai, V.S. (2005): Literature derived reference models for the adoption of online shopping. In: Information & Management, 42, S. 543-559.

Chao, P.; Gupta, P.B. (1995): Information search and efficiency of consumer choices of new cars. In: International Marketing Review, 12, Nr. 6, S. 47-59.

Chen, L.-D.; Tan, J. (2004): Technology Adoption in E-commerce: Key Determinants of Virtual Stores Acceptance. In: European Management Journal, 22, Nr. 1, S. 74-86.

Chen, Q.; Griffith, D.A.; Shen, F. (2005): The Effects of Interactivity on Cross-Channel Communication Effectiveness. In: Journal of Interactive Advertising, 5, Nr. 2, S. 30-44.

Chen, R.; He, F. (2003): Examination of brand knowledge, perceived risk and consumers´ intention to adopt an online retailer. In: TQM & Business Excellence, 14, Nr. 6, S. 677-693.

Chen, Z.; Dubinsky, A.J. (2003): A Conceptual Model of Perceived Customer Value in E-Commerce: A preliminary investigation. In: Psychology Marketing, 20, Nr. 4, S. 323-347.

Chevalier, J.A.; Mayzlin, D. (2006): The Effect of Word of Mouth on Sales: Online Book Reviews. In: Journal of Marketing Research, 43, August, S. 345-354.

Chiang, K.-P.; Dholakia, R.R. (2003): Factors Driving Consumer Intention to Shop Online: An Empirical Investigation. In: Journal of Consumer Psychology, 13, Nr. 1&2, S. 177-183.

Childers, T.L.; Carr, C.L.; Peck, J.; Carson, S. (2001): Hedonic and utilitarian motivations for online retail shopping behaviour. In: Journal of Retailing, 77, S. 511-535.

Chin, W.W. (1998): The Partial Least Squares Approach to Structural Equitation Modeling. In: Marcoulides, G.A. (Hrsg.): Modern Business Research Methods, Mahwah, S. 295-336.

Cho, C.-H.; Khang, H. (2006): The State of Internet-related Research in Communications, Marketing, and Advertising: 1994-2003. In: Journal of Advertising, 35, Nr. 3, S. 143–163.

Cho, Y.; Im, I.; Hiltz, R.; Fjermestad, J. (2002): The Effects of Post-Purchase Evaluation Factors on Online vs. Offline Customer Complaining Behavior: Implications for Customer Loyalty. In: Advances in Consumer Research, 29, S. 318-326.

Choi, J.; Geistfeld, L.V. (2004): A cross-cultural investigation of consumer e-shopping adoption. In: Journal of Economic Psychology, 6, S. 821-838.

Citrin, A.V.; Sprott, D.E.; Silverman, S.N.; Stem, D.E. (2000): Adoption of Internet shopping: The role of consumer innovativeness. In: Industrial Management & Data Services, 100, Nr. 7, S. 294-300.

Clement, M; Runte, M. (2000): Intelligente Software-Agenten im eCommerce. In: der markt, 39, Nr. 1, S. 18-35.

Cohen, J. (1988): Statistical Power Analysis for the Behavioral Sciences, 2. Auflage, Hillsdale.

Cordell, V.V. (1997): Consumer Knowledge Measures as Predictors in Product Evaluation. In: Psychology Marketing, 14, Nr. 3, S. 241-260.

Cox, D.F.; Rich, S.U. (1964): Perceived Risk and Consumer Decision Making – The Case of Telephone Shopping. In: Journal of Marketing Research, 1, Nr. 4, S. 32-39.

Cunningham, L.F.; Gerlach, J.; Harper, M.D. (2004): Assessing perceived risk of Consumers in Internet Airline Reservation Services. In: Journal of Air Transportation, 9, Nr. 1, S. 21-35.

Czepiel, J.A.; Rosenberg, L.J. (1977): Consumer Satisfaction: Concept and Measurement. In: Journal of the Academy of Marketing Science, 5, Nr. 4, S. 403-412.

Dach, C. (2002b): Vorteile einer Multi-Channel-Strategie: Eine nüchterne Betrachtung – Synergien zwischen Ladengeschäften und Online-Shops aus Konsumentensicht, Institut für Handelsforschung an der Universität Köln, Köln.

Dach, C.(2002a): Internet Shopping versus stationärer Handel - Zum Einkaufsstättenwahlverhalten von Online-Shoppern, Dissertation, Stuttgart.

Dai, X.; Cude, B.J. (2004): Differences in Internet Users' Online Activities: The Influence of Their Characteristics on What They Do Online. In: Consumer Interests Annual, 50, S. 87-92.

Davis, F.D. (1989): Perceived usefulness, perceived easy of use, and user acceptance of information technology. In: MIS Quaterly, 13, Nr. 3, S. 319-340.

Day, G.S. (1970): Buyer Attitudes and Brand Choice, New York.

Deimel, K. (1989): Grundlagen des Involvement und Anwendung im Marketing. In: Marketing - ZFP, 11, Nr. 3, S. 153-161.

Dellarocas, C. (2003): The Digitization of Word of Mouth: Promise and Challenges of Online Feedback Mechanisms. In: Management Science, 49, Nr. 10, S. 1407–1424.

Devaraj, S.; Fan, M.; Kohll, R. (2002): Antecedents of B2C Channel Satisfaction and Preference: Validating e-Commerce Metrics. In: Information Systems Research, 13, Nr. 3, S. 316-333.

Dholakia, R.R.; Uusitalo, O. (2002): Switching to electronic stores: consumer characteristics and the perception of shopping benefits. In: International Journal of Retail & Distribution Management, 30, Nr. 10, S. 459-470.

Dholakia, U.M. (1998): Involvement-Response Models of Joint Effects: An Empirical Test and Extension. In: Advances in Consumer Research, 25, S. 499-506.

Diamantopoulos, A. (1999): Export performance measurement: reflective versus formative indicators. In: International Marketing Review, 16, Nr. 6, S. 444-457.

Diamantopoulos, A.; Winklhofer, H.M. (2001): Index Construction with Formative Indicators: An Alternative to Scale Development. In: Journal of Marketing Research, Mai, S. 269-277.

Diekmann, A. (2007): Empirische Sozialforschung. Grundlagen, Methoden, Anwendungen, 18. Auflage. Reinbek.

Diller, H, (1995): Kundenbindung als Zielvorgabe im Beziehungs-Marketing, Arbeitspapier Nr. 40, Lehrstuhl für Marketing, Universität Erlangen-Nürnberg, Erlangen.

Donthu, N.; Garcia, A. (1999): The Internet Shopper. In: Journal of Advertising Research, 39, Nr. 3, S. 52-58.

Duncan, C.P.; Olshavsky, R.W. (1982): External Search: The Role of Consumer Beliefs. In: Journal of Marketing Research, 19, Februar, S. 32-43.

Easingwood, C.; Coelho, F. (2003): Single versus multiple channel strategies. In: The Service Industries Journal, 23, Nr. 2, S. 31-46.

Eastin, M.S. (2002): Diffusion of E-Commerce: An analysis of the adoption of four E-Commerce Activities. In: Telematics and Informatics, 19, Nr. 3, S. 251-267.

Eastlick, M.A.; Feinberg, R.A. (1999): Shopping motives for mail catalog shopping. In: Journal of Business Research, 45, Nr. 3, S. 281-290.

Eberl, M. (2004): Formative und reflektive Indikatoren im Forschungsprozess: Entscheidungsregeln und die Dominanz des reflektiven Modells. In: Schriften zur Empirischen Forschung und Quantitativen Unternehmensplanung der Ludwig-Maximilians-Universität München, Heft 19/2004, München.

Eckey, H.-F.; Kosfeld, R.; Draeger, C. (2001): Ökonometrie, 2. Auflage, Wiesbaden.

Eggert, A.; Helm, S. (2000): Determinanten der Weiterempfehlung: Kundenzufriedenheit oder Kundenbindung? In: der markt, 39, S. 63-72.

Eggs, H. (2001): Vertrauen im Electronic Commerce – Herausforderungen und Lösungsansätze, Wiesbaden.

Einwiller, S. (2003): Vertrauen durch Reputation im elektronischen Handel, Wiesbaden.

Esch, F.-R.; Herrmann, A.; Sattler, H. (2006): Marketing – Eine managementorientierte Einführung, München.

Fassott, G. (2005): Die PLS-Pfadmodellierung: Entwicklungsrichtungen, Möglichkeiten, Grenzen. In: Bliemel, F.; Eggert, A.; Fassott, G.; Henseler, J. (Hrsg.): Handbuch PLS-Pfadmodellierung, Stuttgart, S. 19-29.

Fassott, G.; Eggert, A. (2005): Zur Verwendung formativer und reflektiver Indikatoren in Strukturgleichungsmodellen: Bestandsaufnahme und Anwendungsempfehlungen. In: Bliemel, F.; Eggert, A.; Fassott, G.; Henseler, J. (Hrsg.): Handbuch PLS-Pfadmodellierung, Stuttgart, S. 31-48.

Featherman, M.S.; Pavlou, P.A. (2003): Predicting e-services adoption: a perceived risk facets perspective. In: International Journal of Human-Computer Studies, 59, S. 451-474.

Festinger, L. (1978): Theorie der kognitiven Dissonanz, Bern.

Fisch, M.; Gescheidle, C. (2006): Onliner 2006: Zwischen Breitband und Web 2.0 – Ausstattung und Nutzungsinnovation. In: Media Perspektiven, 08/06, S. 431-440.

Fiske, C.A.; Luebbehusen, L.A.; Miyazaki, A.D.; Urbany, J.E. (1994): The Relationship Between Knowledge and Search: It Depends. In: Advances in Consumer Research, 21, S. 43-50.

Fitzsimons, G.J.; Greenleaf, E.A.; Lehmann, D.R. (1997): Decision and Consumption Satisfaction: Implications for Channel Relations, in: UCLA Working Paper, Vol. CA 90095, S. 1-36.

Fong, J.; Burton, S. (2006): Electronic Word-of-Mouth: A Comparison of Stated and Revealed Behavior on Electronic Discussion Boards. In: Journal of Interactive Advertising, 6, Nr. 2, S. 61-70.

Fornell, C.; Cha, J. (1994): Partial Least Squares. In: Bagozzi, R.P. (Hrsg.): Advanced Methods of Marketing Research, Cambridge, S. 52-78.

Fornell, C.; Larcker, D.F. (1981): Evaluating Structural Equation Models with Unobservable Variables and Measurement Error. In: Journal of Marketing Research, 18, Nr. 1, S. 39-50.

Forsythe, S.; Liu, C.; Shannon, D.; Gardner, L.C. (2006): Development of a scale to measure the perceived benefits and risks of online shopping. In: Journal of Interactive Marketing, 20, Nr. 2, S. 55-76.

Forsythe, S.M.; Petee, T.; Kim, J.O. (2003): Modeling Consumer Behavior in On-line Environments: Scale Validation. In: National Textile Center Annual Report, S. 1-10.

Forsythe, S.M.; Shi, B. (2003): Consumer patronage and risk perceptions in Internet shopping. In Journal of Business Research, 56, S. 867-875.

Foscht, T.; Swoboda, B. (2005): Käuferverhalten, 2. Auflage, Wiesbaden.

Frambach, R.T.; Roest, H.G.A.; Krishnan, T.V. (2007): The impact of consumer Internet experience on channel preferences and usage intentions across the different stages of the buying process. In: Journal of Interactive Marketing, 21, Nr. 2, S. 26-41.

Fritz, W. (2004) Internet-Marketing und Electronic Commerce – Grundlagen, Rahmenbedingungen, Instrumente, 3. Auflage, Wiesbaden.

Gan, C.; Clemes, M.; Limsombunchai, V.; Weng, A. (2006): Logit Analysis of Electronic Banking in New Zealand. In: Discussion Paper No. 108, Lincoln University, Canterbury.

Gefen, D. (2000): E-Commerce: the role of familiarity and trust. In: Omega - The International Journal of Management Science, 28, Nr. 6, S. 725-737.

Gefen, D.; Karahanna, E.; Straub, D.W. (2003): Trust and TAM in Online Shopping: An Integrated Model. In: MIS Quarterty, 27, Nr. 1, S 51-90.

Gefen, D.; Straub, D.W. (2004): Consumer trust in B2C e-Commerce and the importance of social presence: experiments in e-Products and e-Services. In: Omega - The International Journal of Management Science, 32, Nr. 6, S. 407-424.

Gehrt, K.C.; Yale, L.J.; Lawson, D.A. (1996): The convenience of catalog shopping: Is there more to it than time?. In: Journal of Direct Marketing, 10, Nr, 4, S. 19-28.

Gemünden, H. G. (1985): Wahrgenommenes Risiko und Informationsnachfrage – Eine systematische Bestandsaufnahme der empirischen Befunde. In: Marketing - ZFP, Nr. 1, S. 79-100.

George, J.F. (2002): Influences on the intent to make Internet purchases. In: Internet research, Nr. 2, S. 165-180.

Gerdes, S. (2003): Das Internet als Distributionskanal – Auswirkungen von Breitband auf das Kaufverhalten, Wiesbaden.

Gerhard, A. (1995): Die Unsicherheit des Konsumenten bei der Kaufentscheidung – Verhaltensweisen von Konsumenten und Anbietern, Wiesbaden.

Gerhards, M; Mende, A. (2006): Offliner: Vorbehalte und Einstiegsbarrieren gegenüber dem Internet bleiben bestehen. In: Media Perspektiven, 08/06, S. 416-430.

Gerpott, T.J. (2006): Management von Kundenzufriedenheit in der Mobilfunkbranche. In: Homburg, C. (Hrsg): Kundenzufriedenheit, 6. Auflage, Wiesbaden, S. 495-527.

Giering, A. (2000): Der Zusammenhang zwischen Kundenzufriedenheit und Kundenloyalität, Wiesbaden.

Gilltett, P.L. (1970): A Profile of Urban In-Home Shoppers. In: Journal of Marketing, 34, Juli, S. 40-45.

Godin, S. (2000): Unleashing the Ideavirus. New York.

Goldenberg, J.; Libai, B.; Muller, E. (2001): Talk of the Network: A Complex Systems Look at the Underlying Process of Word-of-Mouth. In: Marketing Letters, 12 Nr. 3, S. 211-223.

Goldsmith, R.E. (2002): Explaining and predicting consumer Intention to purchase over the Internet: An exploratory study. In: Journal of Marketing, 10, Nr. 2, S. 22-28.

Goldsmith, R.E.; d`Hauteville, F.; Flynn, L.R. (1998): Theory and measurement of consumer innovativeness. In: European Journal of Marketing, 32, Nr.3-4; S. 340-353.

Goldsmith, R.E.; Goldsmith, E.B. (2002): Buying apparel over the Internet. In: The Journal of Product Brand Management, 11, Nr. 2, S. 89-102.

Goldsmith, R.E.; Hofacker, C.F. (1991): Measuring consumer innovativeness. In: Journal of the Academy of Marketing Science, 19, Nr. 3, S. 209-221.

Goodman, J.A.; O´Brien, P.; Segal, E. (2000): Turning CFOs into Quality Champions. In: Quality Progress, 33, Nr. 3, S. 47-54.

Götz, O.; Hoyer, W.D.; Krafft, M.; Reinartz, W.J. (2006): Der Einsatz von Customer Relationship Management zur Steuerung von Kundenzufriedenheit. In: Homburg, C. (Hrsg.): Kundenzufriedenheit, 6. Auflage, Wiesbaden, S. 419-460.

Grazioli, S.; Jarvenpaa, S.L. (2000): Perils of Internet Fraud: An Empirical Investigation of Deception and Trust with Experienced Internet Consumers. In: SYSTEMS AND HUMANS, 30, Nr. 4, S. 395-410.

Gröppel, A. (1994): Die Dynamik der Betriebsformen des Handels – Ein Erklärungsversuch aus Konsumentensicht. In: Forschungsgruppe Konsum und Verhalten (Hrsg.): Konsumentenforschung, München, S. 379-397.

Günter, B. (2006): Beschwerdemanagement als Schlüssel zur Kundenzufriedenheit. In: Homburg, C. (Hrsg): Kundenzufriedenheit, 6. Auflage, Wiesbaden, S. 369-390.

Gupta, A.; Su, B.-C.; Walter, Z. (2004): An Empirical Study of Consumer Switching from Traditional to Electronic Channel: A Purchase Decision Process Perspective. In: International Journal of Electronic Commerce, 8, Nr. 3, S. 131-161.

Hair, J.F.; Black, W.C.; Babin, B.J.; Anderson, R.E.; Tatham, R.L. (2006): Multivariate Data Analysis, Sixth Edition, New Jersey.

Hanna, N.; Wozniak, R. (2001): Consumer Behavior, New Jersey.

Hansen, T. (2005): Understanding Consumer Online Grocery Behavior: Results from a Swedish Study. In: Journal of Euromarketing, 14, Nr. 3, S. 31-58.

Hansen, T. (2006): Determinants of consumers´ repeat online buying of groceries. In: The International Review of Retail, Distribution and Consumer Research, 16, Nr. 1, S. 93-115.

Hansen, U.; Bornemann, D.; Rezabakhsh, B. (2004): Markttransparenz als Problemstellung der Verbraucherpolitik im Zeitalter des Internet, in Wiedmann, K.-P. (Hrsg.): Fundierung des Marketing – Verhaltenswissenschaftliche Erkenntnisse als Grundlage einer angewandten Marketingforschung, Wiesbaden.

Hansen, U.; Jeschke, K. (2000): Beschwerdemanagement für Dienstleistungsunternehmen. In: Bruhn, M.; Stauss, B.: Dienstleistungsqualität, 3. Auflage, Wiesbaden, S. 433-459.

Harn, A.C.P.; Khatibi, A.; Ismail, H.I. (2006): E-Commerce: A Study on Online Shopping in Malaysia. In: Journal of Social Science, 13, Nr. 3, S. 231-242.

Harris, L.C.; Goode, M.M.H. (2004): The four levels of loyalty and the pivotal role of trust: a study of online service dynamics. In: Journal of Retailing, 80, S. 139–158.

Hartung, J.; Elpelt, B.; Klösener, K.-H. (2005): Statistik, 14. Auflage, München.

Hauser, J.; Tellis, G.J.; Griffin, A. (2006): Research on Innovation: A Review and Agenda for Marketing Science. In: Marketing Science, 25, Nr. 6, S. 687-717.

Hawkins, D. I.; Best, R. J.; Coney, K. A. (2003): Consumer Behavior, Ninth Edition, New York.

Haywood, K.M. (1989): Managing Word of Mouth Communications, Journal of Services Marketing, 3, NR. 2, S. 55-67.

Heijden van der, H.; Verhagen, T.; Creemers, M. (2003): Understanding online purchase intentions: contributions from technology and trust perspectives. In: European Journal of Information Systems, 12, S. 41–48.

Heinemann, M. (1976): Einkaufsstättenwahl und Firmentreue des Konsumenten – Verhaltenswissenschaftliche Erklärungsmodelle und ihr Aussagewert für das Handelsmarketing, Münster.

Helm, S. (2000): Kundenempfehlungen als Marketinginstrument, Wiesbaden.

Helm, S. (2007): Unternehmensreputation und Stakeholder-Loyalität, Wiesbaden.

Henneking, K. M. (1998): Marketingcontrolling im Einzelhandel, Wiesbaden.

Hennig-Thurau, T. (2004): Motive des Lesens von Kundenartikulationen im Internet: Theoretische und empirische Analyse. In: Wiedmann, K.-P.; Buxel, H.; Frenzel, T.; Walsh, G. (Hrsg.): Konsumentenverhalten im Internet – Konzepte – Erfahrungen – Methoden, Wiesbaden, S. 171-194.

Hennig-Thurau, T., Gwinner, K.P; Walsh, G.; Gremler, D.D. (2004): Electronic Word-of-Mouth via Consumer-Opinon Platforms: What Motivates Consumers to Articulate Themselves on the Internet?. In: Journal of Interactive Marketing, 18, S. 38-52.

Hennig-Thurau, T.; Walsh, G. (2003): Electronic Word of Mouth: Motives for and Consequences of Reading Customer Articulations on the Internet. In: International Journal of Electronic Commerce, 8, Nr. 2, S. 51–74.

Henseler, J. (2005): Einführung in die PLS-Pfadmodellierung. In: WiSt, Nr. 2, S. 70-75.

Hermanns, A.; Sauter, M. (2001): E-Commerce – der Weg in die Zukunft. In: Hermanns, A.; Sauter, M. (Hrsg.): Management-Handbuch Electronic Commerce, 2. Auflage, München, S. 7-14.

Hermanns, A.; Sauter, M. (2001): E-Commerce – Grundlagen, Einsatzbereiche und aktuelle Tendenzen. In: Hermanns, A.; Sauter, M. (Hrsg.): Management-Handbuch Electronic Commerce, 2. Auflage, München, S. 15-32.

Hernandez, J.M.C.; Mazzon, J.A. (2007): Adoption of internet banking: proposition and implementation of an integrated methodology approach. In: The International Journal of Bank Marketing, 25, Nr. 3, S. 72-88.

Herrmann, A.; Huber, F. (1997): Kundenloyalität als Erfolgsdeterminante im Marketing: Ergebnisse einer kausalanalytischen Studie im Automobilsektor. In: Journal für Betriebswirtschaft, 67, Nr. 1, S. 4-25.

Herrmann, A.; Huber, F.; Kressmann, F. (2004): Partial Least Squares – Ein Leitfaden zur Spezifikation, Schätzung und Beurteilung varianzbasierter Strukturgleichungsmodelle, Zeitschrift für Betriebswirtschaft (ZfB), S. 1-35.

Higie, R.A.; Feick, L.F.; Price, L.L. (1991): The Importance of Peripheral Cues in Attitude Formation for Enduring and Tasked Involved Individuals. In: Advances in Consumer Research, 18, S. 187-193.

Hirschman, A.O. (1974): Abwanderung und Widerspruch, Tübingen.

Hirschman, E.C. (1980): Innovativeness, Novelty Seeking, and Consumer Creativity. In: Journal of Consumer Research, 7, Dezember, S. 283-295.

Hoffmann, A. (1991): Die Erfolgskontrolle von Beschwerdemanagement-Systemen, Frankfurt u.a.

Homburg, C.; Baumgartner, H. (1995): Beurteilung von Kausalmodellen. Bestandsaufnahme und Anwendungsempfehlungen. In: Marketing - ZFP, 17, Nr. 3, S. 162-176.

Homburg, C.; Bruhn, M. (2005): Kundenbindungsmanagement - Eine Einführung in die theoretischen und praktischen Problemstellungen. In: Bruhn, M.; Homburg, C. (Hrsg.), Handbuch Kundenbindungsmanagement, 5. Auflage, Wiesbaden., S. 3-37.

Homburg, C.; Bucerius, M. (2006): Kundenzufriedenheit als Managementherausforderung. In: Homburg, C. (Hrsg.): Kundenzufriedenheit, 6. Auflage, Wiesbaden, S. 53-89.

Homburg, C.; Dobratz, A. (1998): Iterative Modellselektion in der Kausalanalyse. In: Hildebrandt, L.; Homburg, C. (Hrsg.): Die Kausalanalyse: Instrument der empirischen betriebswirtschaftlichen Forschung, Stuttgart, S. 447-474.

Homburg, C.; Giering, A. (1996): Konzeptionalisierung und Operationalisierung komplexer Konstrukte. Ein Leitfaden für die Marketingforschung. In: Marketing - ZFP, 18, S. 5-24.

Homburg, C.; Giering, A.; Hentschel, F. (1999): Der Zusammenhang zwischen Kundenzufriedenheit und Kundenbindung. In: Die Betriebswirtschaft, 59, Nr. 2, S. 173-195.

Homburg, C.; Rudolph, B. (1998): Theoretische Perspektiven zur Kundenzufriedenheit. In Simon, H.; Homburg, C. (Hrsg.): Kundenzufriedenheit, 3. Auflage, Wiesbaden, S. 33-55.

Homburg, C.; Stock-Homburg, R. (2006): Kundenzufriedenheit als Managementherausforderung. In: Homburg, C. (Hrsg.): Kundenzufriedenheit, 6. Auflage, Wiesbaden, S. 17-51.

Houston, M.J.; Rothschild, M.L. (1978): Conceptual and Methodological Perspectives on Involvement. In: Jain, S.C. (Hrsg.): Research Frontiers in Marketing: Dialogues and Directors, Chicago, S. 184-187.

Hoyer, W.D.; MacInnis, D.J. (2007): Consumer Behavior, 4. Auflage, Boston.

Hulland, J. (1999): Use of Partial Least Squares (PLS) in Strategic Management Research. A Review of Four Recent Studies. In: Strategic Management Journal, 20, S. 195-204.

Hunt, S.D.; Sparkman Jr., R.D.; Wilcox, J.B. (1982): The Pretest in Survey Research: Issues and Preliminary Findings. In: Journal of Marketing Research, 19, Nr. 2, S. 269-273.

Hupp, O. (1998): Das Involvement als Erklärungsvariable für das Entscheidungs- und Informationsverhalten von Konsumenten, Arbeitspapier Nr. 22 der Reihe Konsum und Verhalten, Universität des Saarlandes, Saarbrücken.

Hurt, H.T.; Joseph, K.; Cook, C.D. (1977): Scales for Measurement of innovativeness. In: Human Communication Research, 4, Nr. 1, S. 58-65.

Ilzarbe, L. (2005): Wirkung von Einflussgrößen - insbesondere der Produktqualität - auf die Kundenzufriedenheit in der Automobilindustrie, Berlin.

Im, S.; Bayus, B.L.; Mason, C.H. (2003): An Empirical Study of Innate Consumer Innovativeness, Personal Characteristics, and New-Product Adoption Behavior. In: Journal of the Academy of Marketing Science, 31, Nr. 1, S. 61-73.

Ittersum van, K. (2001): The Role of Region of Origin in Consumer Decision-Making and Choice, Wageningen.

Jacoby, I. (1977): Information Load and Decision Quality: Some Contested Issues. In: Journal of Marketing Research, 14, S. 569-573.

Jacoby, J.; Chestnut, R.W.; Fisher, W.A. (1978): A Behavioral Process Approach to Information Acquisition in Nondurable Purchasing. In: Journal of Marketing Research, 15, November, S. 532-544.

Jarvis, C. B.; Mackenzie, S.B.; Podsakoff, P.M. (2003): A Critical Review of Construct Indicators and Measurement Model Misspecification in Marketing and Consumer Research. In: Journal of Consumer Research, 30, September, S. 199-218.

Jeck-Schlottmann, G. (1987): Visuelle Informationsverarbeitung bei wenig involvierten Konsumenten. Eine empirische Untersuchung zur Anzeigenbetrachtung mittels Blickaufzeichnung, Saarbrücken.

Jeck-Schlottmann, G. (1988): Werbewirkung bei geringem Involvement, Arbeitspapier Nr. 1 der Reihe Konsum und Verhalten, Universität des Saarlandes, Saarbrücken.

Jepsen, A. L. (2007): Factors affecting consumer use of the Internet for information search. In: Journal of Interactive Marketing, 21, Nr. 3, S. 21-34.

Jeschke, K. (1995): Nachkaufmarketing: Kundenzufriedenheit und Kundenbindung auf Konsumgütermärkten, Frankfurt.

Jih, W.-J.; Wong, S.-W.; Chang, T.-B. (2005): Effects of Perceived Risks on Adoption of Internet Banking Services: An Empirical Investigation in Taiwan. In: International Journal of E-Business Research, 1, Nr. 1, S. 70-88.

Johnson, E.J.; Russo, J.E. (1981): Product Familiarity and Learning New Information. In: Advances in Consumer Research, 8, Nr. 1, S. 151-155.

Kaas, K.P. (1990): Marketing als Bewältigung von Informations- und Unsicherheitsproblemen im Markt. In: Die Betriebswirtschaft, 50, Nr. 4, S. 539-548.

Kähler, W.-M. (2008): Statistische Datenanalyse – Verfahren verstehen und mit SPSS gekonnt einsetzen, 5. Auflage, Wiesbaden.

Katalog E (2006): Katalog E – Begriffsdefinitionen aus der Handels- und Absatzwirtschaft, 6. Auflage, Köln.

Kaufman-Scarborough, C.K.; Lindquist, J.D. (2002): E-shopping in a multiple channel environment. In: Journal of Consumer Marketing, 19, Nr. 4, S. 333-350.

Keller, E.; Berry, J. (2006): Word-of-mouth: The real action is offline. In: Advertising Age, 77, Nr. 49, S. 20.

Kim, E.Y.; Kim, Y.-K. (2004): Predicting online purchase intentions for clothing products. In: European Journal of Marketing, 38, Nr. 7, S. 883-897.

Kim, H.-Y.; Kim, Y.-K. (2005): Escapism, Consumer Lock-in, Attitude, and Purchase: An Illustration from an Online Shopping Context. In: Journal of Shopping Center Research, 12, Nr. 2, S. 103-115.

Kim, J.; Fiore, A.M.; Lee, H.-H. (2007): Influences of online store perception, shopping enjoyment, and shopping involvement on consumer patronage behaviour towards an online retailer. In: Journal of Retailing and Consumer Services, 14, Nr. 2, S. 95-108.

Kim, J.; LaRose, R. (2004): Interactive E-Commerce: Promoting Consumer Efficiency or Impulsivity? In: Journal of Computer-Mediated Communication, 10, Nr. 1, Artikel 9.

King, M.F.; Balasubramanian, S.K (1994): The effects of expertise, end goal, and product type on adoption of preference formation strategy. In: Journal of the Academy of Marketing Science, 22, Nr. 2, S. 146-159.

Kirton, M.J. (1976): Adopters and Innovators: A Description and Measure. In: Journal of Applied Psychology, 61, Nr. 5, S. 622-629.

Klein, L.R.; Ford, G.T. (2003): Consumer Search for Information in the Digital Age: An empirical study of prepurchase search for automobiles. In: Journal of Interactive Marketing, 17, Nr. 3, S. 29-49.

Koch, M. (2006): Historische, begriffliche und inhaltliche Grundlagen des E-Commerce und E-Business, Berlin.

Korb, J. C. (2000): Kaufprozesse im Electronic Commerce – Einflüsse veränderter Kundenbedürfnisse auf die Gestaltung, Wiesbaden.

Korgaonkar, P.K.; Moschis, G.P. (1982): An experimental study of cognitive dissonance, product involvement, expectations, performance and consumer judgment of product performance. In: Journal of Advertising, 11, Nr. 3, S. 32-44.

Koschate, N. (2006): Preisbezogene Auswirkungen von Kundenzufriedenheit. In: Homburg, C. (Hrsg.): Kundenzufriedenheit, 6. Auflage, Wiesbaden, S. 91-117.

Kotler, P.; Armstrong, G.; Saunders, J.; Wong, V. (2007): Grundlagen des Marketing, 4. Auflage, München.

Koufaris, M. (2002): Applying the Technology Acceptance Model and Flow Theory to Online Consumer Behavior. In: Information Systems Research, 13, Nr. 2, S. 205-223.

Koufaris, M.; Kambil, A.; LaBarbera, A.L. (2002): Consumer Behavior in Web-Based Commerce: An Empirical Study. In: International Journal of Electronic Commerce, 6, Nr. 2, S. 115–138.

Krafft, M.; Götz, O.; Liehr-Gobberst, K. (2005): Die Validierung von Strukturgleichungsmodellen mit Hilfe des Partial-Least-Square (PLS)-Ansatzes. In: Bliemel, F.; Eggert, A.; Fassott, G.; Henseler, J. (Hrsg.): Handbuch PLS-Pfadmodellierung, Stuttgart, S. 71-86.

Kreller, P. (2000): Einkaufsstättenwahl von Konsumenten – Ein präferenztheoretischer Ansatz, Wiesbaden.

Kroeber-Riel, W.; Weinberg, P. (2003): Konsumentenverhalten, 8. Auflage, München.

Kumar, N.; Scheer, L.K.; Steenkamp, J.B. (1993): Powerful Suppliers, Vulnerable Resellers, and the Effect of Supplier Fairness: A Cross-National Study, Institute for the Study of Business Markets, Pensylvania State University, Philadelphia.

Kuß, A.; Tomczak, T. (2004): Käuferverhalten, 3. Auflage, Stuttgart.

Kwak, H.; Fox, R.J.; Zinkhan, G.M. (2002): Journal of Advertising Research, January/February, S. 23-38.

Lassar, W.M. (2005): The relationship between consumer innovativeness, personal characteristics, and online banking adoption. In: The international journal of bank marketing, 23, Nr. 2-3, S. 176-199.

Lau, G.T.; Ng, S. (2001): Individual and Situational Factors Influencing Negative Word-of-Mouth Behaviour. In: Canadian Journal of Administrative Sciences, 18, Nr. 3, S. 163-178.

Laurent, G.; Kapferer, J.-N. (1985): Measuring Consumer Involvement Profiles. In: Journal of Marketing Research, 22, Februar, S. 41-53.

Leavitt, C.; Walton, J (1975): Development a Scale of Innovativeness. In: Advances in Consumer Research, 2, Nr. 1, S. 545-554.

Lee, K.S.; Tan, S.J. (2003): E-retailing versus physical retailing: A theoretical model and empirical test of consumer choice. In: Journal of Business Research, 56, Nr. 11, S. 877-885.

Leisen, B.; Prosser, E. (2004): Customers` Perception of Expensiveness and Its Impact on Loyalty Behaviors. In: Services Marketing Quarterly, 25, Nr. 3, S. 35-52.

Letho, X.Y.; Kim, D.-Y.; Morrison, A.M. (2006): The effect of prior destination experience on online information search behaviour. In: Tourism and Hospitality Research, 6, Nr. 2, S. 160-178.

Li, H.; Kuo, C.; Russel, M.G. (1999): The Impact of Perceived Channel Utilities, Shopping Orientations, and Demographics on the Consumer's Online Buying Behavior. In: Steinfield, C. (Hrsg.): New Directions in Research on E-Commerce, West Lafayette, S. 85-101.

Liang, H.; Xue, Y.; Lasoethakul, K.; Lloyd, S. (2005): Information Systems and Healthcare – Trust, uncertainty, and online prescription filling. In: Communications of the Association for Information Systems, 15, S. 41-60.

Liebermann, Y.; Stashevsky, S. (2002): Perceived risks as barriers to Internet and e-commerce usage. In: Qualitative Market Research, 5, Nr. 4, S. 291-300.

Liebmann, H.-P. (1996): Auf den Spuren der „Neuen Kunden". In: Zentes, J.; Liebmann, H.-P. (Hrsg.): GDI-Trendbuch Handel No. 1, Düsseldorf, München, S. 37-54.

Liebmann, H.-P.; Zentes, J. (2001): Handelsmanagement, München.

Lihotzky, N. (2003): Kundenbindung im Internet – Maßnahmen und Erfolgswirksamkeit im Business-to-Consumer-Bereich, Wiesbaden.

Lim, N. (2003): Classification of Consumers' Perceived Risk: Sources versus Consequences. In: Electronic Commerce Research & Applications, 2, Nr. 3, S. 216-228.

Limayem, M.; Khalifa, M.; Frini, A. (2000): What Makes Consumers Buy from Internet? A Longitudinal Study of Online Shopping. In: SYSTEMS AND HUMANS, 30, Nr. 4, S. 421-432.

Lin, L.-Y.; Chen, C.-S. (2006): The influence of the country-of-origin image, product knowledge and product involvement on consumer purchase decisions: An empirical study of insurance and catering services in Taiwan. In: The Journal of Consumer Marketing, 23, Nr. 5, S. 248-265.

Lin, T.M.Y.; Fang, C.-H. (2006): The effects of perceived risk on the word-of-mouth-communication dyad. In: Social behaviour and personality, 34, Nr. 10, S. 1207-1216.

Lingenfelder, M., (2001): E-Commerce: Substitution bestehender Vertriebslinien oder Zusatzumsatz im Spiegel einer empirischen Untersuchung. In: Diller, H. (Hrsg.): Der moderne Verbraucher- Neue Befunde zum Verbraucherverhalten, Nürnberg, S. 161-175.

Lingenfelder, M.; Loevenich, P. (2001): Die Identifikation und Bearbeitung von Internet-Käufern. In: Diller, H. (Hrsg.): Der moderne Verbraucher- Neue Befunde zum Verbraucherverhalten, Nürnberg, S. 135-159.

Lingenfelder, M.; Schulze, M. (2007): Die Relevanz von Einkaufsmotiven für die Gestaltung des Mehrkanalvertriebs im Dienstleistungsmarketing. In: Wirtz, W. (Hrsg.): Handbuch Multi-Channel-Marketing, Wiesbaden, S. 735-761.

Link, J.; Kramm, F. (2007): Anforderungen an Informations- und Kommunikationssysteme im Multi-Channel-Marketing. In: Wirtz, W. (Hrsg.): Handbuch Multi-Channel-Marketing, Wiesbaden, S. 555-578.

Loevenich, P. (2002): Substitutionskonkurrenz durch E-Commerce, Wiesbaden.

Lu, H.P. (2005): An empirical study of the effect of perceived risk upon intention to use online applications. In: Information Management Computer Security, 13, Nr. 2, S. 106-120.

Lueg, J.E.; Ponder, N.; Beatty, S.E.; Capella, M.L. (2006). Teenagers use of alternative shopping channels. In: Journal of Retailing, 82, Nr. 2, S. 137-154.

Lürssen, J. (1989): Produktwissen und Kaufentscheidung – Einbeziehung des Produktwissens bei der Analyse von Kaufentscheidungen mit der Informations-Display-Matrix, Frankfurt.

Malafi, T.N. (1991): Exit, voice, loyality and neglect - responses to consumer dissatisfaction, Dissertation, Pittsburgh.

Marquis, M. (2005): Exploring convenience orientation as a food motivation for college students living in residence halls. In: International Journal of Consumer Studies, 29, Nr. 1, S. 55–63.

Martinez Guerrero, M.; Ortega, E.; Jose, M.; Roman, G.; Maria, V. (2007): Application of the latent class regression methodology to the analysis of internet use for banking transactions in the European Union. In: Journal of Business Research, 60, Nr. 2, S. 137-145.

Matzler, K. (1997): Kundenzufriedenheit und Involvement, Wiesbaden.

Matzler, K.; Bailom, F. (2006): Messung von Kundenzufriedenheit. In: Hinterhuber, H. H.; Matzler, K. (Hrsg.): Kundenorientierte Unternehmensführung, 5. Auflage, Wiesbaden, S. 241-270.

McKnight, D.H.; Choudhury, V.; Kacmar, C. (2002): The impact of initial consumer trust on intentions to transact with a Web Site: a trust building model. In: The Journal of Strategic Information Systems, Nr. 3-4, S. 297-323.

McQuarrie, E.F.; Munson, J.M. (1992): A Revised Product Involvement Inventory: Improved Usability and Validity. In: Advances in Consumer Research, 19, S. 108-115.

Meffert, H. (2000): Marketing – Grundlagen marktorientierter Unternehmensführung, 9. Auflage, Wiesbaden.

Meffert, H.; Bruhn, M. (2000): Dienstleistungsmarketing, 3. Auflage, Wiesbaden.

Meffert, H.; Twardawa, W.; Wildner, R. (2001): Aktuelle Trends im Verbraucherverhalten: Chance oder Bedrohung für die Markenartikel? In: Köhler, R.; Majer, W.; Wizorek, H. (Hrsg.): Erfolgsfaktor Marke: Neue Strategien des Markenmanagements, München. S. 1-21.

Meier, A.; Stormer, H. (2005): eBusiness & eCommerce – Management der digitalen Wertschöpfungskette, Heidelberg.

Mentzel, I. (2003): Kaufverhalten und Kundenloyalität im E-Commerce - zwei empirische Untersuchungen, Greifswald.

Merx, O.; Bachem, C. (Hrsg.) (2004): Multichannel-Marketing-Handbuch, Berlin.

Merz, M. (2002): E-Commerce und E-Business – Marktmodelle, Anwendungen und Technologien, 2. Auflage, Heidelberg.

Midgley, D.F.; Dowling, G.R. (1978): Innovativeness: The Concept and Its Measurement. In: Journal of Consumer Research, 4, März, S. 229-242.

Mikulcik, M. K. (2007): Absatztreiber bei Filialisierung und Franchising im ordinalen Vergleich, Frankfurt am Main

Mitchell, V.W. (1999): Consumer perceived risk: conceptualisations and models. In: European Journal of Marketing, 33 Nr. 1/2, S. 163-195.

Montoya-Weiss, M.M.; Voss, G.B.; Grewal, D. (2003): Determinants of Online Channel Use and Overall Satisfaction With a Relational, Multichannel Service Provider. In: Journal of the Academy of Marketing Sciences, 31, Nr. 4, S. 448-458.

Moore, W.L.; Lehmann, D.R. (1980): Individual Differences in Search Behavior for a Nondurable. In: Journal of Consumer Research, 7, S. 296-307.

Morganosky, M. (1986): Cost- Versus Convenience-Oriented Consumers: Demographic, Lifestyle, and Value Perspectives. In: Psychology and Marketing, 3, 35-46.

Muehling, D.D.; Laczniak, R. .; Andrews, J.C. (1993): Defining, Operationalizing, and Using Involvement in Advertising Research: A Review. In: Journal of Current Issues an Research in Advertising, 15, Nr. 1, S. 21-57.

Müller-Hagedorn, L. (2005): Handelsmarketing, 4. Auflage, Stuttgart.

Müller-Lankenau, C. (2007): Multikanalstrategien im stationären Einzelhandel – Eine empirische Untersuchung in der Konsumelektronikbranche, Köln.

Murray, K.B. (1991): A Test of Services Marketing Theory: Consumer Information Acquisition Activities. In: Journal of Marketing, 55, Januar, S. 10-25.

Murray, K.B.; Schlacter, J.L (1990): The impact of services versus goods on consumers' assessment of perceived risk and variability. In: Journal of the Academy of Marketing Science, 18, Nr. 1, S. 51-65

Nieschlag, R.; Dichtl, E.; Hörschgen, H. (2002): Marketing, 19. Auflage, Berlin.

Nunnally, J.C.; Bernstein, I.H. (1994): Psychometric Theory, 3. Auflage, New York.

Nyer, P.U.; Gopinath, M. (2005): Effects of Complaining Versus Negative Word of Mouth on Subsequent Changes in Satisfaction: The Role of Public Comitment. In: Psychology & Marketing, 22, Nr. 12, S. 937-953.

O´Cass, A.; Fenech, T. (2003): Web retailing adoption: exploring the nature of interest users Web retailing behaviour. In: Journal of Retailing and Consumer Services, 10, S. 81-94.

Oliver, R.L. (1980): A Cognitive Model of the Antecedents and Consequences of Satisfaction Decisions. In: Journal of Marketing Research, 17, Nr. 4, S. 460-469.

Olsen, S.O. (2002): Comparative Evaluation and the Relationship Between Quality, Satisfaction, and Repurchase Loyalty. In: Journal of the Academy of Marketing Science, 30, Nr. 3, S. 240-249.

Ozcan, K. (2004): Consumer-to-Consumer Interactions in a networked Society: Word-of-Mouth Theory, Consumer Experiences, and Network Dynamics, Michigan.

Panten, G. (2005): Internet-Geschäftsmodell Virtuelle Community, Wiesbaden.

Parikh, D. (2006): Profiling Internet Shoppers: A Study of Expected Adoption of Online Shopping in India. In: IIMB Management Review, September 2006, S. 221-231.

Park, C.; Jong-Kun, J. (2003): A cross-cultural comparison of Internet buying behaviour. In: International Marketing Review, 20, Nr. 5, S. 534-553.

Park, D.H.; Lee, J.; Han, I. (2007): The Effect of On-Line Consumer Reviews on Consumer Purchasing Intention: The Moderating Role of Involvement. In: International Journal of Electronic Commerce, 11, Nr. 4, S. 125-148.

Park, J.; Lennon, S. J.; Stoel, L. (2005): On-Line Product Presentation: Effects on Mood, Preceived Risk, and Purchase Intention. In: Psychology & Marketing, 22, Nr. 9, S. 695-719.

Pavlou, P.A.; Gefen, D. (2004): Building Effective Online Marketplaces with Institution-Based Trust. In: Information Systems Research, 15, Nr. 1, S. 37-59.

Pepels, W. (1999): Moderne Marktforschungspraxis, Neuwied, Kriftel.

Pepels, W. (2007): Vertriebsmanagement in Theorie und Praxis, München.

Peter, J.P.; Olson, J.C. (2005): Consumer Behaviour & Marketing Strategy, 7th Edition, New York.

Peter, S.I. (1999): Kundenbindung als Marketingziel, 2. Auflage, Wiesbaden.

Peterson, R.A.; Albaum, G.; Beltramini, F. (1985): A Meta-Analysis of Effect Sizes in Consumer Behaviour Experiments. In: Journal of Consumer Research, 12, Nr. 1, S. 97-103.

Picot, A.; Reichwald, R.; Wigand, R.T. (2003): Die grenzenlose Unternehmung, 5. Auflage, Wiesbaden.

Pikkarainen, T.; Pikkarainen, K.; Karjaluoto, H.; Pahnila, S. (2004): Consumer acceptance of online banking: an extension of the technology acceptance model. In: Internet Research, 14, Nr. 3, S. 224-235.

Poel van den, D.; Leunis, J. (1996): Perceived risk and risk reduction strategies in mail-order versus retail store buying. In: International Review of Retail, Distribution & Consumer Research, 6, Nr. 4, S. 351-371.

Porter, M. E. (2001): Strategy and the Internet. In: Harvard Business Review, 79, Nr. 3, S. 62-78.

Preacher, K.J.; MacCallum, R.C. (2003): Repairing Tom Swift`s Electric Factor Analysis Machine. In: Understanding Statistics, 2, Nr. 1, S. 13-43.

Raffée, H., Silberer, G. (1975): Ein Grundkonzept für die Erfassung und Erklärung des subjektiven Informationsbedarfs bei Kaufentscheidungen der Konsumenten, Mannheim.

Raithel, J. (2006): Quantitative Marktforschung, Wiesbaden.

Rams, W. (2001): Kundenbindung im deutschen Mobilfunkmarkt: Determinanten und Erfolgsfaktoren in einem dynamischen Marktumfeld, Wiesbaden.

Ranganathan, C.; Jha, S. (2007): Examining Online Purchase Intentions in B2C E-Commerce: Testing an Integrated Model. In: Information Ressources Management Journal, 20, Nr. 4, S. 48-64.

Ratchford, B.T.; Lee, M.-S.; Talukdar, D. (2003): The Impact of the Internet on Information Search for Automobiles. In: Journal of Marketing Research, 15, Mai, S. 193-209.

Reichheld, F.F.; Sasser Jr.; W.E. (1990): Zero Defections: Quality Comes to Services. In: Harvard Business Review, September/Oktober, S. 105-111.

Reichheld, F.F.; Schefter, P. (2000): E-Loyalty. In: Harvard Business Review, 78, Nr. 4, S. 105-113.

Rese, M.; Gräfe, G. (2002): Erhöhte Markttransparenz durch das Internet? In: Die Unternehmung, 56, Nr. 5, S. 333-354.

Reynolds, F. (1974): An Analysis of Catalog Buying Behavior. In: Journal of Marketing, 38, Nr. 3, S. 47-51.

Rha, J.-Y. (2002): Consumers in the Internet Era: Essays on the impact of Electronic Commerce from a Consumer Perspective, Ann Arbor.

Richards, J.; Shen, D. (2006): E-Commerce Adoption Among Chinese Consumers: An Exploratory Study. In: Journal of International Consumer Marketing, 18, Nr. 3, S. 33-56.

Richins, M.L. (1982): An Investigation of Consumers` Attitudes toward complaining. In: Advances in Consumer Research, 9, Nr. 1, S. 502-506.

Richins, M.L.; Bloch, P.H. (1986): After the New Wears Off: The Temporal Context of Product Involvement. In: Journal of Consumer Research, 13, September, S. 280-285.

Richins, M.L.; Root-Shaffer, T. (1988): The Role of Involvement and Opinion Leadership in Consumer Word-of-Mouth: An Implicit Model Made Explicit. In: Advances in Consumer Research, 15, S. 32-36.

Riel van, A.C.R.; Lemmink, J.; Streukens, S. (2004): Boost customer loyalty with online support: the case of mobile telecoms providers. In: Internet Marketing and Advertising, 1, Nr. 1, S. 4-23.

Riemenschneider, M. (2006): Der Wert von Produktvielfalt, Dissertation, Wiesbaden.

Ringle, C.M. (2004a): Messung von Kausalmodellen - Ein Methodenvergleich. In: Arbeitspapier Nr. 14 der Universität Hamburg, Institut für Industriebetriebslehre und Organisation, Hamburg.

Ringle, C.M. (2004b): Gütemaße für den Partial Least Squares-Ansatz zur Bestimmung von Kausalmodellen. In: Arbeitspapier Nr. 16 der Universität Hamburg, Institut für Industriebetriebslehre und Organisation, Hamburg.

Ringle, C.M.; Wende, S.; Will, S. (2005): SmartPLS 2.0 (M3) Beta, Hamburg, http://www.smartpls.de

Roehm, M.L.; Bolman Pullins, E.; Roehm Jr., H.A. (2002): Designing Loyalty Building Programs for Packaged Goods Brands. In: Journal of Marketing Research, 39, Mai, S. 202-213.

Rohm, A.J.; Swaminathan, V. (2004): A typology of online shoppers based on shopping motivations. In: Journal of Business Research, 57, Nr. 7, S. 748-757.

Rook, D.W. (1987): The Buying Impulse. In: Journal of Consumer Research, 14, Nr. 2, S. 189-199.

Rosenbloom, B. (2004): Marketing channels: a management view, 7. Auflage, New York.

Roßmanith, T. (2001): Informationsverhalten und Involvement im Internet, Karlsruhe.

Rousseau, D.M.; Sitkin, S.B.; Burt, R.S. (1998): Not So Different After All: Cross-Discipline View of Trust. In: Academy of Management Review, 23, Nr. 3, S. 393-404.

Roy, S.; Ghose, S. (2006): Internet adoption as a two-stage transition. In: International Journal of Market Research, 48, Nr. 3; S. 321-S.349.

Samson, A. (2006): Understanding the buzz that matters: negative vs positive word of mouth. In: International Journal of Market Research, 48, Nr. 6, S. 647-657.

Sander, M. (2004): Marketing-Management, Stuttgart.

Sauer, A. (2005): Veränderungsprozesse in der Distribution – Strategien für einen erfolgreichen Wandel der Absatzkanäle, Wiesbaden.

Sauer, N. (2003): Consumer Sophistication, Wiesbaden.

Scheuch, F. (1996): Marketing, 5. Auflage, München.

Schiffman, L. G.; Kanuk, L. L. (2003): Consumer Behavior, Eighth Edition, Upper Saddle River.

Schlosser, A.E.; Barnett White, T.; Lloyd, S.M. (2006): Converting Web Site Visitors into Buyers: How Web Site Investment Increases Consumer Trusting Beliefs and Online Purchase Intentions. In: Journal of Marketing, 70, April, S. 133-148.

Schmidt, J.B.; Spreng, R.A. (1996): A Proposed Model of External Consumer Information Search. In: Journal of the Academy of Marketing Science, 24, Nr. 3, S. 246-256.

Schneider, W. (2004): Marketing und Käuferverhalten, München.

Schnell, R.; Hill, P.B.; Esser. E. (2005): Methoden der empirischen Sozialforschung, 7. Auflage, München.

Schögel, M. (1997): Mehrkanalsysteme in der Distribution, Wiesbaden.

Scholderer, J.; Grunert, K.G. (2005): Consumers, food and convenience: The long way from resource constraints to actual consumption patterns. In: Journal of Economic Psychology, 26, S. 105–128.

Schramm-Klein, H. (2003): Multi-Channel-Retailing – Verhaltenswissenschaftliche Analyse der Wirkung von Mehrkanalsystemen im Handel, Wiesbaden.

Schröder, H. (2005): Multichannel-Retailing – Marketing in Mehrkanalsystemen des Einzelhandels, Berlin, Heidelberg.

Schröder, H.; Zaharia, S. (2007): Informations- und Entscheidungsverhalten der Kunden von Multi-Channel-Retailern. In: Wirtz, W. (Hrsg.): Handbuch Multi-Channel-Marketing, Wiesbaden, S. 81-101.

Schütze, R. (1992): Kundenzufriedenheit: After-Sales-Marketing auf industriellen Märkten, Wiesbaden.

Schwaiger, M.; Numberger, S. (2007): Die zukünftige Bedeutung des Multi-Channel-Retailings und seine Ursachen. In: Wirtz, W. (Hrsg.): Handbuch Multi-Channel-Marketing, Wiesbaden, S. 235-272.

Schwinn, A.; Behrendt, B. (2007): Paradigmen des Web 2.0 am Beispiel eBay. In: Information Management & Consulting, 22, S. 19-25.

Senecal, S.; Nantel, J. (2004): The influence of online product recommendation on consumers` online choices. In: Journal of Retailing, 80, Nr. 2, S. 159-170.

Shang, R.A.; Chen, Y.C.; Shen, L. (2005): Extrinsic versus intrinsic motivations for consumer to shop on-line. In: Information & Management, 42, S. 401-413

Shang, R.A.; Chen, Y.U.; Lia, H.J. (2006): The value of participating in virtual consumer communities on brand loyalty. In: Internet research, 2006, 16, Nr. 4, S. 398-418.

Shergill, G.S.; Chen, Z. (2005): Web-based Shopping: Consumers`attitudes towards online shopping in New Zealand. In: Journal of Electronic Commerce Research, 6, Nr. 2, S. 79-94.

Sherif, M.; Cantril, H. (1947): The Psychology of Ego-Involvement, New York.

Sheth, J.N.; Mittal, B.; Newman, B.I. (1999): Customer Behavior, Orlando.

Shim, S.; Drake, M.F. (1990): Consumer intention to purchase apparel by mail order: Beliefs, attitude, and decision process variables. In: Clothing & Textiles Research Journal, 9, Nr. 1, S. 18-26.

Shim, S.; Eastlick, M.A.; Lotz, S. (2000): Assessing the impact of internet shopping on store shopping among mall shoppers and internet users. In: Journal of Shopping Center Research, 7, Nr, 2, S. 7-43.

Shim, S.; Eastlick, M.A.; Lotz, S.L.; Warrington, P. (2001): An online repurchase intentions model: The role of intention to search. In: Journal of Retailing, 77, S. 397-416.

Shim, S.; Mahoney, M.Y. (1991): Shopping orientation segmentation of in-home electronic shoppers. In: International Review of Retail, Distribution & Consumer Research, 1, Nr. 4, S. 437-453.

Silberer, G. (1981): Das Informationsverhalten des Konsumenten beim Kaufentscheid – Ein analytisch-theoretischer Bezugsrahmen. In: Raffée, H., Silberer, G. (Hrsg.): Informationsverhalten des Konsumenten, Wiesbaden S. 27-58.

Sim, L.L.; Koi, S.M. (2002): Singapore´s Internet shoppers and their impact on traditional shopping patterns. In: Journal of Retailing and Consumer Services, 9, S. 115-124

Sin, L.; Tse, A. (2002): Profiling Internet Shoppers in Hong Kong: Demographic, Psychographic, Attitudinal and Experiential Factors. In: Journal of International Consumer Marketing, 15, Nr. 1, S. 7-29.

Smith, D.C.; Park, W. (1992): The Effects of Brand Extensions on Market Share and Advertising Efficiency. In: Journal of Marketing Research, 29, August, S. 296-313.

Solomon, M.; Bamossy, G.; Askegaard, S. (2001): Konsumentenverhalten – Der europäische Markt, München.

Solomon, M.R. (2004): Consumer Behavior, Sixth Edition, New Jersey.

Specht, G.; Fritz, W. (2005): Distributionsmanagement, 4. Auflage, Stuttgart 2005.

Spiekermann, S. (2001): Online Information Search with Electronic Agents, Berlin.

Spreng, R.A.; MacKenzie, S.B.; Olshavsky, Ri.W. (1996): A reexamination of the determinants of consumer satisfaction. In: Journal of Marketing, 60, Nr. 3, S. 15-32.

Sprowls, R. C.; Asimow, M. (1962): A Model of Customer Behavior for the Task Manufacturing Corporation. In: Management Science Nr. 8, S. 311-324.

Srinivasan, N.; Ratchford, B.T. (1991) An Empirical Test of a Model of External Search for Automobiles. In: Journal of Consumer Research, 18, September, S. 233-242.

Srinivasan, S.S.; Anderson, R.; Ponnavolu, K. (2002): Consumer loyalty in e-commerce: An exploration of its antecedents and consequences. In: Journal of Retailing, 78, Nr. 1, S. 41-50.

Stauss, B. (2000): Using New Media for Customer Interaction: A Challenge for Relationship Marketing. In: Hennig-Thurau, T.; Hansen, U.: Relationship Marketing – Gaining Competitive Advantage through Customer Satisfaction and Customer Retention, Berlin, Heidelberg, S. 231-254.

Stauss, B. (2004): Kundenfrustration: Zur Marketingrelevanz der Frustrationstheorie, in Wiedmann, K.-P. (Hrsg.): Fundierung des Marketing – Verhaltenswissenschaftliche Erkenntnisse als Grundlage einer angewandten Marketingforschung, Wiesbaden.

Stauss, B.; Seidel, W. (2007): Beschwerdemanagement – Unzufriedene Kunden als profitable Zielgruppe, 4. Auflage, München, Wien.

Steenkamp, J.B.E.M.; Hofstede ter, F.; Wedel, M. (1999): A Cross-National Investigation into the Individual and National Cultural Antecedents of Consumer Innovativeness. In: Journat of Marketing, 63, April, 55-69.

Stone, R.N.; Gronhaug, K. (1993): Perceived Risk: Further Considerations for the Marketing Discipline. In: European Journal of Marketing, 27, Nr. 3, S. 39-50.

Suh, B.; Han, I. (2003): The Impact of Customer Trust and Perception of Security Control on the Acceptance of Electronic Commerce. In: International Journal of Electronic Commerce, 7, Nr. 3, S. 135-161.

Supphellen, M.; Nysveen, H. (2001): Drivers of intention to revisit the websites of well-known companies. In: International Journal of Market Research, 43, Nr. 3, S. 341-352.

Swaminathan, V.; Lepkowska-White, E.; Rao, B.P. (1999): Browsers or buyers in cyberspace? An investigation of factors influencing electronic exchange. In: Journal of Computer-Mediated Communication, 5, Nr. 2.

Swan, J.E. (1969): Experimental Analysis of Predecision Information Seeking. In: Journal of Marketing Research, 6, Mai, S. 192-197.

Swan, J.E.; Oliver, R.L. (1989): Postpurchase Communications by Consumers. In: Journal of Retailing, 65, Nr. 4, S. 516-533.

Sweeney, J.C.; Soutar, G.N.; Johnson, L.W: (1999): The Role of Perceived Risk in The Quality-Value Relationship: A Study in a Retail Environment. In: Journal of Retailing, 75, Nr. 1, S. 77-105.

Swinyard, W.R.; Smith, S.M. (2003): Why people (Don't) Shop Online: A Lifestyle Study of the Internet Consumer, 20, Nr. 7, S. 567-598.

Swoboda, B. (1996): Interaktive Medien am Point of Sale. Eine verhaltenswissenschaftliche Analyse der Wirkung multimedialer Systeme, Wiesbaden.

Swoboda, B. (1999): Ausprägungen und Determinanten der zunehmenden Convenienceorientierung von Konsumenten. In: Marketing – ZFP, 21, Nr. 2, S. 95-104.

Tan, S.J. (1999): Strategies for reducing consumers´risk aversion in Internet Shopping. In: Journal of Consumer Marketing, 16, Nr. 2, S. 163-180.

Temme, D.; Kreis, H. (2005): Der PLS-Ansatz zur Schätzung von Strukturgleichungsmodellen mit latenten Variablen: Ein Softwareüberblick. In: Bliemel, F.; Eggert, A.; Fassott, G.; Henseler, J. (Hrsg.): Handbuch PLS-Pfadmodellierung, Stuttgart, S. 193-208.

Teo, T.S.H.; Yeong, Y.D. (2003): Assessing the consumer decision process in the digital marketplace. In: Omega, 31, Nr. 5, S. 349-363.

Theobald, A. (2003): Zur Verwendung von Incentives in der Online-Marktforschung, in Theobald, A.; Dreyer, M.; Starsetzki, T. (Hrsg.): Online-Marktforschung – Theoretische Grundlagen und praktische Erfahrungen, 2. Auflage, Wiesbaden, S. 395-407.

Theobald, A.; Dreyer, M.; Starsetzki, T. (Hrsg.) (2003): Online-Marktforschung – Theoretische Grundlagen und praktische Erfahrungen, 2. Auflage, Wiesbaden.

Thorelli, H.B.; Thorelli, S.V. (1977): Consumer Information Systems and Consumer Policy, Cambridge.

Tölle, K. (1983): Das Informationsverhalten von Konsumenten – Zur Nutzung und Wirkung von Warentestinformationen, Frankfurt, New York.

Trommsdorff, V. (2004): Konsumentenverhalten, 6. Auflage, Stuttgart.

Unger, M. (1998): Die Automobil-Kaufentscheidung – Ein theoretischer Erklärungsansatz und seine empirische Überprüfung, Frankfurt am Main.

Venkatesh, V.; Agarwal, R. (2006): Turning Visitors into Customers: A Usability-Centric Perspective on Purchase Behavior in Electronic Channels. In: Management Science, 52, Nr. 3, S. 367-382.

Verhoef, P.C.; Langerak, F. (2001): Possible Determinants of consumers´ adoption of electronic grocery shopping in the Netherlands. In: Journal of Retailing and Consumer Sciences, 8, S. 275-285.

Vijayasarathy, L.R. (2002): Product characteristics and Internet shopping intentions. In: Internet Research, 12, Nr. 5, S. 411-426.

Vilpponen, A.; Winter, S.; Sundqvist, S. (2006): Electronic Word-of-Mouth in Online Environments: Exploring Referral Network Structure and Adoption Behavior. In: Journal of Interactive Advertising, 6, Nr. 2, S. 71-86.

Wamser, C. (2001): Strategisches Electronic Commerce – Wettbewerbsvorteile auf elektronischen Märkten, München.

Wang, E.T.G.; Yeh, H.-Y.; Jiang, J.J. (2006): The relative weights of Internet shopping fundamental objectives. In: Psychology & Marketing, 23, Nr. 5, S. 353-367.

Wangenheim, von F. (2003): Weiterempfehlung und Kundenwert, Wiesbaden.

Wangenheim, von F.; Bayon, T.; Weber, L. (2002): Der Einfluss von persönlicher Kommunikation auf Kundenzufriedenheit, Kundenbindung und Weiterempfehlungsverhalten. In: ZFP, 24, Juli, S. 181-194.

Watchravesringkan, K.; Shim, S. (2003): Information Search and Shopping Intentions Through Internet for Apparel Products. In: Clothing and Textiles Research Journal, 21, Nr. 1, S. 1-7.

Weinberg, P. (1981): Das Entscheidungsverhalten des Konsumenten, Paderborn u.a.

Westbrook, R.A. (1987): Product/Consumption-Based Affective Responses and Postpurchase Processes, Journal of Marketing Research, 24, August, S. 258-270.

Wicker, A.W. (1969): Attitude versus actions: The relationship of verbal and overt behavioural responses to attitude objects. In: Journal of Social Issues, 25, Nr. 4, S. 41-78.

Wilke, C. (2007): Informationssuche und Konsumentenvertrauen am Beispiel der Versicherungswirtschaft – Eine empirische Untersuchung, Dissertation, Hamburg.

Wirtz, B.W.; Defren, T. (2007): Akteursbeziehungen, Konflikte und Lösungsansätze im Multi-Channel-Marketing. In: Wirtz, W. (Hrsg.): Handbuch Multi-Channel-Marketing, Wiesbaden, S. 9-32.

Wirtz, W. (Hrsg.) (2007): Handbuch Multi-Channel-Marketing, Wiesbaden.

Wolf, V. (2007): E-Marketing, München.

Wölfer, H. (2002): Änderungen des Käuferverhaltens in B2C-Märkten. In: Manschwetus, U.; Rumler, A. (Hrsg.): Strategisches Internetmarketing – Entwicklungen in der Net-Economy, Wiesbaden, S. 95-117.

Wu, S.-I. (2005): The impact of Attitudes, Subjective Norm and Involvement on Online Behavioral Intention: A Structural Model Examination. In: Journal of International Marketing and Marketing Research, 30, Nr. 2, S. 67-91.

Yi, M.; Fiedler, K.D.; Park, J.S. (2006): Understanding the Role of Individual Innovativeness in the Acceptance of IT-Based Innovations: Comparative Analyses of Model and Measures. In Decision Sciences, 37, Nr. 3, S. 393-426.

Yoon, S.J. (2002): The Antecedents and Consequences of trust in Online-Purchase Decisions. In: Journal of interactive marketing, 16, Nr. 2, S. 47-64.

Zaharia, S. (2006): Multi-Channel-Retailing und Kundenverhalten, Lohmar.

Zaichkowsky, J.L. (1985): Measuring the Involvement Construct. In: Journal of Consumer Research, 12, Dezember, S. 341-352.

Zaichkowsky, J.L. (1994): The Personal Involvement Inventory: Reduction, Revision, and Application to Advertising. In: Journal of Advertising, 23, Nr. 4, S. 59-70.

Zerdick, A.; Picot, A.; Schrape, K.; u.a. (2001): Die Internet-Ökonomie, Strategien für die digitale Wirtschaft, 3. Auflage, Berlin u.a.

Zerr, K. (2003): Online-Marktforschung – Erscheinungsformen und Nutzenpotentiale, in Theobald, A.; Dreyer, M.; Starsetzki, T. (Hrsg.): Online-Marktforschung – Theoretische Grundlagen und praktische Erfahrungen, 2. Auflage, Wiesbaden.

Internetquellen

ACTA (2006): Neue Dynamik in den Internetmärkten. In: http://www.acta-online.de/praesentationen/acta_2006/acta_2006_Maerkte.pdf [am 14.07.2007].

AGOF (2007): Berichtsband - Teil 1 zu internet facts 2006-IV. In: www.agof.de/if-2006-iv-teil-1-online.download.89319115db90263699fddfed911558ab.pdf [am 14.07.2007].

Balabanis, G.; Reynolds, N.; Simintiras, A. (2004): Bases of E-store Loyalty: The interaction between perceived switching barriers and satisfaction. In: http://bunhill.city.ac.uk/research/wpapers.nsf/All/05363D053122D89280256EFB003D0212/$File/bases%20of%20e.store%20loyalty.pdf?OpenElement [am 10.12.2006].

Berners-Lee (2006): developerWorks Interviews: Tim Berners-Lee. In: http://www-128.ibm.com/developerworks/podcast/dwi/cm-int082206.txt [am 01.08.2007].

Bill Gates (o.J.): http://de.wikiquote.org/wiki/Internet [am 10.11.2007].

BITKOM (2007a): Daten zur Informationsgesellschaft – Edition 2007. In: www.bitkom.org/files/documents/Daten_zur_Informationsgesellschaft_2007.pdf [am 02.10.2007].

BITKOM (2007b): Rekord: Deutsche kaufen dieses Jahr fast 37 Millionen Handys. In: http://www.bitkom.de/de/presse/8477_48583.aspx [am 23.10.2007].

Boyle, R.; Ruppel, C. (2004): On-line Purchasing Intent: The Effect of personal innovativeness, perceived risk, and computer self-efficacy, Proceedings of the 7th Annual Conference of the Southern Association for Information Systems. In: http://sais.aisnet.org/2004/.%5CBoyle%20&%20Ruppell.pdf [am 27.10.2006].

Broekhuizen, T. (2006): Understanding Channel Purchase Intentions: Measuring Online and Offline Shopping Value Perceptions, Dissertation, Groningen. In: http://dissertations.ub.rug.nl/faculties/management/2006/t.l.j.broekhuizen/ [am 07.12.2006].

Bundesnetzagentur (2006): Jahresbericht 2006. In: http://www.bundesnetzagentur.de/enid/Presse/Berichte_3f.html?druck=1 [am 01.05.2007].

Bundesnetzagentur (2007): Mobilfunkdienste. In: http://www.bundesnetzagentur.de/enid/55728a84bd938c30d207cc2564b794bb,0/Marktbeobachtung/Mobilfunkdienste_vw.html#lizenznehmer [am 10.09.2207].

BVH (2007): Neue Rekordumsätze im deutschen E-Commerce. In: http://www.versandhandel.org/Pressemitteilung.96+M579d2bde8bb.0.html [am 04.11.2007].

Cao, X.; Mokhtarian, P.L. (2005): The Intended and Actual Adoption of Online Purchasing: A Brief Review of Recent Literature. In: http://repositories.cdlib.org/itsdavis/UCD-ITS-RR-05-07 [am 06.09.2006].

Cheung, C.M.K.; Zhu, L.; Kwong, T.; Chan, G.W.W.; Limayem (2003): Online Consumer Behavior: An Overview and Analysis of the Literature. In: http://www.bledconference.org/proceedings.nsf/Proceedings/C9BEDA3CA328C8B7C1256EA1002C72B8/$File/16Cheung.pdf [am 06.09.2006].

Chin, W. W. (2000): Frequently Asked Questions – Partial Least Squares & PLS-Graph. In: http://disc-nt.cba.uh.edu/chin/plsfaq.htm [am 09.11.2007].

Conner, C. (2002): The influence of personal characteristics, perceived innovation characteristics, attitude, and subjective norm upon intent to adopt internet pharmacy service, Dissertation, Austin. In: http://dspace.lib.utexas.edu/bitstream/2152/1465/1/connerc026.pdf [am 26.04.2006].

De Bruyn, A. and Lilien, G.L. (2004): A Multi-Stage Model of Word of Mouth Through Electronic Referrals, eBusiness Research Center Working Paper. In: http://www.smeal.psu.edu/ebrc/publications/res_papers/2004_02.pdf [am 26.04.2006]

eBay (2007): eBay in Deutschland – Fakten. In: http://presse.ebay.de/news.exe?content=FD [am 19.12.2007].

Gwee, Y.-T.; Hui, K.-L. (2003): The Influence of Technology on Internet Brand Loyalty: An Exploratory Study. In: http://aisel.isworld.org/article_by_author.asp?Author_ID=4330 [am 27.09.2006].

Handelsblatt (2006): Ein Paradies für Handys. In: http://www.handelsblatt.com/News/printpage.aspx?_p=202403&_t=ftprint&_b=1112318 [am 10.10.2007].

HDE (2006): E-Commerce-Umsatz in Deutschland. In: http://www.einzelhandel.de/servlet/PB/menu/1021961/index.html [am 22.07.2007].

Heijden van der, H.; Verhagen, T. (2001): Measuring and Assessing Online Store Image: A Study of Two Online Bookshops in the Benelux. In: http://csdl2.computer.org/comp/proceedings/hicss/2002/1435/07/14350205b.pdf [am 20.12.2006].

Kuan, H.H.; Vathanophas, V.; Bock, G.-W. (2003): The Impact of Usability on the Intention of Planned Purchases in E-commerce Service Websites. In: http://www.business.ecu.edu.au/users/cstanding/Stuff/Usability%20paper.pdf [am 05.10.2006].

Lee, Y. (2006): THE DETERMINANTS OF CONSUMERS' INFORMATION SEARCH PATTERNS IN ONLINE MARKETING COMMUNICATION, Dissertation. In: http://etd.lib.fsu.edu/theses/available/etd-01062006-144230/unrestricted/Youngwon_Lee.pdf [am 05.10.2006].

Leelayouthayotin, L. (2004): Factors influencing online purchase intention:The case of health food consumers in Thailand, Dissertation. In: http://eprints.usq.edu.au/149/1/Thesis_Aug_6_04.pdf [am 05.10.2006]

Lim, N.; Ferguson, C. (2003): Fear of Consumers on Internet Shopping: An Empirical Study Based on a New Classification of Perceived Risk, S. 1918-1924. In: http://www.pacis2004.org/index.html [am 10.10.2006].

Liu, X.; Wei, K.-K. (2002): Why does consumer behave differently for purchasing goods and services in online environment? An exploratory study of product effects on consumers' E-commerce adoption intention, S. 828-840. In: www.pacis-net.org/m4.htm [am 05.10.2006].

Luarn, P.; Lin. H.-H. (2003): A CUSTOMER LOYALTY MODEL FOR E-SERVICE CONTEXT, S. 156-167. In: http://www.csulb.edu/web/journals/jecr/issues/20034/Paper3.pdf [am 12.10.2006].

Nielsen//NetRatings (2007): 54% der Deutsche nutzen Web 2.0 Websites. In: http://www.nielsen-netratings.com/pr/pr_070521_DE.pdf [am 10.10.2007].

Park, J.; Ekinci, J.; Cobanoglu, C. (o.J.): AN EMPiRICAL ANALYSIS OF INTERNET USERS INTENTION TO PURCHASE VACATIONS ONLINE. In: http://bibemp2.us.es/turismo/turismonet1/economia%20del%20turismo/turismo%20y%20nuevas%20tecnologias/EMPIRICAL%20ANALYSIS%20OF%20INTERNET%20USERS%20INTENTION%20TO%20PURCHASE%20VACATIONS%20ONLINE.PDF [am 10.10.2006].

Pedersen, P.E.; Nysveen, H. (2005): Search mode and purchase intention in online shopping behaviour. In: http://ikt.hia.no/perep/mode_manus4.pdf [am 01.02.2006]

Seock, Y.-K. (2003): Analysis of Clothing Websites for Young Customer Retention based on A Model of Customer Relationship Management via the Internet, Dissertation. In: http://scholar.lib.vt.edu/theses/available/etd-10272003-150525/unrestricted/YKETD.pdf [am 20.12.2006].

Silberberger, H.(2001): Der Multichannel Kunde. In: 2. Handelsblatt Jahrestagung Marketingmanagement im E-Commerce: Multichannel-Strategie im Marketing, 19./20.11.2001; unveröffentlichte Dokumentation und http://www.absolit.de/PDF/Leitfaden-Permission-Marketing-Kap-2.pdf [am 20.12.2006].

Statistisches Bundesamt (2007): Bildungsstand – Bevölkerung nach Bildungsabschluss in Deutschland. In: http://www.destatis.de/jetspeed/portal/cms/Sites/destatis/Internet/DE/Content/Statistiken/BildungForschungKultur/Bildungsstand/Tabellen/Content100/Bildungsabschluss,templateId=renderPrint.psml [am 29.12.2007].

Tellis, G.J.; Yin, E.; Bell, S. (2007): Global Consumer Innovativeness: Country Differences and Individual Commonalities. In:

http://www2.marshall.usc.edu/emplibrary/Global_Consumer_Innovativeness_JMR-MSI_sub.pdf [am 05.07.2007].

TNS Infratest (2007): MONITORING Informations- und Kommunikationswirtschaft. In: http://www.tns-infratest.com/06_BI/bmwi/Faktenbericht_10/index.asp#Download [am 02.10.2007].

Wikipedia (2007): Web 2.0. In: http://de.wikipedia.org/wiki/Web_2.0 [01.08.2007].

MARKETING

Herausgegeben von Prof. Dr. Heribert Gierl, Augsburg, Prof. Dr. Roland Helm, Jena, Prof. Dr. Frank Huber, Mainz, und Prof. Dr. Henrik Sattler, Hamburg

Band 33
Michaela Ludl
Warenprobenwirkung – Verhaltenswissenschaftliche Erklärung unter Berücksichtigung einer Käufertypologisierung
Lohmar – Köln 2007 • 236 S. • € 46,- (D) • ISBN 978-3-89936-597-9

Band 34
Johannes Vogel und Frank Huber
Co-Branding – Markenstrategie der Zukunft – Eine empirische Studie der Markeneffekte beim Co-Branding
Lohmar – Köln 2007 • 192 S. • € 44,- (D) • ISBN 978-3-89936-634-1

Band 35
Gordon Kaup
Markenerweiterungsstrategien in der Konsumgüterindustrie
Empirische Untersuchung zur Bedeutung der Unternehmensmarke
Lohmar – Köln 2008 • 282 S. • € 58,- (D) • ISBN 978-3-89936-720-1

Band 36
Guido Frank Grunwald
Die Bewältigung von Produktkrisen – Ein Vergleich von Beschwerde-, Reklamations- und Rückrufsituationen
Lohmar – Köln 2008 • 360 S. • € 64,- (D) • ISBN 978-3-89936-749-2

Band 37
Matthias Gabriel
Verbesserte Datenqualität in Umfragen
Lohmar – Köln 2008 • 648 S. • € 83,- (D) • ISBN 978-3-89936-754-6

Band 38
Michael Hetzel
Die Nutzung des Internets bei extensiven Kaufentscheidungen im Multi-Channel-Vertrieb – Eine kaufprozessphasenübergreifende Analyse
Lohmar – Köln 2009 • 396 S. • € 66,- (D) • ISBN 978-3-89936-773-7